2018年版
農林水産統計用語集

農林水産業の未来が見える

農林統計協会

はじめに

　平成17年に「2005改訂　農林水産統計用語事典」を発刊以来、13年の年月が過ぎました。その間、日本経済は長期にわたるデフレ不況を経験し、少子高齢化による我が国の人口減少が現実のものとなってきています。

　加えて、少子高齢化がこのまま進んだ場合を予測した衝撃的な「地方消滅」が提示され、地域創生に向けた政策の推進が行われています。都市部から地方への移住がとりざたされていたり、若年層を中心とした農山漁村への回帰が少しずつではありますが、着実に増えてきているなど、10数年前とはかなり違った動きがみられます。農林水産業も例外ではなく、諸制度の見直しが進められています。

　統計は現在の状況を客観的・的確に把握するだけではなく、未来をも見通すことができるものです。

　今まで、統計情報は一部の専門家だけが利用することが多かった感がありますが、もっと多くの方に利用していただき、自らの経営改善、農山漁村地域を含めた地域の発展などに活用していただきたいと願っています。

　統計にもっと親しめられるよう、初めての試みとして、「農林水産統計調査一覧」、「農林水産統計調査の概要」、「まちがいやすい統計用語」、「農林水産統計の上手な利用方法」、「統計所在案内」などを収録しています。また、主要な統計用語には、現状を理解しやすいように、統計数値をつけています。

　利用される方には、まだ、十分とはいかない面が多々あるかと思われますが、より使いやすいものとするため改善に取り組んでまいります。

　ご忌憚のないご意見、ご指摘をいただければ幸いです。

　なお、今回の刊行に当たり、多くの方々にご協力をいただきました。ここに深く感謝申し上げます。

平成30年 6 月

一般財団法人　農林統計協会

目　　次

第1部　農林水産統計のあらまし

農 林 水 産 統 計 の

生 産 段 階

農業の姿・仕組み・担い手や経営に関する統計

農業の姿・仕組みに関する統計

どのような農業経営体が、どのような生産手段（労働力、耕地、農業機械・施設）を使って、どのような農業を営んでいるかを把握する統計

○農林業センサス
（農林業経営体調査、農山村地域調査）
○農業構造動態調査
（家族経営体調査、組織経営体調査）
○新規就農者調査（就業状態調査、新規雇用者調査、新規参入者調査）
○集落営農実態調査
○農業整備状況調査
○認定農業者
○6次産業化総合調査

経営・経済に関する統計

農業経営のタイプ毎に、経済的な投入と経済的な成果を把握することにより農業生産活動を経済面で捉え、経営の実態を明らかにする統計

○農業経営統計調査
（営農類型別経営統計（個別経営、組織経営）、農産物生産費統計、畜産物生産費統計）
○農業物価統計調査
（農産物生産者価格調査、農業生産資材価格調査）

農産物の生産量に関する統計

農業生産活動の結果、利用した土地や生産した生産量等を把握する統計

○作物統計調査（面積調査（耕地面積調査、作付面積調査（98品目）、作況調査（作柄概況調査（水稲）、予想収穫量調査（水稲）、収穫量調査（95品目）、被害調査（共済減収調査（16品目）、被害応急調査））
○特定作物統計調査
○地域特産野菜生産状況調査、○特産果樹生産動態等調査
○花木等生産状況調査
○畜産統計調査（乳用牛、肉用牛、豚、採卵鶏、ブロイラー調査）
○生産者の米穀在庫等調査、○油糧生産実績調査

調 査 一 覧 (農業)

 流通・加工・消費段階 　　 総合・その他

流通・加工・消費に関する統計

流通に関する統計
○青果物卸売市場調査（日別調査、年間取扱量等調査）
○畜産物流通調査（と畜場統計調査、鶏卵流通統計調査、食鳥流通統計調査、食肉卸売市場調査）
○生鮮野菜価格動向調査
○生鮮食品流通情報（青果物市況情報調査、食鳥市況情報調査、鶏卵市況情報調査）
○食品流通段階別価格形成調査
○食品産業企業設備投資動向調査
○野生鳥獣資源利用実態調査

加工に関する統計
○牛乳乳製品統計調査
○食品製造業におけるHACCPの導入状況実態調査
○食品産業活動実態調査
○容器包装利用・製造等実態調査

消費に関する統計
○食品ロス統計調査
○食品循環資源の再生産利用実態調査
○農産物地産地消等実態調査

○産業連関表
○農業・食料関連産業の経済計算
○食料需給表
○生産農業所得統計
○貿易統計
○農業協同組合及び同連合会一斉調査
○土壌改良資材の生産量及び輸入量調査
○園芸施設共済統計表
○農地の権利移動
○農作物共済統計表
○果樹共済統計表
○畑作物共済統計表
○家畜共済統計表
○中山間地直接支払制度の実施状況

農 林 水 産 統 計 の

生 産 段 階

林業の姿・仕組み・担い手や経営に関する統計

林業の姿・仕組みに関する統計

どのような林業経営体が、どのような生産手段(労働力、山林、機械・施設)を使って、どのような林業を営んでいるかを把握する統計

○農林業センサス（農林業経営体調査、農山村地域調査）

経営・経済に関する統計

林業生産活動を経済面で捉え、林業経営の実態を明らかにする統計

○林業経営統計調査

林産物の生産量に関する統計
林業生産活動の結果を把握する統計
○木材統計調査（基礎調査、月別調査（製材月別調査、合単板月別調査）
○特用林産物統計調査
○木質バイオマスエネルギー利用動向調査

調 査 一 覧 (林業)

流通・加工・消費段階	総合・その他

流通・加工・消費に関する統計

流通に関する統計

〇木材流通統計調査
　（木材価格統計調査（素材・木
　材チップ価格調査、木材製品
　卸売価格調査）、木材流通構造
　調査
　（5年周期）

〇産業連関表

〇農業・食料関連
　産業の経済計
　算

〇生産林業所得
　統計

〇木材需給表

〇貿易統計

〇森林組合一斉
　調査

〇国有林野事業
　統計

〇森林づくり活
　動についての
　実態調査

〇森林国営保険
　事業統計

農 林 水 産 統 計 の

生 産 段 階

漁業の姿・仕組み・担い手や経営に関する統計

漁業の姿・仕組みに関する統計

どのような漁業経営体が、どのような生産手段（労働力、漁船、施設）を使って、どのような漁業を営んでいるかを把握する統計

○漁業センサス

　（海面漁業調査（漁業経営体調査、漁業管理組織調査、海面漁業地域調査）、内水面漁業調査（内水面漁業経営体調査、内水面漁業地域調査）

○漁業就業動向調査

　（個人経営体調査、団体経営体調査）

○６次産業化総合調査

　（漁業・漁村の６次産業化調査）

経営・経済に関する統計

漁業生産活動を経済面で捉え、経営の実態を明らかにする統計

○漁業経営調査

　（個人経営体調査、会社経営体調査）

水産物の生産量に関する統計

漁業生産活動による生産量等を把握する統計

○海面漁業生産統計調査

　（稼働量調査、海面漁業漁獲統計調査、海面養殖業収獲統計調査）

○内水面漁業生産統計調査

　（内水面漁業漁獲統計調査、内水面養殖業収獲統計調査、３湖沼漁業生産統計調査）

調 査 一 覧（漁業）

| 流通・加工・消費段階 | 総合・その他 |

流通・加工・消費に関する統計

流通に関する統計
〇漁業センサス
　（流通加工調査、魚市場調査）
〇水産物流通調査
　（産地水産物流通調査、冷蔵水産物
　流通調査）
〇食品流通段階別価格形成調査
　（水産物経費調査）

加工に関する統計
〇水産物流通調査
　（水産加工統計調査）
〇漁業センサス
　（流通加工調査（冷凍・冷蔵、水産
　加工場調査）
〇容器包装利用・製造等実態調査

消費に関する統計
〇食品ロス統計調査

総合・その他
〇産業連関表

〇農業・食料関連
　産業の経済計
　算

〇食料需給表

〇漁業産出額統
　計

〇貿易統計

〇水産業協同組
　合統計表

農林水産統計調査の

調査名	調査の種類	調査対象	調査方法	調査期日
農林業センサス	農林業経営体調査	農林産物の生産を行うか又は委託を受けて農林業作業を行い、生産又は作業に係る面積・頭羽数が一定規模以上の「農林業生産活動」を行う者	調査員が調査対象者に調査票を配布・回収して行う、調査対象による自計調査	
	農山村地域調査	(市区町村調査) 農業集落が存在する市区町村又は森林計画区に含まれる市町村 (農業集落調査) 全域が市街化区域に含まれる農業集落を除く全ての農業集落	市町村調査は往復郵送又はオンラインによる自計調査 農業集落調査は調査員が調査対象者に調査票を配布・回収して行う、調査対象による自計調査又は調査員の面接聞き取りによる他計調査	2月1日現在
農業構造動態調査	家族経営体調査	家族経営体	調査員が調査対象者に調査票を配布・回収(郵送・オンラインも可能)して行う、調査対象による自計調査(申し出により調査員の面接聞き取りによる他計調査)	農林業センサス実施年を除く2月1日現在

概要（農業・姿・仕組）

調査事項	調査の変遷
・経営の態様、世帯の状況、農業経営の特徴 ・経営耕地面積、農業用機械の所有、農業労働力 ・農作物の作付面積・家畜の飼養状況 ・農産物の販売金額等、農作業の委託及び受託の状況 ・保有山林面積、林業労働力、育林面積等、素材生産量 ・林産物の販売金額、林業作業の受託状況	1950年世界農業センサス（農業事業体調査（農家調査・農業以外農業事業体調査）） 昭和30年臨時農業基本調査（農家調査・農業集落調査） 1960、1970、1980年世界農林業センサス 農業（農業事業体調査（農家調査・農業以外農業事業体調査）、農業集落調査）、林業（林業事業体調査（林家調査・林家以外林業事業体調査）、林業地域調査） 1965年農業センサス（（農家調査、企業的経営体調査）、農業集落概況調査） 1975年農業センサス（（農家調査、農業以外農業事業体調査）、農業集落総合調査） 1985年農業センサス（（農家調査、農家以外農業事業体調査）、地域農業組織化調査） 1990年世界農林業センサス 農業事業体調査（農家調査・農家以外農業事業体調査）、農業サービス事業体調査、農業集落調査、林業事業体調査（林家調査・林家以外林業事業体調査）、林業地域調査 1995年農業センサス（（農家調査、農家以外農業事業体調査）、農業サービス事業体調査、農村地域環境総合調査） 2000年世界農林業センサス 農業事業体調査（農家調査・農家以外農業事業体調査）、農業サービス事業体調査、農業集落調査、林業事業体調査（林家調査・林家以外林業事業体調査）、林業サービス事業体等調査、林業地域調査 2005年農林業センサス（農林業経営体調査、農山村地域調査、農村集落調査） 2010、2015年農林業センサス（農林業経営体調査、農山村地域調査（市町村調査、農業集落調査））
・農業集落の立地条件 ・農業集落の戸数 ・地域資源の保全 ・農業集落の活動状況	
・経営体の概要、土地、世帯、農業労働力 ・農作物の販売、農作業の受託	昭和35年　農業調査開始 昭和46年　「農業調査」と「農業就業動向調査」を統合し「農業動態調査」開始 平成3年　「農業就業動向調査」廃止 平成4年　調査対象を「販売農家」に限定 平成5年　「農業構造動態調査」開始（基本構造動態調査、部門構造動態調査） 平成8年　農家調査、農業法人等調査（農家以外農業事業体調査、農業サービス事業体調査）

農林水産統計調査の

調査名	調査の種類	調査対象	調査方法	調査期日
農業構造動態調査 （つづき）	組織経営体	組織経営体	調査員が調査対象者に調査票を配布・回収（オンラインも可能）して行う、調査対象による自計調査	農林業センサス実施年を除く2月1日現在
新規就農者調査	就業状態調査	農業経営体のうち家族経営体（世帯単位で事業を行う経営体）	郵送又はオンラインによる自計調査	毎年2月1日現在
	新規雇用者調査	農業経営体のうち組織経営体（家族経営体以外の経営体）及び一戸一法人		
	新規参入者調査	農業委員会等（農業委員会がない場合は市町村）		
集落営農実態調査	集落営農実態調査	集落営農が存在する市町村	郵送又はオンラインによる自計調査	毎年2月1日現在
農業整備状況調査	農道整備状況調査	全国の市町村	郵送、電子メール、FAXによる自計調査	毎年8月1日現在
認定農業者 （農業経営改善計画の営農類型別認定状況）		市町村	市町村より報告	当該年の3月末現在

概要（農業・姿・仕組）

調査事項	調査の変遷
・経営体の概要、土地、農業労働力 ・農作物の販売、農作業の受託	平成18年　調査対象を農業経営体に見直し 平成23年　組織経営体の調査対象を「農産物の生産を行う組織経営体」、「農作業の受託のみを行う組織経営体」、「新設組織経営体」に見直し
・農業経営の状況、農業従事者数 ・農業従事者の年齢、性別 ・農業従事者の調査期日前1年間及び調査期日前1年間より遡って1年間の生活の主な状態 ・自営農業を開始した者の就農時の形態	平成19年開始
・新規雇用者の有無、人数、年齢、性別、農家・非農家出身 ・就業上の地位、従事する作業の内容、雇用される直前の就業状態 ・農産物の販売金額	
・新規参入者の有無、男女別、年齢別経営責任者・共同責任者の人数	
・集落営農数、法人化の状況、構成員、経営規模の状況 ・活動・取組内容、経理状況	平成17年　調査開始 平成19年　「集落営農活動実態調査」を別調査として追加実施 平成22年　「集落営農実態調査」、「集落営農活動実態調査」を1本化 平成28年　「集落営農活動実態調査」を「集落営農実態調査」に統合
・農道延長距離、舗装済農道延長距離 ・農道内トンネル延長距離、トンネル個数、橋梁部延長距離、橋梁個数	平成3年　調査開始 平成8年　「農業整備状況調査」に改編 平成11年　林道部分を追加し、農道・林道整備状況調査に見直し 平成18年　「農業資源調査」に見直し 平成21年　農道のみの項目とし、「農道整備状況調査」に見直し
農業経営改善計画の営農類型別認定状況（総数、年齢別、法人形態別）	

農林水産統計調査の

調査名	調査の種類	調査対象	調査方法	調査期日
6次産業化総合調査	農業・農村の6次産業化総合調査	農林業センサスにおいて把握した「農産物の加工」、「観光農園」、「農家民宿」、「農家レストラン」、「海外への輸出」を営む農業経営体、農産物直売所、農協等が営む農産加工所、農家レストラン、農産物の輸出に取り組む農協等	調査票を郵送し、郵送又はオンラインにより回収する自計調査、調査員が調査票を配布し、郵送又はオンラインにより回収する自計調査、調査員の面接聞き取りによる他計調査	4月1日から3月31日までの1年間

6次産業化総合調査のうち、水産物については「水産編」に掲載

概要（農業・姿・仕組）

調査事項	調査の変遷
（農産加工、農産物直売所・観光農園） 事業内容・運営形態 （農産加工） 農産加工の販売金額、稼働日数、生産した加工品名、販売金額割合、農産加工品の販売状況、加工原料の仕入状況、他産業との連携の有無、農産加工における男女別・年齢別の従事者の状況及び雇用者の労賃、経営方針の決定に参画している男女別従事者数 （農産物直売所） 販売金額、販売状況、営業時間、農産物、農産加工の販売先、施設形態及び売り場面積、購入者数、従事者の状況、雇用者の労賃 （観光農園） 売上金額、取扱品目、営業日数・利用者数、従事者の状況・雇用者の労賃 （農家民宿） 運営形態、売上金額、営業日数、食材の仕入状況、従事者の状況・雇用者の労賃 （農家レストラン） 運営形態、売上金額、営業日数、食材の仕入状況、従事者の状況・雇用者の労賃 （輸出） 運営形態、輸出金額、輸出手続きの実施者、輸出状況、従事者の状況・雇用者の労賃	平成22年　調査開始 平成23年　漁業・漁村分を追加 平成24年　販売戦略実態調査休止 農協等が運営する農家レストラン、輸出に取り組む農協等を追加

農林水産統計調査の

調査名	調査の種類	調査対象	調査方法	調査期日
作物統計調査 （面積調査）	耕地面積調査	全国の田耕地、畑耕地	調査員が標本単位区内の全ての筆について1筆毎に現況地目、耕地の境界、作付の状況を確認	耕地面積は毎年7月15日 耕地の拡張・かい廃面積は毎年前年の7月15日から当年の7月14日
特定作物統計調査	作付面積調査	（水稲）水稲の栽培に供された全ての耕地	調査員が（水稲）標本単位区内の全ての筆について1筆毎に現況地目、耕地の境界、作付の状況を確認	（水稲、果樹及び茶）毎年7月15日 （豆類）毎年9月1日（北海道の小豆、いんげん、らっかせいは毎年7月1日） （陸稲、麦類、かんしょ、そば、飼料作物）収穫期
		（水稲以外）調査対象作物を取り扱っている全ての農協等の関係団体	郵送又はオンラインによる自計調査	
作物統計調査 （作況調査） 特定作物統計調査	作柄概況調査	（水稲）水稲が栽培されている耕地	専門調査員等による作況標本筆の実測	7月15日現在（徳島、高知、宮崎、鹿児島の早期栽培、沖縄の第一期）、8月15日現在、もみ数確定期
	予想収穫量調査			10月15日現在
	収穫量調査			収穫期
	（水陸稲、麦類、大豆、かんしょ、飼料作物、甘味資源作物、茶）	（てんさい、さとうきび）精糖会社、精糖工場	郵送又はオンラインによる自計調査	収穫期
		（荒茶）荒茶工場	郵送又はオンラインによる自計調査	
		（上記以外の作物）関係団体、販売目的で作付した農業経営体	関係団体は郵送又はオンライン、標本経営体は郵送による自計調査	

注：特定作物統計調査の対象品目は豆類（小豆、いんげん、らっかせい）、そば、なたね、こん

概要（農業・生産）

調査事項	調査の変遷
・耕地の種類別面積 ・耕地の種類別拡張及びかい廃面積	昭和25年　「作物調査」開始 昭和31年　対地標本実測調査により実施 平成25年　電子化されたメッシュ母集団情報に 基づく対地標本実測調査に移行
・水稲の作付面積及び用途別面積 ・水稲以外の作付（栽培）面積及び用途別 　面積	
・生育状況、登熟状況、10a当たり収量、 被害状況、被害種類別被害面積・被害 量、耕種条件等	
・集荷量	
・摘採面積、生葉収穫量及び荒茶生産量	
・（い）10a当たり収量、収穫量（畳表生産 量を含む。）及び生産農家数	
・（い）以外：10a当たり収量、収穫量	

にゃくいも、いである。

農林水産統計調査の

調査名	調査の種類	調査対象	調査方法	調査期日
作物統計調査 （作況調査） （つづき）	（果樹）	調査対象品目を取り扱っている全ての農協、標本農業経営体	関係団体は郵送又はオンライン、標本経営体は郵送による自計調査	収穫・出荷終了時（品目別の収穫期間は「果樹の年産区分」参照）
	（野菜）	調査対象品目を取り扱っている全ての農協、野菜生産出荷安定法第10条第1項に規定する登録生産者、標本農業経営体	関係団体は郵送又はオンライン、標本経営体は郵送による自計調査	収穫・出荷終了時（品目別年産区分・季節区分一覧参照）
	（花き）	集出荷団体・集出荷業者（花きの出荷額5,000万円以上）及び個人出荷農家等（花き・花木の販売金額が2,000万円以上の個人出荷農家、協業経営体会社	集出荷団体等は郵送又はオンライン、個人出荷農家等は郵送による自計調査	毎年2月末
作物統計調査 （被害）	共済減収調査 （水稲）	共済金額概ね50億円以上の都道府県を対象とし、一筆方式、半相殺方式により引き受けられている筆	専門調査員等による減収標本筆の実測、巡回・見積	収穫期
	（麦類）	共済金額概ね10億円以上の都道府県を対象とし、一筆方式により引き受けられている筆		

概要（農業・生産）

調査事項	調査の変遷
・結果樹面積、収穫量、出荷量 ・用途別出荷量（みかん、りんご、パインアップル）	
・調査品目別及び季節区分別の作付面積、収穫量、出荷量 ・用途別出荷量（指定野菜のみ）	
・年産（1～12月）の作付（収穫）面積、出荷量	
・共済基準減（増）収量及び共済基準減（増）収量に係る作付面積	（共済減収調査） 昭和30年　水陸稲調査開始 昭和32年　麦類開始 平成14年　果樹共済基準調査、畑作物減収調査ともに共済減収調査に統合

農林水産統計調査の

調査名	調査の種類	調査対象	調査方法	調査期日
作物統計調査 （被害調査）	共済減収調査 （春植えばれ いしょ）	共済引受戸数 100戸以上、 共済金額1億 円以上である 都道府県で全 相殺方式によ り引き受けら れている農家	専門調査員等による減収標本筆の実測	収穫期 （減収統合方式。特定危険方式は暴風雨襲来時）
	（豆類） （大豆、小豆、 いんげん）	共済引受戸数 100戸以上、 共済金額1億 円以上である 都道府県で一 筆方式、半相 殺方式により 引き受けられ ている筆又は 農家		
	（果樹） （みかん、指 定かんきつ、 りんご、ぶど う、なし、も も、かき）	共済引受戸数 100戸以上、 共済金額1億 円以上である 都道府県で半 相殺方式及び 樹園地単位方 式により引き 受けられてい る筆又は農家	専門調査員等による果樹共済基準筆の実測、巡回・見積	
	被害応急調査	農作物につい て重大な被害 が発生したと 認められる地 域の土地及び 農作物	農林水産省職員の巡回・見積	農作物に重大な被害が発生した時
地域特産野菜 生産状況調査	地域特産野菜 生産状況調査	農業協同組合	郵送による自計調査	隔年1月から12月までの1年間

概要（農業・生産）

調査事項	調査の変遷
・共済基準減（増）収量及び共済基準減（増）収量に係る作付面積	
・風水害、干害、冷害、雪害その他気象上の原因による災害、病虫害、その他異常の事象、不慮の事故を受けた農作物の災害種類別の作付面積、被害量	昭和39年　調査開始
・品目別・栽培方法（施設・露地）別の作付面積 ・品目別・栽培方法別の収穫量、出荷量、出荷量の内訳（生食用、加工用）	昭和41年　調査開始

農林水産統計調査の

調査名	調査の種類	調査対象	調査方法	調査期日
特産果樹生産動態調査	果樹品種別生産動向調査	都道府県	都道府県が調査した結果を取りまとめたもの	毎年8月1日現在
	特産果樹生産出荷実績調査			
	わい性台りんご苗普及実績調査			
	ぶどう用途別仕向実績調査			
	うめ用途別仕向実績調査			
	干し柿生産出荷実績調査			
花木等生産状況調査	花木等生産状況調査	花き集出荷団体	郵送、オンライン、FAXによる自計調査	毎年10月から翌年3月までに実施
畜産統計調査	乳用牛調査	乳用牛飼養者（おすのみの飼育は除く。）	郵送による自計調査	毎年2月1日現在
	肉用牛調査	肉用牛飼養者		
	豚調査	豚飼養者		
	採卵鶏調査	1,000羽以上の採卵鶏飼養者		
	ブロイラー調査	ブロイラー出荷羽数3,000羽以上の飼養者		

概要（農業・生産）

調査事項	調査の変遷
・うんしゅうみかん、りんご、生食用ぶどう、なし、もも、すもも、おうとう、うめ、びわ、かき、くり、キウイフルーツ、パインアップルのうち、都道府県内で1ha以上栽培されているものの栽培面積	
・統計部「作物統計調査」で調査されている品目を除く果樹を対象とし、各都道府県内で50a以上栽培され、かつ出荷実績のある品目の栽培面積、収穫量、出荷量、主要産地名	
・都道府県内で50a以上栽培されているわい性台木系統についての普及面積	
・都道府県内で50a以上栽培され、かつ出荷実績のある品種について加工用に仕向けられている品種の栽培面積、収穫量、用途別仕向量	
・都道府県内で50a以上栽培され、かつ出荷実績のある品種について青梅、梅干・梅漬け、梅酒等飲料用の仕向量	
・都道府県内で50a以上栽培され、かつ出荷実績のある品種について干し柿への仕向量、干し柿生産量、干し柿出荷量、主要産地名	
・花木の種類別作付面積、出荷数量、出荷額、栽培農家数 ・芝の区分別作付面積、出荷数量、出荷額、栽培農家数 ・芝以外の地被植物の区分別作付面積、出荷数量、出荷額、栽培農家数、用途別出荷数量割合	
・状態別飼養頭数、月別経産牛頭数、分べん頭数、乳用向けめす出生頭数、経営耕地・飼料作物の作付面積、放牧の状況 ・目的別飼養頭数、肉用種子取り用めす牛年齢別飼養頭数、経営タイプ、経営耕地・飼料作物の作付面積、放牧の状況 ・飼養頭数、経営タイプ及び経営組織 ・飼養羽数、経営組織及びひなの導入状況 ・出荷羽数、飼養羽数	昭和30年　「家畜基本調査」調査開始 昭和35年　農業調査に家畜基本調査、生乳生産量予察調査、肉豚供給予察調査を組み込んで実施 昭和44年　農業調査から分離 昭和46年　ブロイラー調査を食鳥処理場調査へ移管 平成16年　畜産基本調査及び予察調査を統合。乳用牛調査、肉用牛調査について牛個体識別全国データベースを利用した集計方法に変更 平成21年　鶏ひなふ化羽数調査を中止 平成25年　ブロイラー出荷羽数、飼養羽数を食鳥流通統計調査から移管

農林水産統計調査の

調査名	調査の種類	調査対象	調査方法	調査期日
生産者の米穀在庫等調査	生産者の米穀在庫等調査	販売目的で水稲を10a以上作付けた販売農家	調査員が調査票を配布・回収（郵送も可能）して行う、調査対象による自計調査	毎年4月から3月までの1年間
油糧生産実績調査	油糧生産実績調査	植物油脂製造工場を有する企業	電子メール、郵送、FAXによる自計調査	毎年1月1日から12月31日までの1年間

概要（農業・生産）

調査事項	調査の変遷
・月初在庫量、供給量、消費量、販売量、月末在庫量	昭和22年 「生産者の現在高消費高調査」として開始 平成22年 「生産者の米穀在庫等調査」として実施
（原料）処理量、当月中に搾油処理した原料の数量、月末在庫量、月末の保管料 （油脂）生産量、当月中に生産した原油量、月末在庫量、当月末保管原油量 （油かす）生産量、当月中に生産した油かす量、月末在庫量、当月末保管油かす量	

農林水産統計調査の

調査名	調査の種類	調査対象	調査方法	調査期日
農業経営統計調査	営農類型別経営統計（個別経営）	個別経営体　農業経営体のうち、農作業の受託作業のみを行う農業経営体を除き農業生産物の販売を目的とし、世帯による農業経営を行う経営体	調査対象による自計調査と専門調査員等の面接聞き取りによる他計調査を同一対象に併用	1月から12月までの1年間
	営農類型別経営統計（組織経営）	・組織経営体 個別経営体を除いた農業経営体から、家畜の預託事業を営むことを目的とするもの及び共同で牧草を栽培し、共同で採草、放牧に利用することを目的とするものを除いた農業経営体。組織法人、任意組織に分けて調査を実施 （組織法人経営体） 組織経営体のうち法人格を有するもの （任意組織経営体） 組織経営体のうち、法人格を有さないもの		

概要（農業・経営）

調査事項	調査の変遷
・世帯員、労働力、労働時間、経営土地、財産 ・主要農作物の作付（飼養）規模・生産量 ・農業粗収益、農業経営費 ・農業生産関連事業収入・支出 ・農外収入・支出 ・年金等の収入、租税公課諸負担、財産的収入・支出 （組織法人経営） ・経営の概況、財産の状況、収入、費用、利益等、所得、分析指標、農業支出の内訳 （任意組織経営） ・経営の概況、分析指標、農業経営収支	大正10年　「農家経済調査」として開始 戦後調査農家数を大幅に増加 平成7年　農家経済調査と農畜産物繭生産費調査を統合し農業経営統計調査（農業経営動向統計）として実施 平成13年　農林家経営動向調査廃止 平成15年　農業組織経営体経営調査廃止 平成16年　営農類型別経営統計を主な柱とした調査体系を整備 平成19年　品目別経営統計廃止

農林水産統計調査の

調査名	調査の種類	調査対象	調査方法	調査期日
農業経営統計調査 (つづき)	農産物生産費統計 米、小麦、二条大麦、六条大麦、はだか麦、大豆、原料用かんしょ、原料用ばれいしょ、てんさい、さとうきび、なたね、そば	・米生産費 玄米を600kg以上販売する経営体	調査対象による自計調査と専門調査員等の面接聞き取り等による他計調査を同一対象に併用	・米、大豆、原料用かんしょ、ばれいしょ、てんさい、そば 1月～12月
		・小麦、二条大麦、六条大麦、はだか麦、原料用かんしょ、原料用ばれいしょ、てんさい、さとうきび生産費 10a以上作付・販売する経営体		・小麦、二条大麦、六条大麦、はだか麦、なたね 9月～8月
				・さとうきび 4月～3月
		・なたね、そば生産費 5a以上作付・販売する経営体		

概要（農業・経営）

調査事項	調査の変遷
・調査作物に投入した費目別費用、労働時間、品目別原単位量、主産物・副産物の収穫量と価額 ・農業就業者数、経営耕地面積、作付実面積、投下資本額、農機具の所有台数等	【米生産費】 大正11年　開始 昭和23年　農林省統計局へ移管各種生産費調査と統一的に実施 昭和35年　「生産費及び所得補償方式」が採用 平成6年　農家経済調査と農畜産物繭生産費調査統合、農業経営統計調査に 平成16年　営農類型別に経営実態を把握することに伴い、農家の農業経営全体の農業収支、自家農業投下労働時間のとりやめ等を実施 【小麦生産費】 昭和7年　調査開始 昭和23年　農林省統計局へ移管各種生産費調査と統一的に実施 平成16年　営農類型別に経営実態を把握することに伴い、農家の農業経営全体の農業収支、自家農業投下労働時間のとりやめ等を実施 【二条大麦、六条大麦、はだか麦】 平成22年　農業者戸別所得補償制度の推進に必要な「なたね、そば等生産費調査」を新設し、二条大麦、六条大麦、はだか麦の生産費について遡及して調査実施 【工芸農作物等】 昭和12年　かんしょ、ばれいしょの生産費開始 昭和24年　農林省統計局へ移管「重要農産物生産費調査」として実施 平成7年　「いも、豆類、工芸農作物生産費統計」として実施 平成16年　価格安定対象作物以外の工芸農作物等（小豆、いんげん、らっかせい、こんにゃくいも、茶）の生産費統計が廃止され、品目別経営統計として把握（品目別経営統計は平成19年に廃止） 平成22年　農業者戸別所得補償制度の推進に必要な「なたね、そば等生産費調査」を新設

農林水産統計調査の

調査名	調査の種類	調査対象	調査方法	調査期日
農業経営統計調査（つづき）	畜産物生産費統計 牛乳、子牛、乳用雄育成牛、交雑種育成牛、去勢若齢肥育牛、乳用雄肥育牛、交雑種肥育牛	・牛乳生産費 搾乳牛を1頭以上飼養し、生乳を販売する経営体 ・子牛生産費 肉用種の繁殖雌牛を2頭以上飼養して子牛を生産し、販売又は自家飼育に仕向ける経営体 ・乳用雄育成牛生産費 肥育用もと牛とする目的で育成している乳用雄牛を5頭以上飼養し、販売又は自家肥育に仕向ける経営体 ・交雑雄育成牛生産費 肥育用もと牛とする目的で育成している交雑種牛を5頭以上飼養し、販売又は自家肥育に仕向ける経営体 ・去勢若齢肥育牛生産費 肥育を目的とする去勢若齢和牛を1頭以上飼養し、販売する経営体 ・乳用雄肥育牛生産費 肥育を目的とする乳用雄牛を1頭以上飼養し、販売する経営体 ・交雑雄肥育牛生産費 肥育を目的とする乳用雄牛を1頭以上飼養し、販売する経営体 ・肥育豚生産費 肥育豚を年間20頭以上販売し、肥育用もと豚に占める自家生産子豚の割合が7割以上の経営体	調査対象による自計調査と専門調査員等の面接聞き取り等による他計調査を同一対象に併用	4月～3月

概要（農業・経営）

調査事項	調査の変遷
・調査対象となる畜産物に投入した費目別費用、労働時間、飼料等の品目別数量と価額、主産物・副産物の収穫量と価額 ・農業就業者数、経営土地面積、建物、自動車・農機具の所有台数等	昭和26年　牛乳生産費調査開始 昭和34年　子牛、肥育牛、子豚、肥育豚生産費の開始 昭和35年　鶏卵生産費調査開始 昭和42年　ブロイラー生産費調査開始 昭和48年　乳用雄肥育牛生産費調査開始 昭和63年　乳用雄育成牛生産費調査開始 平成5年　ブロイラー生産費調査廃止、肥育豚対象農家を一貫経営農家に変更し、子豚生産費廃止 平成6年　農家経済統計調査と農畜産物生産費調査を統合 平成7年　鶏卵生産費廃止

農林水産統計調査の

調査名	調査の種類	調査対象	調査方法	調査期日
農業物価統計調査	農産物生産者価格調査	農産物出荷団体等（農業協同組合、出荷組合、集出荷業者、食肉卸売市場等）	調査員の面接聞き取りによる他計調査又は郵送、FAX、オンラインによる自計調査	農産物は毎月15日、野菜は毎月5日及び15日
	農業生産資材価格調査	農業生産資材を販売する小売店		毎月15日

概要（農業・経営）

調査事項	調査の変遷
・調査品目は農業産出額の総額に占める割合が概ね9割をカバーする農産物及び行政施策上重要な品目（129品目） ・価格（農家が生産した農産物の販売価格からその出荷・販売に要した経費を控除した価格）	昭和23年　調査開始 平成12年　生活資材価格指数を廃止。指数の概念を「農村における景気及び物価水準の変動を測定する物価指数」から「農業における投入・産出の物価変動を測定する物価指数」に改め「農村物価指数」から「農業物価指数」に改称
・調査品目は、農業経営において使用割合が高い品目及び行政施策上重要な品目（162品目）。ガソリン、灯油、パーソナルコンピューターの3品目については、消費者物価指数を利用している。	平成17年　農業臨時賃金指数を廃止 平成27年　基準改定

農林水産統計調査の

調査名	調査の種類	調査対象	調査方法	調査期日
青果物卸売調査	日別調査	全国青果物卸売市場における全ての青果物卸売会社及び全農青果センター	調査対象が作成した磁気データをオンラインにより回収する自計調査	市場開催日
	年間取扱量等調査		調査対象が作成した調査票データをオンラインにより回収、又は電磁的記録媒体の郵送配布・回収による自計調査、調査対象への面接聞き取りによる他計調査	調査期間は1月から12月までの1年間
畜産物流通調査	と畜場調査	全てのと畜場	民間事業者の郵送、FAX、オンライン等による自計調査、又は面接聞き取りによる他計調査	日別はと畜の行われた日。月別は毎月
	鶏卵流通統計調査	鶏卵集出荷機関のうち集出荷機関ごとの集出荷量の合計が総集出荷量の60%以上となるまでの集出荷機関		毎年
	食鳥流通統計調査	食肉処理場		
	食肉卸売市場調査	食肉中央卸売市場、指定市場に所在する全ての卸売会社		

概要（農業・流通）

調査事項	調査の変遷
・品目（品種）別、産地都道府県別の量目、収量、単価	昭和39年　「青果物卸売市場荷さばき（確報）調査」を実施
・野菜：全国の青果物卸売会社で取扱数量が多い主要50品目 ・果実：全国の青果物卸売会社で取扱数量が多い44品目（うち輸入果実9品目） ・品目（品種）別、産地都道府県別の量目、数量、単価	平成15年　生鮮食料品情報システムを導入し、日々の卸売数量をオンラインで収集 平成21年　青果物日別取扱高統計を日別調査、青果物産地取扱高統計を月別調査に再編 平成28年　基礎調査を廃止し、月別調査を年間取扱量等調査に再編
・品目（品種）別の直接入荷（産地都道府県別）・転送入荷（転送元市場別）、輸入別の卸売数量と卸売価額	
・日別は豚、成牛のめす・去勢のと畜頭数。 月別は豚、成牛めす・去勢・おすのと畜頭数。子牛、馬のと畜頭数、枝肉重量	昭和39年　食肉流通統計調査、鶏卵出荷調査、食鳥処理場調査開始 平成3年　食肉流通統計調査、鶏卵出荷調査、食鳥処理場調査を統合し「畜産物流通統計調査」に再編
・集出荷団体及び集出荷業者がその所在する都道府県内の生産経営体から集荷した量 ・直接出荷する生産経営体における鶏卵の出荷量	平成22年　食肉卸売市場調査を一般統計調査から除外して再編
・肉用若鶏、廃鶏、その他の肉用鶏の生体の処理羽数、処理重量	
（食肉卸売市場）（月別）豚、成牛めす・去勢・おすについて規格別枝肉取引成立頭数、総重量、総価額 （食肉卸売市場）（日別）豚、成牛めす・去勢について規格別枝肉取引成立頭数、総重量、総価額	

調査名	調査の種類	調査対象	調査方法	調査期日
生鮮野菜価格動向調査		札幌市、仙台市、さいたま市、千葉市、東京都特別区、横浜市、川崎市、相模原市、新潟市、静岡市、浜松市、名古屋市、京都市、大阪市、堺市、神戸市、岡山市、広島市、北九州市、福岡市、熊本市に所在し、生鮮野菜を取扱っている「百貨店・総合スーパー」、「各種食料品小売業で従業員10人以上」及び「野菜・果実小売業で従業者5人以上」でPOSシステムを導入しており、国産標準品及び国産有機栽培品又は国産特別栽培品を扱っておりかつ、調査対象品目1品目以上で国産標準品及び輸入品を取扱っている事業所	民間事業者が調査票を配布・回収、又はオンラインによる自計調査	毎月12日を含む週の木曜日。特定の調査品目について調査期日に特売が行われた場合は12日を含む週のうち、調査対象事業所が平常の価格で販売する日のいずれか1日を調査期日とする
生鮮食料品流通情報	青果物市況情報調査	全国農業地域別の青果物卸売市場における取扱金額が概ね5割を占めるまでの取扱金額上位の青果物卸売市場の青果物卸売会社	調査卸売会社がインターネット回線等により、農林水産省の生鮮食料品流通情報システムを利用して報告	調査市場の開市日
	食鳥市況情報	食鳥卸売事業所	電話聞き取り又は関係帳票をFAXにより回収	調査事業者で取引が行われた日
	鶏卵市況情報調査	鶏卵荷受機関		調査事業所の取引日

概要（農業・流通）

調査事項	調査の変遷
・国産有機栽培品、国産特別栽培品、輸入品、国産標準品の組み合わせによる1kg当たりの販売価格	平成26年　調査開始
・品目・品種別の国別、産地都道府県別入荷量、卸売価格	
・国内肉用若鶏解体品の各部位（もも肉、むね肉、手羽もと、手羽さき、ささみ、きも及びすなぎも）の1kg当たり卸売価格	
・鶏卵の入荷量、1kg当たり卸売価格	

農林水産統計調査の

調査名	調査の種類	調査対象	調査方法	調査期日
食品流通段階別価格形成調査	青果物経費調査 （青果物集出荷段階経費調査）	青果物の卸売数量が全国の6割を超えるまでの中央卸売市場への各調査対象品目ごとの出荷実績が多い都道府県に所在する集出荷団体	調査員が調査対象者に調査票を配布・回収して行う、調査対象による自計調査	4月1日から3月31日までの1年間
	（青果物仲卸段階経費調査）	青果物の卸売数量が全国の6割を超えるまでの中央卸売市場に所在し青果物を取り扱う仲卸業者		仕入金額、販売金額及び完納奨励金、販売費及び一般管理費については4月1日から3月31日までの1年間。品目別の仕入額・販売金額等については調査実施年の11月
	（青果物小売段階経費調査）	青果物の卸売数量が全国の6割を超えるまでの中央卸売市場のある都道府県に所在し、当該中央卸売市場に所在する仲卸業者から青果物を仕入れている小売業者		
食品産業企業設備投資動向調査	食品産業企業設備投資動向調査	食料品製造業及び外食産業を営む企業のうち、資本金1億円以上の企業220社を有意抽出。	郵送による自計調査	3月31日時点
野生鳥獣資源利用実態調査	野生鳥獣資源利用実態調査	野生鳥獣の食肉処理を行っている施設	民間事業者が調査票を郵送により配布し、郵送又はFAX、オンラインにより回収する自計調査	毎年4月1日から翌年3月31日までの1年間。ただし、食肉処理施設の概要については3月31日時点。

食品段階別価格形成調査のうち、「水産物経費調査」については、「水産物」に掲載

概要（農業・流通）

調査事項	調査の変遷
・生産者の労働による入荷荷姿別青果物卸売市場向け出荷量等、代金決済勘定、出荷量、集出荷及び販売経費、事業管理費、販売金額 ・対象品目はだいこん、にんじん、はくさい、キャベツ、ほうれんそう、ねぎ、なす、トマト、きゅうり、ピーマン、さといも、たまねぎ、レタス、ばれいしょ、みかん、りんご	平成15年　調査開始
・仕入金額・販売金額及び奨励金、販売費及び一般管理費、品目別の仕入金額・販売金額等 ・対象品目はだいこん、にんじん、はくさい、キャベツ、ほうれんそう、ねぎ、なす、トマト、きゅうり、ピーマン、さといも、たまねぎ、レタス、ばれいしょ、みかん、りんご	
・企業の概要、取得設備投資額及びその内訳、長期資金調達・運用状況、研究開発費、海外直接投資動向	
・食肉処理施設の概要 ・食肉処理施設の処理実績 ・食肉処理施設の販売実績	平成29年調査開始

農林水産統計調査の

調査名	調査の種類	調査対象	調査方法	調査期日
牛乳乳製品統計調査	基礎調査	牛乳処理場及び乳製品工場、これらを管理する本店、主たる事務所	民間事業者が調査票を郵送により送付・回収又はオンラインにより回収する自計調査	12月31日現在、12月の1か月、過去1年間の実績
	月別調査			毎月
食品製造業におけるHACCPの導入状況実態調査	食品製造業におけるHACCPの導入状況実態調査	日本標準産業分類による食料品製造業及び飲料・たばこ・飼料製造業（製氷業、たばこ製造業及び飼料・有機質肥料製造業を除く。）を営む企業で、従業員数（常用雇用者）が5人以上の企業	民間事業者が調査票を郵送により送付・回収又はオンラインにより回収する自計調査	10月1日現在
食品産業企業設備投資動向調査	食品産業企業設備投資動向調査	食料品製造業（日本標準産業分類中分類「09」及び「10」のうち、小分類「101」並びに「103」）及び外食産業（中分類「76」及び「77」）を営む資本金1億円以上の企業から無作為に抽出	調査票を郵送しオンライン又は郵送により回収する自計調査	毎年3月31日現在
容器包装利用・製造等実態調査	容器包装利用・製造等実態調査	容器包装を利用・製造している可能性がある製造業、卸売業、小売業、外食産業、農業、漁業	調査票を郵送し、郵送、FAX、オンラインで回収する自計調査	前年度の実績

概要（農業・加工）

調査事項	調査の変遷
・生乳の牛乳向け及び乳製品向け処理量 ・牛乳等の種類別生産量 ・飲用牛乳等の県外出荷の実績又は予定の有無 ・飲用牛乳等の容器容量別生産量 ・生産能力、乳製品の種類別生産量及び年末在庫量	昭和25年　畜産物調査として調査開始 昭和27年　牛乳処理場、乳製品工場を調査対象に変更 昭和47年　「牛乳乳製品統計調査」に変更。鶏卵の除外、月別調査は標本抽出へ 昭和57年　クリーム等を追加。加糖粉乳等を廃止。月別調査の牛乳処理場の基準を30トンから300トンへ
・生乳の受乳量、送乳量、繰越及び繰入 ・生乳の牛乳等向け及び乳製品向け処理量 ・牛乳等の種類別生産量 ・飲用牛乳等の都道府県別出荷量 ・乳製品の種類別生産量及び月末在庫量	平成16年　牛乳、加工乳の定義変更か業務用（製菓加工原料用）の追加、成分調整牛乳の新設） 平成21年　民間事業者への業務委託
・食品の販売金額規模、従業員規模、販売金額が多い上位3品目、輸出状況 ・HACCPの導入状況、HACCP方式、導入予定時期、一層の充実を図る方法、問題点、効果、導入に当たって役立った支援策、HACCP導入する予定がない理由	
・企業の概要、売上高、取得設備投資額、長期資金調達・運用状況、研究開発費の状況、海外直接投資動向	
・包装容器の素材別に「包装容器の利用・製造等の形態」、「容器利用事業者について、容器包装の利用量、容器を用いた商品の販売額」、「容器製造等事業者について、出荷先別の容器の出荷量、販売額)	

農林水産統計調査の

調査名	調査の種類	調査対象	調査方法	調査期日
食品ロス統計調査	世帯調査	世帯	調査対象世帯に調査票を配布・回収する自計調査。調査票の記入は調査世帯による実測・記帳	調査年の12月の連続した7日間
	外食産業調査	インターネット等による情報収集により作成した標本抽出名簿から有意に抽出。	民間事業者の調査員が調査対象事業所に出向いて行う実測調査、調査対象への面接聞き取りによる他計調査	調査年の9月から翌年1月までの1日
食品循環資源の再生利用等実態調査	食品循環資源の再生利用等実態調査	食品産業（食品製造業、食品卸売業、食品小売業、外食産業）に該当する事業所のうち、食品リサイクル法第9条第1項に基づく定期報告を行った企業に属する事業所以外の事業所	調査票を郵送で配布し郵送、オンラインで回収する自計調査	調査実施年の前年の4月1日から翌年3月31日までの1年間

概要（農業・消費）

調査事項	調査の変遷
・世帯における食品の使用状況（下処理をする前の重量。調理時に食べられない部分として取り除いた重量。食べ残して捨てた重量。賞味期限切れで食卓に出さずそのまま捨てた重量	平成12年　世帯調査、外食産業における食べ残し量。食品廃棄の状況を調査する「外食産業調査」、「食品小売業調査」「食品卸売業調査」、「食品製造業調査」を実施 平成13年　世帯調査実施。「食品循環資源の再生利用等実態調査」実施
・食品使用量及び食べ残し量。食堂、レストランは昼食、結婚披露宴、宴会は1コース	平成15年　「外食産業調査」の対象を食堂・レストランに限定 平成18年　「外食産業調査」の対象を食堂・レストラン、結婚披露宴、宴会、宿泊施設を含む事業所で実施 平成19年　外食産業調査休止 平成21年　世帯、外食産業調査実施 平成26年　世帯調査実施 平成27年　外食産業調査実施
・食品廃棄物等の発生状況、再生利用量、熱回収量、減量、処分量、売上高又は客数	平成13年から21年　「食品ロス統計調査」の一部として実施 平成22年　食品リサイクル法第9条第1項に基づく定期報告を行った企業に属する事業所以外の事業所を対象に実施 平成26年　食品製造業に属する事業所を除いて実施

農林水産統計調査の

調査名	調査の種類	調査対象	調査方法	調査期日
農業協同組合及び同連合会一斉調査	総合農協一斉調査	総合農協（信用事業を行う農業協同組合）	郵送による自計調査	毎年事業年度
	専門農協一斉調査	専門農協（信用事業を行わない農業協同組合）		2年ごと事業年度
	農業協同組合連合会一斉調査	農業協同組合連合会		毎年事業年度
土壌改良資材の生産量及び輸入量調査		地力増進法第11条に基づき定められている12種類の政令指定土壌改良材の製造業者及び輸入業者	郵送による自計調査	調査年の前年1年間（1月から12月）

概要（農業・総合）

調査事項	調査の変遷
・組合員数、役員数、支所、出張所等出先機関設置状況 ・貸借対照表・勘定科目の内訳、損益計算書・勘定科目の内訳 ・職員平均給与、労働時間、定年制採用状況、信用事業、購買事業、販売事業、農業倉庫事業、加工事業、宅地等供給事業 ・共同利用施設所有状況、補助金・助成金、部門別損益	
・組合員数、役員数、職員の平均給与 ・貸借対照表、損益計算書、剰余金処分又は損失金処理計算書、株式会社の株式取得状況、諸税、補助金 ・購買事業、販売事業、加工事業、その他 ・共同利用施設所有状況	
・会員数、役員数、支所、出張所等出先機関設置状況 ・貸借対照表、損益計算書、剰余金処分又は損失金処理計算書 ・労働条件	
・政令土壌改良資材の生産量、輸入量	

農林水産統計調査の

調査名	調査の種類	調査対象	調査方法	調査期日
農林業センサス（林業）	農林業経営体調査	農林産物の生産を行うか又は委託を受けて農林業作業を行い、生産又は作業に係る面積・頭羽数が一定規模以上の「農林業生産活動」を行う者	調査員が調査対象者に調査票を配布・回収して行う、調査対象による自計調査	2月1日現在

農林水産統計調査の

調査名	調査の種類	調査対象	調査方法	調査期日
林業経営統計調査	林業経営統計調査	林業経営体	調査対象による自計調査と農林水産省職員の面接聞き取り等による他計調査を同一対象に併用	毎年4月から3月までの1年間

概要（林業・姿・仕組）

調査事項	調査の変遷
・保有山林面積、林業労働力、育林面積等、素材生産量 ・林産物の販売金額、林業作業の受託状況	農林業センサス（農業部門）参照

概要（林業・経営）

調査事項	調査の変遷
・労働力の状況、林業投下労働時間、林業用資産、林業経営収支、樹種別・林齢区分別山林面積	昭和39年　「林家経済調査」開始 平成14年　林業経営統計調査に改称。「栽培きのこ経営統計」開始 平成25年　栽培きのこ経営統計廃止。毎年調査から5年周期へ変更

農林水産統計調査の

調査名	調査の種類	調査対象	調査方法	調査期日
木材統計調査	基礎調査（年次調査）	製材品、木材チップ、単板及び合板を生産している事業所で調査年の12月31日現在で事業を行っている工場及び休業中であっても休業開始時期が調査年の10月1日以降。製材工場にあっては製材用動力の出力が7.5KW未満は対象から除外	オンライン、郵送による自計調査、できない場合は調査員の面接聞き取りによる他計調査	毎年12月31日現在
	製材月別調査（毎月調査）	製材用動力の出力数7.5KW以上の製材工場	オンライン、郵送、FAXによる自計調査	毎月月末
	合単板月別調査（毎月調査）	単板又は合板を生産している事業所		
特用林産物生産統計調査	特用林産物生産統計調査	特用林産物を生産している生産者（農協、森林組合、取扱業者・加工業者が情報を保有している場合はその者）	都道府県、市町村を経由して郵送、電子メールにより配布・回収	毎年1～12月の1年間（ただし、たけのこ、ねまがりだけ、水わさび、畑わさび、わらび、乾ぜんまい、たらのめについては西暦偶数年）
木質バイオマスエネルギー利用動向調査	木質バイオマスエネルギー利用動向調査	木質バイオマスエネルギーを利用した発電機、ボイラーを有する事業所	都道府県又は市町村を経由して調査対象に調査票を郵送又は電子メールにより配布・回収する自計調査	毎年12月末調査実施年の前年1月1日から同年12月31日まで

概要（林業・生産）

調査事項	調査の変遷
・製材に用いる動力の出力数、従業員数、素材の入荷量及び消費量、製材品の出荷量、木材チップの生産量、合板の生産量	昭和26年　素材生産量に関する統計開始 昭和27年　製材工場基礎調査開始 昭和28年　合単板、電柱材、パルプ材を拡充し「製材統計調査」開始 平成17年　「製材統計調査」と「木材統計調査」を統合し「木材統計調査」に再編
・製材に用いる動力の出力数、素材の入荷量、消費量及び在庫量、製材品の生産量、出荷量及び在庫量	
・素材の入荷量、消費量及び在庫量、合板の入荷量、生産量、出荷量、在庫量	
・きのこの生産量、生産者数、出荷先内訳 ・しいたけ等原木の伏込量、しいたけ生産者数規模別内訳、しいたけ生産施設数 ・木炭生産量、生産者数 ・その他特用林産物の生産量	平成21年まで「特用林産物需給動態調査」の名称で実施 平成22年「特用林産物生産統計調査」の名称に変更
・事業所の概要、木質バイオマスエネルギーを利用した発電機の利用動向、ボイラーの利用動向、公的補助の活用状況、事業所内で利用した木質バイオマスに関する事項	平成28年より実施

農林水産統計調査の

調査名	調査の種類	調査対象	調査方法	調査期日
木材流通統計調査	木材価格統計調査（毎月調査）素材・木材チップ価格調査	製材工場、合単板工場、木材チップ工場	民間事業者のオンライン、郵送、FAXによる自計調査	毎月15日現在
	木材製品卸売価格調査	木材市売市場、木材センター及び木材販売業者のうち卸売業者		
	木材流通構造調査	全国の製材工場（製材用動力7.5KW以上）、合単板工場、LVL工場、プレカット工場、集成材工場、木材流通業者（木材市売市場、木材センター、木材販売業者）、木材チップ工場	調査員が調査対象者に調査票を配布・回収して行う自計調査、できない場合は調査員の面接聞き取りによる他計調査	12月31日現在（5年周期）

概要（林業・流通・加工・消費）

調査事項	調査の変遷
（素材） ・製材工場、合単板工場及び木材チップ工場における購入価格（工場着価格）等 （木材チップ） ・木材チップ工場における工場渡し価格など 木材製品の販売価格等	昭和43年　林野庁から統計部に移管され「木材市況調査」として開始 昭和44年　「木材販売価格調査」として再編 昭和47年　木材販売価格調査と市況調査を統合し「木材価格調査」に再編 昭和61年　木材製品小売価格調査を廃止
（製材工場） ・木材の年間販売金額、素材の入荷先入荷量、製材品の出荷先別出荷量、工場残材の出荷先別出荷量、製材用機械の所有状況 （合単板工場） ・木材の年間販売金額、素材の入荷先入荷量、合板の出荷先別出荷量、工場残材の出荷先別出荷量、合単板製造機械の所有状況 （LVL工場） ・木材の年間販売金額、素材の入荷先入荷量、LVLの出荷先別出荷量、工場残材の出荷先別出荷量、LVL製造機械の所有状況 （木材チップ工場） ・木材の年間販売金額、原料の入荷先入荷量、木材チップの販売先別販売量、木材チップ製造用機械の所有状況 （プレカット工場） ・木材の年間販売金額、材料の入荷先入荷量、受注先別出荷棟数及び工場残材の出荷先別出荷量 （集成材工場（CLT工場含む。）） ・木材の年間販売金額、材料の入荷先入荷量、集成材の出荷先別出荷量及び工場残材の出荷先別出荷量 （木材流通業者） ・木材の年間販売金額、素材の仕入先別仕入量、製材品の販売先別販売量、合板の販売先別販売量、集成材の販売先別販売量、木材チップの販売先別販売量	昭和43年　「木材流通工場調査」実施（3年周期） 昭和47年　「木材販売構造調査」を実施 平成3年　「木材流通構造調査」に改称 平成8年　5年周期に変更

農林水産統計調査の

調査名	調査の種類	調査対象	調査方法	調査期日
森林組合一斉調査	森林組合調査	森林組合	都道府県を経由して調査票を郵送又は電子メールで回収する自計調査	毎年3月31日現在
	生産森林組合調査	生産森林組合調査		
森林づくり活動についての実態調査	森林づくり活動についての実態調査	森林づくり活動を行う団体	郵送による自計調査	平成24年12月

概要（林業・総合）

調査事項	調査の変遷
・森林組合の組織、執行体制、財務状況、各種事業の実施状況	
・生産森林組合の設立動機、組織の現況、財務状況、各種事業の実施状況	
・団体の概要、森林づくり活動、場所、課題、安全の確保等	

農林水産統計調査の

調査名	調査の種類	調査対象	調査方法	調査期日
漁業センサス	海面漁業調査（漁業経営体調査）	海面漁業に係る漁業経営体	調査員が調査対象に調査票を配布・回収して行う、調査対象による自計調査	調査年の11月1日現在（5年周期）
	（漁業管理組織調査）	漁業管理組織		
	（海面漁業地域調査）	沿岸地区の漁業協同組合		
	内水面漁業調査（内水面漁業経営体調査）	水産動植物の採捕の事業を営む内水面漁業に係る漁業経営体、内水面において養殖の事業を営む漁業経営体		
	（内水面漁業地域調査）	内水面組合		
	流通加工調査（魚市場調査）（冷凍、冷蔵、水産加工調査）	魚市場、水産加工業、冷凍及び冷蔵を営む事業所	調査員が調査対象に調査票を配布・回収、又はオンラインによる自計調査	

概要（漁業・姿・仕組）

調査事項	調査の変遷
・個人の漁業経営体の世帯員の就業状況 ・漁業種類、使用漁船、養殖施設の状況 ・漁業管理の内容、生産条件、地域の活性化のための取組	昭和24年　第1次漁業センサス実施（漁業調査、企業体調査、作業体調査） 昭和29年　第2次漁業センサス（個人経営体調査、会社経営体調査、共同経営体調査、漁業従事者世帯調査、内水面漁業調査） 昭和38年　第3次漁業センサス（海面漁業基本調査、内水面漁業調査、漁業地区調査） 以降、第10次漁業センサス（平成10年）まで海面漁業基本調査、内水面漁業調査、漁業地区調査の体系は同じ
・個人の漁業経営体の世帯員の就業状況 ・漁業種類、使用漁船、養殖施設の状況 ・生産条件、地域の活性化のための取組	2003年　漁業センサス（平成15年）（海面漁業調査、内水面漁業調査、流通加工調査） 2008年　漁業センサス、2013年漁業センサスにおいても2003年漁業センサスと同じ調査体系である
・魚市場、水産加工業並びに冷凍及び冷蔵施設を営む事業所の現況 ・従業者数	

農林水産統計調査の

調査名	調査の種類	調査対象	調査方法	調査期日
漁業就業動向調査	個人経営体調査	個人経営体	調査員が調査対象に調査票を配布・回収して行う、調査対象による自計調査	毎年11月1日現在
	団体経営体調査	団体経営体	調査票を郵送し、オンライン又は郵送により回収する自計調査	
6次産業化総合調査	漁業・漁村の6次産業化総合調査	漁業センサスにおいて把握した水産加工場を営む海面漁業経営体、沿海地区の漁協が運営する水産加工場、漁業等からの情報収集により把握した海面漁業経営体及び沿海地区の漁協等が運営する水産物直売所	調査票を郵送、又は調査員が調査票を配布し、郵送又はオンラインにより回収する自計調査、調査員の面接聞き取りによる他計調査	4月1日から3月31日までの1年間

概要（漁業・姿・仕組）

調査事項	調査の変遷
・総世帯員数に関する事項、個人経営体の専兼業の別 ・世帯員の就業状況に関する事項（満15歳以上の世帯員の年齢、性別、就業状況） 男女別年齢階層別従事者数	昭和37年　「漁業就業者調査」として開始 昭和44年　「個人経営世帯」と「漁業従事者世帯」に区分し「漁業世帯員就業者調査」に変更 平成6年　調査項目から新規学卒者の就業状況を削減するとともに、特定のテーマに沿った調査項目を設定する「漁業就業動向等調査」として実施 平成11年　調査項目から特定テーマ廃止 平成16年　調査項目を現行と同様に限定する「漁業就業動向調査」として実施。 平成21年　調査対象を漁業経営体（個人経営体、団体経営体）に変更
水産加工 水産加工の運営形態、水産加工品の販売金額、稼働日数、生産した加工品名、販売金額割合、販売先別販売金額割合、加工原料の仕入れ状況、水産加工品における男女別・年齢別の従事者の状況及び雇用者の労賃 水産物直売所 水産物直売所直売所の運営形態、販売金額、品目別販売金額割合、営業期間、施設形態、売り場面積、直売所における男女別・年齢別の従事者の状況及び雇用者の労賃	平成22年　調査開始 平成23年　漁業・漁村分を追加 平成24年　販売戦略実態調査休止。農協等が運営する農家レストラン、輸出に取り組む農協等を追加。

農林水産統計調査の

調査名	調査の種類	調査対象	調査方法	調査期日
海面漁業生産統計調査	稼働量調査		調査員の面接聞き取りによる他計調査	
	海面漁業漁獲統計調査	海面漁業経営体及び水揚機関	（水揚機関）調査員が調査対象者に調査票又は電磁的記録を配布・回収して行う、調査対象による自計調査、調査員が水揚機関に備え付けた電子計算機の映像若しくは紙面に表示された電磁的記録に記録されている事項を閲覧しその内容を調査票に転記する方法や、調査員の面接聞き取りによる他計調査（漁業経営体）郵送による自計調査（一括調査）	毎年１月から12月までの期間
	海面養殖業収獲統計調査	海面漁業経営体及び水揚機関	調査員が調査対象者に調査票を配布・回収して行う、調査対象による自計調査、調査員の面接聞き取りによる他計調査	毎年１月から12月までの期間

概要（漁業・生産）

調査事項	調査の変遷
漁業経営体の所有する漁船名、漁船トン数 漁業種類（沿岸まぐろはえ縄、沿岸かつを一本釣、ひき縄釣又は大型定置網）、操業水域、出漁日数	昭和26年　「海面漁業漁獲統計調査」開始 昭和28年　海面養殖業に係る調査と統合再編 昭和39年　属地統計から属人統計へ転換 昭和48年　「海面漁業生産統計調査」に改称
（水揚機関・漁業経営体用） 漁業種類及び生産物種類別生産量 （一括調査用） 漁労体数、1漁労体当たり平均出漁日数、1日当たり平均漁獲量	
（水揚機関・漁業経営体用） 養殖魚種別収穫量、年間種苗販売量、年間投餌量 （一括調査用） 総施設面積、1施設当たり平均面積、平均収穫量	

農林水産統計調査の

調査名	調査の種類	調査対象	調査方法	調査期日
内水面漁業生産統計調査	内水面漁業漁獲統計調査	内水面漁業協同組合、内水面漁業経営体、内水面養殖業経営体、水揚機関	民間事業者の郵送、FAX、オンラインによる自計調査、又は調査員が調査対象者に調査票を配布・回収して行う調査対象による自計調査	毎年1月から12月までの期間
	内水面養殖業収獲統計調査			
	3湖沼漁業生産統計調査			

概要（漁業・生産）

調査事項	調査の変遷
・魚種別漁獲量 ・魚種別天然産種苗採捕量	昭和29年　調査開始 平成13年　内水面漁業漁獲統計調査の調査範囲を148河川28湖沼とした。内水面養殖業収獲統計調査の対象魚種をます類、あゆ、こい、うなぎとした 平成14年　3湖沼（琵琶湖、霞ケ浦、北浦）を海面漁業生産統計調査から内水面漁業生産統計統計調査に変更
・魚種別漁獲量（食用に限る。） ・魚種別種苗販売量	平成15年　漁業権が設定された全ての河川、湖沼を調査範囲とした
・漁業種類別魚種別漁獲量 ・天然種苗採捕量 ・魚種別収穫量 ・魚種別等種苗販売量	平成16年　内水面漁業漁獲統計調査の調査範囲を106河川24湖沼とした 平成21年　内水面漁業漁獲統計調査の調査範囲を108河川24湖沼とした 平成26年　内水面漁業漁獲統計調査の調査範囲を112河川21湖沼とした

調査名	調査の種類	調査対象	調査方法	調査期日
漁業経営調査	個人経営体調査	漁業経営体（第2種兼業漁家を除く） （漁船漁業） 海面において主として動力漁船を用いて漁船漁業を営む経営体 （小型定置網漁業） 海面において主として小型定置網漁業を営む経営体 （海面養殖業） 主として対象水産物の海面養殖業を営む経営体	調査対象による自計調査と専門調査員等の面接聞き取り等による他計調査を同一対象に併用	毎年1月1日から12月31日までの1年間
	会社経営体調査	海面漁業を営む経営体のうち会社 （漁船漁業） 海面において主として動力漁船を用いて漁船漁業を営む経営体で動力漁船の合計トン数が10トン以上 （海面養殖業） 主として対象水産物の海面養殖業を営む経営体	専門調査員等が調査対象者に調査票を配布・回収（郵送・オンラインも可能）して行う、調査対象による自計調査	毎年4月1日から翌年3月31日までの1年間

概要（漁業・経営）

調査事項	調査の変遷
・世帯員及び漁業従事状況、漁船の規模及び使用状況並びに養殖施設 ・財産、収入、支出、 ・漁業・養殖業生産物の漁獲及び収獲 ・労働時間など漁業操業	昭和26年　「漁家経済調査」開始 平成13年　家族型経営調査、雇用型経営調査、会社経営体調査、共同経営体調査に再編し「漁業経営調査」に改称 平成28年　共同経営体調査を廃止。会社経営体調査の対象から大型定置網漁業、さけ定置網漁業を除外
・漁業操業状況、使用漁船 ・財産、漁業投下固定資本、損益	

農林水産統計調査の

調査名	調査の種類	調査対象	調査方法	調査期日
水産物流通調査	産地水産物流通調査 （水揚量・価格調査）	漁業地区から主要な漁業地区を選定し調査区を設定	郵送・FAXによる自計調査	毎年1月1日から12月31日までの1年間
	（用途別出荷量調査）	調査区のうち、調査品目の水揚量が年間調査の当該品目の水揚量の概ね6割を占める調査区内の全ての卸売業者及び漁業協同組合		
	冷蔵水産物流通調査	全国の総冷蔵能力のうち50％に達するまでの産地40市町村、消費地14市区町村の水産物を取り扱う主機10馬力以上の冷蔵能力を持つ冷凍・冷蔵工場のうち、累積冷蔵能力が80％に達するまでの工場	郵送・FAX、オンラインによる自計調査	毎年1月1日から12月31日までの1年間（毎月調査）
	水産加工統計調査	水産加工品を生産する陸上加工経営体	郵送・FAX、オンラインによる自計調査、調査員が調査対象者に調査票を配布・回収して行う、調査対象による自計調査、調査員の面接聞き取り、関係書類の閲覧による他計調査	毎年1月1日から12月31日までの1年間

漁業センサス（流通加工調査、魚市場調査）の概要については漁業センサスを参照

概要（漁業・流通・加工・消費）

調査事項	調査の変遷
水揚量、価格	
用途別出荷量	
月末在庫量、月間入庫量、月間出庫量	
加工種類別品目別生産量	

農林水産統計調査の

調査名	調査の種類	調査対象	調査方法	調査期日
食品流通段階別価格形成調査	水産物経費調査 （水産物産地卸売段階経費調査）	各調査対象品目ごとに水揚量の多い全国上位10漁港の産地卸売市場に所在する産地卸売業者	調査員が調査対象者に調査票を配布・回収して行う、調査対象による自計調査、郵送により調査票を配布し郵送又はオンラインで回収する自計調査	仕入金額、販売金額、完納奨励金、販売費、一般管理費については4月1日から3月31日までの1年間、品目別の仕入金額、販売金額等については調査実施年の10月（1か月）
	（水産物産地出荷段階別経費調査）	産地卸売市場において卸売を行う産地卸売業者から主として生鮮の水産物を買受け、全国の中央卸売市場のうち水産物の卸売数量が全国計の6割を超えるまでの上位中央卸売市場へ出荷する産地出荷業者		
	（水産物仲卸段階経費調査）	全国の中央卸売市場のうち水産物の卸売数量が全国の6割を超えるまでの中央卸売市場に所在し水産物を取り扱う仲卸業者		
	（水産物小売段階経費調査）	全国の中央卸売市場のうち水産物の卸売数量が全国の6割を超えるまでの中央卸売市場のある都道府県に所在し、当該中央卸売市場に所在する仲卸業者から水産物を仕入れている小売業者		

概要（漁業・流通・加工・消費）

調査事項	調査の変遷
販売事業収益、販売費、事業管理費、廃棄処分費、完納奨励金、出荷奨励金、産地卸売市場の取扱い数量、取扱金額 調査水産物流通経費調査の対象品目はめばちまぐろ、かつお、まいわし、まあじ、まさば、さんま、まだい、まがれい、ぶり及びするめいか	平成15年　調査開始
仕入金額・販売金額、奨励金、販売費、一般管理費、品目別仕入金額・販売金額等	
仕入金額・販売金額及び奨励金、販売費及び一般管理費、品目別の仕入金額・販売金額等	

農林水産統計調査の

調査名	調査の種類	調査対象	調査方法	調査期日
都道府県知事認可漁業協同組合の職員に関する一斉調査	都道府県知事認可漁業協同組合の職員に関する一斉調査	都道府県認可の漁業協同組合のうち沿海地区出資漁業協同組合	調査票、FD又はオンラインにより配布されたファイルに漁協職員が入力し都道府県を経由して回収	事業年度の末日現在

概要（漁業・総合）

調査事項	調査の変遷
組合の名称 職員について（年齢別・性別職員数、9月に支払った1か月分の給与、1週間の所定労働時間、週休2日制の実施状況、定年制、退職金、初任給	

Ⅲ　担い手・土地・労働力などのまちがえやすい統計用語

【農家・林家】	図1、図2、図3、表1参照
農　　　家	調査日現在で、経営耕地面積が10a以上の農業を営む世帯又は経営耕地面積が10a未満であっても、調査期日前1年間における農産物販売金額が15万円以上あった世帯をいう。
林　　　家	調査期日現在で、保有山林面積が1ha以上の世帯をいう。
土地持ち非農家	農家以外で耕地及び耕作放棄地を合計で5a以上所有している世帯をいう。耕地を貸し出したり、組織経営体に参加し耕地を供出して農家ではなくなった世帯が含まれる。
販　売　農　家	経営耕地面積が30a以上又は調査期日前1年間における農産物販売金額が50万円以上の農家をいう。
自　給　的　農　家	経営耕地面積が30a未満でかつ調査期日前1年間における農産物販売金額が50万円未満の農家をいう。
主　業　農　家	農業所得が主（農家所得の50％以上が農業所得）で、1年間に60日以上自営農業に従事している65歳未満の世帯員がいる農家をいう。
準　主　業　農　家	農外所得が主（農家所得の50％未満が農業所得）で、1年間に60日以上自営農業に従事している65歳未満の世帯員がいる農家をいう。
副　業　的　農　家	1年間に60日以上自営農業に従事している65歳未満の世帯員がいない農家をいう。
専　業　農　家	表2参照 世帯員のうち兼業従事者（他に雇用されて仕事に従事した者又は自営農業以外の自営業に従事した者）が一人もいない農家をいう。
兼　業　農　家	世帯員の中に兼業従事者が1人以上いる農家をいい、第

1種兼業農家と第2種兼業農家に区分される。

【経 営 体】
農 業 経 営 体

　農林業経営体のうち、次のいずれかの事業を行う者をいう。
(1) 経営耕地面積が30a以上の規模の農業
(2) 農作物の作付面積又は栽培面積、家畜の飼養頭羽数又は出荷羽数その他の事業の規模が外形基準以上の農業
(3) 農作業受託の事業
　2005年農林業センサス以降の調査対象。家族経営体と組織経営体に区分されている。

家 族 経 営 体

　農業経営体のうち個人経営体（農家）及び1戸1法人（農家であって農業経営を法人化している者）のこと。

組 織 経 営 体

　農業経営体のうち、家族経営体に該当しない者。

農 業 生 産 法 人

　農業生産法人とは農地法（昭和22年法律第229号）第2条第3項に規定する農業経営を行うために農地を取得できる法人をいう。

農 業 事 業 体

　調査期日現在で10a以上の経営耕地を有するかあるいは経営耕地面積が10a未満であっても、調査期日前1年間の農産物販売金額が年間15万円以上の農業を営む事業体をいう。農家と農家以外の農業事業体に区分されている。2000年農林業センサスまでの調査対象。

農業サービス事業体

　農家等から委託を受けて農作業を行う事業体のことで、農業事業体は除かれている。2000年農林業センサスまでの調査対象。

集 落 営 農 組 織

表3参照
　集落営農実態調査の用語。
　「集落」を単位として、農業生産過程における一部又は全部についての共同化・統一化に関する合意の下に実施される営農をいう。

【世 帯 員】
世　帯　員

図4参照
　世帯員とは、原則として住居と生計を共にしている者のこと

世　帯　主	その家の経済的責任者（世帯員の生計について責任をもっている者）をいい、必ずしも農業経営の中心になっている経営主とは限らない。
経　営　主	農林業経営の管理運営の中心となっている者をいい、生産品目や規模、請負う農林業作業の決定、具体的な作業時期や作業体制、労働や資本の投入、資金調達といった経営全般を主宰する者をいう。
経営の後継者	次の代で農業経営を継承することが確認されている者をいう。
経営方針の決定参画者	経営主とともに農林業経営に関する決定に参画した者をいう。
他出農業後継者	就職や就学のため離れて住んでいる子供等のうち、次の代で農業経営を継承することが確認されている者をいう。
農業経営関与者	農業経営統計調査での用語。個別経営体（世帯）では経営主夫婦及び原則として年間60日以上当該農業経営体の農業に従事する世帯員である家族。組織経営体では構成員。
【土　地】	図5参照
総　土　地	農林業センサス農山村地域調査の用語。原則として国土地理院『全国都道府県市区町村別面積調』による総土地面積が用いられている。
農　地	農林水産統計の中では農地面積という統計数値は把握されていない。食料・農業・農村白書、土地白書（国土交通省）においては「農地面積」として農林水産統計の耕地面積が用いられている。
耕　地	作物統計調査（面積調査）での用語。農作物の栽培を目的とする土地のことをいい、けい畔を含む。
経　営　耕　地	農林業センサス等農業経営体を対象とした調査での用語。調査期日現在で農林業経営体が経営している耕地（けい畔を含む田、樹園地及び畑）をいい、自ら所有し耕作している耕地に他から借りて耕作している耕地を加え、他に貸している耕地を除いたもの。

林　　　　野	現況森林面積と森林以外の草生地の面積を合わせたものをいい、不動産登記規則（平成17年法務省令第18号）第99条に規定する地目では山林と原野を合わせた面積に相当する。
森　　　　林	森林法第2条に規定する森林の面積をいう。
山　　　　林	用材、薪炭材、竹材、その他の林産物を集団的に生育させるために用いている土地のこと。果樹園、庭園は山林に該当しない。
林　　　　地	国有林野事業統計の用語。森林のうち、林木（針葉樹、広葉樹）が集団的に生育している土地で、樹冠の投影面積が30％以上を占めているところ。
【労　働　力】	図6、図7参照
農　業　従　事　者	15歳以上の世帯員のうち、調査期日前1年間に自営農業に従事した世帯員をいう。自営農業に従事した日数は問わず補助的に働いた世帯員、農繁期だけ働いた世帯員も含む。
農　業　専　従　者	自営農業に従事した世帯員（農業従事者）のうち、調査期日前1年間に自営農業に150日以上従事した者をいう。
農　業　就　業　人　口	自営農業に従事した世帯員（農業従事者）のうち、①自営農業のみに従事した者、②自営農業以外の仕事に従事していても、年間労働従事日数からみて自営農業従事日数の方が多い者のことをいう。
基幹的農業従事者	自営農業のみに従事した者のうち、ふだんの仕事として「主に自営農業に従事した者」をいう。
漁業従事世帯員	漁業センサスの用語。15歳以上の世帯員のうち、調査期日前1年間に漁業に従事した者をいう。
漁　業　就　業　者	漁業センサス等の用語。15歳以上の世帯員のうち、調査期日前1年間に自営漁業又は雇われの海上作業に30日以上従事した者をいう。
基幹的漁業従事者	漁業センサスの用語。個人経営体の世帯員のうち、自営漁業の海上作業従事日数が最も多い者をいう。

図1　2005年農林業センサスにおける調査体系の変更のイメージ

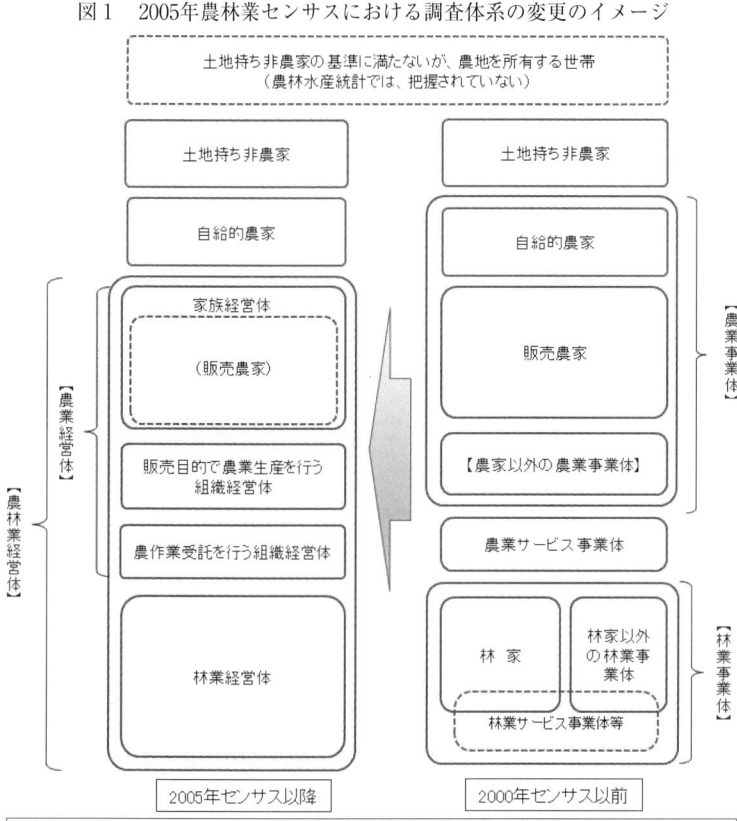

【解説】
1. 2005年センサスから、それまでの農家、農家以外の農業事業体、農業サービス事業体、林家、林家以外の林業事業体及び林業サービス事業体等を対象とする6本の調査が、農林業経営体調査に一本化された。その結果、自給的農家については、土地持ち非農家と同様、調査票による実査対象か否かを判定するための調査客体候補名簿の中で、必要な事項を把握する仕組みに変更された。
2. 調査体系の見直し後も、統計の連続性を維持する観点から、家族経営体のうち販売農家の規定を満たすものについて、販売農家に関する統計が作成されているほか、農家以外の農業事業体に相当する「販売目的で農業生産を行う組織経営体」、農業サービス事業体に相当する「農作業受託を行う組織経営体」に関する統計が作成されている。2015年センサス結果では、家族経営体が1344千戸、販売農家が1330千戸となっている。この差は、農業経営体の外形基準を満たしているが、販売農家の農産物販売金額基準を満たさないものがあること、農作業受託を行う経営体で、販売農家の規定を満たさないものがあることによる。

図2　農林業センサスにおける農林業経営体の概念

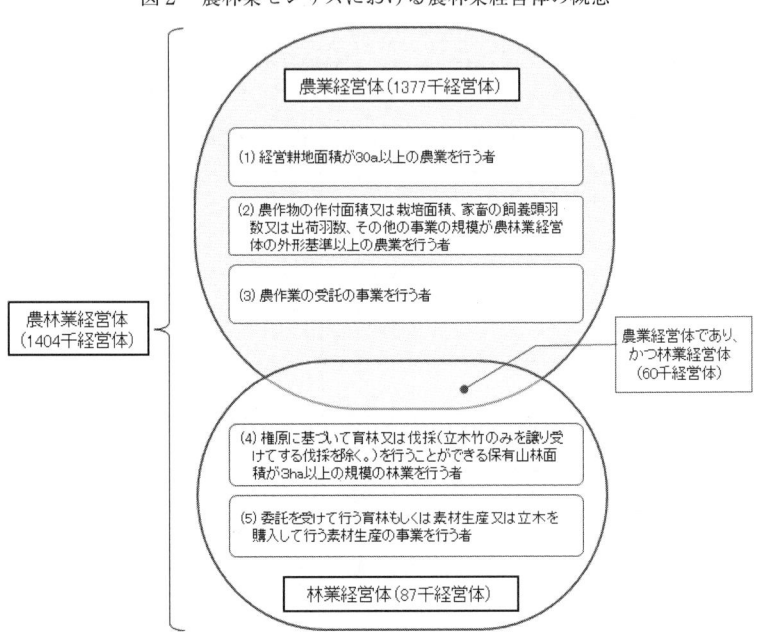

注：図中、数値は2015年農林業センサス結果による。

【解説】

1. 農林業経営体は図中(1)～(5)のいずれかに該当する者であり、このうち農業経営体は図中(1)～(3)のいずれかに該当する者、林業経営体は図中(4)又は(5)のいずれかに該当する者をいう。
2. 2015年センサス結果では、農林業経営体が1404千経営体、農業経営体が1377千経営体、林業経営体が87千経営体となっており、農業経営体と林業経営体の両方に該当する経営体が60千経営体存在する。

75

図3　農業経営体の「家族・組織区分」と「個人・法人区分」の関係

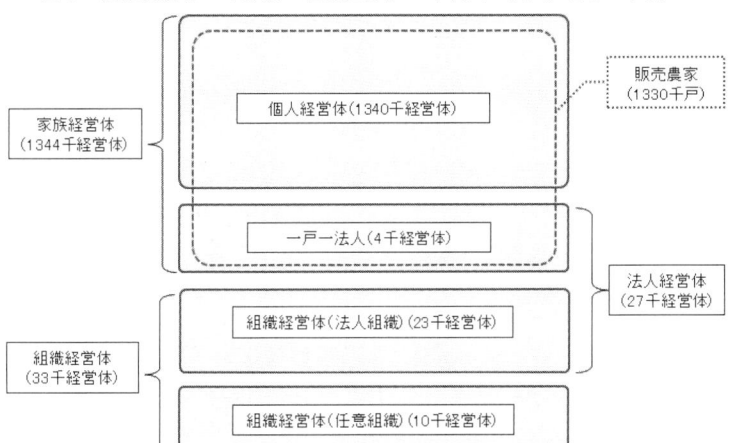

注：図中、数値は2015年農林業センサス結果による。

【解説】
1．農林業経営体のうち、農業経営体は、家族経営体〔世帯による経営〕と組織経営体に分類される。
2．世帯による経営が法人化した一戸一法人は、家族経営・組織経営の別では家族経営体に分類され、個人経営・法人経営の別では法人経営体に分類されるので、注意が必要である。
3．家族経営体のうち、販売農家の規定を満たすものについて販売農家の統計が作成されており、一戸一法人も販売農家に含まれる。なお、2015年センサス結果では、家族経営体が1344千戸、販売農家が1330千戸となっている。この差は、農業経営体の外形基準を満たしているが、販売農家の農産物販売金額基準を満たさないものがあること、農作業受託を行う経営体で、販売農家の規定を満たさないものがあることによる。

図4　世帯員の捉え方（農林業センサスと国勢調査）

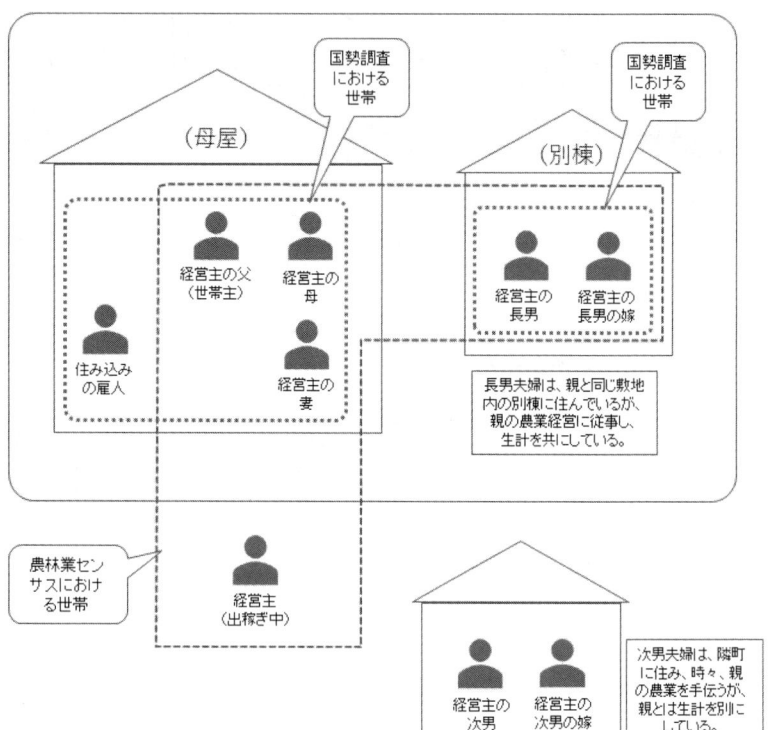

【解説】

1. 世帯員とは、農林業センサス、国勢調査とも、原則として住居と生計を共にしている者のことをいうが、細かい部分で定義が異なっている。最も大きな違いは、同一敷地内に親と子がそれぞれ別棟に住んでいる場合で、生計が一つであれば農林業センサスでは一つの世帯として捉えるが、国勢調査では、生計が一つであっても、それぞれの棟が住居の用件（専用の出入り口、トイレを備えていること　等）を満たしていれば、別々の世帯として捉える。

2. また、出稼ぎ等で調査日現在その家に居なくても、生計を共にしていれば、農林業センサスでは、元の世帯の世帯員としてカウントされるが、国勢調査では調査日現在の常住人口を把握するため出稼ぎ先でカウントされる。逆に住み込みの雇人は、国勢調査では住み込み先の世帯員としてカウントされるが、農林業センサスでは世帯員としてカウントされない。

図5　土地利用の概念図

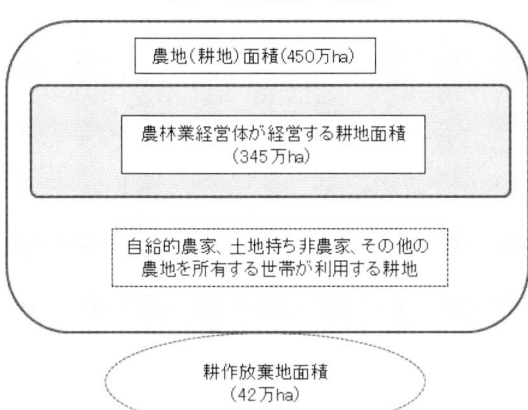

注：図中、数値は平成27年耕地及び作付面積統計、2015年農林業センサス結果による。

【解説】
1．統計上、農地の規定は定められていないが、農業白書、土地白書（国土交通省）等では、「耕地及び作付面積統計」における耕地面積を農地面積として利用されていることから、本書でも耕地面積を農地面積として取り扱っている。
2．図中の「農地（耕地）面積」は、農地が所在する場所ごとに調査・集計される「属地統計」であるのに対し、「農林業経営体が経営する耕地面積（経営耕地面積）」や「耕作放棄地面積」は、農林業センサス農林業経営体調査により、農林業経営体が所在する場所（住所）ごとに調査・集計される「属人統計」である。
3．したがって、農林業センサス農林業経営体調査における経営耕地や耕作放棄地は、必ずしも農林業経営体が所在する場所（農業集落内や市区町村内）に存在するとは限らないので、注意が必要である。
4．なお、同じ農林業センサスでも、属地統計である農山村地域調査では、農地が所在する農業集落や市町村ごとに調査・集計されることから、農林業経営体調査による農業集落の経営耕地面積が、当該農業集落の農山村地域調査による経営耕地面積を大きく上回る場合もあるので、同様に注意が必要である。

78

図6　農林業センサスにおける農業労働力の捉え方

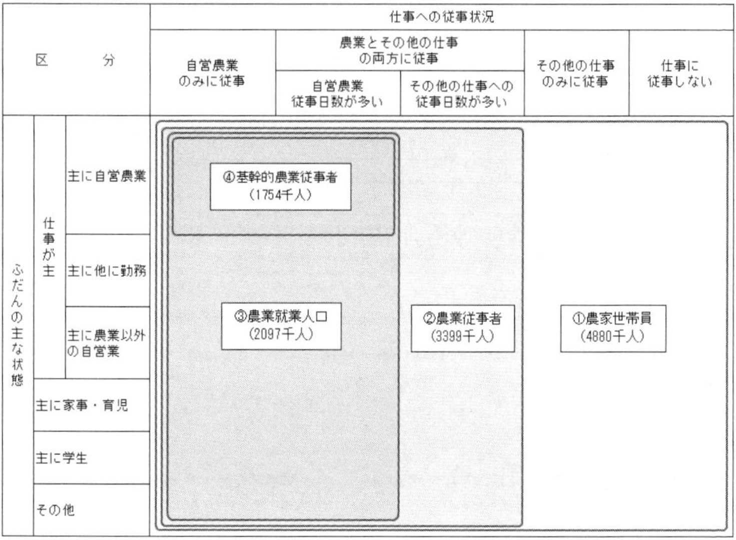

区　分		仕事への従事状況				
		自営農業のみに従事	農業とその他の仕事の両方に従事		その他の仕事のみに従事	仕事に従事しない
			自営農業従事日数が多い	その他の仕事への従事日数が多い		
ふだんの主な状態	仕事が主　主に自営農業	④基幹的農業従事者（1754千人）				
	主に他に勤務	③農業就業人口（2097千人）		②農業従事者（3399千人）	①農家世帯員（4880千人）	
	主に農業以外の自営業					
	主に家事・育児					
	主に学生					
	その他					

注：図中、数値は2015年農林業センサス結果による。

【解説】

1．農家世帯員（図中の①）は、原則として住居と生計を共にする者をいう。
2．農業従事者（②）は、15歳以上の世帯員のうち、調査期日前1年間に1日以上自営農業に従事した者をいう。なお、農業従事者のうち、150日以上自営農業に従事した者を「農業専従者」、60～149日従事した者を「準専従者」という。
3．農業就業人口（③）は、農業従事者のうち、調査期日前1年間に自営農業のみに従事した者、自営農業とそれ以外の仕事の両方に従事した者のうち自営農業が主の者を合わせた人数をいう。
4．基幹的農業従事者（④）は、農業就業人口のうち、ふだん仕事として主に自営農業に従事している者をいう。
5．農業労働力（②～④）は、1995年以前は自給的農家を含めた総農家について把握されていたが、調査の見直しに伴い、2000年センサス以降は販売農家を対象として把握されているので、利用に当たっては注意が必要である。

図7　農林業センサスにおける農業従事の捉え方
（自家農業概念・自営農業概念）

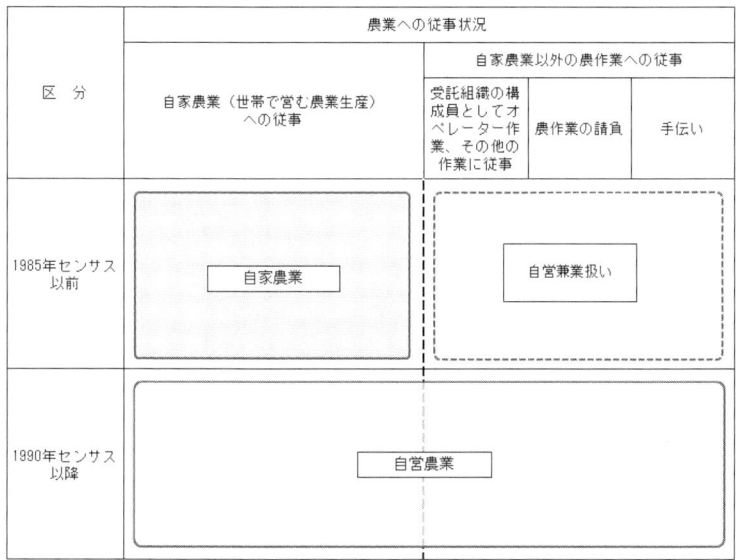

【解説】

1. 農業労働力に関する統計や専兼業別等の農家分類の基準となる農業従事（日数）については、1985年センサス以前は「自家農業（世帯で営む農業生産）」への従事日数を基準とし、農作業受託は自営兼業扱いとされていた。
2. 1990年センサス以降、「農作業の受託農家は保有する労働力や農業用機械の稼働率の向上を図るため、実質的な経営規模拡大の手段として農作業受託を行っており、それを兼業扱いとすることは実態にそぐわない」（「農林水産統計情報50年史」）として、それまでの「自家農業」概念に代えて、農作業受託を加えた「自営農業」概念が導入された。
3. その結果、農業労働力（農業従事者数、農業就業人口、基幹的農業従事者数　等）をカウントする際の基準、専兼業別農家分類における兼業従事者の有無を判定する際の基準も変更された。

80

表1　農林業センサスにおける農家の規定の変遷

年　次	規　　定	背景、考え方等
1950年	農家とは、東日本（注1）は経営耕地面積1反以上、西日本は5畝以上、例外規定として、これに満たない場合でも、別に定める農業（注2）を行い、過去1年間の農産物販売金額が1万円以上あるものをいう。 注1．東日本とは、北海道、青森県、岩手県、宮城県、秋田県、山形県、福島県、新潟県、富山県、茨城県、栃木県、群馬県、埼玉県及び千葉県の14道県、西日本とは、これ以外の都府県をいう。 注2．別に定める農業とは、耕種のうち促成栽培などの特殊な商品作物栽培並びに養畜、養蚕をいう。	(1) 初めてセンサス規則で「農業」、「農家」、「農業事業体」の規定が定められた。 (2) 東日本と西日本で異なる面積基準としたのは、生産性の差に配慮するとともに、1947年の「臨時農業センサス」との統計値の連続性に配慮したことによる。 (3) 例外規定の金額を1万円としたのは、その年の普通栽培（稲作）1反歩の生産価額を超える場合は農家とするとの考え方による。
1955年〜 1985年	基本的に1950年の考え方が踏襲された。例外規定の農産物販売金額については、物価の上昇に合わせて逐次見直しが行われた。 |	東日本	西日本	例外規定 | |---|---|---|---| | 1955年 | 10a以上 | 5a以上 | 2万円以上 | | 1960 | 〃 | 〃 | 〃 | | 1965 | 〃 | 〃 | 3万円以上 | | 1970 | 〃 | 〃 | 5万円以上 | | 1975 | 〃 | 〃 | 7万円以上 | | 1980 | 〃 | 〃 | 10万円以上 | | 1985 | 〃 | 〃 | 〃 |	
1990年	農家とは、経営耕地面積10a以上の農業を営む世帯とし、例外規定として、これに満たない場合でも、調査期日前1年間の農産物販売金額が15万円以上のものをいう。 　同時に農家の二段階区分（販売農家、自給的農家）が導入された。 注：販売農家は、経営耕地面積30a以上又は調査期日前1年間の農産物販売金額50万円以上の農家、自給的農家は、経営耕地面積30a未満かつ農産物販売金額50万円未満の農家をいう。	(1) 東日本と西日本で異なる規模基準としていた経営耕地面積が10aに統一された。 (2) 販売金額基準についても物価上昇に合わせ、15万円とされた。 (3) 商品生産を主たる目的とする「販売農家」と飯米自給等を主体とする自給的農家に区分された。
1995年〜 2015年	基本的に1990年の考え方が踏襲されている。例外規定の農産物販売金額についても、農家は15万円、販売農家は50万円のままとなっている。	

【解説】

1．2005年から、それまでの農業事業体の概念に代えて農業経営体の概念が導入されたが、統計の連続性を維持する観点から、農家（販売農家）に関する統計が作成されている。但し、農業経営体に関する統計の量が増えるにしたがって、農家に関する統計は次第に減少している。
2．例外規定の基準となる農産物販売金額については、毎回のセンサス実施時に妥当か否かの検討が行われ、必要があれば見直しが行われている。
3．なお、農家以外の農業事業体については、農家と同様の規定が適用されており、2015年時点では、経営耕地面積10a以上、又は調査期日前1年間の農産物販売金額15万円以上となっている。2005年以降も、農家以外の農業事業体に相当する、販売を目的とする組織経営体に関する統計が作成されている。

81

表2　農林業センサスにおける専兼業別分類の定義の変遷

年次	専業農家	兼業農家	兼業従事者の規定			備考
			第1種兼業農家、第2種兼業農家の分類基準	雇われ兼業従事者	自家（自営）農業以外の自営兼業従事者	
1950年世界農業センサス	世帯員の中に兼業従事者（自家農業以外の仕事に従事する者）がいない農家。	世帯員の中に兼業従事者（自家農業以外の仕事に従事する者）がいる農家。	自家の農業経営とその他のものに注ぎ込む労働量の多少により分類。判断しにくい場合は収入の多少により分類。	–	–	・他出家族は世帯員から除外。・財産収入は兼業の範囲から除外。
昭和30年臨時農業基本調査	〃	〃	〃	「役職的な勤めをしているもの」は年間報酬10万円以上。	「賃仕事、賃作業、製縄などの仕事に従事した者」は年間1万円以上の収入があった者。	
1960年世界農林センサス	〃	〃	収入の多少により分類。区別できない場合は投下労働量の多少により分類。	「役職的な勤めをしているもの」は年間報酬10万円以上の者。「人夫、日雇的な勤めをした者」は年間1万円以上の収入があった者。	「林業、漁業、賃仕事、賃作業の仕事に従事した者」年間1万円以上の収入があった者。	
1965年農業センサス	〃	〃	〃	調査期日前1年間に30日以上に雇用されて仕事に従事した者。	調査期日前1年間の収入が2万円以上ある農業以外の自営業に従事した者。	
1970年世界農林センサス	〃	〃	家計が農業所得と兼業所得のどちらに主に依存しているかにより分類。	〃	調査期日前1年間の収入が3万円以上ある農業以外の自営業に従事した者。	
1975年農業センサス	〃	〃	〃	〃	調査期日前1年間の収入が5万円以上ある農業以外の自営業に従事した者。	
1980年世界農林センサス	〃	〃	〃	〃	調査期日前1年間の収入が7万円以上ある農業以外の自営業に従事した者。	
1985年農業センサス	〃	〃	〃	〃	調査期日前1年間の収入が10万円以上ある農業以外の自営業に従事した者。	
1990年世界農林センサス	世帯員の中に兼業従事者（自営農業以外の仕事に従事する者）がいない農家。	世帯員の中に兼業従事者（自営農業以外の仕事に従事する者）がいる農家。	〃	〃	〃	・農家を販売農家と自給的農家に分類、以降、専兼業別分類は販売農家についての分類。・「自家農業」概念に代えて、農作業受託を加えた「自営農業」概念を導入。
1995年農業センサス	〃	〃	〃	〃	調査期日前1年間の収入が15万円以上ある農業以外の自営業に従事した者。	・生産年齢人口を満15歳以上に変更。
2000年世界農林業センサス	〃	〃	〃	〃	〃	
2005年農林業センサス	〃	〃	〃	〃	〃	
2010年世界農林業センサス	〃	〃	〃	調査期日前1年間に他に雇用されて仕事に従事した者又は自営業以外の自営業に従事した者。		・世帯員の自営農業以外の仕事の従事状況（兼業従事日数、雇われ兼業の種類、農業以外の自営業の収入）の調査を廃止。
2015年農林業センサス	〃	〃	〃	〃		

【解説】

1. 専業農家は、世帯員の中に兼業従事者（自家農業以外の仕事に従事する者）がいない農家、兼業農家は、世帯員の中に兼業従事者がいる農家をいい、1990年に自家農業概念が自営農業概念に変わった以外は、基本的な考え方は1950年以降、現在まで変わっていない。また、兼業農家については、1970年以降、家計が農業所得と兼業所得のどちらに主に依存しているかにより第1種兼業農家（主に農業所得に依存）、第2種兼業農家（主に兼業所得に依存）に分類されている。
2. 兼業従事者については、2005年以前は雇われ兼業の従事日数や自営兼業の収入金額の規定が細かく設けられていたが、2010年以降は調査の見直しに伴い、従事日数や収入金額の規定は廃止されているので、利用に当たっては注意が必要である。

表3　農林業センサスにおける集落営農組織の捉え方

集落営農組織 （以下のいずれかを行うもの）	農林業センサスにおける捉え方
集落で農業用機械を共同所有し、集落ぐるみのまとまった営農計画などに基づいて、集落営農に参加する農家が共同で利用している。	農業用機械の共同所有・共同利用が主であることから、通常、センサスでは把握されない。
集落で農業用機械を共同所有し、集落営農に参加する農家から基幹作業の委託を受けたオペレーター組織等が利用している。	
集落の農地全体をひとつの農場とみなし、集落内の営農を一括して管理・運営している。	農産物の販売権を集落営農組織が有していれば、「販売を目的とした組織経営体」として把握される。 また、農産物の販売権を参加している個々の世帯が有している場合は、集落営農組織は作業を受託したとの整理になり、「農作業受託を行う組織経営体」として把握される。
認定農業者、農地所有適格法人等、地域の意欲ある担い手に農地の集積、農作業の委託等を進めながら、集落ぐるみでのまとまった営農計画により集落単位での土地利用、営農を行っている。	
集落営農に参加する各農家の出役により、共同で（農業用機械を利用した農作業以外の）農作業を行っている。	農産物の販売権を集落営農組織が有していれば、「販売を目的とした組織経営体」として把握される。 また、出役しない農家があれば、当該農家の作業を組織として作業受託（員内受託）したことになるので、「農作業受託を行う組織経営体」として把握される。
作付地の団地化等、集落内の土地利用調整を行っている。	土地利用調整のみであり、センサスでは把握されない。

【解説】

1．農林業センサスでは、集落営農組織としては把握されておらず、集落営農組織の活動が農林業経営体の要件を満たす場合は、農林業経営体として把握される。但し、当該農林業経営体が集落営農組織であるか否かを識別することは難しい。
2．農林業センサスにおける集落営農組織の捉え方は、以下のとおり。
① 共同で農作業を行い、農産物の販売は参加している世帯が個々に行っている場合は、農産物の販売権は個々の世帯が有しているため、集落営農組織は作業を受託したと整理され、「農作業受託を行う組織経営体」として把握される。
② 農産物の販売権を集落営農組織が有している場合は、「販売を目的とした組織経営体」として把握される。
3．2015年センサスにおいては、販売農家、自給的農家、土地持ち非農家を対象に、「農業生産を行う組織経営に参加又は従事」している戸数が把握されており、集落営農組織の実態、あるいは集落営農組織との関わりを明らかにしようとする試みが行われている。

Ⅳ　農林水産統計の上手な利用方法

第1部　統計の探し方のイロハ

　世の中にはさまざまなデータが発信されています。政府が統計法に基づいて調査し公表する政府統計から、地方自治体で独自に調査しているもの、公益団体等が業務の必要に応じて調査・作成しているもの、研究者が研究目的で入手したもの、マスコミ関係機関が調査したもの、コンサルタント会社が収集したもの等々、膨大な量のデータが発信されています。こうした情報洪水の中から利用したい統計、信頼性のある統計を見つけるのは実は結構大変であり、また難しいことでもあります。それはデータを収集し、統計として整理、発信するためには、多くの費用、労力、専門知識を必要としますが、費用や時間等の関係で情報収集やデータ検証が十分でないものもネット上では混在しているからです。

　こうした状況の中で、信頼できる確実なデータを入手する一番良い方法は情報の身元がはっきり記されているものを利用することです。そのなかでも、政府が作成・提供している統計は、統計調査の目的、何を対象に調査したのか、といったデータの利用に当たって必要な事項が明確に記されていますので、信頼できるデータとして利用することができます。

　そこで、ここでは政府が提供している統計や数値情報の入手方法について説明します。なお、説明の中で各機関のホームページなどを使っており、それぞれ画面構成やデザインが変更されることがありますのでご注意ください。

1．政府統計の探し方

　日本の統計は、総務省統計局が統計全般を統括していますが、統計調査の実施や

公表は各省庁で分担して行っています。例えば、農林業センサスは農林水産省、国勢調査や家計調査は総務省統計局、学校基本調査は文部科学省といった具合です。

　総務省統計局では各省庁の統計を一括管理しています。前頁の画面がその最初の画面になりますが、このなかに e-Stat という全ての政府統計を収録しているポータルサイトがあります。

　e-Stat をクリックすると下記の画面が表示され、データを探す方法を聞いてきます。分かりやすいのは【分野から探す】でしょう。これをクリックすると、分類名と主要な調査名が表示されます。さらに利用したい調査名をクリックすると統計表のファイル一覧が出てきますので、求める統計表のファイルをクリックすれば統計表が表示されます。

【分野から探す】を選択すると下記のような分類名と主な調査名が表示されます。
　　○国土・気象　　○人口・世帯　　○労働・賃金　　○農林水産業
　　○鉱工業　　○商業・サービス業　　○企業・家計・経済
　　○住宅・土地・建設　　○エネルギー・水　　○運輸・観光
　　○情報通信・科学技術　　○教育・文化・スポーツ・生活　　○行財政
　　○司法・安全・環境　　○社会保障・衛生　　○国際　　○その他

※主な調査には「基幹統計」を表示しています。

▪ 国土・気象

▪ 人口・世帯

主な調査
国勢調査
人口推計
人口動態調査
生命表
国民生活基礎調査
すべて見る

▪ 労働・賃金

主な調査
労働力調査
就業構造基本調査
民間給与実態統計調査
毎月勤労統計調査
賃金構造基本統計調査
前月労働統計調査
すべて見る

▪ 農林水産業

主な調査
農業経営統計調査
農林業センサス
漁業センサス
作物統計調査
海面漁業生産統計調査
木材統計調査
牛乳乳製品統計調査
すべて見る

２．農林水産省統計部のホームページ

　各省庁にも統計のコーナーが設けてありますが、実際にはほとんどの統計が総務省統計局のe-Statに収録され、e-Statにリンクが張られています。

　農林水産省のホームページでは「統計情報」のコーナーがあり、農林水産省統計部で管理しています。（以下「統計部のホームページ」といいます。）統計部のホームページでは、統計調査が大まかに分類されていますので、e-Statに比べ必要な統計を探しやすいメリットがあります。また、「意識調査」などe-Statに収録されていないデータも一部あります。

　「統計情報」を選択すると次頁の内容が表示されます。この中から探している統計が含まれているであろう分類を選択します。

　下記の画面では、「農業生産に関する統計」をクリックした後に表示される画面ですので、文字の下にアンダーラインが付されている項目を指定すると、具体的な調査名の一覧が表示されます。その後は、調査名の指定、統計ファイルの指定の順に選択すると統計表が表示されます。

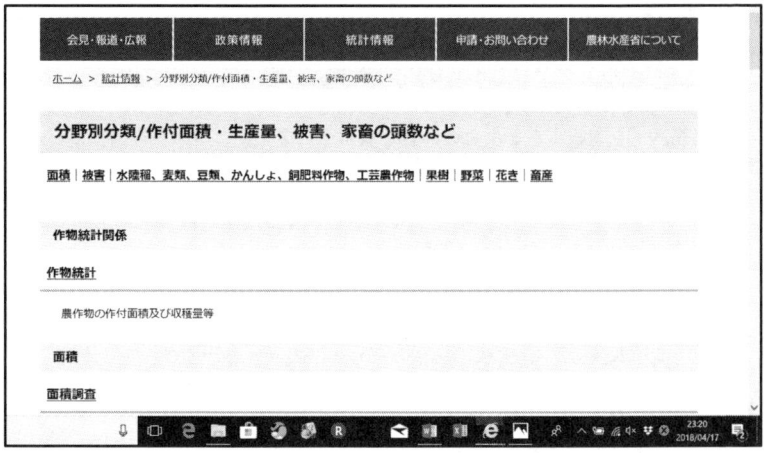

　次頁が、最終的に検索をして入手した統計表です。統計表はエクセルファイルになっていますので、エクセルを使って、データの編集や計算などに利用することができます。

| I | 耕地面積及び耕地の拡張・かい廃面積 | | | | | | | | | |

1　本地・けい畔別耕地面積

(1)　田畑計

全国農業地域	平成28年			29			前年との比較		耕地率	水田率
都道府県	計	本　地	け い 畔	計	本　地	け い 畔	対　差	対　比		
	(1)	(2)	(3)	(4)	(5)	(6)	(7)	(8)	(9)	(10)
	ha	ha	ha	ha	ha	ha	ha	%	%	%
全　　　国	4,471,000	4,292,000	178,800	4,444,000	4,267,000	177,300	△ 27,000	99.4	11.9	54.4
(全国農業地域)										
北　海　道	1,146,000	1,129,000	17,600	1,145,000	1,127,000	17,900	△ 1,000	99.9	14.6	19.4
都　府　県	3,324,000	3,163,000	161,200	3,299,000	3,140,000	159,400	△ 25,000	99.2	11.2	66.6
東　　北	843,200	810,100	33,200	838,100	805,200	32,900	△ 5,100	99.4	12.5	71.9
北　　陸	312,300	298,700	13,600	311,100	297,700	13,400	△ 1,200	99.6	12.3	89.5
関 東・東 山	724,900	700,800	24,100	719,000	695,300	23,700	△ 5,900	99.2	14.2	55.8
東　　海	259,900	247,600	12,400	257,700	245,500	12,200	△ 2,200	99.2	8.8	59.5
近　　畿	225,700	211,400	14,300	223,400	209,300	14,100	△ 2,300	99.0	8.2	77.6
中　　国	241,600	219,600	21,900	240,000	218,400	21,600	△ 1,600	99.3	7.5	77.1
四　　国	138,000	130,300	7,690	136,700	129,100	7,540	△ 1,300	99.1	7.3	64.9
九　　州	540,600	507,700	32,900	535,100	502,400	32,700	△ 5,500	99.0	12.7	58.3
沖　　縄	38,200	37,000	1,260	38,000	36,800	1,230	△ 200	99.5	16.7	2.2

3．農林水産省統計部以外の統計や情報の探し方

　農林水産省統計部のホームページでは、統計法に基づき実施された統計調査結果に加え、農林水産省の各部局が独自に実施している調査結果や業務を通じて集められた資料も閲覧することができます。例えば、農地法に基づく農地の転用等を整理した「農地の権利移動・借賃等調査」は農林水産省経営局で作成したものですが統計部のホームページで閲覧することができます。

　その他、スポット的に調査・収集されたデータは、各部局で管理されているものもあります。

　また、農林水産関係団体等が独自に調査・収集しているデータは調査実施機関のホームページで閲覧することができます。また、これらの機関では政府が作成した統計を再編集したり加工計算した結果などを掲載している場合もあります。

　このように、利用したい統計を探すのは調査名を知っていないとなかなか大変ですが、１カ所だけを探して見つからない場合でも関係の省庁や部局で閲覧できることもありますのであきらめずに検索してみてください。

　なお、この用語集の巻末に「統計所在案内」を掲載していますので、調査名がわからない場合はご活用ください。

第2部　統計利用の留意点

1．各農林統計の特色を知る

　統計を利用する上でまず大切なことは、利用したい統計がどのような目的をもって作成されたものであるかをよく理解しておくことです。農林水産統計と一口で言っても多くの種類があり、それぞれ目的をもって実施されています。調査の目的に応じて、①調査の対象（人、世帯、農家、組織、耕地等）、②調査方法（全数調査、標本調査、調査時期、調査体制等）などが異なっていることから、まず統計利用の前知識として認識しておくことが重要です。

　そのために、それぞれの統計には、必ず「利用者のために」といった解説コーナ

ーが掲載されているので参考にしてください。

　ちなみに、2015年農林業センサス都道府県別報告書の「利用者のために」には、Ⅰ農林業センサスの沿革、Ⅱ2015年農林業センサスの概要、Ⅲ2015年農林業センサスの変更点、Ⅳ用語の解説、Ⅴ利用上の注意、Ⅵ報告書の刊行一覧、Ⅶお問合せ先が記載されています。

2．用語の内容や約束事の確認を

　例えば、「農家」についてその内容を確認してみましょう。農林業センサスでは、「農家」とは「経営耕地面積が10a以上の農業を営む世帯又は過去1年間における農産物販売金額が15万円以上の規模の農業を営む世帯をいう。」としています。ここで大事なのは、"経営耕地面積が10a以上"という表現ですが、耕地面積という言葉の前に"経営"という言葉が付いていることです。つまり、耕地10a以上の農業を営んでいることが必要だということです。農地を所有しているだけでは農家とは言いません。逆な言い方をすると、耕地を所有していなくても借入をして農業を営んでいれば統計では農家としてカウントされるということです。ちなみに、2005年以降の農林業センサスでは、調査の対象は農家ではなく、「農林業経営体」に変更されており、農業経営体の場合は経営耕地面積が30aまたは物的指標（部門別の作付け面積や畜産の飼養頭数等）が一定規模以上の経営体とされています。

　このように、「農家」に限らず、統計で使われている用語にはそれぞれ定義（その意味する内容）がありますので確認してください。これをよく理解しないと間違った解釈、使い方をすることにもつながります。

　また、いろいろな統計で似たような用語が使われていることがありますが、内容が異なる場合があります。例えば、産業別労働力は、国勢調査、労働力調査、農林業センサスなどで調査されていますが、国勢調査や労働力調査では、調査期間中の就業による産業で把握されますが、農林業センサスでは調査時点の過去1年間の就業状態で把握されるなど、調査によって定義が異なっていますので注意が必要です。統計を利用する立場からは統一して欲しいという要望がありますが、統計はそれぞれの目的があって設計されていますので必ずしも一律にはいきません。

3．時系列データの使い方

　統計で経年変化を見る場合に注意しなければならないことを整理しておきます。増減率などを算出する場合には同じ性質のデータでなければ意味のない計算結果となります。

　（1）調査実施時期の確認

　　統計調査は、毎日・毎週・毎月実施されるもの、毎年実施されるもの、周期年で実施されるもの、必要なタイミングで1回だけ実施されるものがあります。また、必要性がなくなったり、利用が少なくなって中止されるものもあります。

　（2）定義の変遷の確認

　　統計調査は、調査自体大きくは変更をしないことが原則ですが、時代の変化とともに少しずつ手が加えられ、同じ用語であっても定義等の内容が変更されてい

くこともありますので、どの部分が変更されたか、確認することが必要です（主な定義の変遷は別掲）。

(3) 集計地域の確認

　統計の集計地域単位は、統計によって異なりますし、1つの統計のなかでも重要度が高い項目は小地域の集計地域単位まで調査・集計・公表されているものがあります。農林業センサスは地域の詳細な農業の仕組みをは握することが大きな使命ですので、農業集落単位まで集計されています。しかし、全ての統計で集計の地域単位が同じということではありませんし、また、紙媒体である統計書では公表されていなくても、電子媒体では公表されているものもあります。

　下記に一部ですが、統計によって集計地域単位がどのようになっているかを例示してみました。

　なお、市町村別に統計を作成しているものは、この用語集の「IX　市町村別統計」として整理しています。

表　統計種類別の集計表示地域単位

	農林業センサスの経営体調査	農業構造動態統計	作物統計調査	農業経営調査の農畜産物生産費調査
全国	○	○	○	○
全国農業地域	○	○	○	○
都道府県	○	○	○	×
市区町村	○	×	△注1	×
旧市区町村	○	×	×	×
農業集落	○	×	×	×

注1：作物統計調査は、耕地面積（田、畑）、水稲（収量、作付面積）等に限定されている。

　なお、各地域区分の内容は以下のとおり。
① 全国農業地域
　北海道：北海道
　東北：青森、岩手、宮城、秋田、山形、福島
　北陸：新潟、富山、石川、福井
　関東・東山：（北関東、南関東、東山）
　　　北関東：茨城、栃木、群馬
　　　南関東：埼玉、千葉、東京、神奈川
　　　東山：山梨、長野

東海：岐阜、静岡、愛知、三重
近畿：滋賀、京都、大阪、兵庫、奈良、和歌山
中国：(山陰、山陽)
　　　山陰：鳥取、島根
　　　山陽：岡山、広島、山口
四国：徳島、香川、愛媛、高知
九州 (北九州、南九州)
　　　北九州：福岡、佐賀、長崎、熊本、大分
　　　南九州：宮崎、鹿児島
沖縄：沖縄

② 都道府県、市区町村

　調査時点での地域区分となります。都道府県の地域範囲はほとんど変わりませんが、市区町村は合併や分割が行われる場合があります。また、名称も変更されることがありますので時系列のデータ編集や計算をする場合には注意が必要です。特に、平成に入って市区町村の合併が進みましたので中長期の変化を見たい場合には最新時点の市区町村に合わせて過去のデータを編集することが必要です。その際に注意しなければならないことは、合併が従来の市区町村単位であれば比較的容易に集計できますが、分割して合併したケースもありますので「市町村要覧」や自治体に問い合わせるなどして確認してください。

③ 旧市区町村

　昭和25年2月1日時点の市区町村区分で、概ね小学校の学区単位の地域といわれています。この地域単位の統計は農林業センサスだけにあるものです。また、この地域単位は市町村の一部が分割統合された場合は、該当する旧市区町村を更に分割する取り扱いがされており、旧市区町村数が減少することはありません。そのため市区町村の分割や合併のデータを編集する際にはとても役に立つ地域単位です。

表　農林業センサス実施時の新旧市区町村数の変化

	2005年 (平成17年)	2010年 (平成22年)	2015年 (平成27年)
新市区町村数	2,964	1,952	1,923
旧市区町村数	11,589	11,627	11,648

④ 農業集落

　市区町村の区域の一部において農業上形成されている地域社会のことです。農業集落はもともと自然発生的な地域社会であって、家と家とが地縁的、血縁的に結びつき、各種の集団や社会関係を形成してきた社会生活の基礎的な単位です。こういう背景がありますので農政は農業集落を単位として推進されることが多く、農林業センサスでは農業集落単位のデータが整備されています。

　また、我が国の農林業センサスでは、農業経営体を対象とする調査と農業集落を対象とする調査が実施されています。そして、その結果を「農業集落カード」という形で整理し過去のデータと組み合わせながら農業集落の変化や特性が分かるように提供されています。
（農業集落カードの詳細は後述します。）
　⑤　その他の集計地域
　上記の集計地域の他に、農林統計では農政局単位や農業地域類型区分という独自の集計地域があります。農業地域類型区分は、地域農業構造を把握するための統計上の地域区分で基本分類として４類型があります。主に地域を土地利用の側面でとらえてそれぞれの農業的特性を浮き彫りにするものです。
○都市的地域：宅地率の高い地域
○平地農業地域：耕地率の高い地域
○中間農業地域：都市的地域、平地農業地域、山間農業地域以外の地域全て
○山間農業地域：林野率の高い地域
　よく「中山間農業地域」という言葉が使われますが、上記の中間農業地域と山間農業地域を併せた地域を言います。つまり、都市的あるいは純農村的な地域以外ということで消費地まで距離があったり、傾斜があるなど農業生産条件が不利な地域である地域ということがいえます。
　この４つの性格を市町村及び旧市区町村単位に分類し、各地域の農業構造の特性を明らかにするものです。

図　農業地域類型区分の概念図

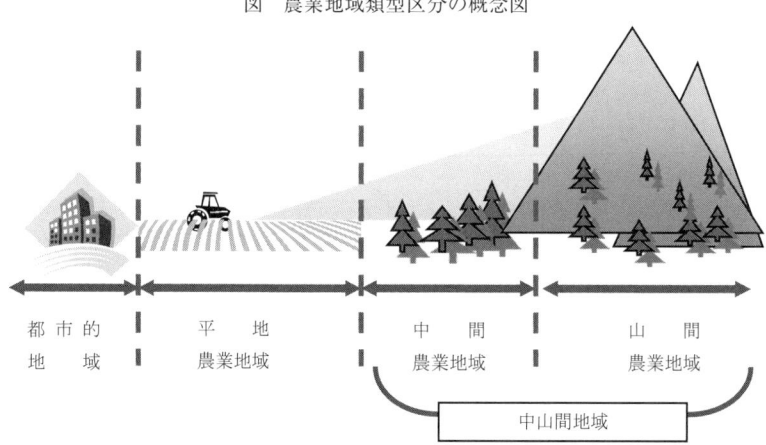

第3部　統計の見方の注意点

1．「利用者のために」の利用を

　はじめて利用する統計書であれば、まず統計書の冒頭にある「利用者のために」に目を通してください。ここには、その統計書を見る上で必要な多くの情報を網羅しています。いきなり統計のページを見ていくと統計数値を誤って理解したり勘違いをする可能性があります。

2．何を集計した結果であるか確認しよう

　農林業センサス都道府県別報告書の場合、農林業経営体調査の部では、Ⅰ農林業経営体、Ⅱ農業経営体、Ⅲ販売農家、Ⅳ林業経営体、Ⅴ総農家等と5つの種類の集計結果が掲載されています。それぞれに似たような集計項目があり、場合によっては同じ項目が表示されています。

　そこで大事なのは、どの種類の経営体を集計した結果かをきちんと把握しておくことです。ネットで検索した場合などは、なかなかその判別が難しく混乱しますが、2015年センサスの統計書では、各ページの左上に、どの種類の集計をしたものかが表示されていますのでそれを必ず確認してください。

3．統計表に出てくる記号の意味

　統計書では、表記上の約束事がいろいろあります。農林統計で使っているものは以下のとおりです。

　「0」…単位に満たないもの。(例：0.4ha→0ha)
　「-」…調査は行ったが事実のないもの。
　「…」…事実不詳又は調査を欠くもの。
　「x」…公表されない数値。個人又は法人その他の団体に関する秘密を保護する
　　　　ために公表できない統計。

4．秘匿処理の意味とルール

　明らかにどこの経営体あるいは農家かが分ってしまう表記は秘密保護の観点から調査結果を「x」と表示して数値は公表されません。具体的には、以下のような場合に個別のデータが分かってしまうことから「秘匿(ひとく)」という処理となり公表されません。

　(1)　調査対象が1経営体(戸)の場合
　　調査対象が1経営体(戸)の場合は、その調査結果はすべて個別の経営データとなるため秘匿の対象となります。この場合は経営体(戸)数のみが公表され、経営データは公表されません。

　(2)　調査対象が2経営体(戸)の場合
　　調査対象が2経営体(戸)の場合であっても、一方の経営体は自分のところの数値が分かっているためもう一方の経営データを推計できることから秘匿の対象になります。この場合も経営体数(戸)のみが公表され、経営データは公表され

ません。
(3) 調査対象が3経営体（戸）以上の場合

　調査対象が3経営体（戸）以上あったとしても、該当の経営がその地域内で2経営体（戸）以下であれば、その経営内容に関するデータは秘匿の対象となります。例えば、調査対象の経営体（戸）数が3経営体（戸）以上であったとしても、酪農を営んでいる経営体（戸）数が2経営体（戸）以下である場合には酪農に関する飼養乳用牛頭数などのデータは秘匿の対象となります。結局、統計書に公表されるデータは、調査対象の経営体（戸）数、酪農を営んでいる経営体数（戸）2経営体（戸）、酪農以外のデータだけが公表され、酪農に関するデータは公表されないということになります。

　もう1つのケースとして、全体から公表データの合計を差し引いた場合に秘匿のデータが分かってしまうケースがあります。例えば、A村に酪農家数が2戸あったとします。当然、A村の酪農に関するデータは公表されませんが、県の合計値からA村以外の市町村の合計値を引くとA村の酪農に関するデータということが分かってしまいます。これを防ぐために、他の市町村の酪農データも秘匿の対象としA村のデータが分からないようにします。

5．集計したら合計値と合わない理由

　例えば、市区町村のデータを集計してみたら、都道府県の値と一致しないことがあります。その理由は大きくは2つあります。
(1) 四捨五入によるもの

　面積及び出荷羽数は単位未満を四捨五入して表章しています。しかし、都道府県値は単位未満も含めて計算した結果を四捨五入しますので、都道府県値とその内訳の市区町村の合計値は一致しない場合があります。
(2) 秘匿措置によるもの

　秘匿措置は、例えば、市区町村単位では該当経営体（農家）数が2経営体（戸）のため表記されなくても、都道府県単位ではこの経営体も含んだ集計結果が公表されます。その結果、市区町村の結果を合計した値と都道府県単位の値が合わないことになります。

6．属地統計と属人統計では何が違うか

　統計では統計の属性として属地統計と属人統計と呼ばれる2種類のものがあります。何がどのように違うかというと、名称のとおり属地統計は調査地に属する統計結果であり、属人統計は調査対象としての世帯、経営体、事業所に関する統計結果ということになります。

下の図は、A町とB村の土地利用を図示したものです。

図　土地利用の状況

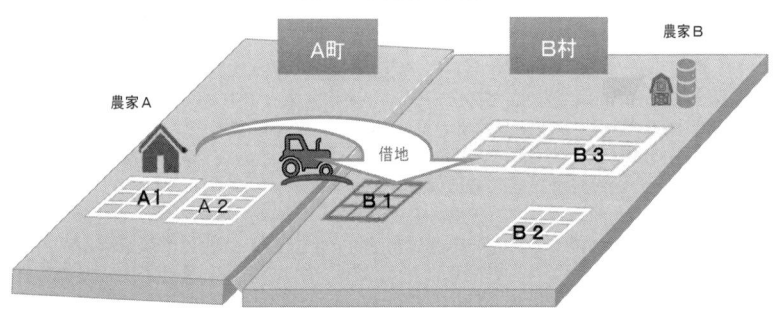

　A町の農家Aさんは、耕地A1と耕地A2に加えてお隣のB村にある耕地B1を借りて農業を営んでいます。

　B村の農家Bさんは、耕地B2と耕地B3を耕作し、耕地B1は農家Aさんに貸し付けています。

　このような耕地の利用状況の時、

○属地統計では、A町の耕地面積はA1＋A2、B村の耕地面積はB1＋B2＋B3ということになります。つまりそれぞれの市町村に存在する耕地の面積が属地面積の統計ということです。

○属人統計では、農家A、農家Bがそれぞれ営んでいる経営内容を調査することになるため、それぞれの経営耕地面積は農家が位置する自治体の面積として計上されることになります。

　　A農家の経営耕地面積＝耕地A1＋A2＋借地であるB1⇒この経営耕地面積
　　　　　　　　　　　　　　　　　　　　　　　　　　　がA町の経営耕地
　　　　　　　　　　　　　　　　　　　　　　　　　　　面積となります。

　B農家の経営耕地面積＝耕地B2＋B3⇒この経営耕地面積がB町の経営耕地面積となります。

　それぞれの代表的統計は以下のとおりです。

(1) 属地統計：地域内に存在するデータを調査する統計です。
　　　　　　　　農林業センサス農山村地域調査、作物統計など

(2) 属人調査：地域に位置する世帯、事業所が営んでいるデータを調査する統計です。このため、耕地がどこに所在するかは関係なく、調査対象が属する市町村に計上されます。
　　　　　　　　農林業センサス農林業経営体調査など。

この違いを理解しておかないと、特に、農林業センサスなどは読み誤ることになります。

例えば、B村に在住する農業経営体が所有している耕地を拠出し、大規模な組織経営体をA町に設立した場合、組織経営体の経営耕地面積はA町に計上され、B村の経営耕地面積は大幅に減少する統計結果となります。属人統計を理解していないと、どうして、B村の経営耕地が大きく減少したのかが理解できないことになってしまいます。

また、耕地の貸借が都道府県をまたぐこともありますので、借りた経営体の方の都道府県に耕地は計上されることになります。

第4部　統計利用の基礎

1. 基礎的分析手法

統計分析の基礎的な方法を整理します。統計分析というと小難しい統計分析手法や統計ソフトを使わなければならないというイメージがありますが、社会経済統計の場合は以下に示す手法でかなりのことが分析できます。

(1) 基礎分析1：実数を確認すること。

統計は同じ視点で同時期に事実を把握するものです。まず、知りたいことについて、一体その数はどのようになっているのか確認してください。例えば、わが村に経営体数がいくつあり、耕地面積がどのくらいあるのかといったことです。これを確認することが最初のステップです。しかし、その数値が多いものか、あるいはどういう方向に向かっているのかは分かりませんので、次の基礎分析2、基礎分析3が必要になってきます。

(2) 基礎分析2：他と比較すること。

前述したとおり、統計は同じ視点で同時期に把握したデータです。このことによって他所のデータと自分のところのデータを比較することが可能です。つまり、他と比較することによって、自分のところのデータがどの程度の意味をもっているかが分かってきます。

比較する場合、何と比較するかが問題ですが、普通は都道府県の平均値や、前述した中山間農業地域の平均と比較する、あるいは経営分析をしたい場合は同じ経営組織のなかで経営規模や単位当たりの生産費を比較するなど多様な比較の方法があります。

ここで、A県の経営耕地面積について市町村別に比較してみましょう。分析をしたい市町村はg村です。次頁のグラフは、市町村別に経営耕地面積を大きい順に並べたものです。A県の平均経営耕地面積は77aですが、g村は41aと平均のほぼ半分の面積しかなく、県内で下から3番目ということが分かりました。

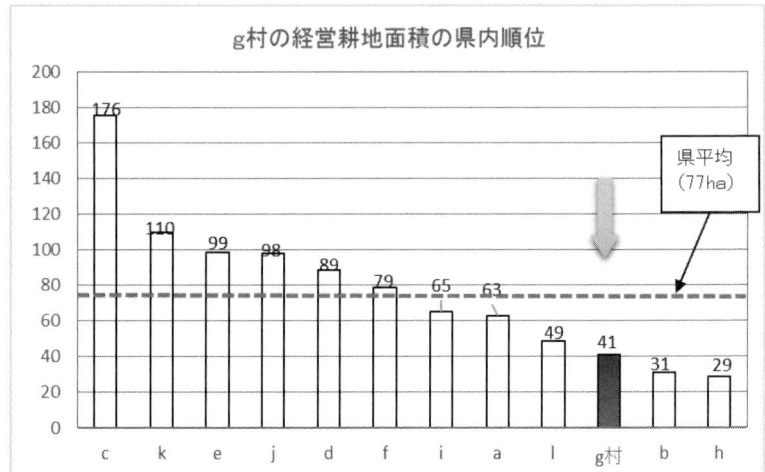

　　これだけのことだけでも、農業振興のためには経営耕地面積が少ないことから、その面積を増やしたり、あるいは耕地面積にあまり依存しない土地生産性の高い農業を導入することが必要だということが分かります。つまり経営耕地面積を増やすためには、他の市町村から借地をする、施設型野菜などを取り入れて耕地の利用率を高める、開拓、干拓をするといったことが考えられます。どのような方法が良いかは、更に、他の統計項目や統計を使ってその方向性を検討することが必要となります。

(3) 基礎分析3：時間的な傾向をみること。

　　(2)で現在の状況が分かりましたので、今度は現在に至る傾向がどうなっているかを見ていきましょう。これができるのも、統計が同じ視点で定期的に調査されているから時間的変化、傾向をみることができるのです。時系列分析とも言います。

　　次のグラフは、A県の1市区町村当り平均経営耕地面積とg村の経営耕地面積について過去10年の推移を見たものです。実線が県平均で点線がg村のものです。一目で見て分かるように、g村の面積はこの10年で急速に減少しています。しかも10年前には県平均を上回っていたのが、この10年で約半分になってしまっています。

　　したがって、まず、こうした急激な経営耕地面積の減少傾向を止めることが必要ですが、減少の要因を探り、そして減少を止める対策が必要だということになります。こうした分析は単に統計分析だけでは難しい面がありますので、他の行政情報や実態分析を併せて行うことが必要となります。ともあれ急速に経営耕地面積が減少していることが大きな課題だということが分かりました。

また、ここでは県の平均とg村の推移を比較して見ましたが、県平均でなく近隣の市区町村や作付け作物が同じような市区町村と比較してみることも有益な情報を得ることにつながります。

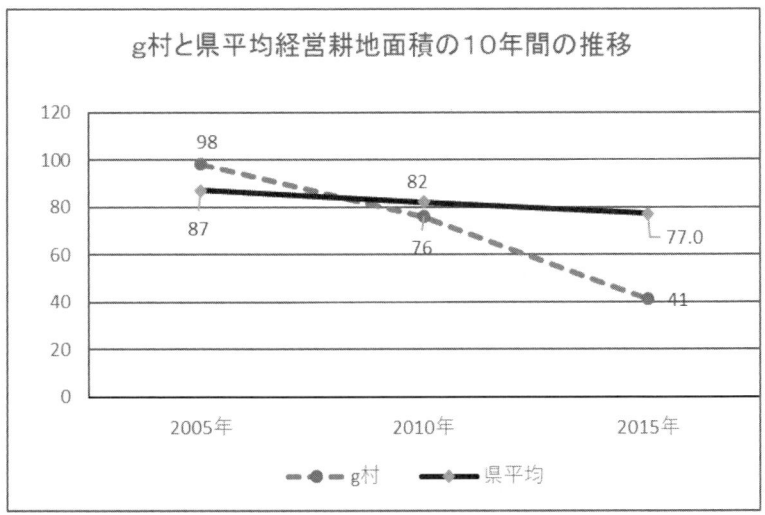

以上のように、実数を確認する、現時点での立ち位置を見る、推移を見るということだけでも多くの情報を得ることができます。ここで得られた疑問や課題を基に更に分析を進めることが可能となります。

２．分析指標で特徴をみる

分析については、単に実数だけを追っていく方法に加えて、様々な分析指標を使って、前述の他地域との比較、時間的な傾向を見ていくと更に分析が深まることになります。基本的な分析指標は統計書にも掲載されていることがありますが、最近は磁気データの入手が容易となっていますので計算ソフトを使って分析指標を計算してください。

よく使われる分析指標は以下のようなものがあります。
・増減率
・占有率、比率
・平均値
・１単位当たり指標（例えば、１経営体当たり経営耕地面積・飼養頭羽数、10a当たり収量等）
・主業農家率、専業農家率・兼業農家率
・高齢化率

・水田率、畑地率

3. 分類統計表の活用

統計表は、通常、表の横に地域名称、表の頭に調査項目が標記されています。表の横の部分を「表側」、表の上の部分を「表頭」と呼んでいます。

(1) 通常の統計表の見方

下記の表で、表頭は経営耕地面積規模別分類（この分類は5.0ha以上もありますが、スペースの都合でここの表では省略しています）と呼ばれる分類をして表示しています。こうした分類の意味を考えてみましょう。

統計は、分類することによりデータの性格が明確になってきます。例えば、経営体数を調べますが、同時に経営体の大きさ（農業では、主に経営耕地面積が使われる）や労働力の保有状況等も調べます。つまり経営体の数だけを調べてその経営体がどのような性格のものかをはっきりさせるために分類をします。経営耕地面積規模別分類では、経営耕地面積規模の小さな規模から大きな規模まで分類し、その地域でどのような大きさの経営が分布しているか把握します。日本の農業経営は零細だと言われており、大きな経営を育てることが農政上の課題になっており、そうした動向を確認するためにもこうした分類は有効となります。

■ 経営耕地面積規模別経営体数

平成27年

全国農業地域 ・ 都道府県	計	経営耕地 なし	0.3 ha 未満	0.3 ～ 0.5	0.5 ～ 1.0	1.0 ～ 1.5	1.5 ～ 2.0	2.0 ～ 3.0	3.0 ～ 5.0
全 国 (1)	1,377,266	16,089	32,919	256,106	436,249	215,883	117,486	115,983	81,538
北 海 道 (20)	40,714	1,094	342	986	1,482	1,111	826	1,571	2,783
青 森 (21)	35,914	471	581	3,495	7,449	5,600	4,166	5,344	4,387
岩 手 (22)	46,993	741	916	7,168	13,168	7,732	4,985	5,115	3,430
宮 城 (23)	38,872	487	442	4,442	9,328	6,701	4,550	5,304	3,784
秋 田 (24)	38,957	418	251	3,219	7,661	6,307	4,813	6,039	4,853
山 形 (25)	33,820	425	1,188	3,415	6,863	4,746	3,429	4,461	4,347
福 島 (26)	53,157	397	333	7,406	15,319	9,384	6,141	6,591	4,322
茨 城 (27)	57,989	308	371	8,375	17,131	10,644	6,719	6,625	4,195
栃 木 (28)	40,473	311	149	4,137	9,593	6,999	5,020	5,914	4,425
群 馬 (29)	26,235	369	440	4,833	8,930	4,493	2,182	1,929	1,325

主な分類として以下のようなものがあります。

　　―経営耕地面積規模別分類：経営の大きさを経営耕地面積により分類したもの。
　　―農業経営組織別分類：営んでいる農業の種類で分類したもの。
　　―農産物販売金額規模別分類：農産物の販売金額で経営の大きさを分類したもの。
　　―主副業別分類：農業所得、1年間の農業従事日数などで分類したもの。

(2) 分類を組み合わせた統計表を分析しよう

通常の統計表は表側に地域が表示されますが、分類を組み合わせた統計表では表側も分類指標が用いられます。次頁の統計表では、表側に農業経営組織別分類、表

頭に販売金額規模別分類が用いられています。つまり、どの種類の農業経営がどのくらいの販売金額であるかを集計した統計表となります。ここでは、表を単純化するために農産物販売金額の区分は、本来の区分よりも少なく整理しています。

　この表の読み方は、例えば、単一経営（主位部門の農産物販売額が全体の80%以上の経営）の稲作では100万円未満の経営体が481,444経営体と最も多く、1億円以上では119経営体と少ないことが分かります。また、農産物販売金額が1億円以上の経営体は酪農、肉用牛、養豚、養鶏といった畜産経営で多いということも読み取ることができます。

■　農業経営組織別統計
(3)　農産物販売金額規模別経営体数

単位：経営体数

農業経営組織別		計	販売なし	100万円未満	100～300	300～500	500～1000	1000～3000	3,000～5000	5,000万～1億	1億円以上
全　　国	(1)	1,377,266	132,034	681,756	255,371	85,221	97,478	90,267	19,549	10,497	6,592
単一経営	(2)	990,465	-	595,856	185,292	57,845	64,961	59,936	12,466	8,222	
稲作	(3)	626,598	-	481,444	102,011	18,835	13,564	9,081	1,100	444	119
麦類作	(4)	1,676	-		313	97	133	85	12	7	
雑穀・いも類・豆類	(5)	15,150	-	8,427	2,945	1,098	1,297	1,182	130	54	17
工芸農作物	(6)	26,719	-	12,953	5,604	2,061	2,815	2,733	311	156	86
露地野菜	(7)	77,279	-	26,465	20,370	8,262	9,846	9,605	1,780	732	219
施設野菜	(8)	42,248	-	2,949	6,370	5,378	11,108	13,771	1,665	707	300
果樹類	(9)	123,636	-	49,425	34,381	15,218	16,258	7,755	426	118	55
花き・花木	(10)	23,937	-	5,329	4,577	2,571	4,057	5,267	1,196	661	279
その他の作物	(11)	8,263	-	3,420	1,447	656	844	962	299	283	352
酪農	(12)	13,804	-	243	351	342	913	4,538	3,665	2,656	1,096
肉用牛	(13)	23,279	-	3,716	6,425	2,956	3,404	3,536	1,016	1,047	1,179
養豚	(14)	2,923	-	67	76	78	182	491	376	630	1,029
養鶏	(15)	3,539	-	170	223	183	336	568	354	644	1,061
養蜂	(16)	71	-	47	18	4	1	0	1		
その他の畜産	(17)	1,343	-	175	179	114	203	362	135	83	92
準単一複合経営	(18)	193,074	-	68,089	54,412	20,620	24,012	20,969	3,211	1,310	451
複合経営	(19)	61,693	-	17,786	15,613	6,756	8,443	9,296	2,669	919	211
販売なし	(20)	132,034	132,034	0	0	0	0	0	0	0	0

（農業経営組織別分類）

　こうした姿をもう少し分かりやすくするために、比率を計算することでより理解がしやすくなります。

　また、比率の計算方法には2通りあり、2つの視点から分析することができます。

　その1つは、各経営組織別の合計を100とし販売金額区分ごとの経営体の比率を計算する方法（比率表1）です。この比率表では、各経営組織で販売金額規模別経営体の分布が分かります。例えば、稲作単一経営では農産物販売金額が100万円未満で76.8%であるのに対して1,000万円以上では1.7%しかなくその零細性が窺われます。一方、養豚、養鶏では5,000万円以上に多く分布し大規模経営が成立しています。

（比率表1）

単位：％

農業経営組織別		計	販売なし	100万円未満	100～300	300～500	500～1000	1000～3000	3,000～5000	5,000万～1億	1億円以上
全　　国	(1)	100.0	9.6	49.5	18.5	6.2	7.1	6.5	1.3	0.8	0.5
単一経営	(2)	100.0	#VALUE!	60.2	18.7	5.8	6.6	6.1	1.3	0.8	0.6
稲作	(3)	100.0	#VALUE!	76.8	16.1	3.0	2.2	1.4	0.2	0.1	0.1
麦類作	(4)	100.0	#VALUE!	61.2	18.7	5.8	7.9	5.1	0.7	0.4	0.1
雑穀・いも類・豆類	(5)	100.0	#VALUE!	55.6	19.4	7.2	8.6	7.8	0.9	0.4	0.1
工芸農作物	(6)	100.0	#VALUE!	48.5	21.0	7.7	10.5	10.2	1.2	0.6	0.3
露地野菜	(7)	100.0	#VALUE!	34.2	26.4	10.7	12.7	12.4	2.3	0.9	0.3
施設野菜	(8)	100.0	#VALUE!	7.0	15.1	12.7	26.3	32.6	3.9	1.7	0.7
果樹類	(9)	100.0	#VALUE!	40.0	27.8	12.3	13.1	6.3	0.3	0.1	0.0
花き・花木	(10)	100.0	#VALUE!	22.3	19.1	10.7	16.9	22.0	5.6	2.8	1.2
その他の作物	(11)	100.0	#VALUE!	41.4	17.5	7.9	10.2	11.6	3.6	3.4	4.3
酪農	(12)	100.0	#VALUE!	1.8	2.5	2.5	6.6	51.9	26.6	0.2	7.9
肉用牛	(13)	100.0	#VALUE!	16.0	27.6	12.7	14.6	21.9	4.4	1.0	1.8
養豚	(14)	100.0	#VALUE!	2.3	2.7	2.4	6.2	16.8	12.9	21.6	35.1
養鶏	(15)	100.0	#VALUE!	4.8	6.3	5.2	9.5	16.0	10.0	18.2	30.1
養蚕	(16)	100.0	#VALUE!	66.2	25.4	5.6	1.4	0.0	0.0	#VALUE!	
その他の畜産	(17)	100.0	#VALUE!	13.0	13.3	8.5	15.1	27.0	10.1	6.2	6.9
準単一複合経営	(18)	100.0	#VALUE!	35.3	28.2	10.7	12.4	10.9	1.7	0.7	0.2
複合経営	(19)	100.0	#VALUE!	28.8	25.3	11.0	13.7	15.1	4.3	1.5	0.0
販売なし	(20)	100.0	100.0	0.0	0.0	0.0	#VALUE!	0.0	0.0	0.0	0.0

　もう一つの比率表は各農産物販売金額規模区分の合計（全国計）を100として、各経営組織でどの程度分布しているかを見る方法です（比率表2）。例えば、1億円以上の経営体は肉用牛が18.0%、酪農が16.7%、養鶏が16.2%、養豚が15.7%と畜産部門だけで66.6%と3分の2を占めていることが分かります。

　また、販売をしない経営体が全体の1割弱あること、複合経営体が4.5%と農業経営が単一の生産に偏っていることも分かります。

（比率表2）

単位：％

農業経営組織別		計	販売なし	100万円未満	100～300	300～500	500～1000	1000～3000	3,000～5000	5,000万～1億	1億円以上
全　　国	(1)	100.0		100.0	100.0	100.0	100.0	100.0	100.0	100.0	100.0
単一経営	(2)	71.9		87.4	72.6	67.9	66.7	66.4	67.9	78.7	89.9
稲作	(3)	45.5		70.6	40.0	22.1	13.9	10.1	6.0	4.2	1.8
麦類作	(4)	0.1		0.2	0.1	0.1	0.1	0.1	0.1	0.1	0.0
雑穀・いも類・豆類	(5)	1.1		1.2	1.2	1.3	1.3	1.3	0.7	0.5	0.3
工芸農作物	(6)	1.9		1.9	2.2	2.4	2.9	3.0	1.7	1.5	1.3
露地野菜	(7)	5.6		3.9	8.0	9.7	10.1	10.6	9.7	7.0	3.3
施設野菜	(8)	3.1		0.4	2.5	6.3	11.4	15.3	9.1	6.8	4.6
果樹類	(9)	9.0		7.2	13.5	17.9	16.7	8.6	2.3	1.1	0.6
花き・花木	(10)	1.7		0.8	1.8	3.0	4.2	5.8	6.5	6.3	4.3
その他の作物	(11)	0.6		0.5	0.6	0.8	0.9	1.1	1.6	2.7	5.4
酪農	(12)	1.0		0.0	0.1	0.4	0.9	5.0	20.0	25.0	16.0
肉用牛	(13)	1.7		0.5	2.5	3.5	3.5	3.9	5.5	10.0	18.0
養豚	(14)	0.2		0.0	0.0	0.1	0.2	0.5	2.0	6.0	15.7
養鶏	(15)	0.3		0.0	0.1	0.3	0.3	0.3	1.9	6.2	16.2
養蚕	(16)	0.0		0.0	0.0	0.0	0.0	0.0	0.0	#VALUE!	0.0
その他の畜産	(17)	0.1		0.0	0.1	0.0	0.2	0.4	0.7	0.9	1.4
準単一複合経営	(18)	14.0		10.0	21.3	24.2	24.6	23.2	17.5	12.5	6.9
複合経営	(19)	4.5		2.6	6.1	7.9	8.7	10.3	14.5	8.8	3.2
販売なし	(20)	9.6		0.0	0.0	#VALUE!	0.0	0.0	0.0	0.0	0.0

こうしたクロス集計表は、都道府県別、全国農業地域別、全国では統計書やネットで閲覧することができますが、市区町村以下の小地域単位（旧市区町村、農業集落）では経営体数が少なくなると秘匿値が多く読みにくいこと、また公表物が簡単に入手できないことから利用はやや難しくなります。

4．小地域分析の強力ツール＝農業集落カードと農林業経営体調査一覧表の活用

（1）農業集落カード

全国の約10万5千農業集落について農林業センサスデータを編集したものです。このデータが優れているところは、1970年から5年ごとに2015年までの10回分のデータを収録している点です。この間、調査内容が変更されたり、定義の変更があったりはしていますが、接続が可能なものは全て編集して掲載されていますので、農業集落の約半世紀にわたる長期の変化を追うことができます。

カード形式とはいっても、2015年版ではA3版で5頁にわたり掲載されています。内容も、実数に加えて5年ごとの増減率や耕作放棄地率といった主要な分析指標も併載され利用しやすい詳細なデータとなっています。

このカードは、農林業センサスの農林業経営体調査と農山村地域調査からデータをもってきて作成されています。つまり、農山村地域調査では農業集落の法制上の指定地域、人口集中地域までの所要時間、集落としてのまとまり具合など地域的特性を把握する内容になっており、そうした集落の上でさまざまな農業生産が営まれている姿を農林業経営体調査からもってきています。このように農業集落という地域と経済活動を組み合わせて立体的な分析ができるようになっているのが農業集落カードということになります。

なお、農業集落カードはわが国の農業集落の全てについて作成されているわけではありません。農業経営体が2経営体以下の集落についてはデータが公表されていませんので農業集落カードも作成されていません。

また、集落カードは、磁気データをDVD-Rで提供していますので、パソコン利用や最近はやりの地図分析にも利用できます。集落座談会の資料や市区町村、農協などの農業振興計画作成には欠かせない資料です。

なお、販売は都道府県単位となっています（農林統計協会で制作・頒布）。

（2）農林業経営体調査一覧表

農林業経営体調査の集計結果としてはもっとも詳細なデータです。2015年農林業センサスの「農林業経営体調査」（農林業経営体・農業経営体・販売農家・林業経営体・客体候補名簿）での全ての調査項目について、都道府県計値、市区町村計値、旧市区町村計値、農業集落計値を収録しています。このデータも都道府県単位にCD-ROMで販売しています（農林統計協会で制作・頒布）。

以上のとおり、小地域の有力な統計を2つ紹介しましたが、どちらのデータを使用すればよいかを考えてみます。

農業集落カードは、その集落の地域的特性と主要な農業生産項目について長期の

変化を示す内容になっています。これに対して、農林業経営体調査一覧表は2015年だけの結果ですが、調査項目の全てが網羅されており集落の農業の姿を詳細に分析するためには欠かせないデータ集ということになります。したがって、農業集落カードで集落内の農業の概要と変貌をとらえ、更に農林業経営体一覧表で2015年について詳細な分析をするという使い方になります。両者の収録内容の違いを整理すると下記のとおりとなります。

	2015年農業集落カード	農林業経営体調査一覧表
収録項目	主な調査項目（農林業経営体調査と農山村地域調査から） 主要事項については増減率等分析指標	2015年の全調査項目（農林業経営体調査のみ）
収録年次	1970年から5年ごとに2015年まで	2015年のみ
集計地域	農業集落	都道府県、市区町村、旧市区町村、農業集落

5. 統計の地図化について—2015年農業集落地図データ　CD-R版

　最近は、統計を地図と組み合わせて活用することが増えてきました。つまり統計を「見える化」することにより地域の特徴や課題などを分かりやすく表現することができます。高齢化、離農の状況、耕作放棄の状況等々がどの集落、どの地域で進んでいるかなどを地図上で示し、地域の会合で協議する材料とすることができます。また、洪水等の被害が発生した時も地図上に耕地や施設を組み込んでおけば被害の発生状況を簡単に推計することもできます。あるいは、地域振興計画を作成する段階でも試行錯誤しながらいくつもの計画案を作成してみて検討することも容易です。

　このように便利な地図システムですが、これを使うためには何が必要でしょうか。

①　地図ソフト：地図を作成したり境界線や属性データを組み合わせ、編集するために必要です。
　　　　　　　　高価なソフトからフリーソフトまでありますので、利用者の利用目的やスキルの程度に応じて選択してください。

②　境界データ：地図を作成するために何らかの境界を設ける必要があります。
　　　　　　　　一般的には都道府県界、市区町村界ですが、農林業センサスでは旧市区町村界、農業集落界の地図データもあります。また、農協などの場合は、管轄地域の境界地図が必要になりますので管轄界のデータを作成する必要があります。

③　統計データ：地図上に表示するための統計データです。

　農林統計協会では、農林業センサスについて利用者のご要望に応じた地図関連データの提供をしています。

　2015年農林業センサス（2015年2月1日時点）の農業集落の境界データが都道府県単位で収録されています。また、数値データとして農業集落カードを利用することができます。

　【利用環境】　シェープファイルを利用できる地図ソフトが別途必要です。農林統計協会からも地理統計情報システム「GEOSTAT（地理統計情報株式会社版）」を販売しています（農業集落カードデータ、農業集落地図データは別売となります）。

〈集落地図の例—耕作放棄地率〉

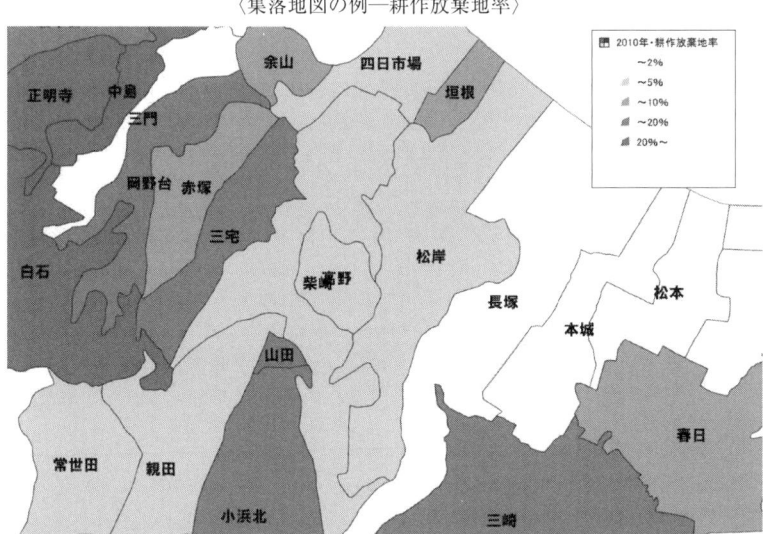

第２部　農林水産統計用語

Ⅰ 農 業

1. 農業一般

(1) 農業・農業経営体

農　　　業 のうぎょう	農業とは、耕種、養畜（養きん及び養蜂を含む。）又は養蚕の事業をいう（農林業センサス規則（昭和44年農林省令第39号））。なお、自家生産の農産物を原料として農産加工を営んでいるものも農業に含めている。天然性のしいたけ、わさび、わらびなどの採取、木材採取を主目的とする植物の栽培は農業とはしない。また、販売を目的にした観賞用の鉢植えの植物の栽培は農業とするが、貸鉢を目的とした栽培は農業としない。 　なお、「日本標準産業分類」（平成25年10月改訂）における小分類で農業は、「耕種農業」、「畜産農業」、「農業サービス業（園芸サービス業を除く。）」、「園芸サービス業」に４分類されている。農林統計では、このうち「園芸サービス業」は農業から除かれている。
耕　　　種 こうしゅ	耕地等を使用して農作物を栽培することをいい、具体的には稲、麦、雑穀、豆類、いも類、野菜、果樹、工芸農作物、飼料作物、花き、薬用作物、採種用作物、桑、植木（緑化木、庭公園樹）の栽培、果樹、桑、観賞用樹木などの苗木の栽培、造林用苗木の栽培、しいたけ、えのきだけ、マッシュルームなどのきのこ栽培をいう。また、たけのこ、こうぞ、みつまた、油桐、はぜ、こりやなぎ、くり、くるみ、山茶、山桑、あべまき、うるし、つばきなどの栽培も耕種とするが、その場合の栽培とは、単に下刈り程度の管理のみではなく、施肥（刈敷は、施肥とみなさない。）を行う場合をいう。
養　　　畜 ようちく	家畜を飼育することをいう、具体的には乳用牛、肉用牛、馬、豚、やぎ、めん羊、うさぎ、鶏、あひる、がちょう、うずら、七面鳥の飼育、たぬき、きつね、ミンク、ヌ

ートリアなどの毛皮獣の飼養、養蜂、ふ卵（種卵の自家供給、他家からの購入の別を問わない。）、育雛を行うことである。

なお、養畜には種付け目的のものも含むが、競馬に使用する目的で飼育しているもの及び家畜仲買商等が一時的に飼養しているもの、犬、猫、小鳥、鶏の愛玩用の品種である東天紅、尾長鳥などの飼養及び水田養鯉、食用蛙などの飼養は含めない。

養　　　　　蚕
ようさん

蚕を飼育して繭を生産することをいう。具体的には家蚕、野蚕の飼育、蚕種製造をいう。

農林業経営体
のうりんぎょうけい
えいたい

農林業センサス

農林産物の生産を行うか又は委託を受けて農林業作業を行い、生産又は作業に係る面積・頭数が、次の規定のいずれかに該当する事業を行う者をいう。
(1) 経営耕地面積が30a以上の規模の農業
(2) 農作物の作付面積又は栽培面積、家畜の飼養頭羽数又は出荷羽数その他の事業の規模が次の農林業経営体の外形基準以上の農業
　　① 露地野菜作付面積　　　　　15a
　　② 施設野菜栽培面積　　　　　350m^2
　　③ 果樹栽培面積　　　　　　　10a
　　④ 露地花き栽培面積　　　　　10a
　　⑤ 施設花き栽培面積　　　　　250m^2
　　⑥ 搾乳牛飼養頭数　　　　　　1頭
　　⑦ 肥育牛飼養頭数　　　　　　1頭
　　⑧ 豚飼養頭数　　　　　　　　15頭
　　⑨ 採卵鶏飼養羽数　　　　　　150羽
　　⑩ ブロイラー年間出荷羽数　　1,000羽
　　⑪ その他　調査期日前1年間における農業生産物の総販売額50万円に相当する事業の規模
(3) 権原に基づいて育林又は伐採（立木竹のみを譲り受けてする伐採を除く。）を行うことができる保有山林の面積が3ha以上の規模の林業（育林又は伐採を適切に実施する者に限る。）
(4) 農作業の受託の事業
(5) 委託を受けて行う育林もしくは素材生産又は立木を購入して行う素材生産の事業

109

農 業 経 営 体
のうぎょうけいえい
たい

農林業センサス、農業構造動態調査、農業経営統計調査
　農林業経営体のうち、次のいずれかに該当する事業を行う者をいう。
(1) 経営耕地面積が30a以上の規模の農業
(2) 農作物の作付面積又は栽培面積、家畜の飼養頭羽数又は出荷羽数その他の事業の規模が次の農林業経営体の外形基準以上の農業
　　①露地野菜作付面積　　　　　　15a
　　②施設野菜栽培面積　　　　　　350m^2
　　③果樹栽培面積　　　　　　　　10a
　　④露地花き栽培面積　　　　　　10a
　　⑤施設花き栽培面積　　　　　　250m^2
　　⑥搾乳牛飼養頭数　　　　　　　1頭
　　⑦肥育牛飼養頭数　　　　　　　1頭
　　⑧豚飼養頭数　　　　　　　　　15頭
　　⑨採卵鶏飼養羽数　　　　　　　150羽
　　⑩ブロイラー年間出荷羽数　　　1,000羽
　　⑪その他　調査期日前1年間における農業生産物の総
　　　　　　　販売額50万円に相当する事業の規模
(3) 農作業の受託の事業

農業経営体の推移　　　　　　　　　　単位：千経営体

	2005年	2010年	2015年
農業経営体数	2,009	1,679	1,377
家族経営体	1,981	1,648	1,344
法人経営		5	4
組織経営体	28	31	33
法人経営		17	23
うち、農家以外の農業事業体		13	19

農林業センサス

林 業 経 営 体
りんぎょうけいえい
たい

農林業センサス
　農林業経営体のうち、次のいずれかに該当する事業を行う者をいう。
(1) 権原に基づいて育林又は伐採（立木竹のみを譲り受けてする伐採を除く。）を行うことができる保有山林の面積が3ha以上の規模の林業（育林又は伐採を適切に実施する者に限る。）

(2) 委託を受けて行う育林もしくは素材生産又は立木を購入して行う素材生産の事業

農 業 事 業 体
のうぎょうじぎょう
たい

農林業センサス

調査期日現在で10a以上の経営耕地を有するかあるいは経営耕地面積が10a未満であっても、調査期日前1年間の農産物販売金額が15万円以上の農業を営む事業体をいう。農業事業体は農家と農家以外の農業事業体に分類される。農業事業体の名称は、1950年センサスにおいて初めて採用されたものである。

農家以外の農業事業体
のうかいがいののうぎょうじぎょうたい

農林業センサス

世帯（農家）以外で農業を営む事業体であって、調査期日現在で10a以上の経営耕地を有するかあるいは経営耕地面積が10a未満であっても、調査期日前1年間における農産物販売金額が15万円以上である者をいう。なお、2010年センサス以降は「農家以外の農業事業体」という用語は用いず、「農業生産を行う組織経営体」として捉えており、2015年センサスでは販売目的に限定している。

農業サービス事業体
のうぎょうさーびす
じぎょうたい

農林業センサス

農家等から委託を受けて農作業を行う事業体のことで、農業事業体は除かれている。なお、2005年センサス以降は「農業サービス事業体」という用語は用いず、「農作業受託のみを行う経営体」として捉えている。

農作業受託のみを行う経営体
のうさぎょうじゅたくのみをおこなうけいえいたい

農林業センサス

農業経営体のうち、農家等から委託を受けて農作業を行う経営体をいう。具体的には、農作業の受託（構成員からの員内受託を含む。）を行っている農業生産組織、農協等が農作業の受託を行うために経営している育苗センター、ライスセンター、選果・選別場等であって調査期日現在で10a以上の経営耕地を有さず、かつ、調査期日前1年間における農産物販売金額が15万円未満の経営体をいう。

農　　　　　家
のうか

農林業センサス

調査期日現在で、経営耕地面積が10a以上の農業を営む世帯又は経営耕地面積が10a未満であっても、調査期日前1年間における農産物販売金額が15万円以上あった世帯をいう。

　なお、「農業を営む」とは、営利又は自家消費のために耕種、養畜、養蚕、又は自家生産の農産物を原料とする加工を行うことをいう。

総農家数等の推移　　　　　　　　　　　　　単位：千戸

	2005年	2010年	2015年
総農家数	2,848	2,528	2,155
うち、販売農家	1,963	1,631	1,330
うち、自給的農家	885	897	825
土地持ち非農家	1,201	1,374	1,414

農林業センサス

販 売 農 家
はんばいのうか

農林業センサス
　経営耕地面積が30a以上又は調査期日前1年間における農産物販売金額が50万円以上の農家をいう。

自 給 的 農 家
じきゅうてきのうか

農林業センサス
　経営耕地面積が30a未満でかつ調査期日前1年間における農産物販売金額が50万円未満の農家をいう。

例 外 規 定 農 家
れいがいきていのうか

農林業センサス
　農家のうち経営耕地面積による規定（10a以上）には満たないが、調査期日前1年間における農産物販売金額が一定額以上の世帯をいう。
　この場合の農産物販売金額の下限は、5年ごとに行う農林業センサスにおいて決定している（1950年センサス1万円、1955年センサス1万円、1960年センサス2万円、1965年センサス3万円、1970年センサス5万円、1975年センサス7万円、1980年センサス10万円、1985年センサス10万円、1990年センサス15万円、1995年センサス15万円、2000年センサス15万円、2005年センサス15万円）。2010年センサス以降は「例外規定農家」という用語は用いられていない。

土地持ち非農家
とちもちひのうか

農林業センサス
　農家以外で耕地及び耕作放棄地を合計で5a以上所有している世帯をいう。耕地を貸し出したり、組織経営体に参加し耕地を供出して農家ではなくなった世帯が含まれる。2015年センサスでは、土地持ち非農家の内訳として「農業

生産を行う組織経営に参加・従事」しているものを表示している。

林　　　家
りんか

農林業センサス
　調査期日現在で、保有山林（所有している山林－他に貸し付けている山林＋他から借り入れている山林）面積が1ha以上の世帯をいう。

林家数の推移　　　　　　　　　　　　　　　　単位：千戸

	2005年	2010年	2015年
林家	920	907	829

農林業センサス

農業生産法人である経営体
のうぎょうせいさんほうじんであるけいえいたい

農林業センサス
　農業生産法人に該当する経営体をいう。
　農業生産法人とは農地法（昭和27年法律第229号）第2条第3項に規定する農業経営を行うために農地を取得できる法人をいう。

認 定 農 業 者
にんていのうぎょうしゃ

農業経営改善計画の営農類型別認定状況
　農業経営基盤強化促進法（昭和55年法律第65号）第12条に規定する「農業経営改善計画」を市町村に提出し、認定を受けた農業者（法人を含む。）をいう。農林業センサスにおいては、当該農林業経営体が認定農業者に該当する場合のほか、当該農林業経営体に認定農業者がいる（世帯員に認定農業者がいる、集落営農の構成員に認定農業者がいる）場合を含む。地域における農業の担い手の一員として位置づけられている。
　認定農業者は平成27年3月末現在で242,304人となっている。

認定新規就農者
にんていしんきしゅうのうしゃ

　農業経営基盤強化促進法に基づき、市町村が設定した新規就農者の農業経営の目標（所得目標等）の達成に向けて、今後5年間における自らの取組を内容とする「青年等就農計画」を作成し、市町村から認定された新規就農者をいう。
　認定新規就農者は平成29年3月末現在で8,914経営体となっている。

家 族 経 営 体 かぞくけいえいたい	農林業センサス 　農林業経営体のうち1世帯（雇用者の有無は問わない）で事業を行う者をいう。なお、農家が法人化した形態である一戸一法人を含んでおり、家族経営体は農林業経営体の97％を占めている。農業経営統計調査では個別経営体とよんでいる。
組 織 経 営 体 そしきけいえいたい	農林業センサス、農業構造動態調査、農業経営調査 　農林業経営体のうち、世帯以外で事業を行う者（家族経営体でない経営体）をいう。なお、農業経営統計調査において調査対象とする組織経営体は、農作業の受託事業のみを行う組織経営体、牧草を栽培することにより家畜の預託事業を営むことのみを目的とする組織経営体及び共同で牧草を栽培し、共同で採草及び放牧に利用することのみを目的とする組織経営体を除く組織経営体のうち、農業生産物の販売を目的とする組織経営体を対象としている。また、組織経営体のうち、法人化している農事組合法人又は会社組織であって、その経営体の売上高に占める農業と農業生産関連事業の売上高の合計が50％以上であり、かつ損益計算書及び貸借対照表が整備され、生産から販売、収支決算、収益の分配までを共同で行っているものを「組織法人経営体」、法人化していない組織経営体であって、農業経営を共同で行っているものを「任意組織経営体」といっている。
法 人 経 営 体 ほうじんけいえいたい 　　農事組合法人 　　会社 　　森林組合 　　各種団体 　　その他の法人 　　地方公共団体 　　財産区	農林業センサス、農業経営調査 　農林業経営体のうち、法人化して事業を行う者をいう。（一戸一法人を含む。） (1) 農事組合法人とは、農業協同組合法（昭和22年法律第132号）に基づき、「組合員の農業生産についての協業を図ることによりその共同の利益を増進すること」を目的として設立された法人をいう。 　⇒Ⅴの「1　農業協同組合」参照。 (2) 会社とは、次のいずれかに該当するものをいう。 ①株式会社とは、会社法（平成17年法律第86号）に基づき株式会社の組織形態をとっているものが該当する。なお、会社法の施行に伴う関係法律の整備等に関する法律（平成17年法律第87号）に定める特例有限会社の組織形態をとっているものも含める。 ②合名・合資会社とは会社法に基づき、合名会社又は合

資会社の組織形態をとっているものが該当する。

③合同会社とは、会社法に基づき、合同会社の組織形態をとっているものが該当する。

(3) 各種団体とは、次のいずれかに該当するものをいう。

①農協とは農業協同組合法（昭和22年法律第132号）に基づく農業協同組合、農協の連合組織が該当する。

②森林組合とは、森林組合法（昭和53年法律第36号）に基づき組織された組合で、森林組合、生産森林組合、森林組合連合会が該当する。

⇒Vの「2　森林組合」参照。

③その他の各種団体とは、農業災害補償法（昭和22年法律第185号）に基づく農業共済組合や農業関係団体、又は森林組合以外の組合、愛林組合、林業研究グループ等の団体が該当する。林業公社（第三セクター）もここに含める。

(4) その他の法人とは、上記以外の法人で、公益法人、宗教法人、医療法人、NPO法人などが該当する。

(5) 地方公共団体とは、都道府県、市区町村が該当する。

(6) 財産区とは、地方自治法（昭和22年法律第67号）に基づき、市区町村の一部で財産を有し、または公の施設を設け、当該財産等の管理・処分・廃止に関する権能を有する特別地方公共団体をいう。

法人経営体　　　　　　　　　　　　　単位：千経営体

	2005年	2010年	2015年
農業経営体数	2,009	1,679	1,377
法人化している	19	22	27
農事組合法人	3	4	6
株式会社	11	13	16
合名・合資会社	0	0	0
合同会社	…	0	0
農協	5	3	3
森林組合	0	0	0
その他各種団体	1	1	1
その他法人	0	1	1
地方公共団体・財産区	1	0	0
法人化していない	1,990	1,657	1,350

農林業センサス

注：2005年の株式会社は有限会社を含む。

| 主 業 農 家
しゅぎょうのうか | 農林業センサス（販売農家）
　農業所得が主（農家所得の50％以上が農業所得）で、調査期日前1年間に60日以上自営農業に従事している65歳未満の世帯員がいる農家をいう。
　販売農家の性格を分類する主副業別分類で表示している。 |

主副業別農家数等の推移　　　　　　　　　　　　　　単位：千戸

	2005年	2010年	2015年
総販売農家数	1,963	1,631	1,330
主業農家	429	360	294
準主業農家	443	389	257
副業的農家	1,090	883	779

農林業センサス

準 主 業 農 家 じゅんしゅぎょうのうか	農林業センサス（販売農家） 　農外所得が主（農家所得の50％未満が農業所得）で、調査期日前1年間に60日以上自営農業に従事している65歳未満の世帯員がいる農家をいう。
副 業 的 農 家 ふくぎょうてきのうか	農林業センサス（販売農家） 　調査期日前1年間に60日以上自営農業に従事している65歳未満の世帯員がいない農家をいう。
専 業 農 家 せんぎょうのうか	農林業センサス（販売農家） 　世帯員の中に兼業従事者（調査期日前1年間に他に雇用されて仕事に従事した者又は自営農業以外の自営業に従事した者）が1人もいない農家をいう。 　専業農家の内訳として、15〜64歳（1994年までは16〜64歳）の男子世帯員又は女子世帯員がいる専業農家を「うち男子生産年齢人口のいる世帯」「うち女子生産年齢人口のいる世帯」として表示し、より専業農家らしい農家を明らかにしている。 　なお、「自営農業」とは、世帯で営む農業生産や世帯として受託した（請負った）農作業をいい、平成元年以降、それまでの自家農業に代えて、農作業受託を含めた自営農業の概念が導入されている。 　販売農家の性格を分類する専兼業別分類で表示している。

専兼業別農家数の推移　　　　　　　　　　　単位：千戸

	2005年	2010年	2015年
総販売農家数	1,963	1,631	1,330
専業農家	443	451	443
兼業農家	1,520	1,180	887
うち、第1種兼業農家	308	225	165
うち、第2種兼業農家	1,212	955	722

農林業センサス

兼 業 農 家
けんぎょうのうか

農林業センサス（販売農家）
　世帯員の中に兼業従事者が1人以上いる農家をいい、第1種兼業農家と第2種兼業農家に区分される。
　第1種兼業農家とは農業所得を主とする兼業農家
　第2種兼業農家とは農業所得を従とする兼業農家

農業経営組織別分類
のうぎょうけいえい
そしきべつぶんるい

農林業センサス
　元々は農家を対象とした分類で、農産物販売収入主位部門の販売金額の総販売金額に占める割合により、単一経営、複合経営（準単一複合経営、複合経営）に分類される。2005年センサス以降は農業経営体を対象とした統計も作成されている。

単一経営経営体
たんいつけいえいけ
いえいたい

農林業センサス
　農産物販売収入主位部門の販売金額が総販売金額の80%以上を占める経営体をいい、部門は稲作、麦類作、雑穀・豆類、工芸農作物、露地野菜、施設野菜、果樹類、花き・花木、その他作物、酪農、肉用牛、養豚、養鶏、養蚕、その他畜産に区分している。1980年センサスから80%基準としており、それ以前は60%を基準としていた。

農業経営組織別経営体数の推移　　　　　　単位：千経営体

	2005年	2010年	2015年
販売のあった農業経営体数	1,761	1,507	1,245
単一経営経営体	1,368	1,180	990
準単一複合経営経営体	300	326	255
複合経営経営体	93	79	62

農林業センサス

準単一複合経営経営体 じゅんたんいつふくごうけいえいけいえいたい	農林業センサス 　単一経営以外で農産物販売金額のうち、主位部門の農産物販売金額が60%以上80%未満の経営体をいい、部門は稲作、麦類作、雑穀・いも類・豆類、工芸農作物、露地野菜、施設野菜、果樹類、花き・花木、その他作物、酪農、肉用牛、養豚、養鶏、養蚕、その他畜産に区分している。
複合経営経営体 ふくごうけいえいけいえいたい	農林業センサス 　単一経営体以外で、農産物販売金額のうち、主位部門の農産物販売金額が60%未満（販売のなかった経営体を除く。）の経営体をいう。
農業生産関連事業 のうぎょうせいさんかんれんじぎょう	農林業センサス、農業経営統計調査 　農林業センサスでは、「農産物の加工」「貸農園・体験農園」「観光農園」「農家民宿」「農家レストラン」「海外への輸出」等の農業生産に関連した事業をいう。 　また、農業経営統計調査では農業経営関与者（個別経営では経営主夫婦及び原則として年間60日以上、当該農業経営体の農業に従事する世帯員。組織経営体では構成員をいう。）が経営する「農産物の加工」「観光農園」「市民農園」「農家民宿」「農家レストラン」について、その事業の収入及び支出を把握している。 　⇒Ⅰの7の(2)の「世帯員」、「農業経営関与者」参照。 ①農産加工 　販売を目的として自ら生産した農産物をその使用割合の多少にかかわらず用いて加工しているもの。加工品の販売を目的とせず自家用に行う加工（自家で消費する漬物等）は含めない。また、加工自体を他に委託している場合は含めるが、他から加工を委託され加工賃を徴収している場合は含めない。なお、販売に付随して必要となる軽度の処理（農産物直売所で販売するために行う精米など）や地域の出荷慣行に照らして出荷の際に生産者側が必然的に行わなければならない加工（荒茶、畳表の生産など）は含めていない。 ②貸農園・体験農園 　所有又は借り入れている農地を、第三者を経由せず、農園方式等により非農業者に利用させ、料金を得ているもの。なお、自己所有の農地を、市区町村・農協等が経営する市民農園に有償で貸与しているものは含めていない。

③観光農園

　観光客等を対象に、自ら生産した農産物の収穫等の一部の農作業を体験させ又は観賞させて、料金を得ているもの。

④農家民宿

　農業を営む者が旅館業法（昭和23年法律第138号）に基づき、都道府県知事の許可を得て、観光客等の第三者を宿泊させ、自ら生産した農産物や地域の食材をその使用割合の多少にかかわらず用いた料理を提供して料金を得ているもの。

⑤農家レストラン

　農業を営む者が食品衛生法（昭和22年法律第233号）に基づき都道府県知事の許可を得て、不特定の者に、自ら生産した農産物や地域の食材をその使用割合の多少にかかわらず用いた料理を提供して料金を得ているもの。

⑥海外への輸出

　収穫した農産物等を直接又は商社や団体を経由（手続きの委託や販売の代行のため）して海外へ輸出している場合、又は、輸出を目的として農産物の生産に取り組んでいるもの。

農業生産関連事業を行っている経営体の推移　単位：千経営体

	2005年	2010年	2015年
行っている経営体数	353	351	251
農産物の加工	24	34	25
消費者に直接販売	331	329	237
貸農園・体験農園	4	6	4
観光農園	8	9	7
農家民宿	1	2	2
農家レストラン	1	1	1
海外へ輸出	…	0	1

農林業センサス

農業経営部門別統計
のうぎょうけいえい
ぶもんべつとうけい

農林業センサス

　農業経営部門別統計は、次の各部門の条件に該当する農業経営体及び販売農家を抽出し、集計を行ったもの。

　①水稲部門：調査期日前１年間に販売を目的として水稲を作付けた農業経営体及び販売農家

②小麦部門：調査期日前1年間に販売を目的として小麦を作付けた農業経営体及び販売農家
③大豆部門：調査期日前1年間に販売を目的として大豆を作付けた農業経営体及び販売農家
④野菜部門：調査期日前1年間に販売を目的として露地又は施設に野菜を作付けた農業経営体及び販売農家
⑤露地野菜部門：調査期日前1年間に販売を目的として露地に野菜を作付けた農業経営体及び販売農家
⑥施設野菜部門：調査期日前1年間に販売を目的として施設に野菜を作付けた農業経営体及び販売農家
⑦果樹部門：調査期日前1年間に販売を目的として露地又は施設に果樹を栽培した農業経営体及び販売農家
⑧花き・花木部門：調査期日前1年間に販売を目的として露地又は施設に花き又は花木を作付けた農業経営体及び販売農家
⑨酪農部門：調査期日現在に搾乳目的で2歳以上の乳用牛を飼養している農業経営体及び販売農家
⑩肉用牛部門：調査期日現在に子取り用めす牛又は肥育中の牛（肉用種（和牛）、交雑種又は乳用種）を販売する目的で飼養している農業経営体及び販売農家
⑪養豚部門：調査期日現在に子取り用めす豚又は肥育中の豚を販売する目的で飼養している農業経営体及び販売農家
⑫養鶏部門：調査期日現在に卵の販売を目的として採卵鶏を飼養している農業経営体及び販売農家

(2) 農家人口

| 世　帯　員 | 農林業センサス、漁業センサス、農業構造動態調査、農業 |
| せたいいん | 経営統計調査、漁業就業動向調査 |

【農林業センサス・農業構造動態調査の取り扱い】
世帯員とは、原則として住居と生計を共にしている者のことで、
①出稼ぎ、行商、入院等で調査期日現在その家にいなくても、生計を共にしている者
②世帯員との血縁又は姻戚関係がなくても、一緒に住み

　　生計を共にしている者

　　③学校への通学が不便なため、学校に寄宿し、土曜・日曜等に家に帰る者や、積雪地で冬季だけ分校が開設されその間学校に寄宿する者

　　④農業研修などで1年未満の短い期間他出している者

　　⑤単身赴任者などで、他出しているが生活の基盤がその家にある者

が含まれる。

　　ただし、次の者は世帯員としていない。

　　①住み込みの雇人、②親戚や知人から就学などのため一定期間預かっている子弟や下宿人、③家族であっても、勉学や就職のため他出して生活している者、④住民基本台帳上は世帯の一員であっても、他出し独立した生計を行っている者、⑤生活費の大部分を家に仕送りしているが他出して生活の基盤が他にある者

　　なお、農林業センサスでは、1985年センサス以前は自給的農家を含めた総農家を対象に統計が作成されていたが、1990年センサス以降は販売農家を対象に統計が作成されている。

年齢別世帯員数の推移　　　　　　　　　　　　　単位：千円

	2005年	2010年	2015年
男女計	8,370	6,503	4,880
男	4,116	3,209	2,431
うち、15歳〜64歳	2,468	1,888	1,345
女	4,255	3,294	2,449
うち、15歳〜64歳	2,357	1,770	1,261

農林業センサス

【漁業センサスにおける取扱い】

　　生活の拠点がその家にあることという意味合いでは、世帯員の取り扱いは農林業センサスと同様であり、家族同様に住んでいる雇人、同居人、下宿人は世帯員としていない。ただし、

　　①漁船に乗り込んでいる者、出稼ぎ者、遊学者、療養者等で不在期間が1年未満の者は世帯員に含めている。

　　②また、漁船を含め船舶の乗組員については航海日数の長期化により不在期間が1年以上にわたる場合であっても世帯員としている。

【農業経営統計調査における取扱い】
　生活の拠点がその家にある者であることでは農林業セン
サスと同様である。
　年間の大半（ほぼ6か月以上）その家に住み、生計を共
にしている家族（6か月未満の出稼ぎ、入院療養、遊学な
どを含む。）を「常住家族」とし、年間の大半（ほぼ6か
月以上）を個別経営体に同居している年雇、家政婦、賄い
つき下宿人を「同居人」として世帯員に含めている。一
方、長期間（6か月以上）にわたる出稼ぎ、病気療養など
のため、家を離れている他出家族は世帯員に含めていな
い。

世　帯　主
せたいぬし

農林業センサス、農業構造動態調査、農業経営統計調査
　その家の経済的責任者（世帯員の生計について責任をも
っている者）をいい、必ずしも戸籍上の筆頭者であると
か、最年長者であるとか、農業経営の中心になっている経
営主ではない。経済的責任者が勤めの都合上、一時的に単
身で別居している場合もその家の世帯主としている。
　経済的責任者をその家の世帯主と定めているのは、世帯
主が農業に専従しているか、あるいは他の仕事に従事して
いるかによって、その家の農家としての性格が大きく異な
ると考えられることによる。

経　営　主
けいえいしゅ

農林業センサス、農業構造動態調査、農業経営統計調査
　農林業経営の管理運営の中心となっている者をいい、生
産品目や規模、請負う農林業作業の決定、具体的な作業時
期や作業体制、労働や資本の投入、資金調達といった経営
全般を主宰する者をいう。
　なお、2015年センサスでは、親が稲作経営を、子が畜産
経営を行い、それぞれが該当する部門に責任をもって経営
している場合は、農業収入の多い部門の責任者を経営主と
している。

経営の後継者
けいえいのこうけい
しゃ

農林業センサス、農業構造動態調査、農業経営統計調査
　満15歳以上の世帯員で、次の代で農業経営又は林業経営
を継承することが確認されている者（予定者を含む。）を
いう。

経営方針の決定参画者 けいえいほうしんのけっていさんかくしゃ	農林業センサス 　経営主とともに以下のいずれかの農林業経営に関する決定に参画した者をいう。 ・生産品目や飼養する畜種の選定・規模の決定 ・出荷先の決定 ・資金調達 ・機械・施設などへの投資 ・農地借入の決定 ・農作業受託の決定 ・雇用の決定・管理

他出農業後継者
たしゅつのうぎょうこうけいしゃ

農林業センサス
　就職や就学のため離れて住んでいる子供等のうち、次の代で農業経営を継承することが確認されている者をいう。

自 営 農 業
じえいのうぎょう

農林業センサス、農業構造動態調査、農業経営統計調査
　自営農業とは、世帯で営む農業生産や世帯として受託した農作業をいう。従事した日数には、農業経営に付帯する経理事務等の管理労働、農産物の販売ルートの開拓などの販売活動を行った日数を含む。なお、集落営農に参加し、そこで生産した農産物の販売権等が集落営農側にある場合は含めていない。
　農業経営統計調査については、農産物・畜産物の生産費を算出する際、自営農業投下労働時間を把握するため、自営農業に含まれる作業範囲を明示している。
⇒「農業労働時間の範囲」（別表）参照。

農業以外の自営業
のうぎょういがいのじえいぎょう

農林業センサス、農業構造動態調査
　自営農業以外で、収入を得るため自ら営んでいる全ての事業のことであり、具体的には次のようなものである。
　①自営漁業（収入を得ることを目的とした魚介、海草類等の水産動植物の採取、養殖を行うこと。河川、湖沼で行う内水面漁業、金魚、こいなどの淡水魚の養殖、稲作を転換した内水面養殖も含める。）
　②製造業、土建業、採石業、運送業、各種修理業
　③行商（ただし、人に雇われて行商している場合はここに含めない。）
　④医院、寺社、弁護士など
　⑤大工、左官、庭師などの職人的な仕事
　⑥駐車場、アパート、貸家、下宿等の経営

なお、2005年センサスでは調査期日前1年間の売上金額が15万円以上（金額は年次により異なる）あるものを対象としていたが、2010年センサス以降は金額の基準が廃止されている。

農業従事者
のうぎょうじゅうじ
しゃ

農林業センサス

15歳以上の世帯員のうち、調査期日前1年間に自営農業に従事した世帯員をいう。自営農業に従事した日数は問わず、補助的に働いた世帯員、農繁期だけ働いた世帯員も含む。

農業従事者・農業就業人口・基幹的農業従事者数の推移

単位：千人

	2005年	2010年	2015年
農業従事者	5,562	4,536	3,399
うち、男	2,976	2,434	1,870
うち、女	2,586	2,102	1,529
農業就業人口	3,353	2,606	2,097
うち、男	1,564	1,306	1,088
うち、女	1,788	1,300	1,009
基幹的農業従事者	2,241	2,051	1,754
うち、男	1,214	1,148	1,005
うち、女	1,027	903	749

農林業センサス

農業専従者
のうぎょうせんじゅ
うしゃ

農林業センサス

自営農業に従事した世帯員（農業従事者）のうち、調査期日前1年間に自営農業に150日以上従事した者をいう。

なお、調査期日前1年間に自営農業に60日～149日従事した者を準農業専従者という。日数の数え方は1日8時間としている。

農業就業人口
のうぎょうしゅうぎ
ょうじんこう
農業就業者（労働力
調査）

農林業センサス

自営農業に従事した世帯員（農業従事者）のうち、①自営農業のみに従事した者、②自営農業以外の仕事に従事していても、年間労働従事日数からみて自営農業従事日数の方が多い者をいう。したがって、自営農業にわずかに従事した者でも、自営農業以外の従事日数より多ければここに

含まれる。

　なお、総務省統計局の労働力調査では「農業就業者」と表示されているが、「農業就業者」とは調査期日前1週間に1時間以上農業に従事した者であり、2つ以上の仕事に従事した場合は従事時間の一番多い仕事の産業の就業者に分類される。

基幹的農業従事者
きかんてきのうぎょうじゅうじしゃ

農林業センサス

　自営農業のみに従事した者のうち、ふだんの仕事として「主に自営農業に従事している者」をいう。

家族経営構成別
かぞくけいえいこうせいべつ
　一世代家族経営
　二世代家族経営
　三世代等家族経営

農林業センサス

　家族経営構成員の世代構成により（具体的には世帯主との続柄をもとに）、一世代（1人経営、夫婦経営等）、二世代（親子経営等）及び三世代等経営に分類したもの。

家族経営構成別農家数の推移　　　　　　　　　単位：千戸

	2005年	2010年	2015年
販売農家数	1,963	1,631	1,330
一世代家族経営	387	1,104	918
二世代家族経営	816	482	381
三世代等家族経営	760	45	31

農林業センサス

経営者、役員の農業経営従事状況
けいえいしゃ、やくいんののうぎょうけいえいじゅうじじょうきょう

農林業センサス

　会社等の組織経営における経営者や役員、集落営農や協業経営における構成員のうち、過去1年間に農業経営に従事した者を従事日数別に集計したもの。農作業に従事した日数だけでなく、農業経営に付帯する経理事務等の管理労働、農産物の販売ルートの開拓などの販売活動を行った日数も含む。

(3) 農業就業動向

新 規 就 農 者
しんきしゅうのうしゃ
新規自営農業就農者
新規雇用就農者
新規参入者

新規就農者調査

　新たに農業に就農した者をいい、新規就農者調査では、新規自営農業就農者、新規雇用就農者、新規参入者を把握している。

①新規自営農業就農者：家族経営体の世帯員で、調査期日前1年間の生活の主な状態が「学生」から「自営農業への従事が主」になった者及び「他に雇われて勤務が主」から「自営農業への従事が主」になった者をいう。

②新規雇用就農者：調査期日前1年間に新たに法人等に常雇（年間7か月以上）として雇用され、農業に従事した者（外国人研修生及び外国人技能実習生並びに雇用される直前の就業状態が農業従事者であった場合を除く。）をいう。

③新規参入者：調査期日前1年間に土地や資金を独自に調達（相続・贈与等により親の農地を譲り受けた場合を除く。）し、新たに農業経営を開始した経営の責任者及び共同経営者をいう。なお、共同経営者とは、夫婦そろって就農した場合における経営の責任者の配偶者、あるいは複数の新規就農者が法人を新設して共同経営を行っている場合における経営の責任者以外の共同経営者をいう。

新規就農者数の推移　　　　　　　　　　　　　単位：人

	平成25年	26	27	28
新規就農者計	50,810	57,650	65,030	60,150
新規自営農業就農者	40,370	46,340	51,020	46,040
うち、男	31,700	34,880	38,990	35,310
うち、女	8,670	11,470	12,030	10,740
新規雇用就農者	7,540	7,650	10,430	10,680
うち、男	4,970	5,020	7,300	6,890
うち、女	2,580	2,630	3,120	3,780
新規参入者	2,900	3,660	3,570	3,440
うち、男	2,560	3,030	2,890	2,770
うち、女	330	630	680	670

新規就農者調査

新規学卒就農者
しんきがくそつしゅうのうしゃ

新規就農者調査
　新規就農者のうち、自営農業就農者で「学生」から「自営農業への従事が主」になった者及び雇用就農者で雇用される直前に学生であった者をいう。

(4) 農業雇用労働

常　　　　雇
じょうやとい

農林業センサス、農業構造動態調査、農業経営統計調査
　主として農業経営のために雇った者で、雇用契約（口頭の契約でもかまわない。）に際し、あらかじめ7か月以上期間を定め雇った者（期間を定めずに雇った者を含む。）をいう。年間7か月以上の契約で雇っている外国人技能実習生も含む。

雇用労働の推移　　　　　　　　　　　　　　　　　単位：経営体、人

	2005年	2010年	2015年
常雇を雇い入れた経営体数	28,355	40,923	54,252
常雇人数（人）	129,086	153,579	220,152
臨時雇を雇い入れた経営体数	210,383	426,698	289,948
臨時雇人数（人）	1,182,520	2,176,349	1,456,454

農林業センサス

臨　時　雇
りんじやとい

農林業センサス、農業構造動態調査、農業経営統計調査
　「常雇」に該当しない日雇、季節雇など一時的に雇った者のことで、有償、無償を問わず、研修生、世帯から離れて住んでいる子供等の手伝いも含んでいる。
　なお、2010年センサス以降、手間替え、ゆい（労働交換）についても臨時雇に含めて把握されている。
　農作業を委託し実施させた場合の労働は含めない。また、主に農業以外の事業のために雇った者が農繁期などに一時的に農業経営に従事した場合はここに含めている。
　また、7か月以上の契約で雇った者がそれ未満でやめた場合はここに含めている。

手間替え・ゆい
てまがえ・ゆい

農林業センサス
　農林業経営体相互間で等価交換を原則としている全ての労働力交換のことをいう。地方によっては「えい」、「手間がえし」と呼んでいる所もある。労働力の交換をして、その過不足分を現金や物品で清算したものを含む。
　2010年センサス以降は把握されておらず、臨時雇に含めて把握されている。

手　伝　い
てつだい

農林業センサス
　金品の授受を伴わない無償の受入労働のことであり、例えば、別に世帯をもって住んでいる子供などが農繁期に無償でその農作業をした場合をいう。
　2010年センサス以降は把握されておらず、臨時雇に含めて把握されている。

請　負　耕　作
うけおいこうさく

農林業センサス
　耕地の所有者が面積の大小にかかわらず他の者に対しその耕地における農作物栽培作業の全部もしくは一部を委託

すること、又は後者が前者から受託することをいう。

　請負耕作には、経営受委託、全作業受委託、作業単位の受委託などの諸形態がある。

(1) 委託者側の経営耕地とするもの

　①全作業委託：委託者は自分で作付けする作物を決定するが、その作物の栽培一切を受託者側にまかせ、受託者側は自分の機械、資材等を用いて作物を栽培し、その収穫物を全部委託者側に渡し、その代わり、両者の間で前もって決めている一定の金額又は収穫物を受け取る形態のものをいう。

　②作業単位の委託：耕起や稲刈りなどのそれぞれの作業を単位として委託（請負作業とか、作業委託と呼ばれることが多い。）している形態のものをいう。

(2) 受託者側の経営耕地とするもの

　経営委託：請負耕作や委託耕作と呼ばれていても、実際は経営委託されているもので、受託者が自分の考えに基づいて作物を栽培し、その収穫物を全部自分のものとする。そのかわり耕地の借料として両者の間で前もって決めた一定の金額又は収穫物を委託者側に支払う形態のものをいう。

農作業の請負い・請負わせ

のうさぎょうのうけおい・うけおわせ

農林業センサス

　あらかじめ定めた契約条件のもとに他者の農作業の一部分を引き受けることを請負いといい、農作業の一部分を他者に委ねることを請負わせという。これは、農作業の受委託とも呼ばれており、作業が手作業であるか機械作業であるかは問わない。なお、全作業過程を受託したり、委託したものは含めるが、経営を受委託しているもの（収穫物が受託者に帰属し、委託者は前もって定めた一定の金額又は収穫物を得る場合）は含めない。

(5) 農業集落、集落営農組織

農　業　集　落

のうぎょうしゅうらく

農林業センサス（農山村地域調査）

　農業集落とは、市区町村の区域の一部において、農業上形成されている地域社会のことをいう。農業集落はもとも

と自然発生的な地域社会であって、家と家とが地縁的、血縁的に結びつき、各種の集団や社会関係を形成してきた社会生活の基礎的な単位である。また、農業集落は農道、農業水利施設の維持管理、農機具等の利用、労働（ゆい、手伝い）、農産物の共同出荷等の農業生産面だけでなく、冠婚葬祭その他生活面にまで結びついた生産及び生活の共同体であり、さらに自治及び行政の単位として機能してきたものである。

1970年センサスにおいて、農業集落は「市町村区域の一部において農業上形成されている地域社会である。」と定義された。これは、農業集落の範囲を属地的にとらえ、一定の土地（地理的な領域）と家（社会的な領域）とを成立要件とした農村の地域社会が農業集落であるという考え方であり、以降この考え方が踏襲されている。

1980年センサス以降においては、農業集落は農林業センサスにおける最小の集計単位であるとともに農業集落調査の調査単位であることから、統計の連続性を考慮し農業集落区域の修正は最小限にとどめられている。2005年センサス以降も市区町村の合併・分割・土地区画整理事業などにより地域範囲が現状と異なった場合以外は、農業集落の範囲は基本的に踏襲されている。

農業集落の現況（2015年農林業センサス）

農業集落数	138,256
うち、農業地域類型別（都市的地域）	30,240
うち、農業地域類型別（平地農業地域）	35,069
うち、農業地域類型別（中間農業地域）	46,512
うち、農業地域類型別（山間農業地域）	26,435
集落機能のある農業集落数	134,329
実行組合のある農業集落数	99,220
寄り合いを開催した農業集落数	129,856

農業集落機能
のうぎょうしゅうらくきのう

農林業センサス（農山村地域調査）

農地や山林等の地域資源の維持・管理機能、収穫期の共同作業等の農業生産面での相互補完機能、冠婚葬祭等の地域住民同士が相互に扶助しあいながら生活の維持・向上を図る機能をいう。農山村地域調査においては、次のいずれかの項目が該当する場合に「集落機能がある」と判定している。

　①寄り合いを開催している。
　②実行組合が存在している。
　③地域資源の保全が行われている。
　④活性化のための活動が行われている。

実 行 組 合
じっこうくみあい

農林業センサス（農山村地域調査）
　農家によって構成された農業生産にかかわる連絡・調整、活動などの総合的な役割を担っている集団をいう。具体的には、生産組合、農事実行組合、農家組合、農協支部など様々な名称で呼ばれているが、その名称のいかんにかかわらず、総合的な機能をもつ農業生産者の集団をいう。ただし、出荷組合、酪農組合、防除組合など農業の一部門だけを担当する団体は該当しない。また、集落営農組織についても、農業集落の農業生産活動の総合的な機能を持つ集団と判断できる場合は実行組合としている。

集落営農組織
しゅうらくえいのう
そしき

集落営農実態調査
　「集落」を単位として、農業生産過程における一部又は全部についての共同化・統一化に関する合意の下に実施される営農を行う組織（農業用機械の利用のみを共同で行う取組及び栽培協定又は用排水の管理の合意のみを行うものを除く。）をいう。具体的には以下のものをいう。
(1) 集落で農業用機械を共同所有し、集落ぐるみのまとまった営農計画などに基づいて、集落営農に参加する農家が共同で利用している。
(2) 集落で農業用機械を共同所有し、集落営農に参加する農家から基幹作業の委託を受けたオペレーター組織等が利用している。
(3) 集落の農地全体をひとつの農場とみなし、集落内の営農を一括して管理・運営している。
(4) 認定農業者、農地所有適格法人等、地域の意欲ある担い手に農地の集積、農作業の委託等を進めながら、集落ぐるみでまとまった営農計画により集落単位での土地利用、営農を行っている。
(5) 集落営農に参加する各農家の出役により、共同で（農業用機械を利用した農作業以外の）農作業を行っている。
(6) 作付地の団地化等、集落内の土地利用調整を行っている。
　なお、農業用機械の所有のみを共同で行う取組や栽培協定及び用排水の管理の合意のみの取組は集落営農組織に該

当していない。

DID（人口集中地区） DID（じんこうしゅうちゅうちく）	農林業センサス（農山村地域調査） 　国勢調査において、都市的地域の特性を明らかにする統計上の地域単位として決定された地域単位で、人口密度約4,000人/km²以上の国勢調査基本単位区がいくつか隣接し、合わせて人口5,000人以上を有する地域をいう。農林業センサス農山村地域調査では、調査対象農業集落からDIDに行く際に使用されている主な交通手段とDIDまでの所要時間が把握されている。 （DID：Densely Inhabited District）
生活関連施設までの所要時間 せいかつかんれんしせつまでのしょようじかん	農林業センサス（農山村地域調査） 　農林業センサス農山村地域調査では、調査対象農業集落から最寄りの生活関連施設（市区町村役場、農協、警察・交番、病院・診療所、小学校、中学校、公民館、スーパーマーケット・コンビニエンスストア）に行く際に使用されている主な交通手段と施設までの所要時間が把握されている。
寄 り 合 い よりあい	農林業センサス（農山村地域調査） 　原則として地域社会又は地域の農業生産に係わる事項について、農業集落の住民が協議を行うために開く会合をいう。なお、農業集落の全世帯あるいは農業集落内の全農家を対象とした会合ではなくても、農業集落内の各班における代表者、役員等を対象とした会合において、地域社会又は地域の農業生産に関する事項について意思決定がなされているものは寄り合いとしている。ただし、婦人会、子供会、青年団、4Hクラブ等のサークル活動的なものは除かれている。農林業センサス農山村地域調査では寄り合いの議題として、「農業生産にかかる事項」「農道・農業用排水路・ため池の管理」「集落共有財産・共用施設の管理」「環境美化・自然環境の保全」「農業集落行事（祭り・イベント）の計画・推進」「農業集落内の福祉・厚生」「再生可能エネルギーへの取組」について把握されている。
地域資源の保全 ちいきしげんのほぜん	農林業センサス（農山村地域調査） 　地域住民等が主体となり地域資源を農業集落の共有資源として保全、維持、向上を目的に行う行為をいう。地域住民のうちの数戸で共同保全しているものについては含める

が、個人が自らの農業生産活動のためだけに維持・管理を
行っている場合は除かれている。農林業センサス農山村地
域調査では「農地」「森林」「ため池・湖沼」「河川・水路」
「農業用用排水路」の保全について把握されている。

活性化のための活動
かっせいかのための
かつどう

農林業センサス（農山村地域調査）
　地域住民が主体となって取り組んでいる活動で、地域で
一定の協議・了承がされているものをいう。なお、農林業
センサス農山村地域調査では、「伝統的な祭り・文化・芸
能の保存」「各種イベントの開催」「高齢者などへの福祉活
動」「環境美化・自然環境の保全」「グリーン・ツーリズム
の取組」「6次産業化への取組」「定住を促進する取組」
「再生可能エネルギーの取組」について把握されている。

(6) 土地

総 土 地 面 積
そうとちめんせき

農林業センサス（農山村地域調査）
　農林業センサス農山村地域調査では、原則として国土地
理院『全国都道府県市区町村別面積調』による総土地面積
が用いられている。

林 野 面 積
りんやめんせき

農林業センサス（農山村地域調査）
　現況森林面積と森林以外の草生地の面積を合わせたもの
をいい、不動産登記規則（平成17年法務省令第18号）第99
条に規定する地目では山林と原野を合わせた面積に相当す
る。

森 林 面 積
しんりんめんせき

農林業センサス（農山村地域調査）
　森林法第2条に規定する森林の面積をいう。具体的には
次に掲げる基準によることとされている。
(1) 木材が集団的に生育している土地及びその土地の上に
　　ある立木竹並びに木竹の集団的な生育に供される土地を
　　いう。
(2) 保安林や保安施設地区等の森林の施業に制限が加えら
　　れているものも森林に含める。
(3) 国有林野の林地以外の土地（雑地（崩壊地、岩石地、

草生地、高山帯など）、附帯地（苗畑敷、林道敷、作業道敷、レクリエーション施設敷など）及び貸地（道路用地、電気事業用地、採草放牧地など））は除く。

現況森林面積
げんきょうしんりんめんせき

農林業センサス（農山村地域調査）

　地域森林計画及び国有林の地域別の森林計画樹立時の森林計画を基準とし、計画樹立時以降の森林の移動面積を加減し、これに森林計画以外の森林面積を加えた面積をいう。

森林以外の草成地
しんりんいがいのそうせいち

農林業センサス（農山村地域調査）

　森林以外の土地で野草、かん木類が繁茂している土地をいう。

(1) 河川敷、けい畔、ていとう（堤塘）、道路敷、ゴルフ場等は草成していても除いている。

(2) 林野庁所管分には、貸地の採草放牧地を含んでいる。

(3) 林野庁以外の官庁所管分には、財務省所管の未開発地や防衛省所管の自衛隊演習地を含んでいる。

(4) 民有林には現況が野草地（永年牧草地、退化牧草地、耕作放棄した土地が野草地化した土地を含む。）を含んでいる。

林　野　率
りんやりつ

農林業センサス（農山村地域調査）

　総土地面積に占める林野面積の割合をいう。

なお、全国、全国農業地域別及び都道府県別の林野率を算出する際は、総土地面積から北方四島（500,305ha）及び竹島（20ha）を除いて計算している。

森林計画による森林面積
しんりんけいかくによるしんりんめんせき

農林業センサス（農山村地域調査）

　森林法に基づく、地域森林計画及び国有林の地域別の森林計画の計画樹立時の森林面積をいう。

農　　　地
のうち

　農林水産統計の中では農地面積という統計数値は把握されていない。

　農地法では「耕作の目的に供される土地」（農地法第2条第1項）と定義されている。

　農林水産統計では耕作の目的に供される土地を「耕地」としている。

なお、食料・農業・農村白書、土地白書（国土交通省）においては「農地面積」として農林水産統計の耕地面積が用いられている。

耕　　　　　地
こうち

作物統計調査（面積）

　農作物の栽培を目的とする土地のことをいい、けい畔を含んでいる。

　農林水産統計における耕地の概念は、農業生産力を把握することに主眼をおいているため、農学的立場、法学的立場、一般社会通念の立場とは若干異なっている。農林水産統計の「耕地」には以下の2つの条件が必要とされている。

(1) 土地の利用収益者が主観的に農作物を栽培しようとする意志を有すること及びその土地に農作物の栽培が客観的に可能であること。つまり、土地の現況によって判断されている。

(2) 面積と沃度を有した土地であること。つまり、1a以上で作物が育つ肥沃な土地であること。

　1）耕地として取り扱うもの

　　①宅地内の1a以上の特定地に、毎年農作物を栽培している場合、②温室、ガラス室など

　2）耕地として取り扱わないもの

　　①作物体がコンクリートなどの恒久的施設で土地から遮断されているもの

　　②棚などで鉢物栽培をしているもの等であって簡易な耕起等により農作物の栽培ができないもの

　　③水耕

　　④池沼でじゅんさい、ひしなどを栽培しているもの

　3）施設栽培、開墾地、宅地等の取扱

　　①施設栽培：施設による栽培地は耕地として取り扱っている。ただし、作物体がコンクリートなどの恒久的施設で土地から遮断されているもの、棚等で鉢物栽培をしているもの等であって簡易な耕起等により農作物の栽培ができない場合は耕地に含めていない。

　　②宅地の畑利用：宅地内で1a以上の特定地に連年農作物を栽培している場合は耕地として取り扱っている。

　　　1a未満あるいは一時的に農作物を栽培している場合は空閑地利用として扱い耕地に含めてない。

　　③堤外地利用：堤外地とは堤防と河川又は湖沼との間

にある土地であり、耕地の条件を満たすものは耕地としている。

④荒廃農地と休閑地の区分：荒廃農地か休閑地かは経営者の意志が確認できないため耕作状況から判断している。既に2年以上耕作せず、かつ、将来においても耕作しえない状態の土地を荒廃農地とし、それに満たないものは休閑地としている。ただし、その地方の耕作慣習から判断し2年未満であっても荒廃農地とする場合がある。

耕地面積の推移　　　　　　　　　　　　　　単位：千ha

	平成24年	25	26	27	28	29
耕地面積計	4,549	4,537	4,518	4,496	4,471	4,444
うち、田	2,469	2,465	2,458	2,446	2,432	2,418
うち、畑	2,080	2,072	2,060	2,050	2,039	2,026
うち、普通畑	1,164	1,161	1,157	1,152	1,149	1,142
うち、樹園地	303	300	296	291	287	283

作物統計調査

経　営　耕　地
けいえいこうち

農林業センサス、農業構造動態調査、農業経営統計調査

調査期日現在で農林業経営体が経営している耕地（けい畔を含む田、樹園地及び畑）をいい、自ら所有し耕作している耕地（自作地）に他から借りて耕作している耕地（借入耕地）を加え、他に貸している耕地を除いたもの。

経営耕地＝所有地（田、畑、樹園地）－貸付耕地－耕作放棄地＋借入耕地

農林業センサスにおける経営耕地の判定基準は次のとおり。

(1) 他から借りている耕地は、届出の有無に関係なく、また、口頭の賃借契約であっても借り受けている者の経営耕地（借入耕地）としている。

(2) 委託耕作などと呼ばれていても実際は借入と同じと考えられる場合は、借り受けている者の経営耕地（借入耕地）としている。

(3) 耕起、稲刈り等それぞれの作業を単位として作業を請け負う場合は、委託者の経営耕地としている。

(4) 委託者が収穫物の全てをもらい受ける契約で、作物の栽培一切を人に任せ、一定の耕作料を相手に支払う場合は委託者の経営耕地としている。

(5) 調査日前1年間に1作しか行われなかった耕地で、そ

の1作の期間を人に貸し付けた場合は、借り受けた方の
経営耕地としている。「また小作」している耕地も「ま
た小作」している方の経営耕地（借入耕地）としてい
る。

(6) 共有の耕地として各戸で耕作している場合や、河川
敷、官公有地内で耕作している場合も経営耕地（借入耕
地）としている。

(7) 協業で経営している耕地は、自分の土地であっても自
らの経営耕地とはせず、協業経営体の経営耕地としてい
る。

(8) 他の市区町村や他の都道府県に通って耕作している耕
地でも、全てその農林業経営体の経営耕地として計上さ
れている。

(9) 宅地内の田畑も1a以上であれば経営耕地に含めてい
る。

(10) 開墾地は初年度であっても、作付を一度でもしてい
れば経営耕地としている。

(11) 田には、はす、わさび、い草、くわい、せりなどを
栽培する特殊田を含んでいる。

(12) 畑には普通畑のほか、牧草栽培地、焼き畑、切替畑、
温室の敷地、花き、観賞用樹木の栽培地を含んでいる。
（沖縄県では水田にさとうきびを栽培している場合は畑
として取り扱っている。）

(13) たけのこ、こうぞ、みつまた、はぜ、こりやなぎ、
くり、くるみ、あぶらぎり、山茶、山桑、あべまき、う
るし、つばきなどの栽培地で施肥などの肥培管理をして
いる場合は樹園地としている。

(14) 植林用苗木栽培地も経営耕地としている。

(15) 経営耕地面積はけい畔を含むが、棚田などでけい畔
が相当に広い面積を占めている場合は、本地面積の2割
をけい畔部分として田面積に入れている。

(16) 集落営農組織により経営されている耕地は、集落営
農組織に貸している田、畑、樹園地とし、経営体が経営
している田、畑、樹園地には含めていない。ただし、期
間借地である場合は経営耕地に含めている。

経営耕地の推移　　　　　　　　　単位：千経営体、千ha

	2005年	2010年	2015年
経営耕地のある経営体数	2,009	1,661	1,361
経営耕地総面積	3,693	3,632	3,451
田のある経営体数	1,744	1,433	1,145
田面積	2,084	2,046	1,947
畑のある経営体数	1,269	1,079	834
畑面積	1,380	1,372	1,316
樹園地のある経営体数	385	335	271
樹園地面積	229	214	189
平均経営耕地面積（ha）	1.8	2.2	2.5

農林業センサス

集落営農組織に参加している場合の取扱い
しゅうらくえいのうそしきにさんかしているばあいのとりあつかい

　集落営農組織と呼ばれていても、「農業機械の共同利用だけの組織」「作業を共同で行う組織」「販売まで一体的に行う組織」などその活動は様々であることから、活動内容により次のように取り扱っている。

①共同で農作業を行っているが、農産物の販売は参加している経営体が個々に行っている場合

　農産物の販売権は参加している各経営体が有しているため、経営自体は参加している経営体が行っており、組織により共同で実施した農作業は集落営農組織に委託したとしている。また、集落営農組織はその農作業を受託したとしている。

　また、この場合、参加している経営体はある農作業を集落営農に委託し、集落営農組織は農作業を受託しており、集落営農組織は農業経営体の要件を満たすことから「農業経営体」として把握されている。

②農産物を組織として販売している場合

　集落営農組織は農業生産を行う組織経営体であり、参加している経営体からは集落営農組織で経営している部分を除いている。

・集落営農組織の仕事に従事した日数は参加している経営体の「自営農業の従事日数」に含めていない。

・集落営農組織に提供している田、畑、樹園地面積は参加している経営体の「経営耕地面積」とせず、集落営農

組織に対する「貸付耕地面積」としている。また、集落営農組織は「借入耕地面積」としている。

③1年のうち一部の期間だけ、集落営農組織が参加している経営体の耕地で作物を栽培する場合（例えば、秋から冬の間だけ、参加経営体の田に集落営農組織が麦を作る場合）

⇒Iの1の「期間借地」参照。

期　間　借　地
きかんしゃくち

通常、1作小作、裏小作などとも呼ばれ、1作分の栽培期間だけ他者から耕地を借り、収穫が終われば直ちに所有者に返還する耕地をいう。

(1) 過去1年間に2作以上作付した耕地を1作だけの期間、他者から借入れた場合は、調査時点で借り入れている状態でも借入耕地とせず貸した側の経営耕地としている。

(2) 過去1年間に1作しか作付けしなかった耕地をその1作の期間借り入れた場合は、貸し手の側ではその耕地につき実質的な農業経営を行っていない事例が多いと考えられ、借り入れた側の経営耕地としている。ただし、転作等の実施との関連で、田の表作は不作付けとし、裏作のみを貸し付けている場合については、特別の規定を設けている。

農林業センサスでは、期間借地面積の動向は把握していない。

本　　　　　地
ほんち

作物統計（面積）

直接農作物の栽培に供せられる土地で、けい畔を除いた耕地をいう。

け　い　畔
けいはん

作物統計（面積）

耕地の一部にあって、主として本地の維持に必要なものをいう。ただし、けい畔は耕地の不可欠な要素ではなく、けい畔のない耕地も存在し、また、けい畔は必ずしも土地でなくてもよく、コンクリートのけい畔もありうる。作物統計調査（面積調査）では、けい畔の範囲は、耕地の維持のために必要なものであることから、その目的をもって施設した範囲に限定している。傾斜地にある畑や棚田のけい畔は、その斜面の面積ではなく、水平面積をけい畔の面積としている。

農林業センサスでは、棚田などでけい畔の役割を果たし

ているところが相当に広い面積を占めている場合は、本地面積の2割に当たる面積をけい畔面積として田面積に含めている。

田
でん

農林業センサス、農業構造動態調査、作物統計（面積）
　かんがい設備を有する耕地をいう。ここでいう「かんがい設備」とは、たん水設備（けい畔など）とこれに所要の用水を供給しうる設備（用水源、用水路など。）をいう。ただし、果樹、茶、桑など永年性の木本性作物を栽培している耕地は畑としている。2～3年を周期とする田畑輪換耕地の地目の取扱いは、農業上地価の高い耕地の種類で取り扱っている。また、かんがい設備（用水源・用水路）のない天水田も田としている。いわゆる陸田は田としているが、たん水するためのけい畔のない畑地かんがい耕地は畑とし、田には含めていない。

普　通　田
ふつうでん

農林業センサス、農業構造動態調査、作物統計（面積）
　水稲の栽培が可能な状態である田をいう。
　なお、れんこん等の作付田であっても、田植機搬入の可能性や周囲の状況から水稲の作付けが可能であれば普通田としている。

特　殊　田
とくしゅでん

作物統計（面積）
　普通田以外の田である。

二　毛　田
にもうでん

農林業センサス
　食用又は飼料用の水稲を作った田のうち、二毛作（裏作）をした田。裏作物が収穫できなかった場合でも含める。

畑
はた

農林業センサス、農業構造動態調査、作物統計（面積）
　田以外の耕地をいう。これには通常、畑と呼ばれている普通畑のほか、樹園地及び牧草地を含む。なお、宅地を畑として利用しているいわゆる宅地畑や温室・ハウス等の施設をもった畑も含まれる。
　ただし、農林業センサスでは樹園地を含んでいない。

普　通　畑
ふつうばた

農林業センサス、農業構造動態調査、作物統計（面積）
　畑のうち、樹園地及び牧草地を除くすべてのもので、通常、草本性作物、又は苗木等を栽培することを常態とする

ものをいう。農林業センサスでは、果樹やきのこ以外の作物を栽培しているハウス・ガラス室の敷地も含まれるが、コンクリート床などで地表から植物体が遮断されている場合は含めない（田でハウス栽培をしている場合には普通畑に含めず田の面積としている。）。

樹　園　地
じゅえんち

農林業センサス、農業構造動態調査、作物統計（面積）
　畑のうち、果樹、桑、茶などの木本性作物を1a以上集団的に栽培するものをいう。なお、ホップ園、バナナ園、パインアップル園及びたけのこ栽培を行う竹林を含む。ここでいう集団的とは、一定のうね幅及び株間をもち、前後左右に連続して植栽されていることをいう。
　①果樹園：果樹を栽培する樹園地をいう。ただし、くり、くるみなどで耕地以外に植え付けされているものは果実販売を目的としても果樹園とはしていない。
　②桑園：桑を栽培する樹園地をいう。桑の栽培形態区分においては、本桑園及び混作桑園のみが含まれるが混作桑園にあっては全てを面積としている。
　③茶園：茶を栽培する樹園地をいう。茶の栽培形態別区分においては、専用茶園のほか、兼用茶園のうち1a以上集団的に栽培しているものも含む。山茶を肥培管理している場合も含む。
　④その他：果樹園、桑園、茶園以外の樹園地をいう。たけのこを栽培する竹林、こうぞ、みつまた、はぜ、こりやなぎ、あぶらぎり、あべまき、うるし、つばきなどを肥培管理している栽培地が含まれる。ただし、竹林、桐材等の用材をとることを目的としている場合は山林として扱い樹園地とはしていない。

牧　草　専　用　地
ぼくそうせんようち

農林業センサス
　牧草だけを輪作せずに継続的に栽培している土地をいう。

(7)　経営土地

所　有　耕　地
しょゆうこうち

農林業センサス
　農林業経営体が所有している耕地（けい畔を含む田、樹

園地及び畑）の合計面積であり他に貸し付けているものも含む。

借入耕地・貸付耕地の推移　　　　　単位：千経営体、千ha

	2005年	2010年	2015年
借入耕地のある経営体数	631	577	502
借入耕地総面積	824	1063	1164
1経営体当たり借入耕地（ha）	1.3	1.8	2.3
貸付耕地のある経営体数	363	364	315
貸付耕地総面積	171	208	188
1経営体当たり貸付耕地（ha）	0.5	0.6	0.6

農林業センサス

借　入　耕　地
かりいれこうち

農林業センサス、農業構造動態調査、農業経営統計調査

　他から耕作を目的に借り入れている土地をいう。これには普通の借入地のほか、有償、無償を問わず借りている耕地、経営を受託している耕地、作物の栽培に利用している堤外地、農地中間管理機構から借りている耕地、軍用地（管公有地を含む。）内で耕作している耕地などがある。

　なお、農林業センサスでは、過去1年間に2作以上作付した耕地であっても、裏小作などで1作の期間だけ借り入れた場合は、期間借地とし、借入耕地とはしない。過去1年間に1作しかしなかった耕地で、その1作の期間を借りていた場合は借り受けた側の経営耕地（借入耕地）としている。

貸　付　耕　地
かしつけこうち

農林業センサス、農業構造動態調査、農業経営統計調査

　他人に貸し付けている自己所有耕地をいう。具体的には、経営を委託している耕地、無償で貸している耕地、農地中間管理機構に貸している耕地、所有している耕地を自らが参加している集落営農で利用し、そこで生産した農産物の販売権等が集落営農側にある耕地をいう。

作物の作付面積
さくもつのさくつけ
めんせき
　　　　栽培面積

農林業センサス、作物統計調査
【農林業センサス】
　販売を目的として作付けした作物ののべ作付面積をいう。自給的に作付けた場合（結果として販売した場合でも）は含めないが、販売目的で作付けたものを、たまたま

一部を自給向けにした場合や天候不順などで、結果的に販売できなかった場合は含めている。経営体が集落営農組織に参加しており、そこで生産した農産物の販売権が集落営農組織側にある場合は、集落営農組織が作付けた面積となるため、当該経営体の作付面積には含めない。
　特殊な栽培方法をとっている場合の作付面積の見積方法
　○うね落とし栽培
　　後作や前作の関係で3条しかないうねのうち2条しか作付けしない時には、全面積の3分の2に当たる面積としている。
　○間作・混作
　　間作又は混作した作物が一番茂った時に地面を覆う面積を見積もってその作物の作付面積としている。樹園地に間作・下作をしている場合も同様としている。
　○養液栽培
　　栽培に利用したのべ面積（栽培に必要な施設内の通路を含めた水平面積に年間の栽培回数を乗じた面積）としている。
　○鉢植え
　　花き用に鉢植えして栽培している場合は鉢が占有している面積としている。
　○委託を受けている場合
　　花きの場合、会社等からの委託を受けて栽培管理のみを行っている場合は作付け（栽培）していることとはしていない。

【作物統計調査】
　作物の栽培に利用された土地の面積をいう。非永年性作物をは種又は植付けし、発芽又は定着した作物の利用面積をいう。なお、集団、散在にかかわらず栽培された永年性作物（宿根性の多年性作物を含む。）の調査期日現在の利用面積を栽培面積という。
　作物統計調査は標本調査で実施され、また、生産量を把握するために実施されていることから、作付面積と調査期日との関係、改植しない作付面積、非耕地利用の作物、栽培方法による作付面積の算定基準などについて次のように取り決められている。

(1) 作付面積と調査期日との関係：作付面積は次の3つの場合を合計した面積をいう。

1）所定の調査期日において実際に栽培されている面
積。調査期日現在で作付面積として計上したものは、
その後災害などで、いわゆる立毛皆無や収穫皆無にな
ったものでも、全部作付面積としている。

2）一度作付け（まき付け又は植付け）したが、所定の
調査期日（又は時期）には、すでに立毛皆無になった
もの、又はいわゆる収穫皆無となったもの、あるいは
すでに収穫済みのもの（前作）の面積

3）所定の調査期日には、当該作物が作付けされていな
いが、その後に作付けすることが確実に予定されてい
るものの面積

(2) 改植しない作付面積：作付面積は主として生産量把握
という目的のために把握されている。標本実測調査は、
作付け又は植付け完了後実施されるため、その間多少の
植え傷み、その他があっても改植されれば問題とならな
いが、改植されない場合も作付面積に含めている。これ
を計上しない場合は、統計上作付面積のないところに被
害面積が計上される矛盾が生ずるからである。なお、い
わゆる捨てまきした面積も一般の作付面積に一括計上し
ている。

(3) 非耕地利用の作物：堤外地（耕地扱いとしないもの）、
宅地等に作付けされたもののほか、園芸施設において作
物体が土地から遮断されているものも作付面積に含め
る。また、非耕地に成育しているたけのこ、くり等で、
施肥、下刈り、収穫等肥培管理しているものは、非耕地
利用の栽培面積としている。なお、この場合、肥培管理
せず、果実等を収穫したものは、林野副産物とし、栽培
面積に含めていない。

(4) 栽培方法による作付面積の算定基準：

1）普通栽培

㋐水稲：水稲を栽培している田の利用面積で、けい畔
は除く。

㋑その他の作物：作物を栽培している耕地の利用面積
で、傾斜地は水平換算面積としている。

2）高畝栽培：作物を栽培している耕地の利用面積で、
けい畔面積を除く。

3）畝落とし栽培：まき幅は普通であるが、後作との関
係で畝幅がその地域の標準畝幅（その地方の慣行に
よる普通栽培のまき幅、畝幅とする。）の2倍又は
数倍の広さで作付けされているものをいい、作付面

積は標準畝幅を基準とした作付利用度により算定している。利用度算定の方法は、次のとおり。

㋐まき幅が普通であって、畝幅が明らかに地域（又は地帯）の標準畝幅の2倍、3倍等整数倍あると認められる場合は、各々の作付面積は2分の1あるいは3分の1としている。

㋑混作、後作とは無関係に、栽培技術として、標準畝幅以上広くしてある場合は修正を行っていない。

㋒前記のほか、混作、後作等の関係によって、畝幅が標準畝幅以上に広い場合については、その畝幅を測り、標準畝幅との比をもって修正率とし、修正した面積を作付面積としている。

4）けい畔栽培

㋐けい畔の幅が標準畝幅より狭い場合は、作付けされたけい畔の長さと平均けい畔幅とを乗じて作付面積としている。

㋑けい畔の幅が標準畝幅より広い場合は、けい畔の長さと標準畝幅により算定している。

5）畑の周囲作：けい畔栽培に準ずる。

6）傾斜地栽培：傾斜地の作付面積は水平換算としている。なお、石垣栽培の場合も水平換算面積を栽培面積としている。

7）温室栽培の作物：作付面積は、作物の栽培に直接必要な空間地を含めた作物の利用面積を計上している。なお、ハウス栽培の作物についてもこれに準じている。

8）間作栽培：樹園地において、主作物である木本性作物の間に草本性作物が栽培されている状態をいう。

9）混作栽培：2種類以上の作物（草本性作物又は木本性作物）を同一の耕地に栽培した場合の土地利用の競合する状態をいう。

10）永年性作物の取扱い

㋐園地栽培：樹園地において当該作物が、1カ所に1a以上規則的かつ連続的に栽培されている状態をいう。

㋑散在栽培：1カ所における当該永年性作物の栽培面積が1a未満の場合やけい畔等に栽培されている状態をいう。

11）専用畑栽培と兼用畑栽培：果樹、茶、桑などを本地に1a以上規則的にかつ連続的に栽培し、間作、混作

等のないものを専用畑栽培としている。また、これら
木本性作物の間作又は混作として他の作物を栽培して
いることが常態の畑を兼用畑としている。

12) 各作物の作付面積の取扱い

　㋐稲（子実用）：水稲及び陸稲の作付面積。水稲は稲
　　を田に作付けしたもの。水稲の二期作が行われた場
　　合は一期作、二期作の合計を作付面積としている。
　　陸稲品種を田に作付けした場合も水稲としている。
　　陸稲とは稲を畑に作付けしたものをいう。水稲品種
　　を畑に作付した場合も陸稲としている。

　㋑麦類（子実用）：小麦、二条大麦、六条大麦、はだ
　　か麦の作付面積。飼肥料用又は生け花用に青刈りす
　　るものは除くが、子実も収穫する兼用面積は含む。

　㋒かんしょ：かんしょの作付面積。地上部の葉や茎の
　　みを飼料用として利用することを目的に作付したも
　　のは除く。

　㋓そば（乾燥子実）：そばの作付面積

　㋔大豆（乾燥子実）：大豆の作付面積。野菜用又は飼
　　料用として未成熟で収穫又は青刈りするものは除く
　　（野菜に計上される。）が、乾燥子実も収穫する兼
　　用面積は含む。

　㋕果樹（栽培面積）：果実を食用に供する永年性（多
　　年生を含む。）作物の栽培面積

　㋖野菜：根菜類、葉茎菜類、根菜類、果実的野菜、洋
　　菜類、ばれいしょ、とうもろこしや豆類のうち未成
　　熟で収穫し食用に供するもの（乾燥子実との兼用を
　　含む。）の作付面積

　㋗なたね：油糧作物として利用することを目的に作付
　　けされているなたねの作付面積

　㋘さとうきび（栽培面積）：糖科作物として利用する
　　ことを目的に栽培されているさとうきびの栽培面
　　積。なお、養生栽培期間中のものを含む。

　㋙てんさい：糖科作物として利用することを目的に作
　　付けされているてんさいの作付面積

　㋚茶（栽培面積）：農家等が販売又は自家消費する茶
　　を栽培するため利用している土地の面積。この面積
　　には、栽培が1か所1a以上集団的に栽培されてい
　　るもの（専用茶園）のほかに、畑などの周囲作又は
　　生垣、道路の並木茶（兼用茶園）あるいは、山地に
　　自生しているもの（山茶）で肥培管理しているもの

があれば、その利用している土地の面積も含めている。

⟲花き：販売を目的として、花き栽培のために利用することを目的に作付けした面積。なお、耕地以外の地目に作付けされた場合もその利用面積を作付面積とし、自家用として庭園等に栽培しているもの及び公園などで観賞用に植え付けられているものの面積は除く。

㋨飼料作物：牧草、青刈りとうもろこし、ソルゴーその他作物で飼料用として作付け（栽培）した面積。なお、牧草栽培面積は、牧草地面積のほか普通畑及び田の作付面積を含む。

㋣緑肥作物：えん麦、牧草、青刈りとうもろこし、ソルゴー、れんげ、その他作物で緑肥用として作付けした面積

㋘その他作物：前記作物、特定作物統計調査において作付（栽培）面積を把握している作物及びたばこ以外の作物（桑等）の作付（栽培）面積。なお、桑のうち、肥培管理を行わない山桑等は、桑葉を採取しても含まない。

耕 作 放 棄 地
こうさくほうきち

農林業センサス

　所有している土地のうち、以前耕作していた土地で、過去1年以上作物を作付け（栽培）せず、この数年の間に再び作付け（栽培）する意思のない土地をいう。次の場合も含む。

・宅地に転用する予定で作付け（栽培）をしていない土地
・地価の値上がりを待って販売する予定で作付け（栽培）をしていない土地
・林木を植えるなど、耕地以外の利用を予定し作付け（栽培）しないで放置している土地

　なお、牧草や果樹の採取を行っていても、過去1年以上施肥などの肥培管理を止めていて、ここ数年の間に更新したり、肥培管理する予定がなければ、耕作放棄地としている。

　ただし、耕作していない状態で長期間経過し、すでに現況が「森林・原野」となっている土地は耕作放棄地に含めていない。

耕作放棄地の推移　　　　　　　　　　　　　単位：千ha

	2005年	2010年	2015年
耕作放棄地面積	385	395	423

農林業センサス

不 作 付 地
ふさくつけち

農林業センサス

　何も作らなかった田、畑

　災害や労力不足、転作などの理由により、過去1年間全く作付しなかったが、再び耕作する意思のある耕地をいう。

　不作付地は耕作放棄地としていない。

不作付地の推移　　　　　　　　　　　　　　単位：千ha

	2005年	2010年	2015年
不作付地面積	208	216	141
うち、田	141	135	76
うち、畑	67	81	66

農林業センサス

⇒不作付面積参照

耕地以外で採草地・放牧地として利用した土地
こうちいがいでさいそうち・ほうぼくちとしてりようしたとち

農林業センサス

　保有又は借り入れている山林、原野、耕作放棄地等で、過去1年間に飼料用や肥料用に採草したり、放牧又はけい牧として利用した土地をいう。

ハウス・ガラス室
はうす・がらすしつ

農林業センサス

　ハウスとは強化プラスチック、ビニール、ポリエチレン、寒冷しゃ等で園地全面を被覆している施設で、その中で作業者が通常の作業姿勢で栽培管理を行うことのできる高さのある施設をいう。ガラス室とは、ガラス（ガラス繊維強化版を含む。）でその全部を被覆している恒久的施設で、その中で作業者が通常の作業姿勢で栽培管理を行うことのできる高さのある施設をいう。

農 業 用 機 械
のうぎょうようきか

農林業センサス、農業経営統計調査

　機械の購入者ではなく、実際に機械を管理している者を

い

その機械を所有している者としている。例えば、集落営農等に参加している経営体が個人名義で所有している機械であっても、集落営農等において組織として使用し、機械に係る費用を組織として管理している場合は、経営体個人の機械とはせず、集落営農等が所有していることとしている。また、数戸で共有している機械は調査時点で、当該機械を保管・管理している経営体の所有機械としている。なお、借りて利用した機械、こわれて修理のきかない機械や型が古く、今後使う見込のない機械は含めていない。

農産物の販売金額
のうさんぶつのはんばいきんがく

農林業センサス、農業構造動態調査、農業経営統計調査
　肥料代、農薬代、飼料代などの諸経費を差し引く前の売上金額をいう。自給部分の見積金額は含めない。集落営農に参加しており、そこで生産した農産物の販売権等が集落営農側にある場合は販売金額に含めない。また、売買契約済みであるが、その代金をまだ受け取っていない場合は、その契約金額あるいは見積金額を含めている。
○農産物の販売金額に含めるもの
　・自ら生産した農産物を自らが又は共同で営む農業生産関連事業（加工品の製造、農家民宿、農家レストラン等）における原料として使用した場合
　・観光農園を営んでいる場合の入園（入場）料（入園料で農産物の一定量を収穫させる場合）
　・前々年すでに収穫し、貯蔵しておいた農産物（米、りんご、いぐさ、はっか等）を調査期日前1年間に販売した場合
　・栽培している山菜の販売、桑葉、牧草（生草、乾草）めん羊、やぎ、うさぎ、うずら、ミンクなどの毛皮獣、みつばちの飼養などの売上
○農産物の販売金額に含めないもの
　・よそから買ってきた農産物を原料にして加工販売したもの
　・経営所得安定対策等の交付金
　・乳用牛（肉用を目的として飼っている牛を除く）及び役畜の販売は財産処分であり、農産物の販売とはしない。
　・会社等からの飼養管理についての報酬
　・農作業受託により得た収入

農産物販売金額規模別経営体数の推移　　　　単位：千経営体

	2005年	2010年	2015年
経営体総数	2,009	1,679	1,377
販売なし	249	173	132
100万円未満	912	817	682
100〜500万円	559	443	341
500〜1,000万円	138	114	97
1,000〜3,000万円	116	100	90
3,000〜1億円	30	28	29
1億円以上	5	6	7

農林業センサス

農産物の出荷先
のうさんぶつのしゅっかさき

農林業センサス、農業構造動態調査

　調査期日前1年間に農産物を出荷した出荷先及び農産物販売金額が1位の出荷先が把握されている。出荷先は、農協、農協以外の集出荷団体、卸売市場、小売業者、食品製造業・外食産業、消費者に直接販売（自営の農産物直売所、その他の農産物直売所、インターネット、他の方法）、その他（食品以外の製造業、学校など）に区分されている。

農産物売上1位の出荷先別経営体数の推移　　　単位：千経営体

	2010年	2015年
計	1,507	1,245
農協	1,012	824
農協以外の集出荷団体	138	108
卸売市場	89	79
小売業者	63	59
食品製造業・外食産業	12	18
消費者に直接販売	152	110
その他	41	47

農林業センサス

農業以外の業種から資本金・出資金の提供

農林業センサス

　農事組合法人、会社のみ把握している。
　農業経営について、農業以外の事業を営む事業所からの

のうぎょういがいの
ぎょうしゅからしほ
んきん・しゅっしき
んのていきょう

資本金や出資金の提供をいう。農業者、農業を営む事業所
からの出資（集落営農等における構成員からの出資を含
む）、農協、市区町村からの資金、金融機関等からの融資
は含まない。以下の区分で把握されている。

・建設業又は運輸業から
・飲食料品関連の製造業・サービス業から
・飲食料品関連の卸売・小売業から
・飲食料品関連以外の製造業から
・飲食料品関連以外の卸売・小売業から
・医療・福祉・教育関連から
・その他から

環境保全型農業
かんきょうほぜんが
たのうぎょう
　　化学肥料の低減
　　　農薬の低減
　堆肥による土作り

農林業センサス
　地域の慣行（地域で従来から行われている方法）に比べ
農薬の低減、化学肥料の低減、たい肥による土作りなど環
境への負担を軽減した農産物の栽培（販売目的）を行って
いることをいう。
　以下の内容に区分して把握されている。
　①化学肥料の低減
　　化学肥料を使用しない、又は地域の慣行（地域で従来
　から行われている方法）と比較して、投入量や回数を減
　らすなどの低減に取り組んでいる場合をいう。
　②農薬の低減
　　農薬を使用しない、又は地域の慣行（地域で従来から
　行われている方法）と比較して、投入量や回数を減らす
　などの低減に取り組んでいる場合をいう。
　③堆肥による土作り

環境保全型農業に取り組んでいる経営体数の推移　単位：千経営体

	2005年	2010年	2015年
環境保全型農業に取り組んでいる経営体	931	829	466
化学肥料の低減の取組	576	585	284
農薬の低減の取組	732	672	362
たい肥による土作り	584	465	220

農林業センサス

2 農業生産資材

農林業センサス、農業経営統計調査で把握されている農業用機械の一覧を示す。

調査名	農業用機械の名称
農林業センサス	動力田植機、トラクター、コンバイン
農業経営統計調査	・農用トラクター 　管理専用機、歩行用トラクター、乗用トラクター ・耕土改良用機具 ・耕うん・砕土・整地用機具 　プラウ、ハロー ・畝立・マルチ用器具 ・施肥・は種用器具 　マニュアスプレッダー、肥料散布機、総合は種機、牧草は種機 ・移植・育苗用機具 　電熱育苗機、田植機、移植機 ・管理用機具 　揚水ポンプ、中耕除草機、土入れ装置、 ・防除用機具 　動力噴霧機、スピードスプレアー、動力散分機、土壌消毒機、煙霧機 ・収穫・乾燥・調整用機具 　バインダー、自脱型コンバイン、普通型コンバイン、ばれいしょ収穫機、大豆収穫機、い草ハーベスター、自動脱穀機、洗浄機、選別機、皮剥機、きび脱葉機、い草泥染機、乾燥機、もみすり機 ・農産加工用機具 　畳表織機、 ・飼料生産用機具 　モアー、カッター、ベーラー、集草機、積込機、搬送・吹上機 ・飼料調整加工用機具

	飼料粉砕機、飼料配合機
	・家畜飼養管理機具
	バーンクリーナー、ミルカー、牛乳冷却機、バルククーラー、自動給餌機、ローダー、バキュームカー、尿吸取ポンプ、糞尿搬出機、固液分離機、自動給水機
	・養蚕用機具
	条桑刈取機、蚕用飼育装置
	・運搬用機具
	トレーラー、飼料専用運搬機
	・企画管理用機器
	パソコン、電子計算機、ソフトウェア、ファクシミリ、複写機、ワープロ
	・自動車
	自動二輪・三輪車、軽自動車、貨物自動車、乗用車

3　作　　物

(1) 耕地の拡張・かい廃

拡　　張 かくちょう	作物統計（面積） 　耕地以外の地目から田又は畑に転換され、すでに作物を栽培するか又は次の作付期において、作物を栽培することが可能となった状態の耕地をいう。拡張面積は、開墾、干拓・埋立て、復旧によって生じる。田畑別に見た場合は、田畑転換によっても生じる。
開　　墾 かいこん	作物統計（面積） 　山林、原野、牧野、池沼（公有水面は除く。）又は雑種地を耕地にすることをいう。なお、宅地、塩田等を耕地とする場合もこれに含む。
干拓・埋立て かんたく・うめたて	作物統計（面積） 　湖沼その他の公有水面を埋立て又は干拓して耕地とすることをいう。
復　　旧 ふっきゅう	作物統計（面積） 　自然災害によってかい廃した耕地が再び耕地になることをいう。砂利採取地からの復旧も含める。
かい廃（耕地のかい廃面積） かいはい（こうちのかいはいめんせき）	作物統計（面積） 　田又は畑が他の地目に転換し、作物の栽培が困難となった状態の土地をいう。かい廃面積は、自然災害、人為かい廃によって生じる。田畑別に見た場合は、田畑転換によっても生じる。 （かい廃面積の取り扱い） 　田については、その形態すなわちかんがい設備が破壊され、たん水を必要とする作物の栽培が不可能となった状態をいう。 　これは耕地としての田の客観的条件が完備していないためと、耕作者が作物を栽培しようとする主観的条件を満た

すことが不可能となっている状態である。土地利用の形態としては上記のとおりであり、現にたん水作物の栽培が行われていないか、あるいは、たん水作物の栽培時期でない場合は、次の作付期において、たん水作物の栽培が困難である状態としている。

畑についても上記に準ずるが、畑としての客観的条件はかんがい設備がある必要はないことから、作物の栽培が可能であるという客観的条件と、現に作物の栽培が行われているか、行うことが可能であるという条件がそろえば畑となる。

もし、この条件に欠ける場合はかい廃として処理する。

次に、かんがい設備が破壊されたため（一時的、永久的いずれを問わず。）田としての機能を喪失した場合は、耕作者が仮に水稲などのたん水作物を栽培していても、その収穫は極めて不安定であり、これを客観的にみて田とみることができるかこの段階では判断が難しい。よって、このような場合はいわゆる捨てまきした耕地として、その他のものと区分しておき、最終的に田となるか、畑となるか定めている。

人 為 か い 廃
じんいかいはい

作物統計（面積）
耕地を山林、原野、牧野、池沼又は雑種地とした場合及び宅地、工場用地、道路、鉄道用地、農林道、用排水路等とした場合をいう。人為かい廃の内容は、次のように区分している。

①工場用地：主として工場用地としてかい廃するもので、それに付属する倉庫、資材置場、道路、引込線などの施設用地も含んでいる。また、鉱業、建設、電気・ガス・熱供給・水道関係の施設用地も含めている。

②道路・鉄道用地：主として産業輸送に使用する道路、鉄道用地としてかい廃するもので、農林道を除く道路及び公営私営の鉄道関係の施設用地を含めている。また、航空、港湾関係の施設用地、農業用水路以外の水路用地も含めている。

③宅地等：主として住宅、学校用地及び公園、その他公共用社会福祉施設、会社等の厚生福祉施設用地としてかい廃するものである。また、卸売、小売などの商業用地、墓地及びゴルフ場なども含めている。

④農林道等：主として農林業自体に使用する道路、用排水路用地としてかい廃するもので、農業資材置場、農産

物貯蔵場、農業用倉庫、共同選果場、乾繭場などの農業用施設用地を含めている。また、養魚池、網干場なども含めている。

⑤植林：人工造林（種子の直まきを含むが、苗等は含まない。）で山林としている。

⑥その他：荒廃農地（荒地）、水没地及び河川用地となったものである。転用先不明のものもこれに含めている。荒廃農地とは耕作の用に供されていたが、耕作放棄により耕作し得ない状態（荒地）になったことが確認された土地をいう。水没地とは貯水池、ダム建設によるものをいう。河川用地とは河川改修工事によるものをいう。

田 畑 転 換
でんばたてんかん

作物統計（面積）

田を畑に、畑を田に地目変換することをいう。

【拡張・かい廃面積での取扱】

田畑転換は、耕地内の田（畑）から畑（田）への転換であるため、田畑計では実質上の耕地の拡張・かい廃面積とはならない。このため、田畑計の拡張・かい廃面積には含めていないが、田畑別にはその動向を把握するために、拡張・かい廃面積のそれぞれに含めている。

耕 地 災 害
こうちさいがい

作物統計（面積）

耕地災害については直接災害、間接災害、復旧可能、復旧不能に区分している。

①直接災害：耕地又は耕地の内部にある破壊により、作物の栽培が不可能となった状態で、流出、埋没、土砂流入、長期冠水に区分している。流出とは洪水、その他の異常な自然現象によりその耕地における耕土の厚さがおおよそ1割以上流出した状態をいう。埋没とは主として山くずれ、地滑りなどにより当該耕地以外の土地の土砂が耕地を被覆し、耕地として利用できなくなった状態をいう。土砂流入とは洪水、その他の異常な自然現象により、土砂が流入し、耕地として利用できなくなった状態をいう。長期冠水とは堤外地等で洪水又はたん水のため、一作期間以上作付けが不可能となった状態をいう。

②間接災害：耕地の外部にある設備（用水源、用水路及び頭首工、排水又は揚水設備等）の破壊により、田又は畑として一時的に利用できなくなった状態をいう。

③復旧可能：自然災害を受けた耕地の状態が、本年の主

作物の作期内に作付可能な場合をいう。

④復旧不能：自然災害を受けた耕地の状態が、本年の主作物の作期内に作付不可能な場合をいう。

(2) 作付面積

作　　　物
さくもつ

作物統計（面積）

　稲、麦類その他の穀類、豆類、いも類、果樹、野菜、工芸農作物、花き、飼肥料作物、桑、苗木及び観賞用に販売することを目的として栽培されている樹木をいう。

面積調査におけるラウンド方法
めんせきちょうさにおけるらうんどほうほう

作物統計（面積）

　①集計：原数値を積み上げた数値をラウンドして表章する。

　②対前年差：ラウンド値どうしで減算した値をラウンドして表章する。

　③対前年比：ラウンド値どうしで除算した値を表章する。

　ラウンド桁数についての基準：以下のラウンド基準により四捨五入する。

面積調査におけるラウンド方法

原数	7桁以上	6桁	5桁	4桁	3桁以下
ラウンドする桁（下から）	3桁	2桁		1桁	ラウンドしない
例　ラウンドする前（原数）	1,234,567	123,456	12,345	1,234	123
ラウンドした数値	1,235,000	123,500	12,300	1,230	123

用途別作付面積
ようとべつさくつけめんせき

作物統計（面積）

　当該作物の収穫物に対する耕作者の主体的な目的面積をいう。なお、同一作物から乾燥子実のほかに、野菜用又は

青刈り用のものを収穫することを目的として栽培するものの作付面積は、次の基準により区分している。
(1) 調査期日がその作物の収穫前である場合は、当初の栽培目的によってそれぞれの用途に区分する。
(2) 調査期日がその作物の収穫後である場合は、実際に収穫したものの用途を基として区分する。
(3) 同一作物個体から2つ以上の用途のものを収穫する目的で栽培する場合は、兼用面積としてそれぞれの用途別に計上する。
①子実用（乾燥子実）：水陸稲、麦類、雑穀及び豆類の子実（乾燥子実）生産を目的とするものをいう。なお、これらの種子用作付面積も含んでいる。
②青刈り：子実生産以前に刈り取り（刈捨て等を除く。）されたものをいう。青刈りは飼料用、肥料用に区分している。
　飼料用：家畜に給与することを目的とするもの。
　肥料用：農作物生産のための肥料とすることを目的とするもの。
③その他：敷きわら用、生け花用として利用されるなど、上記に区分されないもの。

不作付面積
ふさくつけめんせき

作物統計（面積）
　所定の調査期日において、作物のは種又は植付けがない本地面積をいう。不作付面積は本地のみについていい、けい畔は含めない。なお、けい畔の存在目的は他にあるから、作付又は栽培のあるけい畔であっても、不作付面積の対象とはしていない。
　農林業センサスでは「不作付地」を把握している。

夏期全期不作付面積
かきぜんきふさくつけめんせき

作物統計（面積）
　夏期全期（当該地帯のおおよそ水稲の栽培期間）を通じて不作付けの状態の本地面積をいう。
　平成29年においては、「夏期全期不作付面積」は269,700haであった。

農作物作付（栽培）延べ面積
のうさくもつさくつけ（さいばい）のべめんせき

作物統計（面積）
　作物の作付（栽培）面積の合計をいう。したがって、年産区分を同一とする水稲二期作栽培や季節区分別野菜など同一ほ場に2回以上作付けされた場合は、それぞれを作付面積とし、延べ面積としている。

農作物作付（栽培）延べ面積（平成28年）　　　単位：千ha

作付（栽培）延べ面積）	水陸稲（子実用）	麦　類（子実用）	かんしょ	雑穀（乾燥子実）	豆　類（乾燥子実）
4,102	1,479	276	36	62	188

野菜	果樹	工芸農作物	飼肥料作物	耕地利用率（%）
521	227	150	1,082	91.7

作物統計調査

耕地（本地）利用率
こうち（ほんち）りようりつ

作物統計（面積）
　耕地面積に対する作付延べ面積の割合を耕地利用率といい、本地面積に対する作付延べ面積の割合を本地利用率という。なお、けい畔を含んだ耕地面積での利用率を算出しているのは、けい畔が農作物を栽培する農地の維持に必要であり、本地の従属物と考えていること、また、けい畔作などもあることから土地全体の利用状態を表すためである。
　　耕地（本地）利用率（%）＝作付（栽培）延べ面積÷耕地（本地）面積×100
　平成28年の耕地利用率は全国で91.7%となっている。

耕　地　率
こうちりつ

作物統計（面積）
　耕地率は、総土地面積に対する耕地面積（田畑計）の割合（%）をいう。なお、総土地面積は、国土交通省国土地理院『全国都道府県市区町村別面積調』による。
　平成28年の「耕地率」は全国で12.0%となっている。

け　い　畔　率
けいはんりつ

作物統計（面積）
　耕地面積（田＋けい畔）に対するけい畔面積の割合をけい畔率という。
　　けい畔率（%）＝けい畔面積÷耕地面積×100

水　田　率
すいでんりつ

作物統計（面積）
　耕地面積（田＋畑）に対する田面積の割合をいう。
　　水田率（%）＝田耕地面積÷耕地面積×100
　平成28年の水田率は全国で54.4%となっている。

(3) 形質・収穫

年　産　区　分
ねんさんくぶん

作物統計（作況）

普通作物の年産区分は、作付け年のいかんを問わず収穫した年（通常の収穫最盛期の属する年）のことでありとし、歴年により表されている。したがって、作業又は販売などの都合により収穫が翌年へ持ち込まれても翌年扱いとはしない。ただし、さとうきびの場合は一番目に収穫した年とされている。

茶　期　区　分
ちゃきくぶん

作物統計（作況）

茶期は地方によって異なっており、その年の作柄、被害、農作業によっても異なるが全国的な標準茶期区分は次表のとおりとなっている。

なお3月10日以降でも古い茎や葉を摘採し製茶した場合はこれを冬春番茶として計上し、また、冬春番茶と秋冬番茶を合計したものを冬春秋番茶とされている。

茶期区分

茶期名	区分	茶期名	区分
冬春番茶	1月1日～3月9日	三番茶	8月1日～9月10日
一番茶	3月10日～5月31日	四番茶	9月11日～10月20日
二番茶	6月1日～7月31日	秋冬番茶	10月21日～12月31日

さとうきびの作型区分
さとうきびのさくがたくぶん

作物統計（作況）

さとうきびの作型区分は春植え、夏植え、株出しに区分されている。

①春植え：春に茎を植付、発芽したものをその年の秋から翌年春にかけて収穫する栽培方法をいう。

②夏植え：夏に茎を植付、発芽したものを翌年の秋から翌々年の春にかけて収穫する栽培方法をいう。

③株出し：宿根株から発芽したものをその年の秋から翌年の春にかけて収穫する栽培方法をいう。

10a当たり収量
10あーるあたりしゅ
うりょう

作物統計（作況）

　実際に収穫された10a当たりの収穫量をいい、具体的には作付面積（茶は摘採面積）の10a当たりの収穫量としている。

　なお、収穫前における見込の10a当たり収量は、水稲調査の作柄概況調査時には「10a当たり試算収量」、予想収穫量調査時には「10a当たり予想収量」という。10a当たり予想（試算）収量を収量構成要素を使用して予想する場合は、調査時期に確定している要素（穂数、もみ数等）について実測により現況を調査し、まだ確定していない要素については、重回帰予測式及び過年次データから導き出した値（平均値、近年の傾向値、類似年の値等）を参考に推定し、収量を予想している。

10a当たり平年収量
10あーるあたりへい
ねんしゅうりょう

作物統計（作況）

　作物の栽培を開始する以前に、その年の気象の推移、被害の発生状況等を平年並みとみなし、最近の栽培技術の進歩の度合い、作付変動等を考慮して、実収量のすう勢を基に作成されたその年に予想される10a当たり収量をいう。

　水稲の10a当たり平年収量は、水稲の作柄の良否を表す作況指数を算出する際の基準値として用いられるほか、生産動向の検討、需給見通し等各種施策の基礎資料として用いられている。

　全国統一の基準として「1.7mmのふるい目幅」で選別された玄米を基に算出した水稲の10a当たり平年収量に加えて、平成27年以降から生産現場における米の生産・流通実態を踏まえ、各農業地域において、多くの農家等が使用しているふるい目幅で選別された玄米を基に算出した10a当たり平年収量が公表されている。

29年産水稲の10a当たり平年収量、10a当たり収量、作況指数

10a当たり平年収量(kg)	10a当たり収量(kg)	作況指数
532	534	100

作物統計調査

作　況　指　数
さっきょうしすう

作物統計（作況）

　水稲について、作柄の良否を表す指標であり、その年の10a当たり平年収量に対する10a当たり（予想）収量の比

率で表す。なお、作況指数の算出に当たって用いる都道府県別10a当たり予想収量、10a当たり収量及び平年収量は、農業地域別ふるい目幅以上で選別された玄米の重量となっている。

作柄の良否との関係は、

作況指数106以上を「良」

102〜105を「やや良」

99〜101を「平年並み」

95〜98を「やや不良」

94以下を「不良」としている。

平成29年度の作況指数は全国で100となっている。また、戦後最も作況指数が低かったのは平成5年の74である。

10a当たり平均収量
10あーるあたりへいきんしゅうりょう

作物統計（作況）

水稲以外の作物について、直近7か年の実単収のうち豊凶の各1年を除いた5か年の10a当たり収量平均値を10a当たり平均収量という。

10a当たり平均収量（29年産）　　　　　　　　単位：kg

小麦	二条大麦	六条大麦	はだか麦	大豆
384	295	278	251	173

作物統計調査

10a当たり平均収量対比
10あーるあたりへいきんしゅうりょうたいひ

作物統計（作況）

当年の10a当たり収量を10a当たり平均収量で割った値を「10a当たり平均収量対比」という。

収　穫　量
しゅうかくりょう

農業経営統計、作物統計（作況）

実際に収穫された（農家が収穫を放棄した場合は除く。）もののうち一定の基準（品質・規格）以上のものの量をいう。また、野菜の場合、収穫量の計量形態は出荷との関係から、出荷の形態と同一としている。例えば、だいこんの出荷形態が葉付きの場合は収穫量も葉付きで計測することを原則としている。

⇒一定の基準については「収量基準」参照。

【農業経営体調査の取扱】

栽培し収穫、収納したものをいい、経営体調査では、出荷量に自家用及び贈答用を含めた量をいう。

　水稲で戦後、全国の収穫量が最も多かったのは昭和42年
の1,425万7千トンとなっている。

予 想 収 穫 量
よそうしゅうかくり
ょう

作物統計（作況）
　予想収穫量調査時における見込収穫量を予想収穫量とい
う。

収 量 基 準
しゅうりょうきじゅ
ん

作物統計（作況）
　収量基準とは以下のとおり作物の種類ごとに定められて
いる。
(1) 米：収量は玄米の重量としている。玄米とは、農産物
　　規格規程に定める三等以上の品位を備えた米で、具体的
　　には、縦目ふるい（ふるい目が縦目で、目幅が
　　2.2～1.6mmの7段及び底箱の8段からなる箱型のふる
　　い）で1分間に400回転で5分間振とうする、又は総合
　　選別機で選別し、原則として目幅が1.7mmの段（目）
　　以上に選別されたものをいう。ただし、小粒種、被害発
　　生などのため、特にこの基準で玄米、くず米の区分を行
　　うことが不適当な場合には同規程に定める三等以上の品
　　位に該当するまでの段について考慮している。
(2) 麦：収量は上麦の重量としている。上麦とは農産物規
　　格規程に定める二等以上の品位を有するものに加え、同
　　規程における規格外のうち一定以上の品質を有する「規
　　格外A」に該当するまで唐み等で選別したものをいう。
(3) 大豆：収量は、上粒の重量としている。上粒とは、農
　　産物規格規程に定める特定加工用大豆標準品以上の品位
　　に該当するまで唐み等で選別したものをいう。
(4) かんしょ：栽培し収穫、収納したものを収量としてい
　　る。
(5) 飼料作物：刈取り後の生草（茎）重量（刈取りが数回
　　にわたる場合は、各回の重量の総量）とし、飼料に供し
　　うる状態で収穫された量としている。なお、放牧して、
　　直接家畜の飼料に供したものも含める。ただし、次に該
　　当する場合は収穫量に含めていない。
　　a　ほ場乾燥期間中において、長雨の影響により乾草の
　　　品質が著しく不良（かびの発生・腐敗等）となり飼料
　　　として利用できなくなったもの
　　b　刈取り後あるいは、収納前において水害により流
　　　失・埋没したもの
(6) てんさい：掘り取った根部の根冠を最下の葉痕のとこ

ろから切り落とし（タッピング）たものの重量
(7) さとうきび：刈り取った茎からしょう頭部及び葉を除去したものの重量
(8) 茶：
　a　生葉収穫量：荒茶を製造する目的で摘採した茶葉（生葉）の重量を生茶収穫量といい、定期の茶摘採後に樹形を整えるため、硬葉を茎とともに深刈り又は浅刈りした茶葉（生葉）で荒茶を製造した場合、その生葉の重量を刈り番茶生葉収穫量という。
　b　荒茶生産量：茶葉（生葉）を蒸熱、揉み操作、乾燥等の加工処理をし、製造されたもので、仕上げ茶として再製する以前のものでその加工重量を荒茶生産量という。

(4) 普通作物の生育

平　年　値
へいねんち

作物統計（作況）
　「平年値」とは、耕種期日の前5か年の単純平均値の少数点以下第1位を切り上げたものをいう。
　なお、耕種期日とは、耕種における生育の推移をいい、作物統計調査では次の期間に区分している。
　は種期、発芽期、移植・挿苗・植付け期、最高分げつ期、幼穂形成始期、減数分裂期、生育（伸長）期、出穂期、穂ぞろい期、開花期、成熟期、肥大期、刈取り期、収穫期、摘採期の前5か年の単純平均値の小数点以下第1位を切り上げたものをいう。

は　種　期
はしゅき

作物統計（作況）
　「は種期」とは、は種始期から、は種終期までの期間をいう。すなわち、は種面積割合が全体の5％に達した期日から95％に達した期日までをいう。
(1) は種始期：は種面積割合が5％に達した期日をいう。
(2) は種最盛期：は種面積割合が50％に達した期日をいう。なお、は種最盛期間は、は種面積割合が30％に達した時期から70％に達した時期までの期間をいう。
(3) は種終期：は種面積割合が95％に達した期日をいう。

　以上の表示の方法（割合）は、床伏、田植え、開花、出穂、収穫（刈取り、堀取り）等の各期日、期間にも適用される。

発　芽　期
はつがき

作物統計（作況）
　所要発芽数の80％以上が地上に芽を出した期日をいう。例えば、100粒の種子をは種して80粒が発芽した場合、80粒を所要発芽数といい、このうちの80％（64粒）以上が地上に芽を出した期日を発芽期という。

最高分げつ期
さいこうぶんげつき

作物統計（作況）
　分げつ数が最高となった期日をいう。

幼穂形成始期
ようすいけいせいしき

作物統計（作況）
　穂の原器（幼穂）が形成され始める日をいう。水稲では通常出穂前26日ころに当たる。

減数分裂期
げんすうぶんれつき

作物統計（作況）
　花粉や卵子が形成される過程で細胞分裂が行われる時期をいう。水稲では出穂期の約10日前に当たり、稲の生育過程で最も大切な時期。この時期に異常低温などに遭遇すると不稔もみが多発し減収の大きな要因となる。

出　穂　期
しゅっすいき

作物統計（作況）
　「出穂」とは、穂先が葉しょうより現れることをいい、「出穂期」とは、出穂すると思われる全茎数の40〜50％が出穂した期日をいう。

開　花　期
かいかき

作物統計（作況）
　「開花期」とは、1枚のほ場において、1花でも開花した株が全体の40〜50％に達した期日をいう。なお、開花は、日照、温度、水分、風などの影響を大きく受けやすい。

成　熟　期
せいじゅくき

作物統計（作況）
　株又は粒の大部分が作物、品種固有の熟色に達し、粒が硬化した期日をいう。

生 育 概 況
生 育 の 遅 速
せいいくのちそく

作物統計（作況）

　生育の遅速はそれまでの生育経過を読むうえで、また、以降の生育の推移を予想するうえで重要な指標であり、出葉期、幼穂形成始期、節間伸張開始期、出穂期、開花期、成熟期について平年又は前年に比べての遅速状況を表している。

　　①７日以上早い：早い
　　②３〜６日早い：やや早い
　　③前後２日以内：平年（前年）並み
　　④３〜６日遅い：やや遅い
　　⑤７日以上遅い：遅い

　は種期の遅速、移植期の遅速、出穂期の遅速、収穫期（刈取り・堀取り期）の遅速について統計が作成されている。
(1) は種期の遅速：は種最盛期に達した日を平年又は前年に比べた遅速をいう。は種期は、その遅速により発芽以降の生育に大きな影響を及ぼすことが多く、雪解け等の遅れによる農作業の遅れ、は種期の降雨等不順な天候等によって遅れた場合は、生育経過ひいては収量に大きく影響する。
(2) 移植期の遅速：移植最盛期に達した日を平年又は前年に比べた遅速をいう。移植期の遅速は収量に大きな影響を及ぼす。
(3) 出穂期の遅速：出穂最盛期に達した日を平年又は前年に比べた遅速をいう。
(4) 収穫期（刈取り・芋掘り期）の遅速：刈取り（堀取り）最盛期に達した日を平年又は前年に比べた遅速をいう。

生育及び作柄の良否
せいいくおよびさくがらのりょうひ

作物統計（作況）

　生育及び作柄の状況を表す方法である。良否は、草丈の長短、茎数、葉数の多少など量的なものと、生育の遅速、分げつ（分枝）の発生、被害の発生程度などを総合し、これを平年又は前年に比べて良、やや良、平年（前年）並み、やや不良、不良で表す。
(1) 発芽の良否：地上に芽が出現したときを発芽とみなし、発芽揃い、芽の良否、発芽の遅速などを合わせて考え、これを平年又は前年に比べて良、やや良、平年（前

　年）並み、やや不良、不良で表す。

(2) 活着の良否：定植された苗の新葉（新根）出現の遅速、茎葉の萎凋、枯れあがりなど定植直後における状態を総合して表す指数でこれを平年又は前年に比べて良、やや良、平年（前年）並み、やや不良、不良で表す。

(3) 草丈の長短：地際から一番長い葉先までの長さを草丈とし、これを平年又は前年に比べて長い、やや長い、平年（前年）並み、やや短い、短いで表す。

(4) 茎数（枝数）の多少：いね科作物においては主稈と分げつを合計した茎数が、また、豆類では、分枝の数が平年又は前年に比べて、多い、やや多い、平年（前年）並み、やや少ない、少ないで表す。

(5) 総節数の多少：主茎、分枝についている節の総数を平年又は前年に比べて多い、やや多い、平年（前年）並み、やや少ない、少ないで表す。

(6) 分枝の総数を前年に比べて多い、やや多い、平年（前年）並み、やや少ない、少ないで表す。

(7) 着さや数の多少：主茎及び分枝についたさやの総数が前年に比べて多い、やや多い、平年（前年）並み、やや少ない、少ないで表す。

(8) 穂ぞろいの良否：出穂始めから出穂終わりまでの日数、稈長、穂長、穂の抽出の均一性などの状況を総合し、これを平年又は前年と比べて良、やや良、平年（前年）並み、やや不良、不良で表す。

作柄表示地帯
さくがらひょうじちたい

作物統計（作況）

　水稲作況調査における調査結果の分析、検討、提供及び利用のため、地域行政上必要な水稲の作柄を表示する区域として、都道府県内を水稲の生産力（地形、気象、栽培品種等）により分割したものである。

　　⇒「都道府県別作柄表示地帯名」（別表）参照。

水　　　　稲

収量構成要素　　　　作物統計（作況）
しゅうりょうこうせ　　　　水稲における収量構成要素は次の通りである。
いようそ　　　　①株数：植え付けされた株の単位面積当たりの数をい
　　　　う。
　　　　②全穂数：単位面積当たりの出穂した穂の全本数をい
　　　　う。穂は収量構成要素のうちで最も早く決定し、収量
　　　　決定に当たって極めて重要な要素となっている。
　　　　③有効穂数：単位面積当たりの穂数で1粒以上稔実粒の
　　　　ついている穂の数をいう。全穂数から被害等により、全
　　　　粒が不稔実粒になった穂を除いた数をいう。
　　　　④有効穂数歩合：全穂数のうち有効穂数の割合をいう。
　　　　有効穂数歩合（％）＝ 1 m^{2}当たり有効穂数÷1 m^{2}当た
　　　　　　　　　　　　　　　り全穂数×100
　　　　⑤1穂当たりもみ数：有効穂1本についている全てのも
　　　　みの数をいう。
　　　　⑥全もみ数：単位面積当たりの全てのもみの数をいう。
　　　　全もみは、生育量を総括的に表す指標として用いられ
　　　　る。
　　　　⑦粗玄米：乾燥したもみをもみすりし、もみ殻及び夾雑
　　　　物を除いた全ての米粒をいう。
　　　　⑧くず米：玄米以外の米粒をいう。
　　　　⑨粗玄米粒数：粗玄米の単位面積当たりの粒数をいう。
　　　　⑩粗玄米粒数歩合：全もみから粗玄米が得られる粒数の
　　　　割合をいう。この指標は全もみのうちどの程度稔実し、
　　　　玄米粒・くず米粒となったかを表すものであり、稔実粒
　　　　数歩合と概ね同じである。冷害の場合はこの値は著しく
　　　　低下する。
　　　　粗玄米粒数歩合（％）＝ 1 m^{2}当たり粗玄米粒数÷1 m^2
　　　　　　　　　　　　　　　当たり全もみ数×100
　　　　⑪玄米粒数：玄米の単位面積当たりの粒数をいう。
　　　　⑫玄米粒数歩合：粗玄米から玄米が得られる粒数の割合
　　　　をいう。
　　　　玄米粒数歩合（％）＝ 1 m^{2}当たり玄米粒数÷1 m^{2}当た
　　　　　　　　　　　　　　　り粗玄米粒数×100
　　　　⑬粗玄米千粒重：粗玄米1,000粒当たりの重量をいう。
　　　　⑭玄米千粒重：玄米の1,000粒の重量をいう。
　　　　⑮千もみ当たり収量：1,000粒のもみから得られる玄米
　　　　の重さ（収量）をいう。千もみ当たり収量は登熟状況を

総括的に表す指標として用いられている。

千もみ当たり収量（g）＝10a当たり玄米重（kg）÷1
m²当たり全もみ数×1,000

⑯未調整生もみ重：刈り取り後、直ちに脱穀し、わらく
ず等大きな夾雑物を除いたものを未調整生もみといい、
その単位面積当たりの重量をいう。

⑰未調整乾燥もみ重：未調整生もみを乾燥したものを未
調整乾燥もみといい、その単位面積当たりの重量をい
う。

⑱乾燥歩合：未調整生もみを乾燥して得られる未調整乾
燥もみの重量の割合をいう。

乾燥歩合（％）＝10a当たり未調整乾燥もみ重÷10a当た
り未調整生もみ重×100

⑲粗玄米重：粗玄米の単位面積当たり重量をいう。

⑳すり落とし歩合：未調整乾燥もみをすりおろし、粗玄
米が得られる重量の割合をいう。

すり落とし歩合（％）＝10a当たり粗玄米重÷10a当たり
未調整乾燥もみ重×100

㉑玄米重：玄米の単位面積当たりの重量をいう。

㉒玄米重歩合：粗玄米から得られる玄米の重量の割合を
いう。玄米重歩合＝10a当たり玄米重÷10a当たり粗玄米
重×100

169

収量構成要素の関連図

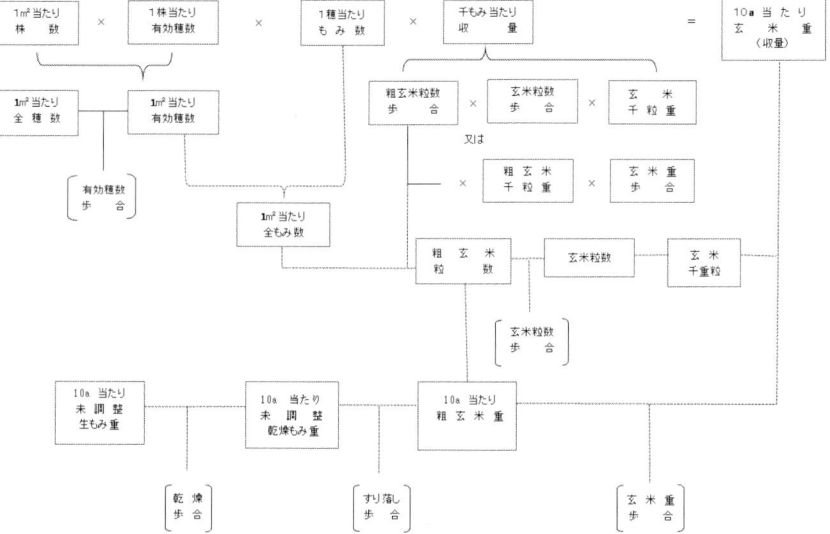

都道府県別作柄表示地帯名

都道府県・作柄表示地帯	都道府県・作柄表示地帯	都道府県・作柄表示地帯	都道府県・作柄表示地帯
北海道	栃木	静岡	愛媛
石狩	北部	東部	東予
南空知	中部	西部	中予
北空知	南部	愛知	南予
上川	群馬	尾張	高知
留萌	中毛	西三河	中東部
渡島	北毛	東三河	西部
檜山	東毛	三重	福岡
後志	埼玉	北勢	福岡
胆振	東部	中勢	北東部
日高	西部	南勢	筑後
オホーツク・十勝	千葉	伊賀	佐賀
青森	京葉	滋賀	佐賀
青森	九十九里	湖南	松浦
津軽	南房総	湖北	長崎
南部・下北	東京	京都	南部
岩手	神奈川	南部	北部
北上川上流	新潟	北部	五島
北上川下流	岩船	大阪	壱岐・対馬
東部	下越北	兵庫	熊本
北部	下越南	県南	県北
宮城	中越	県北	阿蘇
南部	魚沼	淡路	県南
中部	上越	奈良	天草
北部	佐渡	和歌山	大分
東部	富山	鳥取	北部
秋田	石川	出雲	湾岸
県北	加賀	岩見	南部
県中央	能登	岡山	日田
県南	福井	南部	宮崎
山形	嶺北	中北部	広域沿海
村山	嶺南	広島	広域霧島
最上	山梨	南部	西北山間
置賜	長野	北部	鹿児島
庄内	東信	山口	薩摩半島
福島	南信	東部	出水薩摩
中通り	中信	西部	伊佐姶良
浜通り	北信	長北	大隅半島
会津	岐阜	徳島	熊毛・大島
茨城	西南濃	北部	沖縄
北部	中濃	南部	沖縄諸島
鹿行	東濃	香川	八重山
南部	飛騨		
西部			

(5) 麦類

春 ま き 麦 はるまきむぎ	作物統計（作況） 　一般に春には種する麦をいう。北海道等において一部作付けされている。麦類のような冬作物では、一定期間低温にさらされることによって花芽が分化し、出穂又はとう立ち、開花する性質がある。麦類では、このような性質を一般に秋まき性程度と呼んでおり、品種によって秋まき性程度が異なり、秋まき性の強弱は栽培上重要な特性である。寒地で春まき型（秋まき性程度が低い。）の品種を秋まきすると、年内に幼穂が形成され、耐寒性が著しく弱くなるので、その後の低温・積雪などにより害を受けやすく、実際には栽培は不可能である。このため、寒地の秋まきでは、秋まき性程度の高い品種が栽培されている。
秋 ま き 麦 あきまきむぎ	作物統計（作況） 　一般に秋から冬にかけては種する麦をいう。

(6) 野菜・果樹

野　　　菜 やさい	作物統計（作況） 　野菜とは、食用に供しうる草本性の植物で加工程度の低いまま副産物として利用されるものをいう。なお、青果物卸売市場調査では、いちご、すいか、メロンは果実に含めているが、野菜調査では野菜（果実的野菜）として取り扱われている。
野菜の季節区分 やさいのきせつくぶん	⇒「野菜の年産区分、季節区分」（別表）参照。

指 定 産 地 していさんち	作物統計（作況） 　野菜生産出荷安定法（昭和41年法律第103号）第4条第1項の規定に基づき、指定された野菜産地をいう。
指 定 野 菜 していやさい	作物統計（作況） 　野菜生産出荷安定法に定められた野菜集団産地育成のための対象野菜であり、国民消費生活に占める重要性を考慮し、原則として、消費量が相対的に多いか、多くなることが見込まれるものとなっている。以下の14品目・30種別が政令で定められている。 　①キャベツ（春キャベツ、夏秋キャベツ、冬キャベツ） 　②きゅうり（冬春きゅうり、夏秋きゅうり） 　③さといも（秋冬さといも） 　④だいこん（春だいこん、夏だいこん、秋冬だいこん） 　⑤たまねぎ 　⑥トマト（冬春トマト、夏秋トマト） 　⑦なす（冬春なす、夏秋なす） 　⑧にんじん（春夏にんじん、秋にんじん、冬にんじん） 　⑨ねぎ（春ねぎ、夏ねぎ、秋冬ねぎ） 　⑩はくさい（春はくさい、夏はくさい、秋冬はくさい） 　⑪ばれいしょ 　⑫ピーマン（冬春ピーマン、夏秋ピーマン） 　⑬ほうれんそう 　⑭レタス（春レタス、夏秋レタス、冬レタス）
地域特産野菜 ちいきとくさんやさい	地域特産野菜生産状況調査 　指定野菜、特定野菜以外に各都道府県において生産される多様な野菜について統計法に基づく一般統計調査として実施したもの。あさつき、うど（露地盛土）、うど（伏込み）、うるい、エシャレット、オクラ、かいわれだいこん、かんぴょう、クレソン、くわい、しそ、食用ぎく、食用ゆり、しろうり、ズッキーニ、スナップエンドウ、せり、タアサイ、たで、つけな（こまつな及びみずなを除く）、つるむらさき、とうがらし（辛味種）、とうがん、なばな（主として花を食するもの）、なばな（主として茎葉を食するもの）、にがうり、パクチョイ、葉しょうが、パセリ、花みょうが、パプリカ、非結球レタス、マッシュルーム、ミニかぼちゃ、芽キャベツ、モロヘイヤ、山ごぼう（栽培）、らっきょう、ラデシュ、ルッコラ、わけぎ、わさびだいこん

特 定 野 菜 とくていやさい	指定野菜に準ずるものとして農林水産省令に定めるものをいい、以下の品目があげられる。 アスパラガス、いちご、えだまめ、かぶ、かぼちゃ、カリフラワー、かんしょ、グリーンピース、ごぼう、こまつな、さやいんげん、さやえんどう、しゅんぎく、しょうが、すいか、スイートコーン、セルリー、そらまめ、ちんげんさい、生しいたけ、にら、にんにく、ふき、ブロッコリー、みずな、みつば、メロン（温室メロンを除く。）やまのいも、れんこん
産 地 廃 棄 量 さんちはいきりょう	作物統計（作況） 　野菜の産地廃棄は、野菜需給均衡総合推進対策事業に基づく緊急需給調整（産地調整、分荷調整、貯蔵、加工用販売又は産地廃棄を行うことをいう。）の１つで、具体的には、重要野菜の卸売価格が著しく低落し、もしくは低落するおそれがあると見込まれる場合に、全農が重要野菜の産地において砕断の後ほ場にすき込むなどの方法により廃棄した量をほ場廃棄量という。ほ場廃棄量は、農家が生産物を秤量、評価され交付金を受け取ることから、便宜、収穫し販売したものとみなせるため、収穫量に含めるが出荷量に含めない。また、都道府県等が独自に実施した需給調整事業における廃棄量も同様の取扱いとなっている。
出 荷 量 しゅっかりょう	作物統計（作況） 　収穫量のうち、生食用、業務用向け、加工用として販売した量をいい、生産者が自家消費した量及び種子用、飼料用として販売したものは含めない。
用 途 別 出 荷 量 ようとべつしゅっかりょう	作物統計（作況） 　生食向け出荷、加工向け出荷のことをいう。 ①生食向け：生食用として市場等に出荷することをいう。 ②業務用向け：生食向けのうち、学校給食、レストラン等外食・中食業者へ出荷することをいう。 ③加工向け：加工場又は加工を目的とする業者に出荷するもの及び加工されることが明らかなものを出荷したものをいう。冷凍用の出荷も加工向けに含める。
果 樹 **結 果 樹 面 積**	作物統計（作況） 　農家が当該年産の収穫を意図して結果させた（結果させ

けっかじゅめんせき	る予定のものも含む。）栽培面積をいう。
果樹の年産区分 かじゅのねんさんく ぶん	作物統計（作況） 　果樹は永年作物で、1年1収穫期であることから年産は暦年を原則とするが、出荷開始期などから出荷期間が2か年にわたる品目は、その全量を主たる収穫期間の属する年の年産としている。 　⇒「果樹の年産区分」（別表）参照。
果樹の品種区分 かじゅのひんしゅく ぶん	作物統計（作況） 　果樹の品目別品種区分は次のとおりである。 ①みかん：早生温州（うち、ハウスみかん、うち、極早生みかん）、普通温州 ②りんご：ふじ、つがる、王林、ジョナゴールド

野菜の年産区分、季節区分

品　目　名	年産区分	季　節　区　分		備　考
		区分名	主たる出荷期間	
きゅうり	前年12月～ 当年11月	冬春きゅうり	12月～6月	花まるきゅうりを除く。
		夏秋きゅうり	7月～11月	
トマト	前年12月～ 当年11月	冬春トマト	12月～6月	
		夏秋トマト	7月～11月	
なす	前年12月～ 当年11月	冬春なす	12月～6月	
		夏秋なす	7月～11月	
ピーマン	前年11月～ 当年10月	冬春ピーマン	11月～5月	ししとう及びパプリカを含む。
		夏秋ピーマン	6月～10月	
いちご	前年10月 ～当年9月			
かぶ	前年9月～ 当年8月			ビーツを除く。
グリーンピース	前年9月～ 当年8月			
さやえんどう	前年9月～ 当年8月			
キャベツ	当年4月～ 翌年8月	春キャベツ	4月～6月	グリーンボール及び生食用のレッドキャベツを含む。芽キャベツ及びケールを除く。
		夏秋キャベツ	7月～10月	
		冬キャベツ	11月～3月	

野菜の年産区分、季節区分（つづき）

品　目　名	年産区分	季　節　区　分		備　　考
		区分名	主たる出荷期間	
さといも	当年4月〜翌年3月	秋冬さといも	6月〜3月	セレベス、やつがしら、えぐいも及びえびいもを含む。
		その他	4月〜5月	
だいこん	当年4月〜翌年3月	春だいこん	4月〜6月	桜島だいこん、守口だいこん、ラディシュ（二十日大根）、中華野菜のコウシンダイコン及びアオナガダイオンを含む。
		夏だいこん	7月〜9月	
		秋冬だいこん	10月〜3月	
たまねぎ	当年4月〜翌年3月			レッドオニオンを含む。葉たまねぎを除く。
にんじん	当年4月〜翌年3月	春夏にんじん	4月〜7月	
		秋にんじん	8月〜10月	
		冬にんじん	11月〜3月	
ねぎ	当年4月〜翌年3月	春ねぎ	4月〜6月	分けねぎを含む。わけぎ、あさつき及びリーキを含む。
		夏ねぎ	7月〜9月	
		秋冬ねぎ	10月〜3月	
はくさい		春はくさい	4月〜6月	非結球型を除く。半結球型のサントウサイを含む。
		夏はくさい	7月〜9月	
		秋冬はくさい	10月〜3月	

野菜の年産区分、季節区分（つづき）

品　目　名	年産区分	季　節　区　分		備　考
		区分名	主たる出荷期間	
ばれいしょ	当年4月〜翌年3月	春植え	都府県 4月〜8月 北海道 5月〜6月	
		秋植え	11月〜3月	
ほうれんそう	当年4月〜翌年3月			
レタス	当年4月〜翌年3月	春レタス	4月〜5月	サラダ菜（球チシャの結球させないもの）及びチリメンチシャ（リーフレタス）を含む。立チシャ（コスレタス）掻きチシャ（サンチュ）及び茎チシャ（ステムレタス）を除く。
		夏秋レタス	6月〜10月	
		冬レタス	11月〜3月	
カリフラワー	当年4月〜翌年3月			
ごぼう	当年4月〜翌年3月			山ごぼうを除く。
しょうが	当年4月〜翌年3月			葉しょうがを除く。
ブロッコリー	当年4月〜翌年3月			
やまのいも	当年4月〜翌年3月			じねんじょ（自生）を除く。
れんこん	当年4月〜翌年3月			

上記以外の品目については、原則として当年1月から12月までの期間としている。

果樹の年産区分

品 目 名	年 産 区 分
みかん	
早生温州	9月～11月
ハウスみかん	4月～7月
極早生みかん	9月
普通温州	11月～12月
りんご	8月～11月
ぶどう	7月～11月
日本なし	8月～9月
西洋なし	9月～10月
もも	6月～8月
おうとう	5月～7月
びわ	5月～6月
かき	9月～12月
くり	8月～10月
うめ	6月
すもも	7月～8月
キウイフルーツ	10月～12月
パインアップル	4月～3月

(7) 工芸農作物

茶 摘 採 面 積
ちゃてきさいめんせ
き

作物統計（作況）
　茶栽培面積のうち、収穫を目的として茶葉の摘採が行われた実面積をいう。

茶　　　　　期
ちゃき

作物統計（作況）
　茶芽の生長は、冬の間は休止するが、春になり気温が

14～15℃以上になるとほう芽及び葉の展開が始まる。そして5～6葉伸びた段階で茶芽の摘採を行う。その後再び葉腋からほう芽するので再び摘採することができる。こうしたことを繰り返して4～9月までの間に3～4回新芽を摘採するが、この摘採時期の順番を茶期という。茶期は各地方によって異なっており、更にその年の作柄や被害及び他の農作業等の関係も加わって、これを明確に区分することは困難である。このため、茶生産量調査における茶期の区分は、通常その市町村の慣行による茶期区分によることとしている。

茶期区分（再掲）

茶期名	区分	茶期名	区分
冬春番茶	1月1日～3月9日	三番茶	8月1日～9月10日
一番茶	3月10日～5月31日	四番茶	9月11日～10月20日
二番茶	6月1日～7月31日	秋冬番茶	10月21日～12月31日

荒　　　　　茶
あらちゃ

作物統計（作況）

　摘採した生葉を荒茶工場等において、蒸熱、発酵、じゅうねん、乾燥等の加工処理をし、製造されたものを荒茶という。なお、製造された荒茶は、更に外見や香味を整えるために、夾雑物の除去、茶の長さを揃えるなどの加工をし、商品としての茶を完成させるが、この過程を経た茶を仕上げ茶又は再製茶という。荒茶は、製造方法の違いにより、不発酵茶（緑茶）、発酵茶（紅茶）、半発酵茶（ウーロン茶）に分類される。

荒 茶 工 場
あらちゃこうじょう

作物統計（作況）

　刈り取った生葉は、蒸熱、揉み操作、乾燥等の加工処理が施され、「荒茶」となるが、この製造場所が荒茶工場という。

　荒茶の製造は、かつては、手もみ製法によって行われていたが、最近では、生葉の蒸熱から乾燥にいたるまでの荒茶製造の全工程を機械化しているものがほとんどである。

緑　　　　　茶
りょくちゃ

作物統計（作況）

　摘採した生葉を直ちに熱処理（蒸熱又は加熱）することで茶葉酸化酵素の働きを止め、茶固有の緑色を保たせて製造したもので、不醗酵茶ともいう。作物統計調査では、茶樹の栽培管理方法や荒茶の製造方法により次の6茶種に区

分している。①玉露、②かぶせ茶、③てん茶、④普通せん
茶、⑤玉緑茶、⑥番茶

①玉露：一番茶期に、茶園をよしず、むしろなどで完全
に被覆した状態で栽培し、ほう芽した新芽を摘採し、
その生葉を蒸熱、じゅうねん、乾燥して製造した荒茶が玉
露である。玉露は高級緑茶を代表する名称となってお
り、京都府の宇治、福岡県の八女などが有名な産地であ
る。

②かぶせ茶：一番茶期に、茶樹の上部をわら、むしろ等
で簡単に被覆した状態で栽培し、その茶園から摘採した
新芽を蒸熱、じゅうねん、乾燥して製造した荒茶がかぶ
せ茶である。かぶせ茶は、玉露ほど大規模な施設を必要
とせず、しかも比較的上質な荒茶が得られることから、
最近生産が増加している。

③てん茶：玉露と同様に、茶樹を完全に覆った茶園から
摘採した新芽を蒸熱し、もまないで乾燥した荒茶がてん
茶である。このてん茶をうす（臼）などで挽いて粉末に
したものが茶の湯に使うまっ茶である。

④普通せん茶：各茶期に、自然光下で栽培した茶樹の新
芽を摘採し、その生葉を蒸熱、じゅうねん、乾燥して製
造した荒茶が普通せん茶である。普通せん茶は、荒茶生
産量の大宗を占めている。

⑤玉緑茶：普通せん茶と同様、自然光下で栽培した茶樹
の新芽を摘採し、その生葉を湯蒸し又はかまいり、じゅ
うねん、乾燥して製造した荒茶で、まが玉形やこれに準
ずる形状をしたものが玉緑茶である。

なお、この玉緑茶と普通せん茶の違いは、形状がまが
玉形をしていることと、生葉を蒸さずに直接火熱して製
造されるものがある点である。

⑥番茶：硬くなった新芽（葉）や冬茶期後に整枝の目的
で刈り取った茎、古葉を原料に、蒸熱、じゅうねん、乾
燥して製造した大型の荒茶が番茶である。

また、番茶を強火で炒って焦香をつけた茶がほうじ茶
である。

紅　　　　茶
こうちゃ

普通せん茶と同様に、自然光下で栽培した茶園から新芽
を摘採しその生葉を萎ちょう、揉み操作、発酵、乾燥して
製造した荒茶をいう。紅茶は摘採した生葉を薄く広げて萎
ちょうさせて製造する。

ウ ー ロ ン 茶 うーろんちゃ	茶葉（自然光下で栽培し、摘採した茶葉）を適度に萎ちょうさせて揉み操作を行い、茶葉中の酸化酵素を働かせて発酵させるが、熱を加えることで発酵を途中で止めて製造したもので、半発酵茶の代表的なものである。
粉　　　　茶 こなちゃ	作物統計（作況） 　荒茶製造過程に出る茶の粉をいう。

(8) 特定作物

特 定 作 物 とくていさくもつ	特定作物統計調査 　作物統計調査の対象となっていない豆類（小豆、いんげん、らっかせい）、こんにゃくいも、「い」をいい、作付（栽培）面積、10a当たり収量、10a当たり平均収量、10a当たり平均収量対比、収穫量、「い」生産農家数、畳表生産農家数、畳表生産量が把握されている。

(9) 花き

花　　　　き かき	作物統計（作況） 　花きとは、観賞の対象となる栽培植物のことをいう。なお、花き類として扱われる植物は、1・2年生草花、宿根草、花木類など多くを含み、その出荷・利用形態により、切り花類、球根類、鉢もの類、花壇用苗もの類、庭園樹、街路樹及び芝に区分される。このうち、花き調査では、庭園樹、街路樹及び芝は調査対象から除外されている。 (1) 切り花類：一般的には、きく、カーネーション、ばら、ゆり、チューリップ等の草木類の花梗又は茎葉を切り取り、観賞に供するものをいう。 (2) 球根類：茎、葉及び根の一部が肥厚して養分の貯蔵器管となったもので、一般的には休眠期後に発芽するものを球根類というが、花き調査では、花を観賞するための

　　　　　　　　球根を得る目的で栽培し出荷したものをいう。なお、球
　　　　　　　　根類はその形態によって
　　　　　　　　①鱗茎（ゆり、チューリップ、すいせん、ヒヤシンスな
　　　　　　　　　ど）
　　　　　　　　②球茎（グラジオラス、フリージア、クロッカスなど）
　　　　　　　　③塊茎（カラジウム、アネモネ、シクラメンなど）
　　　　　　　　④根茎（カンナ、ジンジャーなど）
　　　　　　に分類されている。
　　　　　　(3) 鉢もの類：草花を鉢植えにしたもののほか、観葉植
　　　　　　　　物、サボテン・多肉植物、花木等を鉢植えにしたものを
　　　　　　　　いう。また、観葉植物とは、多様な葉の形・色・斑等を
　　　　　　　　もって観賞に供する鉢植えのもので主に熱帯・亜熱帯を
　　　　　　　　原産とする草本性及び木本性植物をいい、おもと、いわ
　　　　　　　　ひば等の山草類の観葉植物を含む。
　　　　　　(4) 花壇用苗もの類：花壇等に栽植し観賞することを目的
　　　　　　　　として生産出荷される1・2年草や宿根草の苗をいう。

個人出荷農家等　　　作物統計（作況）
こじんしゅっかのう　　　花き調査において調査対象としているもので、個人出荷
かとう　　　　　　　　農家、協業経営体及び会社が該当する。
　　　　　　　　①個人出荷農家：直接卸売市場等へ花きを出荷する農家
　　　　　　　　をいう。ここでいう農家には、家族経営が法人形態（会
　　　　　　　　社等）となっている1戸1法人の農家を含む。
　　　　　　　　②協業経営体：法人格の有無にかかわらず、2戸以上の
　　　　　　　　世帯が農業の経営に関係し、栽培、販売、収支、決算及
　　　　　　　　び利益の配分を一貫して共同で行っているものをいい、
　　　　　　　　農地法等の手続を経て農地について所有権又は賃借権そ
　　　　　　　　の他の使用及び収益を目的とする権利を有する農事組合
　　　　　　　　法人（農業の経営のみを行うもの（いわゆる2号法人）
　　　　　　　　又は農業の経営とこれに付属する施設の設置若しくは農
　　　　　　　　作業の共同化を併せて行っているものに限る。）及び会
　　　　　　　　社を含む。
　　　　　　　　③会社：②に該当しない会社で農業の経営を行っている
　　　　　　　　ものをいう。

4 農作物の被害

被害
ひがい

作物統計（被害）

　本ぽにおいて栽培を開始してから収納されるまでの間に、風水害、干害、冷害、雪害、その他気象上の原因（地震及び噴火を含む。）による災害、病虫害、鳥獣害及びその他異常の事象又は不慮の事故（以下「災害等」という。）によって農作物に損傷を生じ、基準収量より減収した状態をいう。したがって、損傷があっても減収が認められないものは、これを被害とみなさない。低温、乾燥、積雪等による生育遅延、日照不足等が異常なものである場合、現在、直接損傷を認めることは困難でも、後日、生育が進むにつれて茎数、穂数などの収量構成要素が、このような異常環境がなかったと仮定した場合に比べて減収するものと考えられる場合には被害としている。ここでいう栽培開始時期及び収納とは、以下のとおりである。

(1) 栽培開始期

　1) 1年生物

　　㋐直まき栽培の場合は、種まき作業が完了した時期。

　　㋑移植をする作物の場合は本田又は本ぽに移植した時期。

　2) 多年生作物（牧草等）

　　種まき又は移植した時期を第1年目の栽培開始の時期とし、第2年目以降は前年の収穫直後の時期をもって栽培開始の時期とする。

　3) 永年生作物（果樹、桑、茶等）

　　前年産の収穫直後の時期を、その年次の栽培開始の時期とする。

(2) 収納

　　農作物が収穫され、保存又は販売し得る状態にして収納舎等に入れられた状態を収納という。そのため、水陸稲、麦類の場合は、刈取り後ほ場又は稲架等で乾燥中のものは収納とみなさず、また、長雨等のため未乾燥のまま収納舎に入れた場合も、収納とみなさない。

被害量
ひがいりょう

作物統計（被害）

　農作物の栽培が開始されてから収納されるまでの期間

に、災害等によって損傷を生じ、基準収量より減収した量をいう。また、これを10a当たりに換算したものを10a当たり被害量という。

損　　　傷
そんしょう

作物統計（被害）

　気象的、生物的、その他なんらかの原因が作用したために生じた作物体の異常な状態をいう。作物体の異常な状態とは、例えば風水害による「倒伏」、病原菌等による「病斑」、害虫による「食害」などで、これらの損傷は通常、作物体の正常な生育に悪影響を及ぼし、生産目的物の減少をもたらすことから、被害を認識する根拠としており、被害量を推定する場合の測定の対象としている。上記のような直接的な損傷（直接損傷）に対して、ある時点では直接目に見えないが、生理的障害を受けた結果、後日、茎数の減少、粒数の減少といった現象として現れる間接的な損傷（間接損傷）がある。

基 準 収 量
きじゅんしゅうりょう

作物統計（被害）

　被害調査の基準とする収量で、農作物にある被害が発生したとき、その被害が発生しなかったと仮定した場合にとれうるであろうと見込まれる収量をいう。「被害なかりせば収量」ともいう。この基準収量は、調査時期ごとに筆別に予測し、これに被害減収推定尺度等から見積った被害歩合を乗じて被害量を算出する。

10a当たり基準収量
10あーるあたりきじゅんしゅうりょう

作物統計（被害）

　基準収量を10a当たりに換算したものをいう。
　10a当たり基準収量＝10a当たり収量＋10a当たり被害量の関係にある。

被 害 歩 合
ひがいぶあい

作物統計（被害）

　基準収量に対して、減収あるいは減収するであろうと見込まれる量の割合（百分比）をいう。減収推定尺度等を使用して、損傷状態等から推定する。
　被害歩合＝被害量÷基準収量×100

被 害 種 類
ひがいしゅるい

作物統計（被害）

　被害種類は気象被害、病害、虫害及びその他の被害に区分されている。
　⇒「被害の種類と被害名」（別表）参照。

災 害 種 類 さいがいしゅるい	作物統計（被害） 　被害の原因となった台風、降ひょう、低温等の気象事象、病害虫及びその他異常事象又は不慮の事故の事象ごとの区分をいう。 　⇒「気象被害の損傷状況」（別表）参照。
損 傷 面 積 そんしょうめんせき	作物統計（被害） 　農作物に損傷の生じたほ場の当該農作物の作付面積をいう。
被 害 面 積 ひがいめんせき	作物統計（被害） 　農作物に損傷を生じ、基準収量から減収した面積をいう。被害面積総数は被害種類別に面積を合計したもので、同一地域で2種類以上の被害を受けた場合は重複して計上されている。
被 害 面 積 率 ひがいめんせきりつ	作物統計（被害） 　被害面積の作付面積に対する割合を百分比で表したもので、被害の広がりを示す指標として用いられている。 　被害面積率（％）＝被害面積÷作付面積×100
被 害 率 ひがいりつ	作物統計（被害） 　被害量の平年収量に対する割合を百分比で表したもので、被害の深さを示す指標として用いられる。 　被害率（％）＝被害量÷平年収量×100
基 準 指 数 きじゅんしすう	作物統計（被害） 　各調査時期ごとに、その年の10a当たり基準収量（被害なかりせば収量）を予測して、これを10a当たり平年収量と対比して表示したものである。 　基準指数（％）＝10a当たり基準収量÷10a当たり平年収量×100 　この指数は、作況指数と被害率との関連を総合的に検討するのに用いられる。
被害減収推定尺度 ひがいげんしゅうすいていしゃくど	作物統計（被害） 　農作物が災害等によって被害を受けて減収する場合に、最も把握しやすい損傷程度等から、直ちに被害歩合が読み取れるよう、試験並びに調査成績等をもとに作成した減収推定の基準をいう。被害量を客観的に把握するために用い

られている。

農作物共済
のうさくもつきょう
さい

水稲、陸稲及び麦類を対象とした共済事業である。

共済引受面積
きょうさいひきうけ
めんせき

　組合員等が調査対象作物の耕作を行う耕地の面積で、共済加入申込書の作付面積（組合等が当該申込書に記載された作付面積に関し、承諾したものに限る。）をいう。

共済引受面積率
きょうさいひきうけ
めんせきりつ

　共済引受面積率とは、調査地域における全作付面積に対する共済引受面積の割合をいう。

共済基準収穫量
きょうさいきじゅん
しゅうかくりょう

　共済基準収穫量とは、その年の天候を平年並みとし、肥培管理なども普通一般並み行われたとしたときに得られるいわば平年の収穫量であり、共済目的（農業共済事業における補償の対象となる作物をいう。以下同じ。）の種類等ごと、耕地ごとに定められ、共済金額、共済掛金及び支払共済金の算定の基礎となるものをいう。
　組合員等の共済基準収穫量とは、共済目的の種類等ごと及び耕地ごとに定められた共済基準収穫量を、共済目的の種類等ごと及び農家ごとに合計したものをいう。
　10a当たり共済基準収穫量とは、共済基準収穫量を10a当たりに換算したものをいう。
　共済目的の種類等ごと及び耕地ごとの共済基準収穫量は、農業災害補償法（以下「法」という。）第109条第4項の規定に基づき定められた農作物共済基準収穫量設定準則（昭和39年4月18日農林省告示第405号）に定められる当該耕地の単位当たり共済基準収穫量に同準則の定めるところにより当該耕地の耕作面積を乗じて求めた数量をいう。

共済引受方式
きょうさいひきうけ
ほうしき

　農作物共済における共済引受方式は次のとおりであり、うち農作物減収調査において調査対象とする引受方式は、一筆単位引受方式（以下「一筆方式」という。）及び半相殺農家単位引受方式（以下「半相殺方式」という。）である。
　（ア）一筆方式
　共済目的の種類等ごと及び組合員等が耕作を行う耕地ごとに、共済責任期間中(注：1)に共済事故(注：2)が発生

し、これによる減収量がその耕地の基準収穫量の共済金支払開始損害割合 (注：3) （3割・4割・5割（水稲の北陸にあっては2割・3割・4割）から共済引受時に組合員等が選択。）を超える場合に共済金を支払う方式である。

（イ）半相殺方式

　共済目的の種類等ごと及び組合員等ごとに、共済責任期間中に共済事故が発生し、これによる耕地ごとの減収量の合計がその組合員等の耕地ごとの共済基準収穫量の合計の共済金支払開始損害割合（2割・3割・4割（水稲の北陸にあっては1割・2割・3割）から共済引受時に組合員等が選択。）を超える場合（超過被害という。）に共済金を支払う方式である。

　また、超過被害の組合員等を「超過被害組合員等」という。

（ウ）全相殺農家単位引受方式（以下「全相殺方式」という。）

　共済目的の種類等ごと及び組合員等ごとに、共済責任期間中に共済事故が発生したため、当該組合員等の共済基準収穫量（耕地ごとの共済基準収穫量の合計）から収穫量（耕地ごとの収穫量の合計）を差し引いて得た数量（減収量）が当該共済基準収穫量の共済金支払開始損害割合（1割・2割・3割から共済引受時に組合員等が選択。）を超える場合に共済金を支払う方式である。

（エ）品質方式（水稲）・災害収入共済方式（麦類）

　組合員等ごとに、品質を加味した収穫量が基準収穫量を下回り、かつ、生産金額が基準生産金額の9割（9割補償を選択した場合（8割補償の場合は8割、7割補償の場合は7割）に達しない場合に共済金を支払う方式である。

注：1　「共済責任期間」とは、次の（1）から（2）までの期間であり、その期間中に共済事故が発生し、それにより損害が生じた場合において、組合等が組合員等に対し共済金支払いの責任が生ずることとなる期間である。

　　（1）共済責任期間の始期

　　　　共済責任期間の始期は、水稲にあっては本田移植期（直はんする場合にあっては発芽期）、麦類については発芽期（移植をする場合にあっては移植期）である。この場合の移植期とはその地方において通常の肥培管理が行われるとすれば、通常の収穫量を期待しう

る移植時期をいい、発芽期とは、その地方において通常の肥培管理が行われるとすれば通常の収穫量を期待しうるは種期間において、は種されたものが通常発芽する時期をいう。

(2) 共済責任期間の終期

収穫が終了したときである。この場合の収穫とは、収穫の適期に刈り取り、ほ場より搬出することである。ただし、ほ場乾燥中の調査対象作物については、通常の乾燥期間に限り共済責任期間内にあるものとする。

注：2 農作物共済の共済事故は、次に掲げるものである。ただし、法第85条第4項（法第85条の7において準用する場合も含む。）の規定により水稲につき病虫害を共済事故としない方式（以下「事故除外方式」という。）による農作物共済については、水稲の「いねしらはがれ病菌による病害」「いねおうかいしゅく病菌による病害」「いねもみがれさいきん病菌による病害」及び「いねようしょうかっぺん病菌による病害」以外の病虫害は共済事故としない。

(1) 風水害

暴風、強風、潮風等による風害、冠水、浸水、流失、埋没、浸潮等による水害（豪雨、長雨等によって鉱山の有毒物が河川に流入したことによる鉱毒の害を含む。）及び風害と水害が同時又は相前後して発生した場合の災害をいう。

(2) 干害

干ばつによる災害をいう。（干ばつによる塩害、河川水の流量減少のため生じた海水の逆流による塩害及び干ばつのため用水の統制を行った結果一部に発生した干害現象を含む。）

(3) ひょう害

降ひょうによる災害をいう。

(4) 冷害

低温及びこれに付随する異常気象（例えば日照不足）のため生じた災害をいう。

(5) 凍霜害

気温の急激な低下による災害をいう。（麦の幼穂形成期以後に発生する寒冷の害等がこれに該当する。）

(6) 暖冬害

　　不時出穂又は分けつ不足を生じせしめる暖冬による災害をいう。（暖冬により穂の生育が促進されていたため、平常の年ならば災害とならないような時期において低温により発育中の穂が枯死し又は不稔となったものを含む。）

(7) 寒害

　　冬期間の寒冷による災害をいう。（茎葉の枯死、根の浮上、分けつ不足等が生じた場合である。）

(8) 雪害

　　積雪による災害をいう。（長期の根雪による麦の栄養失調症を含む。）

(9) 雨害湿潤害

　　長雨、その他雨そのものによる災害及び濃霧、その他大気の湿潤による災害をいう。（穂発芽、腐敗等がこれに該当する。）

(10) 冷湿害

　　低温と大気及び土壌の湿潤が重複して起こる災害をいう。

(11) 土壌湿潤害

　　土壌の湿潤による災害をいう。（根部の機能障害等がこれに該当する。）

(12) 地震害

　　地震による災害（地震による津波、水害、干害等を含む。）

(13) 雷害

　　落雷による災害をいう。

(14) 噴火の害

　　火山の噴火による溶岩の流出、降灰等による災害をいう。

(15) 地すべりの害

　　地すべりによる崩壊、埋没による災害をいう。

(16) その他の気象上の原因による災害

(17) 火災

(18) 病害

(19) 虫害

(20) 鳥害

(21) 獣害

注：3　本調査で「補償割合」と標記している場合、共済金支払開始損害割合との関係は次のとおりである。

共済金支払開始損害割合	補償割合
1割	9割
2割	8割
3割	7割
4割	6割
5割	5割

共済引受収量
きょうさいひきうけ
しゅうりょう

　共済引受収量は、一筆方式・半相殺方式・全相殺方式に
おいては次に示すとおりである。なお、品質方式・災害収
入共済方式では品質を加味した生産金額により共済引受を
行うため、共済引受収量は定義されていない。
（ア）一筆方式
　　　一筆方式の共済引受収量は、共済目的の種類等ごと
　　及び耕地ごとの共済基準収穫量の補償割合に相当する
　　収量をいう。
（イ）半相殺方式
　　　半相殺方式の共済引受収量は、組合員等ごとに共済
　　目的の種類ごとの耕地の共済基準収穫量の補償割合に
　　相当する数量をいう。
（ウ）全相殺方式
　　　全相殺方式の共済引受収量は、組合員等ごとに共済
　　目的の種類ごとの耕地の共済基準収穫量の補償割合に
　　相当する数量をいう。

共済基準減収量
きょうさいきじゅん
げんしゅうりょう

　共済基準減収量とは、当該耕地の共済基準収穫量から当
該耕地の収穫量を差し引いて得た数量をいう。
　また、作物の収穫量の把握に当たって、転作耕地（注）
がある場合には農作物減収調査では「収穫量なし」として
扱っている。

注：「転作耕地」とは、共済事故等により収量が全く見込
　　まれないため、収穫期前に転作、青刈り又はすき込み
　　（刈り取り又はすき込みをした後に休閑する場合のすき
　　込みを含み、同一の調査対象作物を再は種又は再移植す
　　る場合のすき込みを除く。）をする耕地をいう。

増　収　量
ぞうしゅうりょう

　増収量とは当該耕地収穫量から当該耕地の共済基準収穫
量を差し引いて得た数量をいう。

減収面積及び増収面積

げんしゅうめんせきおよびぞうしゅうめんせき

減収面積とは、共済事故等により調査対象作物ごと及び耕地ごとの収穫量が当該耕地の共済基準収穫量を下回った場合、当該耕地の当該作物の作付面積をいう。

増収面積とは、調査対象作物ごと及び耕地ごとの収穫量が当該耕地の共済基準収穫量を上回った場合、当該耕地の当該作物の作付面積をいう。

共済減収量

きょうさいげんしゅうりょう

共済金の支払いの対象となる減収量をいい、その算定基準は一筆方式・半相殺方式・全相殺方式においては次のとおりである。

なお、品質方式・災害収入共済方式では品質を加味した生産金額により共済金の支払いを行うため、共済減収量は定義されていない。

①一筆方式

共済目的の種類等ごと及び耕地ごとに、共済事故による減収量が当該耕地の共済基準収穫量の共済金支払開始損害割合を超えた場合、その超えた部分の減収量をいう。

②半相殺方式

共済目的の種類等ごと及び組合員等ごとに、共済事故により減収した耕地の減収量の合計がその組合員等の耕地ごとの共済基準収穫量の合計の共済金支払開始損害割合を超えた場合、その超えた部分の減収量をいう。

③全相殺方式

共済目的の種類等ごと及び組合員等ごとに、共済事故により減収した耕地の減収量の合計がその組合員等の耕地ごとの共済基準収穫量の合計の共済金支払開始損害割合を超えた場合、その超えた部分の減収量をいう。

④半相殺方式（共済金支払開始損害割合：2割を選択した場合）及び全相殺方式（共済金支払開始損害割合：1割を選択した場合）における全損耕地に対する給付の特例により収穫のない耕地（以下「農作物収穫皆無耕地」という。）がある場合であって、半相殺方式及び全相殺方式の共済金算定方法によっては共済金が支払われないとき、又は半相殺方式及び全相殺方式の共済金算定方法による共済金の額が次の算式によって計算される額より少ないとき、次の算式によって計算される額を共済金として支払う。

特例支払いの共済金＝単位当たり共済金額×農作物収穫皆
　　　　　　　　　　　　無耕地の基準収穫量×70/100
（ただし、移植不能又は発芽不能により農作物収穫皆耕
地となったものについては、70/100を35/100とする。）

生　穂　重
なまほじゅう

　穂首から下1cm以内で、摘み取った直後の穂の単位面
積当たりの重量をいう。

乾　燥　穂　重
かんそうほじゅう

　生穂を乾燥した穂の単位面積当たりの重量をいう。

乾　燥　歩　合
かんそうぶあい

　生穂から得られる乾燥穂の重量の割合をいう。
　乾燥歩合（％）＝10a当たり乾燥穂重÷10a当たり生穂重
　　　　　　　　　×100

被害の種類と被害名

被 害 種 類 別		被 害 名
気象被害	風水害	風水害、風害、潮風害、フェーン風害、風雨害、雨害、水害、潮水害、は種・移植遅延
	干害	干害、は種・移植遅延
	冷害	冷害、冷水害、は種・移植遅延
	凍霜害	凍霜害
	雪害	雪害
	日照不足	日照不足
	高温障害	高温障害
	その他	ひょう害、塩害、異常低温、異常高温、地震の害、噴火の害、その他
病害	いもち病 紋枯病	いもち、穂首いもち、節いもち、枝梗いもち等 紋枯病
	その他	にせいもち病（アルタナリア）、胡麻葉枯病、白葉枯病、縞葉枯病、稲こうじ病、稲わいか病、萎縮病、黒すじ萎縮病、黄萎病、褐色葉枯病、黒しゅ病、馬鹿苗病、小粒菌核病、その他の菌核病、すじ葉枯病、すす病、墨黒穂病、穂枯病、もみ枯細菌病、もみ枯病、葉鞘褐変病、その他の褐変病、葉鞘腐敗病、その他
虫害	ニカメイチュウ ウンカ	セジロウンカ、トビイロウンカ、ヒメトビウンカ
	カメムシ	カメムシ
	その他	フタオビコヤガ（イネアオムシ）、アブラムシ、イナゴ、イネシンガレセンチュウ、イネネクイハムシ、イネミズゾウムシ、イネカラバエ（イネキモグリバエ）、クサキリ、コバネササキリ、コブノメイガ、ササキリ、サンカメイチュウ、アザミウマ（スリップス）、イネゾウムシ、イネタテハマキ、イネットムシ（イチモンジセセリ）、ツマグロヨコバイ、イネドロオイムシ、バッタ、イネハモグリバエ、ヨトウムシ（イネヨトウ、アワヨトウ等）、ジャンボタニシ、キリウジガガンボ、トビムシモドキ、その他
その他	獣害 鳥害	獣害、野鼠害、猪害、鹿害、猿害、熊害 鳥害、雀害、かも害等
	その他	鉱害、煙害、薬害、生理障害（赤枯病等）、その他

気象被害の損傷状況

被害種類	被害名	主な損傷状態
風水害	風害	茎葉の裂傷、枯死、倒伏、もみの変色、白穂、脱粒
	潮風害	茎葉の裂傷、枯死、倒伏、もみの変色、白穂、枝梗の枯死
	フェーン風害	もみの変色、白穂
	水害	発芽不良、下葉の黄変、異常伸長、枯死、生育遅延、出穂遅延、早枯れ、倒伏、幼穂枯死、出すくみ茎、枝穂、不稔穂、穂発芽、腐敗、変質
	は種・移植遅延	不時出穂、2段穂
	潮水害	茎葉の枯死、もみの変色、白穂、部分不稔穂
	風水害	倒伏、挫折、茎葉の枯死、脱粒、穂発芽、腐敗、変質
	風雨害	倒伏、挫折、穂折損穂発芽、腐敗、変質穂発芽、腐敗、変質
	雨害	穂発芽、腐敗、変質
凍霜害	凍霜害	茎葉の変色萎ちょう、幼穂枯死、白穂、部分不稔穂、奇形穂、リングの発生
	寒干害	茎葉の枯死、根の浮上がり
干害	干　害	発芽不良、生育遅延、茎葉の萎ちょう、枯死、出穂遅延、不稔粒の増加、白穂、干青立ちの発生
冷害	冷害	生育遅延、出穂遅延、枝梗の退化、よう折、部分不稔穂
	冷水害	生育遅延、出穂遅延、枝梗・穎花の退化・よう折、部分不稔穂
雪害	雪害	挫折、倒伏、幼穂枯死、彎曲茎の発生
日照不足	日照不足	生育遅延、茎数・穂数の減少、登熟不良
高温障害	高温障害	不稔粒の増加、粒の肥大・充実不足、白未熟粒等品質低下
その他	ひょう害	挫折、折損、倒伏、脱粒、脱穂
	塩害	茎葉の変色、枯死、心枯れ茎、枯死茎、枯死株、根腐れ
	異常低温	生育遅延、出穂遅延、茎数・穂数減少
	異常高温	
	その他	不時出穂、分けつ減少

5　農地の権利移動

農　　　地 のうち	農地の権利移動 　⇒Ⅰの1の「農地」参照。
採 草 放 牧 地 さいそうほうぼくち	農地の権利移動 　農地法では「農地以外の土地で主として耕作又は養蚕の事業のために採草又は家畜の放牧の目的に供されるもの」とされている。 　農林業センサスにおいては「耕地以外で利用した土地」として、山林・原野などの耕地以外の土地で採草地や放牧地として利用した面積として把握されている。
農　用　地 のうようち	農地の権利移動 　耕作の目的又は主として耕作若しくは養畜の事業のための採草若しくは家畜の放牧の目的に供される土地をいう。農業経営基盤強化促進法においては農地法上の農地及び採草放牧地を農用地としている。
混 牧 林 地 こんぼくりんち	農地の権利移動 　農業経営基盤強化促進法に基づく利用権設定等促進事業において、「木材の生育に供され併せて耕作若しくは養畜の事業のための採草若しくは家畜の放牧の目的に供される土地」をいう。
開 発 農 用 地 かいはつのうようち	農地の権利移動 　農業経営基盤強化促進法に基づく利用権設定等促進事業において、「開発して農用地若しくは農業用施設の用に供される土地」をいう。
所 有 権 耕 作 地 しょうゆけんこうさくち	農地の権利移動 　耕作の事業を行う者が所有権に基づいてその事業に供している土地をいう。
所有権以外耕作地 しょうゆけんいがいこうさくち	農地の権利移動 　耕作の事業を行うものが所有権以外の権原に基づいてその事業に供している土地をいう。

権　利　移　動
農地法による権利移動
のうちほうによるけんりいどう

農地の権利移動

　農地法による権利移動については、所有権が移転する次の理由別に把握されている。

①所有権耕作地の有償所有権移転

　所有権耕作地を売買によって所有権を移転することをいう。

②所有権耕作地の無償所有権移転

　所有権耕作地であるものを何らかの反対給付なしに他に所有権移転することをいい、生前贈与、分家などがある。

③所有権以外耕作地の所有権移転

　所有権以外耕作地を賃借人等に所有権を移転するもの

④賃借権の設定

　所有権耕作地であるものを他に賃借し法律上所有権以外耕作地となるもの

⑤使用貸借による権利の設定

　所有権耕作地であるものを他に使用貸借させ、法律上所有権以外耕作地になるもの

⑥賃借権の移転、使用貸借による権利の移転

　所有権以外耕作地で借人が他の借人に変わるもの

⑦農協への経営委託に伴う権利の設定、移転

⑧農地相続等による届出

　相続（遺産分割、包括遺贈を含む。）

⑨農地等の賃貸借の解約等

　所有権以外耕作地の引き上げ、返還

⑩農地等の転用

　農地を農地以外、採草放牧地を採草放牧地以外にすることをいう。

利　　用　　権
りようけん

農地の権利移動

　農業経営基盤強化促進法において定義されたものであり、農地法でいう「賃借権」「使用貸借による権利」「農業経営の委託を受けることにより取得する権利」にあたるもの。意味合いとしては「農業上の利用を目的とする賃貸借若しくは使用貸借による権利又は農業の経営の委託を受けることにより取得される使用及び収益を目的とする権利」をいう。

6 畜 産

牛
飼 養 総 頭 数
しようそうとうすう

畜産統計調査

　乳用牛及び肉用牛については、牛個体識別全国データベース（牛の個体識別のための情報の管理及び伝達に関する特別措置法（平成１５年法律第７２号）第３条第１項の規定により作成される牛個体識別台帳に記録された事項その他関連する事項をデータベースとしたもの）に登録されていることから、飼養総頭数、乳用種頭数、乳用種めす頭数、乳用種おす頭数、肉用種頭数、肉用種めす頭数及び肉用種おす頭数、交雑種頭数については、データベースにより算出されている。

　その内訳である次の家畜の頭数については、それぞれの調査結果による推定値が牛個体識別全国データベースにより得られた集計値の内訳となるよう補正が行われている。

（乳用牛）経産牛、搾乳牛、乾乳牛、未経産牛、うち２歳未満

（肉用牛）乳用種のめす牛、子とり用めす牛、肥育牛、育成牛

飼養頭数の算出項目

飼養総当数A	乳用種B	めすE	【乳用牛調査項目】 乳用牛計　　① ・経産牛　　② 　…搾乳牛　　③ 　…乾乳牛　　④ ・未経産牛　　⑤ 　うち、2歳未満　⑥	乳用牛 （①）
			【肉用牛調査項目】 乳用種のめす牛　⑦	肉用牛 （⑦＋F＋ ⑧＋⑨＋ ⑩＋D）
		おす　　　　F		
	肉用種C	めすG	【肉用牛調査項目】 子取り用めす牛　　　⑧	
		おすH	【肉用牛調査項目】 肥育牛　　　　⑨ 育成牛　　　　⑩	
	交雑種　　　　　D			
飼料作物の作付状況、放牧に関する項目　　⑪				

調査結果の推定により算出した項目　　　①～⑪
牛個体識別別全国データベースにより算出した項目　　　A～H

乳用牛飼養戸数、頭数の推移（全国）

	飼養戸数	飼養頭数 （千頭）	成畜（2 歳以上） （千頭）	経産牛 （千頭）	1戸当たり 飼養頭数
平成25年	19,400	1,423	992	923	73.4
26	18,600	1,395	958	893	75.0
27	17,700	1,371	934	870	77.5
28	17,000	1,345	937	871	79.1
29	16,400	1,323	914	852	80.7

畜産統計調査

乳　用　牛
にゅうようぎゅう

畜産統計調査
　搾乳を目的として飼養している牛及び将来搾乳牛に仕立
てる目的で飼養している子牛をいう。したがって、畜産統

計調査の調査対象はめすのみとし、交配するためのおすは除かれている。乳用牛、肉用牛の区分は利用目的によることとし、めすの未経産牛を肉用目的に肥育しているものは肉用牛としている。ただし、搾乳の経験のある牛を肉用に肥育（例えば老廃牛の肥育）中のものは肉用牛とせず乳用牛としている。これは、と畜前の短期間の肥育が一般的であり、本来の肉用牛の生産と性格を異にしていること及び1頭の牛が乳用牛と肉用牛に2度カウントされることを防ぐためである。

（注）和牛等の受精卵を受胎したホルスタイン（いわゆる「借り腹」）は、酪農家が飼養（搾乳を目的とした飼養）している場合は、分娩後は、当然、他の搾乳牛と同様に生乳生産に寄与することから「乳用牛」としている。なお、この場合、「分べん頭数」にはカウントするが、生まれた仔牛は「出生頭数」に含めない。

乳用牛飼養戸数、頭数（平成29年）

飼養戸数（戸）	飼養頭数（めす）（千頭）						1戸当たり飼養頭数（頭）
	合計	成畜					
		計	経産牛			未経産牛	
			計	搾乳牛	乾乳牛		
16,400	1,323	914	852	735	117	62	80.7

畜産統計調査

成　　畜
せいちく

畜産統計調査
　成畜とは、満2歳以上の牛をいう。ただし、2歳未満であっても既に分べんの経験のある牛は、成畜に含めている。

経　産　牛
けいさんぎゅう

畜産統計調査
　分べんの経験のある牛をいい、搾乳牛と乾乳牛とに分けられる。
　①搾乳牛：経産牛のうち、搾乳中の牛をいう。
　②乾乳牛：経産牛のうち、搾乳していない牛をいう。
　　なお、搾乳経験のある牛で肉用に肥育中の牛（乳廃牛）はここに含めている。

| 未 経 産 牛
みけいさんぎゅう | 畜産統計調査
　出生してから初めて分べんするまでの間の牛をいう。 |

| 分 べ ん 頭 数
ぶんべんとうすう | 畜産統計調査
　分べんとは子畜（子牛）を出生する行為をいう。分べんには正常な分べんのほか、早流産、死産があり、これらにより搾乳の開始ないし乳量の増加した場合も分べん頭数に含めている。
　平成28年2月から29年1月までの分べん頭数は771,300頭となっている。 |

| 出 生 頭 数
しゅっしょうとうすう | 畜産統計調査
　生きて生まれた子牛の数をいう。
　平成28年2月から29年1月までの出生頭数は次のとおりとなっている。
乳用向けめす　　232,300頭
乳用種おす　　　204,900頭
交雑種　　　　　253,700頭 |

| 乳用向けめす
にゅうようむけめす | 畜産統計調査
　出生した子牛のうち、乳用に仕向けるめすをいう。ただし、乳用種めすであっても肉用を目的として飼養することが明らかな場合は含めていない。なお、子牛出生後の飼養目的が不明な場合は、便宜上ここに含めている。
　（注）乳用種の双子が生まれた場合は「めす・めす」の場合は2頭とカウントするが、「めす・おす」の場合は、めすのほとんどは繁殖能力を持たない（フリーマーチン）ため、出生めすはカウントしない。ただし、受精卵移植等による多胎妊娠は、胎盤も複数となり「めす・おす」であっても、めすは繁殖能力があるため1頭とカウントしている。 |

| 肉 用 牛
にくようぎゅう | 畜産統計調査
　肉用を目的として飼養している牛をいう。（種おす、子取りめす牛を含む。）肉用牛、乳用牛の区分は、品種区分ではなく、利用目的によって区分している。したがって、乳用種のおすばかりでなく、未経産のめす牛も肥育を目的として飼養している場合は肉用牛としている。ただし、乳用牛の廃牛を肥育しても肉用牛には含めていない。 |

肉用牛飼養戸数、頭数（平成29年）（畜産統計調査）

飼養戸数（戸）	飼養頭数（千頭）								
	合計	肉用種							
		計			黒毛和種	褐毛和種	うち、めす		うち、おす
			肥育牛	育成牛				子取り用	
50,100	2,499	1,664	722	344	1,618	21	1,070	597	594

（つづき）			1戸当たり飼養頭数（頭）
乳用種			
計	ホルスタイン種	交雑種	
835	313	522	50.0

肉用牛飼養戸数、頭数の推移（全国）

	飼養戸数	飼養頭数（千頭）	肉用種（千頭）	乳用種（千頭）	1戸当たり頭数
平成25年	61,300	2,642	1,769	873	43.1
26	57,500	2,567	1,716	851	44.6
27	54,400	2,489	1,661	828	45.8
28	51,900	2,479	1,642	837	47.8
29	50,100	2,499	1,664	835	49.9

畜産統計調査

肉用種の肥育用牛
にくようしゅのひい
くようぎゅう

畜産統計調査
　黒毛和種、褐毛（あか毛）和種、無角和種、日本短角種
等の和牛のほか、ヘレフォード、アバディーンアンガス等
外国系統牛の肉専用種を肉牛として販売することを目的に
飼養している牛（種おすを含む。）をいう。なお、子取り
用めす牛を除き、ほ乳・育成期間の牛においては、もと牛
として出荷する予定のものは含めないが、引き続き自家で
肥育する予定のものは含めている。

**肉用種の子取り用め
す牛**

にくようしゅのこと
りようめすうし

畜産統計調査

　子牛を生産することを目的として飼養している肉専用種
のめす牛をいい、過去に種付け、分べんを経験した牛であ
っても、その役割を終え、肉向けに肥育中の牛は含めてい
ない。なお、種付け前であっても、将来種付けすることが
確定しているめす牛はここに含めている。

　（注）受精卵移植を受けたホルスタイン：肉用牛生産者
が飼養している場合は、ホルスタインを子取り用として和
牛等の繁殖用に利用するものであり、二次的に乳の生産が
行われたとしても、飼養目的から肉用牛（乳用種）として
取扱っている。ただし、ホルスタインの飼養が搾乳を目的
と判断される場合は乳用牛とし、肉用牛に含めていない。

肉用種の育成牛

にくようしゅのいく
せいぎゅう

畜産統計調査

　もと牛として出荷する予定の肉専用種の牛をいう。

乳用種のめす牛

にゅうようしゅのめ
すうし

畜産統計調査

　ホルスタイン種、ジャージー種等の乳用種のうち、肉用
を目的に飼養している未経産のめす牛をいう。なお、乳用
種のめすに和牛等、肉専用種のおすを交配し生産された交
雑種を除いている。

**肉用牛飼養者の経営
タイプ**

にくようぎゅうしよ
うしゃのけいえいた
いぷ

畜産統計調査

　肉用種経営とは肉専用種の飼育を主とするものをいい、
①子取り、②肥育、③その他、④一貫に区分されている。
また、乳用種経営とは、ホルスタイン種、ジャージー種等
の乳用種（おす牛及び未経産のめす牛）及び交雑種のほ
育・育成・肥育を主目的に飼養しているものをいい、⑤育
成、⑥肥育、⑦一貫に区分されている。

　①肉用種経営・子取り：子牛の生産を目的とする経営を
いう。

　②肉用種経営・肥育：もと牛（8〜10ヶ月齢程度の牛）
を肉用に肥育し、出荷まで飼養する経営をいう。なお、
酪農家が種おすを飼っている場合など、種おすのみの飼
養はここに含める。

　③肉用種経営・その他：子取り、肥育経営以外の経営
で、子牛の育成経営等をいう。

　④肉用種経営・一貫：子牛の生産から育成・肥育までを
行う経営をいう。

⑤乳用種経営・育成：生後1～2週間程度のものを導入し、6～7ヶ月程度まで飼養する経営をいう。

⑥乳用種経営・肥育：生後6～7ヶ月程度のものを導入し、肉向けの出荷時まで飼養する経営をいう。

⑦乳用種経営・一貫：生後1～2週間程度のものを導入し、肉向けの出荷時まで飼養する経営をいう。

肉用牛経営タイプ別飼養戸数（平成29年）　　　単位：戸

	肉用種経営					乳用種経営			
計	小計	子取り経営	肥育経営	その他経営	一貫経営	小計	育成経営	肥育経営	一貫経営
49,800	47,200	40,800	4,330	2,060	1,730	2,580	258	2,010	314

畜産統計調査

飼料作物の作付実面積
しりょうさくもつのさくつけじつめんせき

畜産統計調査

家畜の飼料とする目的で、飼料作物（牧草を含む）を作付した田と畑の作付実面積をいう。ここでは、乳用牛、肉用牛以外の他畜種用のために作付けした面積も計上している。なお、同一ほ場に2度作付した場合は、そのほ場の作付実面積を計上するが、表作と裏作の作付面積が異なる場合は広い方の作付面積を計上している。

乳用牛飼養者、肉用牛飼養者の飼料作付状況
（平成29年）　　　単位：戸、千ha

	乳用牛			肉用牛		
飼養戸数	飼料作物作付戸数	飼料作物作付実面積	飼養戸数	飼料作物作付戸数	飼料作物作付実面積
16,100	14,200	479	49,800	40,400	196

畜産統計調査

放　牧
ほうぼく

畜産統計調査

牛が採食可能な植生を有する土地で、その植生を利用して牛を飼養する方法をいう。したがって、牛に運動させることを主目的とした運動場等での放し飼いは含めない。

放牧の状況（平成29年）　　　単位：戸、千頭

	乳用牛			肉用牛		
	飼養戸数	放牧実施戸数	放牧頭数	飼養戸数	放牧実施戸数	放牧頭数
	16,100	4,610	221	49,800	6,300	85

畜産統計調査

放 牧 頭 数
ほうぼくとうすう

畜産統計調査

　過去1年間に1日以上放牧された牛の頭数をいう。なお、調査時点で飼養していない牛を含む。

豚
豚
ぶた

畜産統計調査

　肉用を目的としている豚をいう。

豚飼養戸数・頭数（平成29年）　　　単位：戸、千頭

飼養戸数	飼養頭数（千頭）				1戸当たり飼養頭数
	計	子取り用めす豚	種おす豚	肥育豚	
4,670	9,346	839	44	7,797	2,001.3

畜産統計調査

豚使用戸数、頭数の推移（全国）

	飼養戸数	飼養頭数（千頭）	子取り用めす豚（千頭）	種おす豚（千頭）	肥育豚	1戸当たり頭数
平成25年	5,570	9,685	900	49	8,106	1738.8
26	5,270	9,537	885	48	8,020	1809.7
27	…	…	…	…	…	…
28	4,830	9,313	845	43	7,743	1928.2
29	4,670	9,346	839	44	7,797	2,001.3

畜産統計調査

子取り用めす豚
ことりようめすぶた

畜産統計調査

　生後6か月以上で子豚を生産することを目的として飼養しているめす豚をいう。実際には、過去に種付けしたこと

のある豚及び近い将来種付けすることが確定している豚を
いう。

種 お す 豚
たねおすぶた

畜産統計調査

　生後6か月以上で種付けに供することを目的に飼養して
いるおす豚をいい、実際に種付けに供したことのある豚及
び近い将来種付けすることが確定している豚をいう。

肥 育 豚
ひいくとん

畜産統計調査

　自家で肥育して肉豚として販売することを目的として飼
養している豚をいう。肥育用もと豚として販売するものは
含めていない。

豚飼養の経営タイプ
ぶたしようのけいえ
いたいぷ

畜産統計調査

　過去1年間における豚飼養者の主な経営形態である。①
子取り経営、②肥育経営、③一貫経営に区分している。
　①子取り経営：養豚による販売金額の7割以上が子豚の
販売による経営をいう。
　②肥育経営：子取り経営以外のものであって、肥育用も
と豚に占める自家生産子豚の割合が7割未満の経営をい
う。
　③一貫経営：子取り経営以外のものであって、肥育用も
と豚に占める自家生産子豚の割合が7割以上の経営をい
う。

豚経営タイプ別飼養戸数（平成29年）　単位：戸

計	経営タイプ		
	子取り経営	肥育経営	一貫経営
4,510	379	876	3,260

畜産統計調査

契約飼養の取扱
けいやくしようのと
りあつかい

畜産統計調査

　①もと畜及び飼料の購入並びに生産物の出荷は企業に依
拠するものの、危険負担など経営権が飼養者にある場合
は、その飼養者を家畜飼養者としている。
　②畜舎、機械・施設並びに労働力は受託者が準備し、も
と畜、飼料等は企業が提供し危険負担など経営権も企業
にあり、受託者は畜舎等の使用料、労働（技術）の対価
として報酬を受け取る形態のものについても受託者を飼

養者としている。一方、企業等が畜舎、施設等を含めも
と畜、飼料等全てを準備し、労働（技術）のみの対価と
して報酬を支払う場合は、企業等を家畜飼養者としてい
る。

採　卵　鶏 **採　卵　鶏** さいらんけい	畜産統計調査 　鶏卵を生産する目的で、飼養している鶏をいう。 　（注）採卵鶏の飼養形態は、産卵率が低下した時点で鶏群単位で一斉に更新を行うオールイン・オールアウト方式が定着しているが、単一鶏群飼養でこの方法を採用している飼養者が調査期日現在でオールアウトしていた場合は、当該飼養者の意向を確認し、今後の飼養予定羽数を計上することにしている。

採卵鶏飼養日数・羽数（平成29年）　　単位：戸、千羽

飼養戸数	飼養羽数					1戸当たり成鶏めす飼養羽数
	計	採卵鶏			種鶏	
		小計	ひな （6か月未満）	成鶏めす （6か月以上）		
2,440	178,900	176,366	40,265	136,101	2,534	57.9

畜産統計調査

成　　　鶏 せいけい	畜産統計調査 　ふ化後、6か月齢以上の鶏をいう。
ひ　　　な	畜産統計調査 　ふ化後、6か月齢未満の鶏をいう。
初　生　び　な しょせいびな	畜産統計調査 　ふ化後、え付けまでの期間のひなをいう。
大・中びな だい・ちゅうびな	畜産統計調査 　初生びなのえ付け後から、6か月齢未満のひなをいう。え付け後90日齢前後までを中びな、90日齢以降から6か月齢未満までを大びなという。

ブロイラー

畜産統計調査

　当初から「食用」に供する目的で飼養し、ふ化後3か月未満で肉用として出荷する鶏をいう。肉用目的で飼養している鶏であれば、「肉用種」、「卵用種」の種類は問わないが、採卵鶏の廃鶏は含んでいない。

　なお、ふ化後3か月未満で肉用として出荷する鶏であれば、地鶏及び銘柄鶏も含まれる。この場合、「地鶏」とは特例JAS規格の認定を受けた鶏（ふ化後80日以上で出荷）をいい、「銘柄鶏」とは一般社団法人日本食鳥協会の定義により出荷時に「銘柄鶏」の表示がされる鶏をいう。

ブロイラー飼養戸数・羽数（平成29年）

飼養戸数	飼養羽数（千羽）	1戸当たり飼養羽数（千羽）
2,310	134,923	58.4

畜産統計調査

7　農　業　経　営

(1) 営農類型
経営体の区分、営農類型

農 業 経 営 体
のうぎょうけいえい
たい

農業経営統計調査

　農業経営統計調査における農業経営体とは、農林業セン
サスと同じ概念である。
　⇒Ⅰの1の「農業経営体」参照。
　なお、同一世帯内で、複数の者がそれぞれ独立した経営
管理又は収支決算のもとに農業経営を行う場合は、それぞ
れ別の経営体としている。
　また、農業経営統計調査において調査対象とする農業経
営体は、農作業の受託事業のみを行う農業経営体を除く農
業経営体のうち、農業生産物の販売を目的とする農業経営
体としている。

個 別 経 営 体
こべつけいえいたい
　個別法人経営体
　　個人経営体

農業経営統計調査

　個別経営体とは、農業経営体のうち世帯による農業経営
を行う経営体をいう。
このうち法人格を有するものを「個別法人経営体」とい
い、法人格を有しないものを「個人経営体」という。

組 織 経 営 体
そしきけいえいたい
　組織法人経営体
　　任意組織経営体

農業経営統計調査

　組織経営体とは、農業経営体のうち個別経営体以外の農
業経営体をいう。
　⇒Ⅰの1「組織経営体」参照

集 落 営 農
しゅうらくえいのう

農業経営統計調査

　集落営農とは、組織経営体のうち、集落を単位として農
業生産過程における一部又は全部についての共同化・統一
化に関する合意の下に実施される組織経営体をいう。

　なお、「集落を単位として」の考え方は次のとおり。
①集落営農を構成する各個別経営体の範囲が、1つの農
業集落を基本的な単位としていること（他集落に属する

少数の個別経営体が構成経営体として参加している場合
や、複数の集落を1つの単位として構成する場合を含
む。）。
　②集落を構成する全ての個別経営体が何らかの形で集落
営農に参加していることが原則であるが、集落内の全て
の個別経営体のうち、おおむね過半の個別経営体が参加
している場合を含んでいる。
　③大規模な集落の場合で、集落内に「組（くみ）」等、
実質的に集落としての機能を持ったより小さな単位があ
る場合には、これを集落営農の単位としている。
⇒Ⅰの1「組織経営体」参照

営　農　類　型
えいのうるいけい

農業経営統計調査
　農業経営統計調査では、営農類型別経営統計及び経営形
態別経営統計を作成している。

　営農類型とは、農業経営体の作物別の販売収入の大きさ
により「水田作」、「畑作」、「野菜作」、「果樹作」、「花き
作」、「酪農」、「肉用牛」、「養豚」、「採卵養鶏」、「ブロイラ
ー養鶏」及び上記のいずれにも属さない「その他」に区分
し、最も収入が大きい区分に分類した農業経営体の経営を
いう。

　ただし、野菜作は「露地野菜作」又は「施設野菜作」、
花き作は「露地花き作」又は「施設花き作」、肉用牛は
「繁殖牛」又は「肥育牛」のいずれか収入が多い方に細区
分している。

　なお、営農類型を区分する場合には、各種助成金等をそ
の属する営農類型の販売収入に含めて算定している。

営農類型の分類基準
えいのうるいけいの
ぶんるいきじゅん
　　　水田作経営
　　　畑作経営
　　　野菜作経営
　　　果樹作経営
　　　花き作経営
　　　酪農経営

農業経営統計調査
　農業経営統計調査における営農類型の分類基準は次のと
おりとしている。
　①水田作経営
　　稲、麦類、雑穀、豆類、いも類、工芸農作物の販売収
入のうち、水田で作付けした農業生産物の販売収入が他
の営農類型の農業生産物販売収入と比べて最も多い経営
　②畑作経営
　　稲、麦類、雑穀、豆類、いも類、工芸農作物の販売収

肉用牛経営
養豚経営
採卵養鶏経営
ブロイラー養鶏経営
その他経営

入のうち、畑で作付けした農業生産物の販売収入が他の
営農類型の農業生産物販売収入と比べて最も多い経営
③野菜作経営
　野菜の販売収入が他の営農類型の農業生産物販売収入
と比べて最も多い経営
④露地野菜作経営
　野菜作経営のうち、露地野菜の販売収入が施設野菜の
販売収入以上である経営
⑤施設野菜作経営
　野菜作経営のうち、露地野菜より施設野菜の販売収入
が多い経営
⑥果樹作経営
　果樹の販売収入が他の営農類型の農業生産物販売収入
と比べて最も多い経営
⑦花き作経営
　花きの販売収入が他の営農類型の農業生産物販売収入
と比べて最も多い経営
⑧露地花き作経営
　花き作経営のうち、露地花きの販売収入が施設花きの
販売収入以上である経営
⑨施設花き作経営
　花き作経営のうち、露地花きより施設花きの販売収入
が多い経営
⑩酪農経営
　酪農の販売収入が他の営農類型の農業生産物販売収入
と比べて最も多い経営
⑪肉用牛経営
　肉用牛の販売収入が他の営農類型の農業生産物販売収
入と比べて最も多い経営
⑫繁殖牛経営
　肉用牛経営のうち、肥育牛の飼養頭数より繁殖用雌牛
の飼養頭数が多い経営
⑬肥育牛経営
　肉用牛経営のうち、肥育牛の飼養頭数が繁殖用雌牛の
飼養頭数以上である経営
⑭養豚経営
　養豚の販売収入が他の営農類型の農業生産物販売収入
と比べて最も多い経営
⑮採卵養鶏経営
　採卵養鶏の販売収入が他の営農類型の農業生産物販売

収入と比べて最も多い経営

⑯ブロイラー養鶏経営

　ブロイラー養鶏の販売収入が他の営農類型の農業生産物販売収入と比べて最も多い経営

⑰その他経営

　上記の営農類型に分類されない経営

(2) 個別経営体
世帯員、農業経営関与者、労働力

世　帯　員 せたいいん	農業経営統計調査 　農業経営統計調査における世帯員は、農林業センサスと同じ概念である。　⇒Ⅰの1の「世帯員」参照。
他　出　家　族 たしゅつかぞく	農業経営統計調査 　他出家族とは、出稼ぎ、入院療養、遊学、就職などで長期間（6か月以上）にわたり家を離れているが、その期間中もほぼ定期的に家に生活費としての金品を受送するなどの経済的なつながりをもつ家族をいう。
年間平均世帯員 ねんかんへいきんせたいいん	農業経営統計調査 　年間平均世帯員とは、月に15日以上その家に在住し、生計をともにした家族及び同居人の月別世帯員数を累積し、12か月で除したものをいう。
農業経営関与者 のうぎょうけいえいかんよしゃ 年間月平均農業経営関与者	農業経営統計調査 　農業経営関与者とは、次の者をいう。 ①個別経営体にあっては、経営主夫婦及び原則として年間60日以上当該農業経営体の農業に従事する世帯員である家族 ②組織経営体にあっては、構成員 　また、同一世帯内における複数の農業経営体にそれぞれ60日以上従事する世帯員については、主として従事する農業経営体の農業経営関与者としている。 　なお、年間月平均農業経営関与者とは、月別農業経営関与者を累積し、12か月で除したものをいう。 　農林業センサスでは「経営方針の決定参画者」を把握し

ている。

農業経営関与者の就業状態別人員
のうぎょうけいえいかんよしゃのしゅうぎょうじょうたいべつじんいん

就業者
非就業者
恒常的勤務者
臨時的賃労働

農業経営統計調査

年末にその家に在住する農業経営関与者を就業者（自営農業、農業生産関連事業、自営兼業、臨時的賃労働、恒常的勤務）及び非就業者の就業状態により分類（区分）して、その員数を男女別に取りまとめたものをいう。

・分類の方法
年末にその家に在住する農業経営関与者を就業者又は非就業者に分け、就業者にあっては年内に従事した主な仕事内容により就業形態別に区分したもの。一人の農業経営関与者が年内に二つ以上の仕事に従事した場合は、従事日数の多い就業形態に区分される。
　a　就　業　者
　　年間労働日数が60日以上の者をいう。
　b　非就業者
　　年間労働日数が60日未満の者をいう。
　c　恒常的勤務
　　恒常的に一定の事業所及び職場に雇用され従事する者。ただし、農林業の恒常的賃労働は臨時的賃労働に区分される。
　d　臨時的賃労働
　　臨時雇い・日雇いとして雇用される者をいう。

家族農業就業者
かぞくのうぎょうしゅうぎょうしゃ

農業経営統計調査

家族農業就業者とは、個別経営体の家族のうち、自営農業労働（ゆい・手伝出・手間替出・共同作業出を含む農業労働時間）に、年間60日以上従事した者をいう。

専　従　者
せんじゅうしゃ

農業経営統計調査

専従者とは、年間の自営農業労働日数が150日以上の者をいい、男女別、年齢別及び労働日数別に人数を取りまとめている。

なお、農林業センサスでは「農業専従者」と表現している。

準　専　従　者
じゅんせんじゅうしゃ

農業経営統計調査

準専従者とは、年間の自営農業労働日数が60日以上150日未満の者をいい、男女別にその人数を取りまとめてい

る。

農業生産関連事業
のうぎょうせいさん
かんれんじぎょう

農業経営統計調査
　農業生産関連事業とは、当該農業経営体における農業経営関与者が経営する農産加工等の農業に関連する事業であって、
　①従事者がいること
　②当該農業経営体が生産した農産物を使用していること
　③当該農業経営体が所有又は借り入れている耕地若しくは農業施設を使用していること
のいずれかに該当するものをいう。ただし、当該農業経営体とは別の経営体として経営する事業は除かれる。

　農業生産関連事業は、次の業態に区分されている。
a　農産加工
　　自ら生産した原材料の使用割合の多寡に関わらず、工場又は作業場を設けて、その製造・加工活動に専従の従事者がいる事業をいう。なお、専用の作業場又は専従者を有せず、主として農業経営体が生産した原材料を用いて製造・加工を行っているものは農業に含める。

b　農家民宿
　　旅館業法（昭和23年法律第138号）に基づき、都道府県知事の許可を得て、観光客等の第三者を宿泊させ、料金を得ている事業をいう。

c　農家レストラン
　　食品衛生法（昭和22年法律第233号）に基づき、都道府県知事の許可を得て、自ら生産した農産物や地域の食材をその使用割合の多寡に関わらず用い、不特定の者に提供し代金を得ている事業をいう。

d　観光農園
　　自ら生産した農産物について、観光客等に、ほ場において収穫等の一部の農作業を体験させ又は観賞させて、代金を得ている事業をいう。なお、農園外で直接消費者に販売するものは農業に含める。

e　市民農園
　　農地を第三者を経由せず、非農家への貸し付け又は農

園利用方式により利用させて料金を得ている事業をいう。なお、農地を、市町村・農協等が経営する市民農園に有償で貸し付けているものは農外事業に含める。

f　その他
　　上記 a～e 以外で農業に関連した事業をいう。

農業及び農業生産関連事業労働時間

のうぎょうおよびのうぎょうせいさんかんれんじぎょうろうどうじかん

農業経営統計調査
　農業に1年間従事した者の農業労働時間（自営農業労働時間とゆい・手伝い・手間替出・共同作業出の労働時間との合計であり、農作業受託時間を含む。）及び農業生産関連事業労働時間を取りまとめたものをいう。

　農業労働時間及び農業生産関連労働時間の主な内容は次のとおりである。
　①農業労働時間
　a　稲作、麦作などの作業、養畜の作業、肥料を買取ったり、たい肥を作ったりする作業など農業生産の準備から販売に至るまでの労働時間。
　b　農業経営のための集会出席や農業経営に必要な技術習得などの企画管理労働時間。
　c　農作業の受託時間

　②農業生産関連事業労働時間
　a　各事業（農産加工、観光農園、市民農園、農家民宿、農家レストラン等）の原材料の調達から製品の販売・出荷までの労働時間
　b　施設などの維持管理時間や利用客への応対時間
　c　帳簿記帳等に要した労働時間

自営農業労働時間

じえいのうぎょうろうどうじかん

農業経営統計調査
　自営農業労働時間とは、家族農業労働、ゆい・手伝い・手間替受け、農業雇・手伝い受けの労働時間を合計したもの（農作業受託時間を含む。）をいい、それぞれの労働時間を男女別にとりまとめしている。

農業生産関連事業労働時間

のうぎょうせいさんかんれんじぎょうろ

農業経営統計調査
　農業生産関連事業労働時間とは、農業経営関与者が経営権をもって農業生産関連事業に投下した労働時間をいう。

うどうじかん	各事業に係る労働時間の把握範囲は次のとおりである。 a 農産加工 　原材料の調達に要した時間、製造・加工に要した時間、製品の販売・出資に要した時間、その他（資金調達、帳簿記帳等の管理時間） b 観光農園 　入園料の徴収等観光客への対応、農園内の施設等の維持管理、その他（資金調達、帳簿記帳） c 市民農園 　農園の賃貸契約、農園の維持管理、その他（資金調達、帳簿記帳等の管理時間） d 農家民宿 　宿泊者への対応、宿泊客等へ提供又は利用させる食事、寝具、食事の調理、宿泊施設の維持管理、その他（資金調達、帳簿記帳等の管理時間） e 農家レストラン 　利用客へ提供する飲食物等の調達・調理、レストラン等施設の維持管理、その他（資金調達、帳簿記帳等の管理時間） f その他の農業生産関連事業 　上記以外の農業生産関連事業に要した時間

(2) 個別経営体
現金出納帳及び作業日誌、勘定科目、財産

現 金 出 納 帳 げんきんすいとうちょう	農業経営統計調査 　現金出納帳とは、農業経営関与者を対象として、農業経営に係る日々の取引（現金及び振替）や農業経営に係る贈り物・もらい物があったとき、その日付と取引の品名、数量、金額（消費税を含む。）などを記入する帳票をいう。 　現金出納帳へは、次の取引等が記帳される

①収　入
　農産物販売等によって得た農業収入、農産加工等の農業生産関連事業収入、自営農業、家計又は農業生産関連事業に使用した自家生産物、固定資産（土地、建物、自動車、農機具等）の売却収入、林業・漁業・商店・アパート経営等から得た農外事業収入、勤め先収入等の事業外収入、年金等収入など。

②支　出
　農業生産資材の購入、農業共済の掛金、各種助成制度への拠出金などの農業支出、農産加工等の農業関連事業支出、固定資産の購入に伴う支出、自動車税、営農組合負担金などの物件税及び公課諸負担（経営関与者の農業以外の経営負担分、家計負担分）、林業・漁業等の農業以外の自営による農外事業支出、勤務先へ通うための通勤定期代等の事業外支出など。

作　業　日　誌
さぎょうにっし

農業経営統計調査
　作業日誌とは、15歳以上の家族又は構成員の農業及び農業生産関連事業に係る労働時間を記入するための帳票をいう。

　農畜産物生産費統計の対象経営体にあっては、作業別等の労働時間に加え、該当生産費品目の生産（飼養）に使用した資材等について、その日付、作物（畜産物）名、品名及び数量を記入するための帳票をいい、具体的な記帳内容は次のとおりである。

①毎日行う定期的な作業
　水稲の水管理や野菜の収穫作業、飼料の給与、調理給水、敷料の搬入・きゅう肥の搬出など
②非定期的な作業
　除草、防除など
③生産費該当品目に使用した資材
　種苗費、肥料費、飼料費など

勘　定　科　目
かんじょうかもく

農業経営統計調査
　勘定とは簿記用語で、取引を記録し集計するための分類・計算単位のことをいい、その勘定の名称（集計・分類種目）を勘定科目と呼んでいる。

　日々発生する取引によって財産又は資本が増減変化するが、簿記では、財産や資本を構成する要素や種類の性質（計算単位＝勘定）に応じて記録計算し、集計する手続をとる。

　勘定の形式は、必ず増減を記録計算するためＴ字型をとり、左側が借方、右側が貸方となっている。

　勘定の種類は経営の実態によって異なるが、簿記の記録計算の対象は、資産、負債、資本の増減及び費用、収益の発生であるから、いずれの場合も、資産、負債、資本、費用及び収益の５種の勘定に集約される。

貸 借 対 照 表
たいしゃくたいしょうひょう

農業経営統計調査

　貸借対照表とは、経営の財政状態を簡潔に明らかにするため、一定時点（期首、期末）における経営体の資産及び負債・資本の内容と現在高を貸方・借方の一定の形式で示したものである。

　借方は経営体の資産の内訳を、貸方は負債と資本（純資産）の内訳を示しており、借方の合計金額と貸方の金額は常に一致するため、バランス・シートともよばれている。

（貸方）	（借方）
資　　産	負　　債
	資本（純資産）

損 益 計 算 書
そんえきけいさんしょ

農業経営統計調査

　貸借対照表が経営体の財産の状態を示しているのに対し、損益計算書は、一定期間（通常６か月又は１年）の経営成績を一定の形式で示すことにより、収益と費用の内訳及び純利益（収益－費用）の関係を表したものである。

　簿記では、一般に資本の減少を示す要因（経営費など）を費用といい借方に記入し、一方、資本の増加を示す要因（農産物の販売収入など）を収益といい貸方に記入する。その差額の純利益を借方（損失であれば貸方）に記入し、貸借のそれぞれの合計を一致させている。

　なお、損益計算書で計算された純利益（損失）は、貸借対照表における期末と期首の資本の金額の差（純利益（損失））と一致する。

（貸方）	（借方）
費　用	収　益
純収益	

農業経営体の財産
のうぎょうけいえい
たいのざいさん

農業経営統計調査
　財産には資産と負債があり、資産は、次のように、固定
資産、流動資産に分類される。

　　　資　産
　　　固定資産
　　　流動資産
　　　負　債

　①資　産
　a　固定資産
　　　土地（土地、土地権利）、建物（建築物、構築物）、
　　　自動車、農機具（大農具、集合農具）、生産管理機器、
　　　植物、動物（牛馬）
　b　流動資産
　　　未処分農産物、肥育牛、中小動物、農業生産資材、
　　　現金、預貯金等、売掛未収入金
　②負　債
　　　借入金、買掛未払金

固　定　資　産
こていしさん

農業経営統計調査
　固定資産とは、農業経営の生産手段として長期（1年以
上）にわたって使用される資産をいう。
　農業経営統計調査では、固定資産として、土地、建物、
生産管理機器、自動車、農機具、植物、動物などの生産装
備状況（1年間の農業経営を行うに当たり、あらかじめ用
意した生産手段）について把握している。
　把握する資産の範囲については、農業経営関与者以外の
者が所有する資産であって、農業経営及び自営の農外事業
に全く使用しないものは該当しない。

　組織経営体では、次の無形固定資産及び投資・外部出資
についても把握している。
・無形固定資産
　形のない資産であり、特許権、商標権、借地権等法律上
の権利、営業権等経済的な権利
・投資・外部出資
　子会社及び関係会社の株式、市場性がなく簡単に売却で
きない有価証券、市場性はあっても長期保有を意図する

	有価証券、返済を受けるまでの期間が1年を越える長期 貸付金
土地（所有地） とち（しょゆうち）	農業経営統計調査 　土地（所有地）とは、農業経営及びその他の用に供される所有地をいい、貸し付けている所有地を含む。（固定資産に分類）
土地（土地権利） とち（とちけんり）	農業経営統計調査 　土地（土地権利）とは、小作権、耕作権（作離料を含む。）、入会権、水利権、その他の土地を使用収益する権利などで価値額があるもの。（固定資産に分類）
建物（建築物） たてもの（けんちくぶつ）	農業経営統計調査 　建物（建築物）とは、農業及びその他の用に供される住宅、倉庫、畜舎、たい肥舎、温室などの地上建築物のうち取得価額が10万円以上のもの。（固定資産に分類）
建物（構築物） たてもの（こうちくぶつ）	農業経営統計調査 　建物（構築物）とは、果樹棚、たい肥盤、サイロ、井戸、ひ門、用水路、明きょ・暗きょ排水、客土、床締めなどの土地改良施設、家畜給水施設、農薬散布配管施設などの構築物のうち取得価額が10万円以上のもの。（固定資産に分類）
自　動　車 じどうしゃ	農業経営統計調査 　自動車とは、農業及びその他の用に供されるオートバイ、スクーター（排気量50cc以下を含む。）、乗用車、トラック、ライトバンなど償却資産として指定された車両のうち取得価額が10万円以上のもの。（固定資産に分類）
農機具（大農具） のうきぐ（だいのうぐ）	農業経営統計調査 　農機具（大農具）とは、農業用に使用される機器器具のうち取得価額が10万円以上のもの。（固定資産に分類）
農機具（集合農具） のうきぐ（しゅうごうのうぐ）	農業経営統計調査 　農機具（集合農具）とは、農業経営体が使用する際に、通常、数個ないし数十個を同時に使用することによってその目的を達する農具で、取得価額が10万円以上のもの。養鶏用ケージ、育苗箱、農産物収穫箱など。（固定資産に分

類）

生産管理機器
せいさんかんりきき

農業経営統計調査

　生産管理機器とは、農業及びその他の用に供されるパソコン、ファクシミリ、複写機のうち、取得価額が10万以上のもの。（固定資産に分類）

植　　　　物
しょくぶつ

農業経営統計調査

　植物とは、生産手段である果樹、茶樹、桑樹などの償却資産である永年性作物をいう。なお、庭園及び宅地に散在的に栽培されている果樹は含めない。（固定資産に分類）

動物（牛馬）
どうぶつ（ぎゅうば）

農業経営統計調査

　動物（牛馬）とは、乳牛、和牛及び馬をいう。ただし、肉用又は肥育もと牛として肥育・育成中のものは除く。（固定資産に分類）

流 動 資 産
りゅうどうしさん

農業経営統計調査

　流動資産とは、通常1年以内に現金化又は消費される資産をいう。

　農業経営統計調査では、未処分農産物、肥育牛、中小動物、農業生産資材、現金、預貯金、売掛未収入金等に区分される。

未処分農産物
みしょぶんのうさんぶつ

農業経営統計調査

　未処分農産物とは、未販売の農業生産物の主産物をいう。

　なお、家庭に仕向ける予定のもの、農業その他の用に仕向ける予定のものを含めているが、自営兼業の生産物の未販売、未処分のものは資産として棚卸計算は行っていない。また、農業に仕向ける目的で在庫している現物で、稲わら、麦かんなどの副産物及び干し草、サイレージなどは含めていない。（流動資産に分類）

肥 育 牛
ひいくぎゅう

農業経営統計調査

　肥育牛とは、肉用又は肥育もと牛として肥育・育成中の牛をいう。（流動資産に分類）

中 小 動 物
ちゅうしょうどうぶ

農業経営統計調査

　中小動物とは、豚、鶏、めん羊、やぎ、うさぎ、あひ

つ | る、蜜蜂、その他収益を目的として飼育する動物をいい、愛玩用の動物は含まない。(流動資産に分類)

農業生産資材
のうぎょうせいさん
しざい
農業経営統計調査
　農業生産資材とは、農業用に購入した原料及び補助原料であり種苗、肥料、飼料、農業薬剤、加工原料などをいう。(流動資産に分類)

現　　　金
げんきん
農業経営統計調査
　現金とは、農業経営関与者の手持の現金をいう。(流動資産に分類)

預 貯 金 等
よちょきんとう
農業経営統計調査
　預貯金等とは、預貯金、頼母子講、生命保険掛金、貸付金、株券、公・社債、投資信託、その他の有価証券などをいう。(流動資産に分類)

売 掛 未 収 金
うりかけみしゅうき
ん
農業経営統計調査
　売掛未収金とは、農業生産物の売掛金、その他の未収入金をいう。(流動資産に分類)

負　　　債
ふさい
農業経営統計調査
　負債とは、借入金や買掛未払金など、後日支払わなければならない債務をいう。また、負債は未返済のままの借入金の元金や買掛未払金となっている期末の残高である。(流動資産に分類)

借 入 金
かりいれきん
農業経営統計調査
　借入金とは、政府、各種団体、地方公共団体、農協、銀行、取引先、個人等からの借入金をいう。(流動資産に分類)

買 掛 未 払 金
かいかけみばらいき
ん
農業経営統計調査
　買掛未払金とは、農業生産資材などの買掛金及び未払金をいう。
(流動資産に分類)

(2) 個別経営体
　　経営耕地、減価償却、財政融資

経 営 耕 地 けいえいこうち	農業経営統計調査 　農業経営統計調査における経営耕地とは、農林業センサスと同じ概念である。 　⇒Iの1の「経営耕地」参照。
耕地以外の土地 こうちいがいのとち	農業経営統計調査 　耕地以外の土地とは、農業経営体が所有又は使用している宅地、永年牧草地、採草地、放牧地、山林及びその他の土地（原野、ため池、農道等）をいう。 　ここでいう永年牧草地とは、牧草地として造成したが、使用年数が長く（概ね7年以上）、現在肥培管理を行っていない土地であって、かつ将来これを耕起して畑地として使用することができない状態又は使用しない見込みのものとしている。
減 価 償 却 げんかしょうきゃく	農業経営統計調査 　建物、自動車、農器具等の固定資産は毎年の農業生産等での使用によって、消耗、摩損、老朽、権利の消失等が発生する価値の減耗する部分をいう。その減価分を計算し、必要経費として計上することを減価償却という。 　農業経営統計調査における減価償却額は、償却資産の取得時期によって以下のように算出している。
平成19年3月31日以前	①平成19年3月31日以前に取得した資産 　a　償却中の資産 　　1年の減価償却額＝（取得価額−残存価額）×耐用年数に応じた償却率 　　　　　　　　　　・耐用年数に応じた償却率は「1÷当該資産の耐用年数」により算出。 　b　償却済みの資産 　　1年の減価償却額＝（残存価額−1（備忘価額）÷5

平成19年4月1日以降	②平成19年4月1日以降に取得した資産 　1年の減価償却額＝（取得価額－1（備忘価額））× 　　　　　　　　　　　　耐用年数に応じた償却率 　　なお、上記①のｂについては、平成20年1月から適用されている。ただし、組織法人経営及び組織として税務申告しており、決算書類に償却額を計上している任意組織経営体については、当該組織が用いている償却方法に従って取りまとめている。
取 得 価 額 しゅとくかがく 　　　成園価額 　　　成畜価額	農業経営統計調査 　　取得価額とは、資産の取得時において、その取得のために要した金額及び費用であって、機械及び機器等については購入価額に取引費用及び諸掛かりを含めた金額をいい、建築物及び構築物等については、実際に建築に要した金額をいう。 　①成園価額 　植物資産の成園価額とは、その植物が成園に達するまでに要した一切の費用をいう。 　②成畜価額 　動物資産の成畜価額とは、購入した時点で成畜に達している牛馬は購入に要した費用を、自家生産したもの及び未成畜で購入したものは成畜になった時点の市価評価額をいう。 　※農業経営統計調査における資産の取得時の価額の取りまとめ方であり、この項目自体の統計表章はない。
残 存 価 額 ざんぞんかかく	農業経営統計調査 　　残存価額とは、平成19年3月31日以前に取得した固定資産について、当該固定資産を耐用年数が経過した後に廃用するに当たり売却処分して得られるであろう見積価額をいう。 　　具体的には土地を除く固定資産について、その取得価額に「減価償却資産の耐用年数等に関する省令」（昭和40年大蔵省令第15号）で定める残存割合を乗じて算出する。なお、平成19年4月1日以降に取得した固定資産については、「備忘価額」として1円を計上している。
耐 用 年 数 たいようねんすう	農業経営統計調査 　　耐用年数とは、通常の状態・条件のもとに取得した固定資産が廃用として処分廃棄されるまでの、有効に使用し得

る見積り年数又は推定年限のことをいう。

　償却資産は生産過程で、資産価値を生産物に移転することにより自ら減価するが、耐用年数はその減価額を補填する期間、すなわち償却資産に投下した資金を回収する期間でもある。

　耐用年数は物理的耐用年数を基礎とし、これに技術革新等による陳腐化・経営方式の変化による不適応化・損耗度・経済的諸条件などを加味して決定したものである。

　一般的な経営計算（会計処理）では「減価償却資産の耐用年数等に関する省令」（昭和40年大蔵省令第15号）で定めたものを用いている。

圧 縮 記 帳
あっしゅくきちょう

　圧縮記帳とは、国、地方公共団体等から補助金又は奨励金を受けて資産を取得した場合に、交付を受けた補助金又は奨励金の額を取得価額から直接減額する方式によって資産を圧縮して記帳する取扱いをいう。

　※農業経営統計調査では、調査経営体の圧縮記帳の有無に従って取りまとめており、この項目自体の統計表章はない。

資産処分差利益
しさんしょぶんさり
えき

　資産処分差利益（損失）とは、資産を処分した際に、その処分価額が年始めの資産額から年償却額（動物については月償却額の処分月までの合計）を差し引いた額より多い場合を処分差利益といい、少ない場合の差額を処分差損失という。

　※農業経営統計調査では、減価償却額等を算出する過程で取り扱っており、この項目自体の統計表章はない。

偶 発 損 失
ぐうはつそんしつ

　偶発損失とは、火災、その他の自然災害や盗難、紛失などの偶発的な損失により減少した価額をいう。

　※農業経営統計調査では、資産の現在高等を算出する過程で取り扱っており、この項目自体の統計表章はない。

資 産 分 割
しさんぶんかつ

　資産分割とは、資産を遺産相続や分家などにより分割して贈与又は受贈することをいう。なお、生産現物の分割は資産分割とはしていない。

　※農業経営統計調査では、資産の現在高等を算出する過程での取り扱いであり、この項目自体の統計表章はない。

財政融資（制度資金）
ざいせいゆうし
（せいどしきん）

農業経営統計調査

　財政融資（制度資金）とは、財政融資資金を活用し、政策金融機関、地方公共団体、独立行政法人などを通じて政策的に必要な分野に対して行う融資（資金）をいう。

　この財政融資資金は、国債の一種である財投債の発行により調達された資金や、政府の特別会計から預託された積立金・余裕金などが原資となっている。

　農業関係の主な資金としては、
・農業基盤整備資金
・担い手育成農地集積資金
・農業経営基盤強化資金（スーパーL）
・農林漁業セーフティネット資金
・経営体育成強化資金
・畜産経営環境調和推進資金
・振興山村・過疎地域経営改善資金
・農林漁業施設資金
・中山間地域活性化資金
・農業改良資金
・特別振興資金
・就農支援資金　など

※農業経営統計調査では、財政融資としての取りまとめは行っていないので、この項目自体での統計表章はない。

農協系統融資
のうきょうけいとう
ゆうし

農業経営統計調査

　農協系統融資とは、農協系を通じた制度資金や系統独自の融資をいう。

　資金源は主として農家の貯金であり、ＪＡ（農業協同組合）、ＪＡ信連（信用農業協同組合連合会）、農林中金（農林中央金庫）を通じて調達される。

　農協系統の主な資金としては、
・農業近代化資金
・農業経営改善促進資金（新スーパーＳ資金）
・アグリマイティー資金
・営農ローン
・天災資金　など

※農業経営統計調査では、農協系統融資としての取りまとめは行っていないので、この項目の統計表章はない。

(3) 組織経営体

出　資　者　数
しゅっししゃすう

農業経営統計調査（組織経営体）
　出資者数とは、組織法人経営体への出資者をいう。出資者は、自然人としており、法人出資者は含めない。

出身区分別構成世帯
しゅっしんくぶんべ
つこうせいせたい

農業経営統計調査（組織経営体）
　出身区分別構成世帯とは、組織法人経営体の構成員を個別経営体であれば主副業別（主業、準主業、副業的）に、非農家世帯であれば非農家世帯に区分したものをいう。
　①個別経営体
　a　主業
　　農業所得が主（農業所得が「農業＋農業生産関連事業＋農外所得」の50％以上）で65歳未満の自営農業従事日数60日以上の者がいる個別経営体
　b　準主業
　　農外所得が主（農業所得が「農業＋農業生産関連事業＋農外所得」の50％未満）で65歳未満の自営農業従事日数60日以上の者がいる個別経営体
　c　副業的
　　主業又は準主業以外の個別経営体
　②非農家世帯
　　経営耕地面積が10a未満で農産物販売金額が15万円未満の世帯。ただし、全耕地を組織経営体に拠出していても組織経営体としての農業に従事していれば個別経営体としている。

出資構成（金額）
しゅっしこうせい
（きんがく）

農業経営統計調査（組織経営体）
　出資構成（金額）とは、組織法人経営体への出資構成（金額）について、次のように区分のうえ出資金を把握したものである。
　①個　人
　　個人の出資金。個人のうち、「非従事の構成員」と法人への農地の提供者、法人の事業に係る物資の提供又は役務の提供を受ける者の出資金

②農協・農協連合会
　　農協及び農協連合会からの出資金
③関連会社
　　農業生産法人の場合、農地法第2条第3項に規定する農業生産法人の構成要件を満たしている関連会社からの出資金
④その他
　　農業生産法人の場合、農地の現物出資を行う「農地保有合理化法人」（都道府県公社、市町村公社、農協等が主体となる農地法第3条第2項に規定する法人）が構成員要件を満たしている場合の出資金

投下労働時間
とうかろうどうじかん

農業経営統計調査（組織経営体）
　投下労働時間とは、組織経営体における過去1年間に農業及び農業生産関連事業に投下した労働時間をいう。この労働時間は、生産部門、販売及び一般管理部門に区分して計上している。
　①農　業
　a　生産部門
　　　農作業等の直接労働時間や農業機械等の整備時間等農業生産に係る直接的な労働時間である。現場での短時間の打合せ時間（作業手順の確認）等も含まれる。
　　　なお、生産部門の労働時間は「生産原価」として計上されている労働費に対応する労働時間としている。
　b　販売及び一般管理部門
　　　事務部門の労働、指揮及び監督労働、生産要素の調達のための労働、販売労働・渉外、包装・荷造り、組織内外の打合せ時間など組織の経営全般に係る労働時間としている。
　　　なお、構成員であるか雇用者であるかを問わず、管理部門に従事している者の労働時間も計上している。
　②農業生産関連事業
　　農業と同様の計上方法としている。

生　産　原　価
せいさんげんか

農業経営統計調査（組織経営体）
　生産原価とは、農業及び農業生産関連事業において、当期に売り上げた生産物の生産に直接的に要した費用をいう。
　この費用は費目ごとに区分されており、費目及びその主な内容は次のとおり。

①期中棚卸増減

　　当期における原材料等の棚卸高の増減額。期首のそれぞれの棚卸高の合計から期末の棚卸高の合計を控除したもの。

　　組織法人の決算書類等では損益計算書及び製造原価報告書に期首棚卸高及び期末棚卸高が計上されておりその差額

②種苗・苗木

　　種子、苗、果樹等の苗木の費用

③動物

　　牛馬のもと畜、中小動物等の費用

④肥料費

　　肥料の費用

⑤飼料費

　　飼料の費用

⑥農業薬剤費

　　農業薬剤の費用

⑦諸材料

　　育苗用土、小農具、マルチ、果実袋等諸材料の費用

⑧修繕費

　　建物、構築物、機械・装置及び運搬具等固定資産の修繕に要した費用

⑨光熱動力費

　　畜舎等直接生産に係わる建物、構築物、機械・装置及び運搬具の稼働に要した電力料金、水道料、ガソリン、軽油等の費用

⑩賃借料

　　生産に必要な共同施設の利用に係る負担金、施設、機械・装置、運搬具等の賃借料

⑪作業委託料

　　第三者に対して、農機具等を使用した農作業を委託した料金。なお、農機具等を使用しない労働力のみの作業を委託した場合は、雇用労賃に計上

⑫土地改良・水利費

　　土地改良事業の償還金及び水利に係る負担金

⑬租税公課

　　直接生産に関係する次の費用

a　建物、構築物、機械・装置、車両・運搬具等に係る固定資産税等の租税

b　農業共済賦課金

   c　自動車賠償責任保険等
⑭労務費
　　当期において生産に要した労働力提供の対価として
　の賃金
⑮地　　代
　　当期において生産に要した土地の賃借料
⑯減価償却費
　　建物、機械・装置、車両・運搬具、植物、動物等の
　減価償却費

販売費及び一般管理費

はんばいひおよびいっぱんかんりひ

農業経営統計調査（組織経営体）
　販売費及び一般管理費とは、農業及び農業生産関連事業
において、生産に間接的に関係する事務や営業活動等に要
した費用で「生産原価」以外の費用をいう。

　この費用は科目ごとに区分されており、科目及びその主
な内容は次のとおり。
　①販売経費
　　農産物や農産加工品等の販売に要した経費（包装・
　荷造に要した資材費を含む。）
　②給　　料
　　直接生産活動に関係しない事務・営業活動等の労働力
　の対価として支払った賃金
　③租税公課
　　直接生産に関係しない次の経費
　a　事務所、事務機器、車両等の固定資産税等の租税
　b　自動車賠償責任保険料、各種産業団体保険料、支払
　　消費税等の経費。なお、法人税（所得税）、住民税は
　　損金不算入の租税公課であり経費には不算入
　④負債利子
　　当期において、短期・長期にかかわらず運転資金等の
　借入によって発生した負債利子
　⑤減価償却費
　　事務所、建物、事務機器、車両等直接生産に関係しな
　い固定資産の減価償却費
　⑥その他の管理費
　　上記①〜⑤に属さない事務費、通信費、研修費用等の
　経費

専従換算農業従事者数

せんじゅうかんさんのうぎょうじゅうじしゃすう

農業経営統計調査（組織経営体）

　専従換算農業従事者数とは、組織経営体の農業投下労働時間数の合計を基に、年間1人当たり労働時間を2,000時間（2,000時間＝250日×8時間）として換算した従事者数をいう。

農 業 従 事 者 数

のうぎょうじゅうじしゃすう

農業経営統計調査（組織経営体）

　農業従事者数とは、組織経営体の農業に従事した者をいい、構成員、常時雇用者及び臨時雇用者（延べ人日）別に把握している。

常時雇用者、臨時雇用者

じょうじこようしゃ、りんじこようしゃ

農業経営統計調査（組織経営体）

　常時雇用者とは、組織経営体の構成員以外の者で、年間7か月以上の雇用者をいい、年間7か月未満の雇用者を臨時雇用者（日雇い、季節雇、手伝い等）としている。

自作地及び借入地

じさくちおよびかりいれち
　　　　　員内借入地
　　　　　員外借入地

農業経営統計調査（組織経営体）

　自作地及び借入地とは、自作地は所有権が組織名義となっているもの、借入地は構成員などから借り入れているものをいう。

　借入地については次のように区分している。

　①員内借入地
　　法人名義の場合で、権利設定（賃借権、利用権）がなされているもの
　②員外借入地
　　構成員以外から借り入れているもの。なお、経営受託（注）の面積は借入地に含む。

　注：経営受託
　　　一般に「請負耕作」といわれているもので、受託者側が自分の意思に基づいて作物を栽培し、その収穫物をすべて自分のものとする代わりに、耕地の借料（支払小作料）として、両者の間で前もって決めた一定の金額又は収穫物を委託者側に支払う形態のもの

繰 延 資 産

くりのべしさん

農業経営統計調査（組織経営体）

　繰延資産とは、組織経営体の創立費、開業費、新株発行費、建設利息、社債発行費、社債発行差金、開発費及び試

験研究費をいう。

流 動 負 債
りゅうどうふさい

農業経営統計調査（組織経営体）
　流動負債とは、決算日から起算して1年以内に返済期日が到来する短期借入金をいい、長期借入のうち1年以内に返済期日が到来するものも含めている。
　流動負債は、次のとおり買掛未払金、短期借入金に区分して把握している。
　　①買掛未払金
　　　掛けで購入した商品、素材等の代金
　　②短期借入金
　　　借入日から1年以内を返済期限とした借入金
　　③その他
　　　未払消費税、法人税等引当金など

固 定 負 債
こていふさい

農業経営統計調査（組織経営体）
　固定負債とは、借入日から起算して1年以上を超える期間を返済期限とした長期借入金や国の制度資金などをいう。
　　①長期借入金
　　　借入日から起算して1年以上を超える期間を返済期限とした借入金。
　　②国の制度資金
　　　国や地方公共団体の農業政策を遂行するため、法律、政令、規則及び条例などに基づいて、融資や利子補給を行うための資金をいう。日本政策金融公庫資金、農業近代化資金、農業改良資金等が該当

純 　 資 　 産
じゅんしさん

農業経営統計調査（組織経営体）
　純資産（資本）とは、資産（流動資産＋固定資産）から負債（流動負債＋固定負債）を控除したものをいい、次の式で表される。
　　・資産－負債＝純資産（資本）、又は資産＝負債＋純資産（資本）
　　・純資産（資本）＝資本金・出資金＋資本剰余金＋利益剰余金＋その他純資産
　　①資本金・出資金
　　　法定資本をいい、組合企業では組合員の出資金、合同・合名・合資及び特例有限会社では社員の出資金、株式会社の場合には株式の発行額が該当する。

②資本剰余金
　資本取引から生じた剰余金のことを指し、資本剰余金は資本準備金とその他資本剰余金に分けられる。
　a　資本剰余金は、会社法で積み立てることが義務付けられている法定準備金
　b　その他資本剰余金とは、資本金及び資本準備金の減少差益、自己株式の処分差益である。
③利益剰余金
　毎年度の利益のうち出資者に分配せずに組織内に保留している額を指し、利益準備金又はその他利益剰余金に分けられる。
　a　利益準備金とは会社法で積み立てることが義務付けられている法定準備金
　b　その他の利益剰余金とは、任意積立金及び繰越利益剰余金

営 業 利 益
えいぎょうりえき

農業経営統計調査（組織経営体）
　営業利益とは、組織経営体の経営活動の成果として次式で計算されるが、経営成績（成果）を判断する上での重要な指標となる。
・営業利益＝事業収入－事業支出

構成員帰属分（分配金）
こうせいいんきぞくぶん（ぶんぱいきん）

農業経営統計調査（組織経営体）
　構成員帰属分（分配金）とは、組織経営体の構成員に支払われた「労務費」、「地代」及び「負債利子」の合計額をいう。組織法人経営においては「構成員帰属分」は費用として取り扱う。

期中棚卸増減
きちゅうたなおろしぞうげん

農業経営統計調査（組織経営体）
　期中棚卸増減とは、組織経営体の当期における農産物、原材料等の棚卸高の増減額をいい、それぞれの棚卸高の期首（期末）現在価から期末（期首）現在価を引いたものである。

(4) 経営収支

農業の経営収支
のうぎょうのけいえ
いしゅうし

農業経営統計調査
　農業の経営収支については、個別経営、組織法人経営、任意組織経営でそれぞれ次のように取りまとめている。
（総所得から農業以外の経営収支参照）

総　所　得
そうしょとく

農業経営統計調査
　総所得とは、農業経営体の総ての収入から総ての支出を控除したもので、農業経営体の事業活動による経営成果である。
　個別経営、組織法人経営及び任意組織経営によって次のように計算される。
　①個別経営
　　総所得＝農業所得＋農業生産関連事業所得＋農外所得
　　　　　　＋年金等の収入
　②組織法人経営
　　総所得＝総収入－総経営費
　ア　総収入＝農業収入＋農業生産関連事業収入＋農外事
　　　　　　　業収入＋事業外収入
　イ　総経営費＝費用合計（総支出）－構成員帰属分計
　　a　費用合計（総支出）＝農業支出＋農業生産関連事
　　　　　　　　　　　　　業支出＋農外事業支出＋事
　　　　　　　　　　　　　業外支出
　　b　構成員帰属分＝構成員の労務費＋構成員の地代＋
　　　　　　　　　　　構成員の給料＋負債利子
　　なお、組織法人経営で「構成員帰属分」を補足しているのは、農業及び農業生産関連事業だけであり、それ以外の農外事業及び事業外収支では「所得」を算出しない。
　　また、所得を算出するために「共済・補助金等受取金」を営業外利益から所得に付け替える処理は農業でのみ行うため、農業生産関連事業で補助金を受け取っていてもその補助金は農業生産関連事業所得には含まない。

③任意組織経営
　　総所得＝農業所得＋農業生産関連事業所得＋農外事業
　　　　　所得

農業粗収益
のうぎょうそしゅう
えき

農業経営統計調査
　農業粗収益とは、調査期間に農業経営によって得られた
総収益であり、農産物等の販売収入、現金によらない現物
外部取引、農産物の在庫増減額、農作業受託収入及び共
済・補助金等受取金の合計をいう。
　個別経営、組織法人経営、任意組織経営における農業粗
収益の取扱いは次のとおりである。

①個別経営
　農業粗収益＝（農業現金（販売）収入（注:現物外部
　　　　　　　　取引額含む）＋
　　　　　　　農業生産関連事業消費額＋
　　　　　　　農業生産現物家計消費額＋
　　　　　　　調査期末未処分農産物在庫価額＋
　　　　　　　動植物の成長及び新植による増価額＋
　　　　　　　受託収入＋農業雑収入）－
　　　　　　　調査期首未処分農産物在庫価額
　　注：現物外部取引額＝現物労賃＋物々交換＋無償
　　　　贈与等
　なお、経営安定対策等の補てん金・助成金について
は、農業雑収入に、販売価格の一部として交付される助
成金等については当該農産物の販売収入としている。
②組織法人経営
　農業粗収益＝「農業収入」＋「共済・補助金等受取
　　　　　　　金」
　組織法人経営の「農業収入」には、「共済・補助金等
受取金」が企業会計原則による会計処理上計上されてい
ないので、これを加えて、個別経営と比較可能な農業粗
収益としている。
③任意組織経営
　個別経営と同じ概念で取りまとめている。

農業経営費
のうぎょうけいえい
ひ

農業経営統計調査
　農業経営費とは、肥料費、農業薬剤費、雇用労賃などの
流動的経費及び減価償却費からなる、農業粗収益をあげる
ために要した一切の経費をいう。

 個別経営、組織法人経営、任意組織経営における農業経営費の取り扱いは次のとおりである。

①個別経営
　農業経営費 ＝ （農業現金支出＋現物外部取引額＋
　　　　　　　　　調査期首農業生産資材在庫価額＋
　　　　　　　　　減価償却費） －
　　　　　　　　　調査期末農業生産資材在庫価額
②組織法人経営
　農業経営費 ＝ 農業支出―構成員帰属分（注）
　　注：組織法人経営で用いる「農業支出」には、構成
　　　　員帰属分（構成員に支払われた労務費、地代、
　　　　給料、負債利子）が含まれているので、個別経
　　　　営の農業経営費に対応させるため除外。
③任意組織経営
　農業経営費 ＝ 減価償却費相当額等以外の経営費＋
　　　　　　　　　減価償却費相当額＋
　　　　　　　　　構成員負担分相当額

a　減価償却費相当額等以外の経営費
　　任意組織の決算書類に基づく経費をいい、利益金の
　内部留保となる減価償却費の積立が認められていない
　ため減価償却費の計算を行っていないのが通例

b　減価償却費相当額
　　決算書類で取りまとめてある場合にはそれに基づく
　減価償却額、組織所有で未計上の固定資産は定額法に
　より算出した額

c　構成員負担分相当額
　　構成員が負担し、組織の決算書類に計上されていな
　い経費については調査対象経営体への聞き取りに基づ
　き、個別経営の調査結果を用いて算出した負担相当
　額。また、構成員拠出の土地で構成員が負担している
　土地改良・水利費については、調査対象経営体や土地
　改良区等への聞き取り補足により算出した額

（参考）構成員負担分相当額の具体的な算出方法は次のとおり。

ア　構成員所有の農機具等を組織の農業経営に使用し、その使用に要した経費（農機具、農用建物費、農用自動車費、光熱動力費及び減価償却費）が組織の経費として決算書類上に計上されていない場合は、

　　a　組織の作付面積に占める組織名義で所有又はレンタルリースした農機具費等の占める割合を聞き取り「組織所有分の費目別割合（a）」を把握する。

イ　次に組織の作付面積を構成員世帯数で除し、構成員1戸当たり作付面積を求め、

　　b　その面積を含む階層の個別経営体の作付面積10a当たり費用を営農類型別経営統計（個別経営）調査結果から各費目別に代入し、この費用を「構成員が負担した作付面積10a当たり費用相当（b）」とみなす。

ウ　最後に上記アのaで把握した「組織所有分の費目別割合（a）」を基に構成員所有の農機具等を使用した作付面積を求め、その作付面積に上記イのbで算出した「構成員が負担した作付面積10a当たり費用相当（b）」を乗じて算出する。

　　これを計算式で示すと次のとおりとなる。

・構成員負担分相当額＝
　組織の作付面積×（100－組織所有分の費目別割合（a））×構成員が負担した作付面積10a当たり費用相当（b）÷10

農 業 所 得
のうぎょうしょとく

農業経営統計調査
　農業所得とは、個別経営における農業経営の成果を明らかにするため、「農業所得＝農業粗収益－農業経営費」により計算したものをいう。
　ただし、組織経営については、個別経営との比較を可能とするため、農業粗収益及び農業経営費について取り扱いを行っている。
⇒農業粗収益及び農業経営費を参照

農業以外の経営収支
のうぎょういがいの
けいえいしゅうし

農業経営統計調査
　農業以外の経営収支は、個別経営、組織法人経営及び任意組織経営によって、それぞれ次のように取りまとめられている。

　①個別経営
　　農業経営関与者（農業経営主夫婦及び年間60日以上当

該個別経営体の農業に従事する世帯員である家族をいう。）が経営権をもっている農業以外の事業の経営収支

②組織法人経営
　組織法人経営全体の農業以外の事業の経営収支。なお、共済・補助金等受取金は事業外収入として把握

③任意組織経営
　任意組織経営全体の農業以外の事業の経営収支。なお、共済・補助金等受取金は農業以外の事業収入として把握

農業生産関連事業所得
のうぎょうせいさんかんれんじぎょうしょとく

農業経営統計調査
　農業生産関連事業所得は「農業生産関連事業所得＝農業生産関連事業収入－農業生産関連事業支出」によって算出している。

農業生産関事業収入
のうぎょうせいさんかんれんじぎょうしゅうにゅう

農業経営統計調査
　農業生産関連事業収入における各業態別の収入内訳は次のとおりである。

①農産加工
　農産加工品の販売収入
②観光農園
　入園料収入、観光農園の敷地内における施設等の利用料金、自家農産物・農産加工品以外の商品の販売収入
　（観光農園内の直売所で直接消費者に販売するものは、観光農園の販売収入に含めている。）
③市民農園
　農園の賃貸料金、農園内の施設等の利用料金
④農家民宿
　宿泊料金（追加料金等を含む。）、民宿内の施設・売店等の収入（ただし、自家農産物の販売収入は農業の直販収入、自家農産加工品は農産加工収入（農業の範ちゅうの農産加工品は農業収入））
⑤農家レストラン
　提供する飲食物の料金、レストラン内の施設・売店等の収入（ただし、自家農産物の販売収入は農業の直販収入、自家農産加工品は農産加工収入（農業の範ちゅうの

農産加工品は農業収入))

農業生産関連事業支出

のうぎょうせいさんかんれんじぎょうしゅつ

農業経営統計調査

　農業生産関連事業支出における各業態別の支出内訳は次のとおりである。

　①農産加工
　・自家農産物以外の原材料、諸材料等の調達・支払額
　・農産加工に雇い入れた雇用労賃
　・販売・宣伝費、光熱水道料等
　②観光農園
　・観光農園のための持ち帰り用ポリ袋、練乳などの諸材料
　・観光農園に雇い入れた雇用労賃
　・販売・宣伝費、観光農園の施設の維持管理費、光熱水道料等
　③市民農園
　・農園の農地等の整備に係る資材・材料費
　・農園の契約に係る費用
　・農園の維持等に係る光熱水道料等
　・農園事業に雇い入れた雇用労賃等
　④農家民宿
　・自家農産物以外の原材料、諸材料等の調達・支払額
　・農家民宿に雇い入れた雇用労賃
　・通信料、宣伝費、光熱水道料等
　⑤農家レストラン
　・自家農産物以外の原材料、諸材料等の調達・支払額
　・農家レストランに雇い入れた雇用労賃
　・通信料、宣伝費、光熱水道料等

　なお、当該経営体で生産された農産物を農業生産関連事業に使用した場合は、その農産物の販売価額を見積もって農業収入に計上し、同額を農業生産関連事業の支出としている。
　これは、農業部門と農業生産関連部門をそれぞれ独立した経営ととらえ、経営収支を明確にするためである。

農　外　所　得

のうがいしょとく

農業経営統計調査

　農外所得は、「農外所得＝農外収入－農外支出」で算出される。

農 外 収 入
のうがいしゅうにゅ
う

農業経営統計調査

　農外収入とは、農業と農業生産関連事業以外の事業で、農業経営関与者が経営権を持って経営している事業の収入であって、雇用されて受け取る被用労賃や給料・俸給、各種委員の手当、貸付地の小作料や地代、預貯金、貸付金、株式の配当金等をいう。

　農外事業収入及び事業以外の収入の内訳は次のとおりである。

①農外事業収入
a　林業収入

　持ち山、買い山を問わず、林産物販売収入（農業生産関連事業消費及び生産現物家計消費を含む。）をいう。

　林産物とは、素材、山林から採取した又は栽培したしいたけ等きのこ類のほか、これらの加工品

b　水産業収入

　自営又は共同経営する漁業の漁獲採取物である魚類、貝類、藻類の販売収入及びそれらの加工品、漁業用生産手段（漁船、漁網等）の一時的賃貸料の収入が該当

c　農林水産業以外の事業収入

　小売業、家畜商、土木請負業、運搬業、駐車場及びアパートの賃貸経営その他農林水産業以外の自営兼業の収入

②事業以外の収入
a　被用労賃
　農林業を営む事業所、農林業以外の産業に雇用された際の賃金など
b　給料・俸給
　農林業以外の産業の事業所に恒常的に雇用された際の賃金
c　歳費及び手当
　公的に委嘱された役所等に対する手当及び謝金など
d　貸付地小作料
　貸付地の小作料、地代
e　配当利子等

　　　　　　　　預貯金、貸付金、株式の配当金や生命保険の一時金
　　　　　　　　など

農 外 支 出
のうがいししゅつ

農業経営統計調査
　農外支出とは、農業と農業生産関連事業以外の事業での
支出であり、次のとおりである。
　①農業経営関与者が経営権を持っている事業（林業、水
産業、商工鉱業等）に係る通勤定期代
　②雇用（出稼ぎ）されて支給される交通費
　③負債利子（農業以外の農業経営関与者が経営権を持つ
事業に関する負債利子）

年金等の収入
ねんきんとうのしゅ
うにゅう

農業経営統計調査
　年金等の収入とは、農業経営関与者が受取る次の収入を
いう。
　①年金等の給付金（公的年金給付金（国民年金、厚生年
金、農業者年金等の公的年金））
　②公的年金以外の給付金（失業保険等の給付金）
　③退職金
　④その他（仕送り・持ち帰り金（現金））
　⑤農業経営に係わらない補助金（林業関係等）
　⑥古新聞・古書・生活用品の売却
　⑦座敷・衣装・家具等の賃料
　⑧愛玩用動物の売却収入
　⑨趣味としての観賞用植物の売却収入
　⑩一時的賃貸収入、間貸収入の現金収入など

農 業 雑 収 入
のうぎょうざつしゅ
うにゅう

農業経営統計調査
　農業雑収入のうち、農産物の販売とは直接関係なく交付
される助成金等は「共済・補助金等受取額」として把握さ
れている。主な対策等は次のとおりである。
　・農業共済受取金
　・経営所得安定対策（米の直接支払、水田活用の直接支
払、畑作物の直接支払、収入減少影響緩和対策）
　・集荷円滑化対策
　・国内麦流通円滑化特別対策
　・野菜価格安定対策
　・果実需給安定対策
　・果樹経営支援対策
　・肉用牛肥育経営安定特別対策

・肉用子牛生産者補給金
・養豚経営安定対策
・環境保全型農業直接支払
・農地・水保全管理支払
・配合飼料価格安定基金
・中山間地域等直接支払
・多面的機能・農地維持
・多面的機能・資源向上

農 業 雑 支 出 のうぎょうざつししゅつ	農業経営統計調査 　農業雑支出のうち、各種対策等に加入し助成金等を受取るための積立金をいう。積立を行う主な対策等は次のとおりである。 ・農業共済掛金 ・収入減少緩和対策 ・集荷円滑化対策 ・国内麦流通円滑化特別対策 ・野菜価格安定対策 ・果実需給安定対策 ・果樹経営支援対策 ・肉用牛肥育経営安定特別対策 ・肉用子牛生産者補給金 ・養豚経営安定対策 ・配合飼料価格安定基金
現物で受け取った場合の取扱 げんぶつでうけとったばあいのとりあつかい	農業経営統計調査 　農産物の販売又は農作業受託による代金を「現物で受け取った場合」は、その現物を市価（市場での一般的な値段）で評価した見積額を収入とする。雇用労賃、小作料などを金銭の代わりに現物で支払った場合は、その現物の見積額を当該費用の支出とする。
在庫・動植物増減額 ざいこ・どうしょくぶつぞうげんがく	農業経営統計調査 　在庫・動植物増減額とは、農業経営による収益の一部（農業粗収益の1要素）であり、次のような増減額を把握している。 ・現物在庫の増減額 ・植物成長・新植等による増加額 ・未成園の売却による処分差損益 ・災害等による減少額

・繁殖牛の成長・生産による増加額
・未成畜の減少額
・肉用牛・中小動物の増減額

租税公課諸負担（関与者の経営負担分）
そぜいこうかしょふたん（かんよしゃのけいえいふたんぶん）

農業経営統計調査
　租税公課諸負担は、次のとおり取りまとめられている。

　①支払った租税（税金）及び公課諸負担の一切の納入額について、次のように区分して、それぞれの該当項目に分類計上されている。
　a　農業経営関与者の農業以外の経営負担分
　b　農業経営関与者の家計負担分（自動車等の固定資産に関する部分については、農業経営関与者及び農業経営関与者以外を含めた世帯全体の家計負担分）

　②租税は直接税のみを対象としており、消費者に自動的に転嫁される間接税は課税物品の購入額に含めている。租税以外で市町村によって徴収される分担金、各種社会保険の保険料、その他所属する団体によって徴収される負担金も計上されている。

　③租税公課諸負担の主なものとして、国税、都道府県税及び市町村税等がある。

可処分所得
かしょぶんしょとく

農業経営統計調査
　可処分所得とは、所得から租税公課諸負担を差し引き、年金や補助金などの移転（振替）所得を加えたもので、経済主体が、消費や貯蓄などに自由に振り向けられる所得をいう。
　農業経営統計調査では、可処分所得を「可処分所得＝総所得－租税公課諸負担（農業経営関与者の農業以外の経営負担部分）」として算出している。

制度受取金、制度積立金の取扱
せいどうけとりきん、せいどつみたてきんのとりあつかい

農業経営統計調査
　制度受取金等は、その性格により農業雑収入として取り扱う助成金等と当該農畜産物収入として取り扱う助成金等（販売価格の一部として取り扱う。）に区分し、それぞれ次のように取り扱っている。

　　　制度受取金

　①制度受取金

制度積立金

a　農業雑収入として取り扱う助成金等
　　農産物の販売とは直接関係なく交付される助成金等は農業雑収入として計上。統計表では「共済・補助金等受取額」として表章している。農業共済金や経営所得安定対策などが該当する。　⇒Ⅰの7の「農業雑収入」参照。

b　当該農産物収入として取り扱う助成金等
　　毎年の農産物の生産量・品質に応じて品代と一体的に得た助成金等（会計上容易に分離することができるもの（畑作物の直接支払交付金等）を除き、農産物価格の一部とみなし、当該農産物の収入として計上している。
　　その他市町村、業者等から支払われる助成金、戻し金、農産物の取引先から支払われる奨励金等の農業雑収入扱い以外の助成金など、販売に伴って支払われ会計上容易に分離することができないものは、販売価格に含まれるものとして、当該農産物収入に計上している。

c　農産物に対する各種の補償金
　ⅰ　農産物に災害による被害が生じた場合に農業災害補償法（昭和22年法律第185号）に基づいて支払われる農作物、養蚕、家畜等の共済金は、農業雑収入の内訳として「農業共済受取金」に計上している。
　ⅱ　国、都道府県、市町村等から道路等の設置のために支払われる農作物の立毛（栽培途中の作物）に対する補償金や、企業等が事業活動に伴う事故等から農作物に被害を与えた場合に企業等から支払われる補償金は、当該農作物の収入（青田売り）として計上している。

②制度積立金
　　農業共済掛金、農業経営に係る各種助成制度の積立金等は農業雑支出に計上している。

推計家計費
すいけいかけいひ

農業経営統計調査
　　個別経営における推計家計費とは、総務省の家計調査結果等を用いて推計されたもので、次式によって算出されている。

・推計家計費＝都道府県庁所在市別1人当たり年平均の消費支出×家計費推計世帯員数＋生産現物家計消費＋減価償却費（家計負担分）

この推計式で用いる主な要素は、次のとおりである。
①都道府県庁所在市別1人当たり年平均の消費支出
　都道府県庁所在市別1人当たり年平均の消費支出は、総務省家計調査「二人以上の世帯で農林漁家世帯を含む全世帯」の結果を用いて算出している。
　なお、家計調査には、次の消費支出が含まれているので留意する必要がある。
a　個別経営で農外支出としている通勤定期代、固定資産購入としている自動車購入費（10万円以上）及び公課諸負担としている自賠責保険掛金（家計以外）を含むこと
b　農家世帯との水準が明らかに異なる家賃地代がそのまま含まれること
c　同一住居でない者は世帯員としてカウントしないが仕送り等は消費支出として含まれていること

②家計費推計世帯員数
　家計費推計世帯員は、農業経営関与者及びその扶養家族としている。ただし、農業経営関与者とその扶養家族以外であっても、その生活費一切を経営主が負担している場合は家計費推計世帯員としている。

(5) 分析指標

（農業所得関連指標）
農 業 依 存 度
のうぎょういぞんど

農業経営統計調査（個別経営、組織法人経営、任意組織経営）
・農業依存度（％）＝農業所得÷（農業所得＋農業生産関連事業所得＋農外所得）×100
　経済活動による所得のうち、どれだけが農業所得に依存しているかを示す指標。

農外及び農業生産関連事業依存度 のうがいおよびのうぎょうせいさんかんれんじぎょういぞんど	農業経営統計調査（個別経営、組織法人経営、任意組織経営） ・農外及び農業生産関連事業依存度（％）＝ 　　　　　（農外所得＋農業生産関連事業所得）÷（農業所得＋農業生産関連事業所得＋農外所得）×100 　農業経営体の所得のうちどれだけが農外及び農業生産関連事業所得に依存しているかを示す指標
農業所得率 のうぎょうしょとくりつ	農業経営統計調査（個別経営、組織法人経営、任意組織経営） ・農業所得率（％）＝農業所得÷農業粗収益×100 　農業粗収益のうちどれだけが農業所得として実現するかを示す指標。
付加価値額 ふかかちがく	農業経営統計調査（個別経営、組織法人経営、任意組織経営） ①個別経営 ・付加価値額（農業純生産）（千円）＝農業粗収益－（農業流動財費＋農業固定財費） a　農業流動財費＝農業経営費－（減価償却費＋雇用労賃＋支払小作料＋農業経営に係る負債利子） b　農業固定財費＝減価償却費 ②組織経営体 ・付加価値額（千円）＝農業粗収益－（農業経営費－（負債利子（構成員外）＋雇用労賃＋支払地代）） 　農業粗収益から物財費（雇用労賃、支払小作料及び農業経営にかかる負債利子を含まない農業経営費）を差し引いたもので、農業生産により新たに生み出された付加価値額を示す指標。
付加価値率 ふかかちりつ	農業経営統計調査（個別経営、組織法人経営、任意組織経営） ・付加価値率（％）＝付加価値額÷農業粗収益×100 　農業生産活動によって、どれだけ新たに付加価値額が生

み出されたかを示す指標。

（資産装備指標）
農業固定資産装備率
のうぎょうこていし
さんそうびりつ

農業経営統計調査（個別経営、組織法人経営、任意組織経営）
・農業固定資産装備率＝農業固定資産額（土地除く）÷自
　　　　　　　　　　　営農業労働時間（農業投下労働時
　　　　　　　　　　　間）

　固定資産装備の大きさを示す指標。一般的には労働者一人当たりの固定資産額をいうが、農業の場合は、農業労働に季節性があることなどから自営農業労働1時間当たりの固定資産額で示している。なお、自営農業労働時間とは、自家農業労働時間と農作業受託に係る労働時間を合わせたものをいう。

農機具資産比率
のうきぐしさんひり
つ

農業経営統計調査（個別経営、組織法人経営、任意組織経営）
・農機具資産比率（％）＝自動車及び農機具（車両・運搬
　　　　　　　　　　　　具及び機械・装置）の固定資産
　　　　　　　　　　　　額÷農業固定資産額（土地除
　　　　　　　　　　　　く）×100

　農業固定資産額のうち、自動車や農機具などの機械装備に関わる資本額の割合（大きさ）を示す指標。

農業固定資産回転率
のうぎょうこていし
さんかいてんりつ

農業経営統計調査（個別経営、組織法人経営、任意組織経営）
・農業固定資産回転率（回）＝農業粗収益÷農業固定資産
　　　　　　　　　　　　　　額（土地除く）

　農業固定資産の運用効率、利用度の状況をみる指標。

（集約度指標）
経営耕地10a当たり
自営農業労働時間
けいえいこうち10a
あたりじえいのうぎ
ょうろうどうじかん

農業経営統計調査（個別経営、組織法人経営、任意組織経営）
・経営耕地10a当たり自営農業労働時間（時間）＝自営農
　業労働時間（農業投下労働時間）÷経営耕地面積（a）
　×10

　経営耕地の単位面積当たりにどれだけの労働時間が投下されたかによって、労働の集約度をみる指標。

経営耕地10a当たり農業固定資産額 けいえいこうち10aあたりのうぎょうこていしさんがく	農業経営統計調査（個別経営、組織法人経営、任意組織経営） ・経営耕地10a当たり固定資産額＝農業固定資産額（土地除く）÷経営耕地面積（a）×10 　経営耕地の単位面積当たりにどれだけ固定資産が投下されたかによって、資産の集約度をみる指標。
（収益性指標） 農業経営関与者1人当たり総所得 のうぎょうけいえいかんよしゃひとりあたりそうしょとく	農業経営統計調査（個別経営） ・農業経営関与者1人当たり総所得＝総所得÷月平均農業経営関与者数 　農業経営関与者1人当たりの総所得でみた収益性を示す指標。
農業経営関与者1人当たり農業所得 のうぎょうけいえいかんよしゃひとりあたりのうぎょうしょとく	農業経営統計調査（個別経営） ・農業経営関与者1人当たり農業所得＝農業所得÷月平均農業経営関与者数 　農業経営関与者1人当たりの農業所得でみた収益性を示す指標。
農業専従者1人当たり農業所得 のうぎょうせんじゅうしゃひとりあたりのうぎょうしょとく	農業経営統計調査（個別経営） ・農業専従者1人当たり農業所得＝農業所得÷農業専従者数 　農業専従者1人当たりの農業所得でみた収益性を示す指標。
家族農業労働1時間当たり農業所得 かぞくのうぎょうろうどういちじかんあたりのうぎょうしょとく	農業経営統計調査（個別経営） ・家族農業労働1時間当たり農業所得＝農業所得÷家族農業労働時間 　投下された家族農業労働の単位時間当たりの農業所得でみた労働収益性を示す指標。この指標により異なる部門間や同一部門での規模間比較が可能。

構成員農業労働1時間当たり農業所得 こうせいいんのうぎょうろうどういちじかんあたりのうぎょうしょとく	農業経営統計調査（組織法人経営、任意組織経営） ・構成員農業労働1時間当たり農業所得＝農業所得÷構成員農業投下労働時間
専従構成員1人当たり農業所得 せんじゅうしゃひとりあたりのうぎょうしょとく	農業経営統計調査（組織法人経営、任意組織経営） ・専従構成員1人当たり農業所得＝農業所得÷専従換算構成員数
農業固定資産千円当たり農業所得 のうぎょうこていしさんせんえんあたりのうぎょうしょとく	農業経営統計調査（個別経営） ・農業固定資産千円当たり農業所得＝農業所得÷農業固定資産額（土地除く） 　投下された農業固定資産（土地を除く）の単位金額当たりの農業所得で見た資本収益性を示す指標。「家族農業労働1時間当たり農業所得」と同様に異なる部門間や同一部門での規模間比較が可能。
経営耕地10a当たり農業所得 けいえいこうち10aあたりのうぎょうしょとく	農業経営統計調査（個別経営、組織法人経営、任意組織経営） ・経営耕地10a当たり農業所得＝農業所得÷経営耕地面積（a）×10 　経営耕地の単位面積当たりでどれだけ農業所得を得られたかをみる指標。経営耕地の利用度とも関係して稲作などの土地利用型部門での比較において有用な指標。
（生産性指標） 自営農業労働1時間当たり付加価値額 じえいのうぎょうろうどういちじかんあたりふかかちがく	農業経営統計調査（個別経営、組織法人経営、任意組織経営） ・自営農業労働1時間当たり付加価値額＝付加価値額÷自営農業労働時間（農業投下労働時間） 　投下される自営農業労働の単位時間当たりの付加価値額でみた労働生産性を示す指標。この指標により異なる部門間や同一部門での規模間比較が可能。

専従者１人当たり付加価値額 せんじゅうしゃひとりあたりふかかちがく	農業経営統計調査（組織法人経営、任意組織経営） ・専従者１人当たり付加価値額＝付加価値額÷専従換算農業従事者数
農業固定資産千円当たり農業及び農業関連事業所得 のうぎょうこていしさんせんえんあたりのうぎょうおよびのうぎょうかんれんじぎょうしょとく	農業経営統計調査（個別経営、組織法人経営、任意組織経営） ・農業固定資産千円当たり付加価値額＝付加価値額÷農業固定資産額（土地を除く）×1,000 　投下された農業固定資産の単位金額当たりの付加価値額でみた資本生産性を示す指標。自営農業労働１時間当たり付加価値額と同様に異なる部門間や同一部門での規模間比較が可能。
耕地面積10a当たり付加価値額 こうちめんせき10aあたりふかかちがく	農業経営統計調査（個別経営、組織法人経営、任意組織経営） ・耕地面積10a当たり付加価値額＝付加価値額÷経営耕地面積（a）×10 　経営耕地の単位面積当たりでどれだけ農業生産による付加価値が得られるかをみる指標。経営耕地の利用度とも関係して稲作などの土地利用型部門で有用な指標。
（安定性指標） **総資本営業利益率** そうしほんえいぎょうりえきりつ	農業経営統計調査（組織法人経営） ・総資本営業利益率（％）＝（営業利益÷資産計）×100
売上高営業利益率 うりあげだかえいぎょうりえきりつ	農業経営統計調査（組織法人経営） ・売上高営業利益率（％）＝（営業利益÷事業収入計）×100
純資産営業利益率 じゅんしさんえいぎょうりえきりつ	農業経営統計調査（組織法人経営） ・純資産営業利益率（％）＝（営業利益÷純資産計）×100
総資本回転率 そうしほんかいてん	農業経営統計調査（組織法人経営） ・総資本回転率（回）＝事業収入計÷資産計

りつ

固定資産回転率 こていしさんかいて んりつ	農業経営統計調査（組織法人経営） ・固定資産回転率（回）＝事業収入÷固定資産
当座比率 とうざひりつ	農業経営統計調査（組織法人経営） ・当座比率（％）＝（当座資産÷流動負債）×100
負債比率 ふさいひりつ	農業経営統計調査（組織法人経営） ・負債比率（％）＝（負債÷純資産）×100
固定長期適合率 こていちょうきてき ごうりつ	農業経営統計調査（組織法人経営） ・固定長期適合率（％）＝固定資産÷（固定負債＋純資産）×100
純資産比率 じゅんしさんひりつ	農業経営統計調査（組織法人経営） ・純資産比率（％）＝純資産÷資産×100

(6) 農畜産物生産費

農畜産物生産費 のうちくさんぶつせ いさんひ	農業経営統計調査（農畜産物生産費統計） 　農畜産物生産費とは、主産物としての農畜産物を生産するために、農畜産物ごとに定めた計算期間に消費した財貨及び用役に対する計算単位当たり費用をいい、主産物の生産活動を維持し、及び継続するための費用を含んでいる。 　⇒「農畜産物生産費調査の調査期間、計算期間」（別表）、「農畜産物生産費調査の主産物、副産物」（別表）参照。
生　産　費 せいさんひ	農業経営統計調査（農畜産物生産費統計） 　農畜産物の生産に要した費用合計から副産物価額を控除したものをいい、費用の性格からいえば基礎原価的性格のものである。 　なお、副産物を控除するのは、生産費の調査対象となる生産物（主産物）が生産される際、副産物も付随して生産

されるので、副産物を生産するに要したであろう費用を分離する必要があり、その費用として副産物を市価で評価して控除することによって、対象とする主産物の生産費を計測するためである。

生産費統計では、このほかに次の2種類の生産費を取りまとめている。

　①支払利子・地代算入生産費

　　生産費（副産物価額差引）に支払利子及び支払地代を加えたもの

　②資本利子・地代全額算入生産費

　　支払利子・地代算入生産費に自己資本利子及び自作地地代を擬制的に計算して算入したもの

支払利子・地代算入生産費
しはらいりし・ちだいさんにゅうせいさんひ

農業経営統計調査（農畜産物生産費統計）

支払利子・地代算入生産費とは、生産費（副産物価額差引）に支払利子及び支払地代を加えた額をいう。

費用の性格からいえば、企業的な経営計算の製造原価に最も接近する指標である。

資本利子・地代全額算入生産費（全算入生産費）
しほんりし・ちだいぜんがくさんにゅうせいさんひ（ぜんさんにゅうせいさんひ）

農業経営統計調査（農畜産物生産費統計）

資本利子・地代全額算入生産費（全算入生産費）とは、支払利子・地代算入生産費に、実際には支払の伴わない自己資本利子及び自作地地代を計算して加えた額をいう。

育　　成
いくせい

農業経営統計調査（畜産物生産費統計）

育成とは、未成畜を、繁殖用の雌牛、雌豚若しくは雄豚、去勢若齢肥育牛、乳用雄肥育牛若しくは交雑種肥育牛のもと牛又は肥育豚のもと豚とする目的で飼養することをいう。

肥　　育
ひいく

農業経営統計調査（畜産物生産費統計）

肥育とは、肉用に供するために肉量の増加、肉質の改善を目的として、牛又は豚を飼養することをいう。

費　目　分　類
ひもくぶんるい

農業経営統計調査（農畜産物生産費統計）

費目分類とは、生産費の構成要素を主として財又は価値

物財費
労働費
資本利子
地代

の分類に基づき分類することをいう。

⇒「農産物生産費調査の費目分類」（別表）、「畜産物生
産費調査の費目分類」（別表）参照。

　農畜産物生産費における主な費目分類は、次のとおりで
ある。
　①農産物生産費統計
　a　物財費
　　　育苗費、肥料費、農業薬剤費、
　　　光熱動力費（光熱水料及び動力費）、その他の諸材
　　　料費
　　　土地改良及び水利費、賃借料及び料金
　　　物件税及び公課諸負担
　　　建物費、自動車費、農機具費、生産管理費
　b　労働費（直接労働、間接労働）
　c　資本利子（支払利子、自己資本利子）
　d　地代（支払地代、自作地地代）

　②畜産物生産費統計
　a　物財費
　　　種付料（注1）、もと畜費（注2）、
　　　飼料費（流通飼料費、牧草・放牧・採草費）、
　　　敷料費、光熱動力費（光熱水料及び動力費）
　　　その他の諸材料費、
　　　獣医師料及び医薬品費、賃借料及び料金、
　　　物件税及び公課諸負担、繁殖雌豚費及び種雄豚費
　　　（注3）、
　　　建物費、自動車費、農機具費、
　　　家畜の減価償却費（注4）、生産管理費、
　b　労働費（直接労働、間接労働）、
　c　資本利子（支払利子、自己資本利子）、
　d　地代（支払地代、自作地地代）

　　注：1牛乳、子牛及び肥育豚生産費の分類
　　　　2肥育牛及び肥育豚生産費の分類
　　　　3肥育豚生産費の分類
　　　　4牛乳及び子牛生産費の分類

ほ場間の距離
ほじょうかんのきょ

農業経営統計調査（農産物生産費統計）
　ほ場間の距離とは、最も離れたほ場の恒常的に移動す

り

る距離をいう。耕種部門でのほ場の団地化の状況を図る指標である。

団地への平均距離
だんちへのへいきんきょり

農業経営統計調査（農産物生産費統計）
　団地への平均距離とは、調査対象経営体の居住箇所を基点とした団地までの恒常的に移動する距離の平均をいう。耕種部門でのほ場の団地化の状況を測る指標である。

費用合計
ひようごうけい

農業経営統計調査（農畜産物生産費統計）
　費用合計とは、農畜産物を生産するために消費した物財費及び労働費の合計をいう。
　具体的には、農畜産物生産費ごとに定める費目のうち、費目分類に示している物財費＋労働費であり、資本利子及び地代を除いたものである。
　⇒「農産物生産費調査の費目分類」（別表）、「畜産物生産費調査の費目分類」（別表）参照。

物財費
ぶつざいひ

農業経営統計調査（農畜産物生産費統計）
　物財費とは、農畜産物の生産のために消費した流動財費及び固定財の減価償却費を合計したものをいう。
　⇒「農産物生産費調査の費目分類」（別表）、「畜産物生産費調査の費目分類」（別表）参照。

種苗費
しゅびょうひ

農業経営統計調査（農産物生産費統計）
　種苗費とは、農産物の生産のために、は種した種子、植え付けた苗、種いも等の費用をいう。自給種子（種もみ等）の評価は庭先価格である。

肥料費
ひりょうひ

農業経営統計調査（農産物生産費統計）
　肥料費とは、農産物の生産のために使用した購入肥料、自給肥料（自給たい肥、きゅう肥及び緑肥）の費用をいう。
　肥料費の内訳として、次のように区分して把握している。
　・窒素質（硫安など）
　・りん酸質（過リン酸石灰など）
　・カリ質（塩化カリ）
　・けいカル、炭酸カルシュウム
　・けい酸石灰、複合（高成分化成など）
　・たい肥・きゅう肥

　　　　　　　　　・自給

農 業 薬 剤 費
のうぎょうやくざい
ひ

農業経営統計調査（農産物生産費統計）
　農業薬剤費とは、農産物の生産のために使用した農業薬
剤の費用をいう。農業薬剤費の内訳として、次のように区
分して把握している。
　　・殺虫剤
　　・殺菌剤
　　・殺虫殺菌剤
　　・除草剤など

　なお、薬剤共同散布割金、共同防除費、航空防除費は
「農業薬剤費」には計上せず、「賃借料及び料金」に計上
されている。

光 熱 動 力 費
こうねつどうりょく
ひ

農業経営統計調査（農畜産物生産費統計）
　光熱動力費とは、農畜産物の生産のために使用した動力
燃料（重油、軽油、灯油、ガソリン、潤滑油、混合油）、
電力料、自給の費用をいう。自給光熱動力は市価で評価し
ている。

その他の諸材料
そのたのしょざいり
ょう

農業経営統計調査（農畜産物生産費統計）
　その他の諸材料とは、農畜産物の生産のために使用した
種苗、肥料、農業薬剤等に入らない資材で、例えば、選種
用材料、苗床材料（いなわら、麦わら、竹くい、落葉、ペ
ーパーポット等）、被覆用材料（網、支柱用竹等）、釘、針
金などの補助材料などの費用をいう。

土地改良及び水利費
とちかいりょうおよ
びすいりひ

農業経営統計調査（農産物生産費統計）
　土地改良及び水利費とは、農産物の生産のために使用し
たほ場に係る負担金（土地改良区の維持負担金、償還金負
担と水利組合費、揚水ポンプ組合費）をいう。

賃借料及び料金
ちんしゃくりょうお
よびりょうきん

農業経営統計調査（農畜産物生産費統計）
　賃借料及び料金とは、農畜産物の生産のために支払った
次のものをいう。
・賃借料（農機具の借料）
・料金（航空防除、賃耕料、収穫請負わせ賃、もみすり・
　脱穀賃、ライス・ビーンセンター費用、カントリーエレ
　ベータ費用）

・共同負担費（薬剤共同散布割金、共同施設及び共同育苗
の負担金）など

物件税及び公課諸負担
ぶっけんぜいおよび
こうかしょふたん

農業経営統計調査（農畜産物生産費統計）
　物件税及び公課諸負担とは、農畜産物の生産を維持・継
続する上で必要不可欠なもの（費用）として自動車税等の
物件税及び農事実行組合費等の負担金をいう。
　物件税及び公課諸負担の主な内容は次のとおりである。

　①物件税
　　建物、自動車等の資産に賦課される固定資産税、自動
車税などの税金

　②公課諸負担
　　農業共済組合賦課金、農事実行組合費、集落協議会費
などの負担金

建　物　費
たてものひ

農業経営統計調査（農畜産物生産費統計）
　建物費とは、次の減価償却費及び農用建物維持修繕費を
いう。
・農畜産物の生産のために使用した建築物（倉庫、納屋
等）
・土地改良設備（用水路、暗きょ排水設備、コンクリート
けい畔床締め、客土等）
・その他の構築物（たい肥盤等）など
　①減価償却費
　　農業用建物・構築物等について、取得価額10万円以上
のものは減価償却計算を行って計上している。
　②農用建物維持修繕費
　　取得価額が10万円未満の資産の取得や建物の維持・修
繕に要した費用を計上している。

自動車及び農機具費
じどうしゃおよびの
うきぐひ

農業経営統計調査（農畜産物生産費統計）
　自動車及び農機具費とは、農畜産物の生産のために使用
した自動車及び農機具の減価償却費、農用自動車維持修
繕、小道具・農具修繕費をいう。
　①減価償却費
　　自動車及び大農具について、取得価額が10万円以上の
ものは減価償却計算を行って計上している。
　②維持修繕費

取得価額が10万円未満の自動車及び農機具の取得や農用自動車維持修繕、小道具・農具修繕費に要した費用を計上している。

生 産 管 理 費
せいさんかんりひ

農業経営統計調査（農畜産物生産費統計）

生産管理費とは、農畜産物の生産のために行った生産管理労働に付帯して発生する費用をいう。

生産管理費の主な内容は次のとおりである。

①集会出席
　集会出席に要した交通費、会費等
②技術習得
　技術習得のための講習会、研修会に要した受講料、参加料交通費、専門書購入費等
③事務用品
　事務機器の修繕費、事務用機器（10万円未満）・消耗品の購入費、電話代等

労 　働 　費
ろうどうひ

農業経営統計調査（農畜産物生産費統計）

農畜産物生産費における労働費は、当該生産費品目の生産のために雇い入れた雇用労働に対する支払い賃金と家族労働の評価額の合計額であり、雇用及び家族に区分し、さらに、それぞれを男女別及び直接・間接労働別に区分して算出したものをいう。

雇用には、年雇、季節雇、手伝い受け及び共同作業受けを含め、ゆい、手間替え受けなどの労働交換は、家族労働に含めている。なお、住込みの年雇、手伝い受け及び共同作業受けの労働費については、家族労働に準じて評価した評価額としている。

直接労働時間
ちょくせつろうどう
じかん

農業経営統計調査（農畜産物生産費統計）

農畜産物生産費における直接労働時間とは、食事、休息などの時間を除いた実際に作業した実労働時間としている。

　⇒「農業労働時間の範囲」（別表）参照。

その際、最初の作業に従事するまでの準備時間、作業終了後に農具などの後片付けが終わるまでの時間については、それぞれ宅地とほ場との間の往復の所要時間も含めて、その日の最初及び最後の作業時間に加えている。

また、2種類以上の作業に順次従事する場合の作業転換

の時間は、転換後着手する作業時間の方に加えている。
　　　⇒「作業分類一覧表（農産物生産費に関する作業）」
　（別表）参照。

間接労働時間
かんせつろうどうじ
かん

農業経営統計調査（農畜産物生産費統計）
　農畜産物生産費における間接労働時間は、自給財の生産
のための労働時間（自給肥料、水利賦役、建物修繕、自動
車修繕、農機具修繕、農機具補充（取替）等）、購入資材、
雇用労働等の調達のための購入付帯労働時間としている。

　　注：この間接労働時間は、生産費計算においては当該資
　　　　材（労働）の属する費目に評価計上し、生産費品目の
　　　　使用割合等で負担額を計算すべきであるが、自給財の
　　　　生産が減少してきていること等から、調査期間中に投
　　　　下した時間を間接労働時間として一括把握し、労働費
　　　　の間接労働費に計上している。

**生産費計算の対象と
しない労働時間**
せいさんひけいさん
のたいしょうとしな
いろうどうじかん

農業経営統計調査（農畜産物生産費統計）
　生産費計算の対象としない労働時間は、次のような労働
時間としている。
　①経営管理に関する集会出席、技術習得、資金調達のた
　めの時間
　②食事時間（ほ場におけるものを含む。）、作業途中や作
　業転換時の休息時間、田植え、稲刈りの際の飯炊き、子
　守などの時間
　　なお、原則として、種子処理や調製作業の順番を長時
　間待つ場合で、その間に他の用務に利用した時間は生産
　費に含めていない。
　③集落営農組織等に参加し、構成員として出役（オペレ
　ータ作業等）した労働時間は計上しない。

家族労働賃金
かぞくろうどうちん
ぎん
　　農業労働評価賃金

農業経営統計調査（農畜産物生産費統計）
　家族労働賃金とは、家族労働時間に農業労働評価賃金を
乗じて算出した家族労働評価額をいう。

　農業労働評価賃金とは、「毎月勤労統計調査」（厚生労働
省）の都道府県別データのうち、建設業、製造業及び運輸
業・郵便業に属する5人〜29人規模の事業所における「現
金給与総額」から通勤手当を控除（ほ場までの往復時間は
直接労働時間に計上されているため）して算出したものを

いう。

なお、平成10年（産）結果から、それまでの男女別評価から男女同一評価（当該地域で男女を問わず実際に支払われた平均賃金による評価）に改正している。

雇用労働費
こようろうどうひ

農業経営統計調査（農畜産物生産費統計）

雇用労働費とは、農産物を生産するために雇い入れた年雇、季節雇、日雇い等の雇用労働に支払った賃金をいう。

同居人、手伝い受け、共同作業受けによる労働は家族労働と同様に農業労働評価賃金単価により評価している。

種　付　料
たねつけりょう

農業経営統計調査（畜産物生産費統計）

種付料とは、牛乳、子牛及び子豚生産のために種付けに要した精液、種付料金等の費用をいう。

自家で飼養する種雄畜を種付けに用いた場合の種付け料は市価評価額を計上している。

も　と　畜　費
もとちくひ

農業経営統計調査（畜産物生産費統計）

もと畜費とは、肥育材料であるもと畜（子牛、子豚）を入手するために要した費用をいう。

子牛生産費を除く肉用牛生産費では、調査期間が開始される以前にもと畜として入手したものも、もと畜を入手するために要した費用として含めている。具体的には、家畜市場から購入した場合は購入価額のほか市場手数料、入場料、その他の市場経費、市場から自宅までの運搬料金を計上している。

自家で飼養する繁殖雌畜から生産された子畜を育成、肥育に回したものは、育成又は肥育に仕向けた時点の市場評価額を計上している。

飼　料　費
しりょうひ

農業経営統計調査（畜産物生産費統計）

飼料費とは、調査対象畜に実際に給与した飼料をいい、流通飼料費と牧草・放牧・採草費に区分して計上している。

流 通 飼 料 費
りゅうつうしりょうひ

農業経営統計調査（畜産物生産費統計）

飼料費の区分であり、次のように計上されている。

①購入した飼料については、購入飼料代に購入付帯経費を含めて流通飼料費の購入に計上している。

②飼料としてではなく食用又は販売目的で作付け、たまたま飼料として給与した作物については、その生産時の市価評価額（農家庭先販売価額）を流通飼料費の自給に計上している。

ただし、食用又は販売を目的として作付けした作物であっても、野菜くず、いもづる、ビートトップなどその副産物で、主産物を収穫した後にそれらを収集するための労働などの費用を要したものについては、牧草・放牧・採草費に計上している。

③飼料用に生産した穀類の茎、葉の部分を飼料として給与したものについては、その生産時の市価評価額（農家庭先販売価額）を流通飼料費の自給に計上している。

牧草・放牧・採草費
ぼくそう・ほうぼく・さいそうひ

農業経営統計調査（畜産物生産費統計）

牧草・放牧・採草費は、飼料として作付けした作物（以下「自給牧草」という。）の生産のために要した費用を計上している。

具体的な費用の計上方法は、実際に給与した自給牧草（飼料作物、穀類、いも及び野菜類、野生草、野乾草及び放牧場）の給与量に当該牧草の費用価単価を乗じた額を計上している。

ただし、肥育豚生産費においては、自給牧草費用価調査は行わず、簡便な見積によって費用価単価を算出し計上している。

自給牧草の費用価
じきゅうぼくそうのひようか

農業経営統計調査（畜産物生産費統計）

自給牧草の費用価とは、自給牧草費用価による自給牧草別の計算単位当たり生産費をいう。

なお、自給牧草費用価では、労働費について費用価の構成要素は含めず、畜産物生産費における間接労働費として該当分を計上している。

自給牧草費用価の対象品目は、すべての自給飼料を対象としているが、主な品目の分類は次のとおりである
①飼料作物
飼料作物として耕地（田、畑及び牧草地（放牧場との兼用地を含む。））に作付けされ収穫されたものをいい、次の給与形態別に区分して計算する。
・生牧草類

・乾牧草類
・サイレージ
②穀類
　自家で飼料として給与するために生産した穀類とする。飼料以外（食用等）の目的で生産したものを飼料として給与した場合は自給牧草とはしない。
・給与形態は生牧草
③いも及び野菜類
　飼料用として作付けしたいもや野菜類、飼料用以外として作付けした作物の副産物（いもづる、野菜くず等）で、収穫以降の作業（収集や貯蔵場所への運搬作業等）を経て飼料として給与されたものを対象とする。給与形態別に区分（生牧草等）せず一括して計算している。
　また、いもなど地上部と地下部がともに飼料として利用されるものは地上部と地下部に分離せず、一括して計算している。
・給与形態は生牧草
④野生草、野乾草
　採草地から収穫して給与した草とし、は種及び肥料散布を行ったものを含む。ただし、採草地とは、耕地（田、畑及び牧草地（放牧場との兼用地を含む。））以外の土地で、けい畔及び放牧場との兼用地を含めている。
・野生草の給与形態は生牧草
・野乾草は乾牧草（サイレージも含め一括して計算）
⑤放牧場費
　放牧場へ牛を放牧した場合に対象としている。
・給与形態は生牧草

敷　料　費
しきりょうひ

農業経営統計調査（畜産物生産費統計）
　敷料費とは、稲わら、おがくず等の敷料の費用をいう。
　敷料の購入代金のほか、その購入に要した運賃、手数料、手間賃等も含めている。
　稲わら、おがくず、麦わら、乾牧草などの自給の敷料については、その生産時の市価評価額（農家庭先販売価格）を計上している。

獣医師料及び医薬品費
じゅういしりょうおよびいやくひんひ

農業経営統計調査（畜産物生産費統計）
　獣医師料及び医薬品費とは、獣医師に支払った料金や家畜のために使用した医薬品など、家畜の医療と衛生のために要した費用をいう。

家畜共済掛金の疾病障害共済掛金（病傷部分）のほか、衛生のための費用のうち、家畜に直接使用されない農業薬剤（飼料倉庫を消毒するための薬剤）、ミルカーやバルククーラーの洗剤などの費用を計上している。

繁殖雌畜の減価償却費

はんしょくめすちくのげんかしょうきゃくひ

農業経営統計調査（畜産物生産費統計）

繁殖雌畜の減価償却費とは、繁殖雌畜（牛乳生産費統計における搾乳牛及び子牛生産費統計における繁殖雌牛）の取得に要した費用を減価償却費として計上することをいう。

税法上は取得価額が10万円未満の資産の取得費用は減価償却費として計上しないが、畜産物生産費では搾乳牛及び繁殖雌牛については、取得価額が10万円未満であっても減価償却により費用計上する資産としている。

計算方法は、

・減価償却費＝定額法による減価償却費＋処分差損失

としており、具体的には次のとおりである。

①定額法による減価償却費

・平成19年3月31日以前に取得した償却中の固定資産（取得価額－残存価額）×償却率×費用計上月数÷12

・平成19年3月31日以前に取得した耐用年数終了後の固定資産（残存価額－1円）÷5年×費用計上月数÷12

・平成19年4月1日以降に取得した固定資産（取得価額－1円）×償却率年×費用計上月数÷12

　a　取得価額

　　取得価額については、成畜時以降に取得したものは購入価額とし、成畜時に自家育成しているものは市場評価額としている。

　b　償却率

　　償却率については「減価償却資産の耐用年数等に関する省令」（昭和40年大蔵省令第15号）による耐用年数に応じた償却率としている。

　c　耐用年数

　　耐用年数については、繁殖用役肉用牛は6年、同乳用牛は4年、種付用牛は4年、その他用は6年とされている。

262 I 農　　業

②処分差損失

　処分差損失については、売却・死亡時の現在価から売却価額を控除したものとしている。

繁殖雌豚費及び種雄豚費
はんしょくめすぶたひおよびたねおすぶたひ

農業経営統計調査（畜産物生産費統計）

　繁殖雌豚及び種雄豚は、減価償却費を計上する資産としては扱わず、購入したものについてその購入費用及び購入付帯経費を含めた額を計上している。

地　　　　代
ちだい

農業経営統計調査（農畜産物生産費統計）

　地代とは、土地所有者である地主に対して土地の使用権として、借地人が支払う料金をいう。

　地代は、耕作者が自分の土地を耕作する場合にも、潜在的に発生する性格のものである。生産費統計においては、支払地代と、自作地地代に区分して計上している。

①支払地代

　実際に支払った小作料に調査対象作物の負担率を乗じて、その作目が負担する地代を算出している。

②自作地地代

　類地（調査対象作目の作付地と地力等が類似している作付地）の小作料によって評価し、調査作目の負担率を乗じて、その作目が負担する地代を算出している。

　また、作付地以外の土地の使用についても上記に準じて算出している。

資　本　利　子
しほんりし

農業経営統計調査（農畜産物生産費統計）

　資本利子は、地代と同じように、資本という元本の使用に対する対価としての性格がある一方、利潤の派生部分でもある。

　ただし、資本利子と地代は減価償却費や流動財等の費用とは本質的に異なるものであり、農畜産物生産費においては、それらの費用とは区分して計算、表章している。

　具体的には、借入利子については実支払利子とし、自己資本利子については投下凍結資本部分に対する計算利子を資本利子として計上している。

　自己資本利子は、自己資本額（総資本額 − 借入資本額）× 4 ％で計算している。

　a　総資本額

   総資本額＝固定資本額＋（流動資本額＋労賃資本
  額）÷2
  b 固定資本額
   建物、自動車、農機具のそれぞれの負担分現在価
  c 流動資本額
   種苗費、肥料費、農業薬剤費、光熱動力費、その他
 諸材料費、土地改良及び水利費、賃借料及び料金、物
 件税及び公課諸負担、建物費のうちの修繕費、自動車
 費、農機具費並びに生産管理費のうちの修繕及び購入
 補充費
  d 労賃資本額
   雇用労働費、家族労働費

主　産　物
しゅさんぶつ

農業経営統計調査（農畜産物生産費統計）
 主産物とは、販売を目的とする農業生産物であって、通
常市場等で取引の対象となる品質を有しているものをい
う。
 ⇒「農畜産物生産費調査の主産物、副産物」（別表）参
照。

 農畜産物生産費統計における主産物は次のとおりであ
る。
（農産物生産費）
・米生産費
 販売を目的とし通常市場で取引の対象となる品質を備え
 ている玄米
・小麦生産費
 1等及び2等並びに規格外麦Aランクの対象となる規格
 品質を有するもの
・二条大麦、六条大麦及びはだか麦生産費
 1等、2等及び規格外Aランク
・ビール大麦
 副産物と同等の品質であっても、大粒大麦で主産物と同
 等の品質を有しているものは含む
・そば及びなたね生産費
 販売を目的とし、通常、市場で取引の対象となる品質を
 有している玄そば、なたね
・大豆及び畑作物生産費
 商品として販売されるもの

（畜産物生産費）

・牛乳生産費
　生乳。「生乳」とは、搾乳牛（搾乳の目的で飼養する経産牛をいう。）から搾乳した乳

・子牛生産費
　子牛

・乳用雄育成牛生産費
　４ヶ月齢以上で販売され、若しくはほ育、育成を終え自家用に仕向けられた牛

・交雑種育成牛生産費
　４ヶ月齢以上で販売され、若しくはほ育、育成を終え自家用に仕向けられた牛

・去勢若齢肥育牛生産費
　去勢若齢肥育牛で肉用に販売されたもの

・乳用雄肥育牛生産費
　乳用雄肥育牛で肉用に販売されたもの

・交雑種肥育牛生産費
　交雑種肥育牛で肉用に販売されたもの

・肥育豚生産費
　肥育豚で調査期間中に通常の出荷体重に達し肉用として販売した豚

副　産　物
ふくさんぶつ

農業経営統計調査（農畜産物生産費統計）
　副産物とは、主産物の生産過程で主産物と必然的に結合して生産されるもの及び主産物と比較して品質が劣り、通常主産物のような取引の対象とならないものをいう。
　⇒「農畜産物生産費調査の主産物、副産物」（別表）参照。

（農産物生産費）

・米生産費
　くず米、稲わら、もみ殻

・小麦生産費
　麦わら、規格外麦（Ｂランク、Ｃランク）、くず麦

・二条大麦、六条大麦及びはだか麦生産費
　麦わら、規格外麦（Ｂ、Ｃランク）、くず麦

・そば及びなたね生産費
　主産物以外

・大豆及び畑作物生産費
　大豆のくず豆、
　原料用かんしょ・ばれいしょのくずいも

　　　てんさいの茎葉
　　　さとうきびの梢頭部
（畜産物生産費）
・牛乳生産費
　子牛（調査期間中に分娩された子牛）
・子牛生産費
　きゅう肥（調査期間中に搬出したきゅう肥、以下同じ。）
・乳用雄育成牛生産費
　４ヶ月齢未満で販売した牛、事故牛、きゅう肥（同上）
・交雑種育成牛生産費
　４ヶ月齢未満で販売した牛、事故牛、きゅう肥（同上）
・去勢若齢肥育牛生産費
　事故牛、きゅう肥（同上）
・乳用雄肥育牛生産費
　事故牛、きゅう肥（同上）
・交雑種肥育牛生産費
　事故牛、きゅう肥（同上）
・肥育豚生産費
　事故豚、繁殖雌豚、種雄豚、子豚、きゅう肥（同上）

計算対象畜
けいさんたいしょう
ちく

農業経営統計調査（畜産物生産費統計）
　計算対象畜とは、生産物及び生産物の生産に機能した家畜（肥育牛であれば計算期間中に販売された肉用牛（死亡牛含む。））をいい、生産費計算においては、この計算対象畜を費用計上の対象としている。

計算期間
けいさんきかん

農業経営統計調査（畜産物生産費統計）
　計算期間とは、生産費を計上する期間（肥育牛であれば、肥育用もと牛を導入した時点から肉用として販売した時点までの期間（死亡牛含む。））をいい、計算期間中に計算対象畜に要した費用を主産物及び副産物の生産に要した生産費としている。
　　⇒「農畜産物生産費調査の調査期間、計算期間」（別表）参照。

利潤、所得、家族労働報酬
りじゅん、しょとく、かぞくろうどうほうしゅう

農業経営統計調査（農畜産物生産費統計）
　利潤、所得、家族労働報酬は、収益性を示す指標であり、本来は農業経営全体の経営計算から求めるべき性格のものであるが、農畜産物生産費対象品目の収益性を品目間で比較するための指標として、計測範囲を品目に係る部分（当

該品目の収入、負担費用部分等）のみに限定して取りまとめられている。

　①利　潤

　　粗収益（注）から生産費総額（費用合計＋資本利子＋地代）を差し引いたものをいい、生産に用いた自作地、自己資本、家族労働力も全て外部から調達したとみなし、それらの費用を支払って得た成果である。

　②所　得

　　生産費総額から家族労働費、自己資本利子及び自作地地代を控除した額を粗収益から差し引いたものをいい、所有する生産要素の土地、労働、資本に対する報酬である。

　③家族労働報酬

　　生産費総額から家族労働費を控除した額を粗収益から差し引いたものをいい、家族労働に対する報酬である。

　　・家族労働報酬＝粗収益－（生産費総額－家族労働費）

注：粗収益とは、主産物価額と副産物価額の合計をいう。

固定資本額
こていしほんがく

農業経営統計調査（農畜産物生産費統計）

　農畜産物の生産のために使用した建物及び構築物、自動車、農機具、生産管理機器の調査作物が負担する現在価をいう。

　負担部分現在価は調査開始現在価に調査作物の負担割合を乗じて算出している。

　負担割合は次のとおりである。

　①建　物

　　調査期間中の総使用量（総使用面積×使用日数）から調査農産物等の使用量（使用面積×使用日数）により算出

　②自動車及び農機具

　　調査期間中の総使用時間から調査農産物等の使用時間から算出

流動資産額
りゅうどうしさんがく

農業経営統計調査（農畜産物生産費統計）

　流動資産額とは、種苗費、肥料費、農業薬剤費、光熱動力費、その他の諸材料費、土地改良及び水利費、賃借料及

び料金、物件税及び公課諸負担、建物費のうち修繕費、自動車費、農機具費、生産管理費の合計額に 1 ／ 2 （平均資本凍結期間 6 ヶ月）を乗じて算出したものをいう。

平均資本凍結期間を 6 ヶ月としているのは、農産物の生産に当たって投下される個々の資産は全て生産開始時点に投下されるものではなく生産過程の中で必要に応じて投下されるものであることによる。

労 賃 資 本 額
ろうちんしほんがく

農業経営統計調査（農畜産物生産費統計）
労賃資本額とは、家族労働費と雇用労働費の合計に 2 分の 1 を乗じて算出したものをいう。なお、 2 分の 1 を乗じるのは、流動資産額の算出の考え方と同様である。

原　　単　　位
げんたんい

農業経営統計調査（農畜産物生産費統計）
原単位とは、調査農産物 1 単位を生産するのに要した肥料など生産資材の消費数量をいう。
米生産費を例にみると、原単位量として次の事項を取りまとめている。
・原単位量（10a当たり）
　種苗費（種もみ（kg）、苗（a））、
　肥料費（窒素質（kg）、りん酸質（kg）、カリ質（kg）、
　　　　　たい肥・きゅう肥（kg）
　農業薬剤費、
　光熱動力費（動力燃料（L）、電力料）
　その他の諸材料費）
　土地改良及び水利費
　賃借料及び料金（共同負担金など）

費 用 価 計 算
ひようかけいさん

農業経営統計調査（農畜産物生産費統計）
費用価計算とは、物財費のうちの流動財費については購入したものと自給したものを計上するが、農畜産物の生産に投入した自給肥料、自給飼料、自給諸材料を評価するために、それらの自給生産資材の生産に要した費用を計算することをいう。
自給生産資材の評価については、市価で評価する市価主義と費用価計算による方法があるが、たい肥、きゅう肥及び緑肥については費用価計算を行い、それ以外の自給飼料、自給畜力、自給諸材料については市価評価で計上している。

農産物生産費調査の費目分類

1　物財費

費　　目	内容の例示
育苗費	種子、苗、種いもなどの金額 なお、購入付帯労働は労働費の間接労働に分類している。
肥料費	化学肥料（硫安、尿素、過燐酸石灰、化学肥料） 有機質肥料（たい肥、きゅう肥、緑肥、くん炭肥、肥料を主目的とするいなわら等を含む。） なお、購入付帯労働は、労働費の間接労働費に分類している。
農業薬剤費	殺虫剤（D-D剤、MEP乳剤等） 殺菌剤（プロベナゾール粒剤、TPN水和剤等） 殺虫殺菌剤（イミダクロプリド・カルプロパミド粒剤等） 除草剤（プレチラクロール粒剤等） その他の農業薬剤（殺鼠剤、植物成長調整剤、展着材等） なお、購入付帯労働は労働費の間接労働費に分類している。
光熱動力費	動力機械燃料（重油、灯油、軽油、ガソリン、混合油等） 動力機械用消耗材料（モビール油、モーター油、マシン油、グリス等） 加湿材料（重油、灯油等） その他光熱材料 電力料金、水道料金 なお、購入付帯労働は、労働費の間接労働に分類している。
その他の諸材料	選種用材料 苗床材料（いなわら、麦わら、竹くい、落葉、ペーパーポット等） 被覆用材料（ビニール、ポリ、寒冷しゃ等） 栽培用材料（縄、杭、釘、針金、竹）（焼却を必要としない支柱類を含む。） その他の諸材料（主目的が肥料以外のいなわら、麦わら、青草、干草、落葉等を含む。） なお、購入付帯労働は、労働費の間接労働費に分類している。

農産物生産費調査の費目分類（つづき）

1　物財費（つづき）

費　目		内容の例示
土地改良及び水利費		土地改良区費、水利組合費、貯水槽の改修費及び共同負担費、用水路及び排水路等の整備改修割、水害予防対策割等の負担額（土地造成分を除く。）のほか、現物で徴収されたものの評価額。なお、賦役については、労働費の間接労働費に分類している。
賃借料及び料金		賃借料（建物、農機具等の賃借料） 共同負担費（薬剤共同散布割金、共同施設の負担金、共同育苗の負担金等） 料金（賃耕料、田植料金、は種・定植料金、航空防除費、収穫請け負わせ賃、運搬賃、脱穀賃、もみすり賃、ライス・ビーンセンター費、カントリーエレベーター賃等）
物件税公課諸負担	物件税	固定資産税（土地を除く。）、不動産取得税（土地を除く。） 自動車税、軽自動車税、水利地益税、自動車重量税、自動車取得税、共同施設税、都市計画税（土地を除く。）
	公課諸負担	集落協議会費、農業協同組合費、農事実行組合費、農業共済組合賦課金、自動車損害賠償責任保険
建物費	建物	住家、納屋、倉庫、作業場、農機具置場、たい肥舎、温室、プラスチックハウス等で取得価格が10万円以上のものの償却費、これらの修繕費及び取得価格が10万円未満の購入費、大工賃、左官賃、材料費等の修繕費、建物火災保険、建物損害共済の掛金は建物維持費としてここに計上している。 なお、購入、修繕労働は、労働費の間接労働費に分類している。
	構築物	取得価額が10万円以上の次の償却費、これらの修繕費及び取得価額が10万円未満の購入費、土地改良設備費（用水路、暗渠排水設備、コンクリートけい畔、床締め、客土等） その他構築物（果樹棚、堆肥盤、温床わく、肥料溜、支柱（償却を必要とする竹支柱、鉄パイプ支柱、鉄線支柱等）、斜降索道、農用井戸、稲架） なお、購入、修繕労働は労働費の間接労働費に分類している。

農産物生産費調査の費目分類（つづき）
1　物財費（つづき）

費　　目		内容の例示
自動車費		取得価額が10万円以上の次の償却費 農用自動車、原動機付き自転車 これらの修繕費及び取得価額が10万円未満の購入費、車検料、任意車両保険費用 なお、購入、修繕労働は、労働費の間接労働に分類している。
農機具費	大農具	取得価額が10万円以上の償却費 原動機（モーター、ディーゼルエンジン等）揚排、水機具（ポンプ等） 耕うん整地用機具（乗用トラクター、歩行用トラクター、ハロー類（動力）、プラウ類（動力）、カルチベータ、施肥・は種用機具等（水稲直播機、ライムソアー、肥料混合器、田植機、各種移植機等） 防除用機具（噴霧機（動力）、ミスト機、スピードスプレア） 収穫調整用機具（刈取機類、コンバイン、脱穀機、もみすり機、乾燥機類、掘取機等） その他の農具これらの修繕費及び取得価額が10万円未満の購入費。 なお、購入修繕労働は労働費の間接労働費に分類している。
	小農具	大農具以外の農機具の購入費及び修繕費 耕うん整地用機具（すき類、くわ類、スコップ類） 施肥用機具（肥料桶等）、防除用機具 収穫調整用機具（フォーク類等） その他の農具（はさみ類、かま類、種まき機、ざる類、なた、鋸、砥石等） なお、購入、修繕労働は労働費の間接労働費に分類している。

農産物生産費調査の費目分類（つづき）

費　　目		内容の例示
2　労働費		(1) と (2) の合計
(1) 家族	直接労働費	農産物の生産に直接投下した労働時間を農業労働評価
		賃金により算出した賃金により評価した家族労働費（ゆい、手間替え受けを含む。）
	間接労働費	生産のために使用した自給肥料の生産、固定資産の修繕資材の購入のために投下した労働時間を農業労働評価賃金により算出した賃金により評価した家族労働費（ゆい、手間替え受けを含む。）
(2) 雇用	直接労働費	農産物の生産に直接投下した労働時間に対応した、年雇、季節雇、臨時雇、手伝人、共同作業受の賃金（現物支給を含む。） なお、住込みの年雇、共同作業受け労働は、農業労働
	間接労働費	評価賃金により評価した労働費 生産のために使用した自給肥料の生産、固定資産の修繕資材の購入のために投下した、年雇、季節雇、臨時雇、手伝人、共同作業受の賃金（現物支給を含む。） なお、住込みの年雇、共同作業受け労働は、農業労働評価賃金により評価した労働費
3　費用合計		1物財費と2労働費の合計
4　生産費（副産物価額差引）		3費用合計から副産物価額を差し引いたものをいう。
5 資本利子	(1) 支払利子	支払利子額
	(2) 自己資本利子	自己資本額に年利率4％を乗じた計算利子額 なお、流動資本及び労賃資本については、資本の機能期間としての資本凍結期間を乗じることとしている。

農産物生産費調査の費目分類（つづき）

費　目		内容の例示
6 地 代	(1) 支払地代	実際に支払った生産費品目作付地の小作料（物納の場合は時価評価額）、生産費品目に使用された作付地以外の土地（建物敷地、作業所、乾燥場、通し苗代等）の賃借料及び小作料
	(2) 自作地地代	自作地見積り地代（類地小作料）
7 支払利子・地代算入生産費		4の生産費（副産物価額差引）に5の(1)支払利子及び6の(1)支払地代を加えたもの
8 資本利子・地代利子全額算入生産費		7の支払利子・地代算入生産費に5の(2)自己資本利子および6の(2)自作地地代を加えたもの

畜産物生産費の費目分類

費目			内容例示
	種付料		精液、種付けに要した費用（自給の場合は市価評価額）
	もと畜費		もと畜の導入に要した費用（自給の場合は市価評価額）
	飼料費	流通飼料費	購入飼料及び自給牧草以外の自給飼料の費用
		牧草・放牧・採草費	自給牧草の費用価により評価（調査期間は1～12月）
	敷料費		敷料として畜舎内に搬入された材料費（稲わら、おがくず等）
	光熱水料及び動力費		電気料、水道料、燃料、動力運転材料費
	その他の諸材料		消耗材料など他の費目に計上できない材料の費用
	獣医師及び医薬品費		獣医師料、疾病傷害共済掛金、医薬品費等
物財費	賃借料及び料金		賃借料（建物、農機具等）、登録料、検査料等
	物件税及び公課諸負担		固定資産税（土地を除く。）、自動車税、農協組合費等
	繁殖雌畜の減価償却		搾乳牛及び繁殖雌牛の減価償却費
	繁殖雌豚費、種雄豚費		繁殖雌豚、種雄豚の購入に要した費用
	建物費	減価償却費	建築物及び構築物（浄化槽、尿だめ等）の減価償却
		修繕費	建築物及び構築物の維持修繕
	農機具費	減価償却費	取得金額10万円以上の農機具の減価償却費
		修繕費・購入補充費	農機具の修繕費、取得金額10万円未満の農機具の購入費
	生産管理費	減価償却費	取得金額10万円以上の生産管理機器の減価償却費
		購入・支払	集会出席交通費、技術習得受講料、事務用品の購入費と修繕費
労働費	家族労働費		家族労働時間に「毎月勤労統計調査」の建設業、製造業及び運輸業・郵便業の5～29人規模の平均労賃単価（都道府県単位・男女同一、通勤手当控除）を乗じて評価
	雇用労働費		実際に支払った賃金（賄い及び現金支給を含む。）
費用合計			物財費と労働費の合計
副産物価額			子牛（牛乳生産費）、事故畜（牛乳及び子牛生産費以外）、きゅう肥（廃棄したものは除く。）等の価額
生産費（副産物価額差引）			費用合計から副産物価額を控除したもの
支払利子			調査期間中に支払った借入資本利子
支払地代			調査期間中に支払った借入地代
支払利子・地代算入生産費			生産費（副産物価額差引）に支払利子と支払地代を加えたもの
自己資本利子			自己資本金（総資本金－借入資本金）に年利率4％を乗じて算出
自作地地代			所有地の近傍類地の地代により評価
資本利子・地代全額算入生産費（全参入生産費）			支払利子・地代算入生産費に自己資本利子と自作地地代を加えたもの

農畜産物生産費調査の調査期間、計算期間

統計の種類			調査期間	計算期間
農畜産物生産費統計	農産物生産費統計	米生産費	1/1～12/31	当該年産の調整終了前1年間
		麦類　小麦生産費	9/1～8/31	
		麦類　二条大麦生産費		
		麦類　六条大麦生産費		
		麦類　はだか麦生産費		
		そば生産費	1/1～12/31	
		大豆生産費		
		いも類　原料用かんしょ生産費		
		いも類　原料用ばれいしょ生産費		
		工芸農作物　なたね生産費	9/1～8/31	
		工芸農作物　てんさい生産費	1/1～12/31	
		工芸農作物　さとうきび生産費	4/1～3/31	
	畜産物生産費統計	牛乳生産費	4/1～3/31	4/1～3/31
		肉用牛　去勢若齢肥育牛生産費		肥育用もと牛を導入した時点から肉用として販売した時点まで
		肉用牛　乳用雄肥育牛生産費		
		肉用牛　交雑種肥育牛生産費		
		肉用牛　子牛生産費		1 初産牛の場合：初回種付時から子牛販売時まで　2 経産牛の場合：前回の子牛販売時から今回の子牛販売時まで
		肉用牛　乳用雄育成牛生産費		育成用もと牛を導入した時点から肥育用もと牛として販売した時点まで
		肉用牛　交雑種育成牛生産費		
		肥育豚生産費		4/1～3/31

農畜産物生産費調査の主産物、副産物

統計の種類				主産物	副産物
農畜産物生産費統計	農産物生産費統計		米生産費	通常市場で取引の対象となる品質を備えているもの	くず米、稲わら、もみ殻
		麦類	小麦生産費		規格外麦Bランク、規格外麦Cランク、くず麦、麦わら、もみ殻
			二条大麦生産費		
			六条大麦生産費		
			はだか麦生産費		
			そば生産費		主産物以外
			大豆生産費		くず豆
		いも類	原料用かんしょ生産費		くずいも
			原料用ばれいしょ生産費		
		工芸農作物	なたね生産費		主産物以外
			てんさい生産費		ビート・トップ
			さとうきび生産費		梢頭部
	畜産物生産費統計		牛乳生産費	生乳	子牛、きゅう肥
		肉用牛	去勢若齢肥育牛生産費	去勢若齢肥育牛	きゅう肥、事故牛
			乳用雄肥育牛生産費	乳用雄肥育牛	
			交雑種肥育牛生産費	交雑種肥育牛	
			子牛生産費	子牛	きゅう肥
			乳用雄育成牛生産費	乳用雄育成牛	きゅう肥、事故牛及び生後4か月未満で販売した牛
			交雑種育成牛生産費	交雑種育成牛	
			肥育豚生産費	肥育豚	廃用後売却した繁殖豚、子豚

農業労働時間の範囲

1　基本的範囲

　　作物の栽培及び家畜の飼養時間、ほ場までの往復時間、農業に関する集会、講演会などへの出席時間など農業経営に関する作業一切、更に共同作業への出役時間、農作業を請け負った時間などである。

2　具体的な労働時間の例

　　①農作物（飼料作物など中間生産物を含む。）の栽培準備、播種、移植、定植、肥培管理、収穫調整、包装荷造、出荷、あとかたづけなど

　　②家畜の飼養管理、搾乳、採卵、選別、出荷など

　　③養蚕の栽桑、掃立て、飼育、集繭、出荷、あとかたづけなど

　　④自家生産の農産物を原料として加工するもので、農業の範疇に含まれる加工品（製茶、干しだいこん、みそ、漬物）作りなど

　　⑤たい肥づくり、草刈など

　　⑥肥料、飼料等農業生産資材の購入引き取り、運搬作業

　　⑦農機具、畜舎等建物の修理（大修繕を除く修繕）作業など。

　　⑧農作業受託。農業機械等の生産手段を用いて、他家の農作業を受託して行った仕事及び組織（協業経営体を除く。）のオペレータとして農作業に従事した仕事

　　　ただし、農作業受託のうち、果樹の袋掛けなど生産手段を用いない農作業の請負は臨時的賃労働としている。（農業労働時間としていない。）

　　⑨共同防除、用排水路の整備等の共同作業への出役

　　⑩農業経営のための集会出席時間、技術取得などに要した時間、トラクタの運転免許更新に係る時間などの企画管理労働時間

3　労働時間として把握する範囲

　　作業の開始（家を離れて作業した場合は家を出発した時）からその日の作業を終了して、家に帰り、あとかたづけが終わるまでの時間で、昼食時間、休憩時間は除外する。

作業分類一覧表（農産物生産費に関する作業）
米生産費

作業分類	作業の内容例示
1　直接労働時間	(1) から (13) までの合計
(1) 種子予措	種もみの選種、浸種、消毒、催芽
(2) 育苗	床土作り、床作り、は種、施肥、かん水、換気など育苗器による育苗作業一切 畑苗代や保温折衷苗代などに伴う労働、苗代管理一切
(3) 耕起整地 （本田耕地及び本田整地）	荒起こし、秋田起こしの労働、本田の砕土、しろかき（荒しろを含む。）より本田かん水、整地までの労働（なお、先にかん水してトラクター等で行う耕耘からしろかきまでの一貫作業を含む。）あぜ塗り労働
(4) 基肥	肥料の運搬、施肥、秋落ちを防ぐための客土の搬入労働、水田裏作物の畝間に次期の稲作のためのたい肥、きゅう肥の施肥労働
(5) 直まき	直まき（乾田直まきとかん水直まきの両方を含む。）のための耕耘からは種まきまでの労働
(6) 田植え	苗運搬、田植え、浮苗なおしの労働、補植、苗取り
(7) 追肥	肥料の運搬、施肥、除草剤混入肥料の散布労働
(8) 除草	人力、動力による中耕除草、除草剤の散布、ひえ抜き、ひえ切り労働
(9) 管理	けい畔の草刈り（棚田の法面（けい畔でない。）の草刈りは含めない。）、かん水、落水、落水溝掘り、水温上昇剤の散布、けい畔の小修繕、災害による小規模の復旧作業、構築物に含まれない農道の改修、作柄見回り（集落共同によるかん排水作業のような間接労働時間に含まれるものは除く。）
(10) 防除	農薬散布による防除作業（除草剤の散布は含めない。）、かかし設置、雀追い、被害茎の抜取り、塩抜き労働 ただし、共同防除のための打合せ会議の時間は、生産管理労働とし、ここには含めない。
(11) 刈取・脱穀	稲刈り、コンバイン、脱穀機による稲刈りから脱穀までの一貫作業及び刈り取り後のいなわら処理労働を含む。 稲の結束、運搬、地干しする場合の反転作業、稲架の組立、稲掛（はさかけ）、稲架の取り壊し、後片付け、稲の収納、脱穀、調整、もみ運搬、脱穀調整後他の場所への収納労働、いなわらの処理労働
(12) 乾燥 （もみ乾燥及びもみすり）	動力、火力、人力による乾燥作業、もみすり、調整と包装荷造りが同時に行われる場合には、選別に要する労働は含め、包装荷造りの労働は除外する。もみ及び玄米の運搬、もみがらの処理労働

作業分類一覧表（農産物生産費に関する作業）（つづき）
米生産費（つづき）

作業分類			作業の内容例示
(13) 生産管理			アからウまでの合計
	ア	集会出席	〔生産費品目の作業等の打合せに関する次の労働時間〕 　転作、共同防除、栽培協定、共同育苗、作業受委託、農機具借入、災害予防、復旧作業、農道やため池等の新設・修理、用排水管理、共有の農機具使用、共同作業場の使用、農業臨時雇の雇い入れ、生産資材の共同購入、土地基盤整備・ほ場整備事業に関する打合せ
	イ	技術習得	〔生産費品目の技術習得に関する次の労働時間〕 　農業試験場・普及所等の公的機関、農協の営農指導員等、農業生産資材販売店等民間機関からの技術習得 　市町村・農協等の主催する研究会、経営者協議会等の主催する研究会、市町村・農業委員会・農協等の主催する視察、経営者協議会等の主催する視察 　農業経営士・農業機械士等の資格取得講習会への出席、農用トラクター・貨物自動車等の運転免許更新、生産費品目専門書の読書時間
	ウ	簿記記帳	農業経営改善のための経営記録、評価、点検、営農設計、経営分析等
2　間接労働時間			自給財の生産（自給肥料、水利賦役、建物修繕、農機具修繕、農機具補充（取替）等）のための労働時間 　購入資材（用役）の調達（資材の購入、雇用労働等）のための労働時間（購入付帯労働時間）
3　経営管理			(1) から (3) までの合計
(1) 集会出席			集会出席（各種役職の打合せ、その他（集落の常会で1の (13) のア以外））に関する労働時間
(2) 技術習得			技術習得（農業関係定期刊行物の読書時間、簿記等の技術習得のための各種講習会への出席）に関する労働時間
(3) 資金調達			資金調達（農業機械等の購入用、農業生産資材の購入用、農業用建物の新築、改築、修理用、農用地の購入用、土地改良事業用）のために農協・銀行に行った時間

注：生産費に含める労働時間は、1直接労働時間＋2間接労働時間である。

8 集落営農・農道整備

(1) 集落営農

集落営農（再掲） しゅうらくえいのう	集落営農実態調査 ⇒ I-1「集落営農組織」参照
集落営農参加農家数 しゅうらくえいのう さんかのうかすう	集落営農実態調査 　農作業を受託している農家、委託している農家、集落内の営農に係る事項について合意している農家等何らかの形で集落営農に参加している農家をいい、農地を所有している世帯（土地持ち非農家）を含む。
現況集積面積 げんきょうしゅうせ きめんせき	集落営農実態調査 　集落営農が経営する経営耕地面積及び農作業受託面積の合計をいう。 　経営耕地面積：集落営農が現在経営する耕地をいい、自己所有地に借地を加えたものである。 　農作業受託面積：集落営農が農作業受託した実面積をいう。

集落営農組織の現状（平成30年）

集落営農組 織数	現況集積面積（ha）			参加 農家数（戸）
	計	経営耕地面積	農作業受託面積	
15,111	481,812	383,991	97,821	510,680

集落営農実態調査

集落営農の活動内容 しゅうらくえいのう のかつどうないよう	集落営農実態調査 　集落営農の活動内容として、「農産物等の生産・販売活動」、「農産物等の生産・販売以外の活動」に分けて把握している。 　農産物等の生産・販売以外の活動：集落営農として、防除・収穫等の農作業受託、作付地の団地化等集落内の土地利用調整、農家の出役による共同の農作業（農業用機械を

利用した農作業以外）又は機械の共同所有・共同利用にとりくんでいる場合をいう。

主たる従事者
しゅたるじゅうじしゃ

集落営農実態調査
　集落営農の構成員のうち、その組織が行う耕作又は養畜を中核的に担う者であり、かつ、市町村が農業経営基盤強化促進法第6条の規定に基づき基本構想において定める農業所得水準を目指している者又はこれに達している者をいう。

経理の共同化の状況
けいりのきょうどうかのじょうきょう

集落営農実態調査
　経理について組織における共同化の状況をいう。
　農業機械の利用・管理に係る収支、オペレータ等の賃金に係る収支、資材の購入に係る経費、生産物の出荷・販売に係る収支、農業共済に係る収支に分けて把握している。

継続等区分
けいぞくとうくぶん

集落営農実態調査
　前年調査結果との関係を整理したもの。
　継続、新規、統合、分割、統合による解散、解散に整理している。
継続：組織として継続しているもの（名称変更、法人化を含む。）
新規：過去1年間に新たに設立されたもの
統合：複数の集落営農が一つの組織となったもの
分割：複数の組織に分かれたもの
統合による解散：他の組織との統合により解散したもの
解散：他の組織との統合以外で解散したもの

農地所有適格法人
（農業生産法人）
のうちしょゆうてきかくほうじん
（のうぎょうせいさんほうじん）

集落営農実態調査
　農地法（昭和27年法律第229号）第2条第3項に規定する農地又は採草放牧地を所有することができる法人をいう。

特定農業法人
とくていのうぎょうほうじん

集落営農実態調査
　農業経営基盤強化促進法（昭和55年法律第65号）第23条第4項に規定する農業経営を営む法人をいう。
　具体的には、農業経営を営む法人のうち、農用地利用改善団体の構成員からその所有する農用地について利用権の

設定等又は農作業の委託を受けて農用地の利用の集積を行う法人をいう。

特定農業団体
とくていのうぎょう
だんたい

集落営農実態調査

　農業経営基盤強化促進法第23条第4項に規定する団体をいう。

　具体的には、農用地利用改善団体の構成員からその所有する農用地について農作業の委託を受けて農用地の利用の集積を行う団体（農業経営を営む法人を除き、農業経営を営む法人となることが確実と見込まれること等の要件に該当するものに限る。）をいう。

(2) 農道整備

農　　　道
のうどう

農道整備状況調査

　土地改良法（昭和24年法律第195号）に基づく土地改良事業で造成され農道として管理されている幅員1.8メートル以上の道路及び独立行政農道として管理されている幅員1.8メートル以上の道路及び独立行政総合整備事業、特定中山間保全整備事業又はふるさと農道緊急整備事業に造成された幅員1.8メートル以上の道路である。

　ただし、農道として造成されている道路であっても、すでに、都道府県道、市町村道に認定されている場合は対象としない。

　平成29年8月1日現在の農道総延長距離は、173,367kmである。

9　6次産業化、野生鳥獣等

(1)　6次産業化

6 次 産 業 化
ろくじさんぎょうか

6次産業化総合調査

　農林漁業者等が必要に応じて農林漁業者等以外の者の協力を得て主体的に行う、1次産業としての農林漁業と2次産業としての製造業、3次産業としての小売業等の事業との総合的かつ一体的な推進を図り、地域資源を活用した新たな付加価値を生み出す取組をいう（食料・農業・農村白書）。

　6次産業化総合調査では「農業・農村の6次産業化」として農産加工（農産加工を営んでいる農業経営体及び農業協同組合等が運営する農産加工場）、農産物直売所（農産物直売所を営んでいる農業経営体及び農業協同組合等が開設している農産物直売所）、観光農園（観光農園を営んでいる農業経営体）、農家民宿（農家民宿を営んでいる農業経営体）、農家レストラン（農家レストランを営んでいる農業経営体及び農業協同組合が運営するレストラン）を対象としている。

　また、「漁業・漁村の6次産業化」として水産加工場（海面漁業経営体又は沿海地区の漁業協同組合等が運営する水産加工場）、水産物直売所（海面漁業経営体又は沿海地区の漁業協同組合等が運営する水産物直売所）、漁家民宿（漁家民宿を営んでいる海面漁業経営体）、漁家レストラン（漁家レストランを営んでいる海面漁業経営体及び沿海地区の漁業協同組合等が運営するレストラン）を対象としている。

　農林業センサス、農業経営統計調査では「6次産業」という言葉は用いていないが、「農業生産関連事業」として、「農産物の加工」、「貸農園・体験農園」、「観光農園」、「農家民宿」、「農家レストラン」、「海外への輸出」に区分し事業実施状況を把握している。

農業生産関連事業の年間販売金額及び事業体数（平成27年）

農業生産関連事業計		農産物の加工		農産物直売所	
総額(億円)	事業体数	総額(億円)	事業体数	総額(億円)	事業体数
19,680	60,780	8,923	26,990	9,974	23,590

観光農園		農家民宿		農家レストラン	
総額(億円)	事業体数	総額(億円)	事業体数	総額(億円)	事業体数
378	6,700	55	1,970	350	1,530

6次産業化総合調査

漁業生産関連事業の年間販売金額及び事業体数（平成27年）

漁業生産関連事業計		水産物の加工		水産物直売所	
総額(億円)	事業体数	総額(億円)	事業体数	総額(億円)	事業体数
2,336	3,490	1,847	1,530	365	660

漁家民宿		漁家レストラン	
総額(億円)	事業体数	総額(億円)	事業体数
70	1,020	54	280

6次産業化総合調査

農業生産関連事業 農業協同組合等が運営する農産加工場

のうぎょうきょうどうくみあいとうがんえいするのうさんかこうじょう

6次産業化総合調査

　農業協同組合又は農業協同組合が50％以上出資する子会社が運営する加工施設のほか、農業協同組合の加工場を使用し、農業協同組合の下部組織（女性部・部会等）及び生産者グループが農産加工品の製造・販売等の事業を運営する場合も含んでいる。

農業協同組合等が開設している農産物直売所

のうぎょうきょうどうくみあいとうがかいせつしているのうさんぶつちょくばいしょ

6次産業化総合調査

　農業協同組合又は農業協同組合が50％以上出資する子会社又は生産者グループが開設した農産物直売所のほか、都道府県、市町村、第3セクター、農業協同組合下部組織（女性部・部会）及び民間企業が農業経営体から委託を受けて農産物又は農産加工品を販売するため開設した施設を含む。

農業協同組合等が運営するレストラン
のうぎょうきょうどうくみあいとうがんえいするれすとらん

6次産業化総合調査
　農業協同組合又は農業協同組合が50％以上出資する子会社が運営する農家レストランをいう。

営 業 期 間
えいぎょうきかん

6次産業化総合調査
　農産物直売所、水産物直売所を営んでいる期間のことで、
　①通年営業：1年を通じておおむね1週間に5日以上営業していることをいう。
　②季節的営業：通年営業以外をいう。

営 業 日 数
えいぎょうにっすう

6次産業化総合調査
　直売所、観光農園、農家（漁家）民宿、農家（漁家）レストランの営業した日数をいう。1日1時間でも営業すれば1日としている。

稼 働 日 数
かどうにっすう

6次産業化総合調査
　加工場の稼働日数、加工作業を行った日数等加工製造に要した日数をいう。1日1時間でも稼働すれば1日としている。

常 設 施 設
じょうせつしせつ

6次産業化総合調査
　農産物直売所において、直売専用に使用している常設の施設（簡易な小屋等を含む。）、農産加工場や温室など他の用途と兼用している施設、百貨店やスーパーなど大型店舗の一角にある独立した売り場（量販店のインショップ）、賃貸による直売施設等をいう。

農林漁業等体験活動
のうりんぎょぎょうとうたいけんかつどう

6次産業化総合調査
　農作業体験、枝打ち、農産物の加工、郷土料理作り、調理の体験、木工細工、地域伝統行事への参加、森林散策等の体験活動をいう。

漁業生産関連事業
漁業協同組合等が運営する水産加工場
ぎょぎょうきょうど

6次産業化総合調査
　水産加工場のうち、漁業協同組合等が自ら又は構成員（組合員）の漁業生産によって得られた生産物を使用して水産加工品の製造を行う事業所をいう。なお、同一の加工

うくみあいとうがう んえいするすいさん かこうじょう	施設において複数の運営主体が水産加工品の加工・製造を行っている場合には、運営主体ごとにそれぞれ別の水産加工場としている。
漁業協同組合等が運 営する水産物直売所 ぎょぎょうきょうど うくみあいとうがう んえいするすいさん ぶつちょくばいしょ	6次産業化総合調査 　水産物直売所のうち、漁業協同組合等が自ら又は構成員（組合員）の漁業生産によって得られた生産物もしくはその水産加工品を販売する水産物直売所をいう。なお、同一の施設において複数の運営主体が水産物直売所の運営を行っている場合には、運営主体ごとにそれぞれ別の水産物直売所としている。

(2) 野生鳥獣

食 肉 処 理 業 しょくにくしょりぎ ょう	野生鳥獣資源利用実態調査 　食鳥（鶏、あひる、七面鳥）以外の鳥若しくはと畜場で処理される獣畜（牛馬、豚、めん羊、山羊）以外の獣畜をと殺しもしくは解体し、又は解体された鳥獣の肉や内臓等を分割し、もしくは細切りにする営業をいう。
食 肉 処 理 業 者 しょくにくしょりぎ ょうしゃ	野生鳥獣資源利用実態調査 　食品衛生法第52条第1項の規定による「食肉処理業」の営業許可を受けているものをいう。
食肉処理施設の設立 年月日 しょくにくしょりし せつのせつりつねん がっぴ	野生鳥獣資源利用実態調査 　食肉処理業の営業許可取得日をいう。
食肉処理施設の設立 者・運営者 しょくにくしょりし せつのせつりつしゃ ・うんえいしゃ	野生鳥獣資源利用実態調査 　①公設公営：国や地方公共団体が設置し、運営する施設（第3セクターを含む。）をいう。 　②公設民営：国や地方公共団体が設置し、民間事業者が運営を行っている施設をいう。 　③民設民営：民間事業者が設置し、運営も行っている施

設をいう。

食肉処理施設の年間処理能力
しょくにくしょりしせつのねんかんしょりのうりょく

野生鳥獣資源利用実態調査
　食肉処理施設が年間に食肉処理できる能力をいう。

食肉処理施設の従事者数
しょくにくしょりせつのじゅうじしゃすう

野生鳥獣資源利用実態調査
　食肉処理施設の経営や業務を行う正社員、パート、アルバイト等の雇った人を含めた実人数をいう。専従者とは従業員のうち専ら食肉処理施設の経営や業務を行うものであって、食肉処理施設以外で働いていないものをいう。

食肉処理施設の販売実績
しょくにくしょりせつのはんばいじっせき

野生鳥獣資源利用実態調査
　食肉処理施設が生鮮販売目的で卸売・小売した食肉をいう。部位（モモ、ロース、肩、ヒレ、スネ）、枝肉（はく皮又ははく毛し、内臓を摘出した骨付きの肉のことをいう。）、半丸枝肉（枝肉を背割りにした肉のことをいう。）、四半身（枝肉を4分の1に切り分けた肉をいう。）別に把握している。また、自家消費向け（従業員やその家族で消費する場合）、加工仕向（自らの施設で解体した鳥獣肉を利用し、自らの施設でソーセージ、ハム、ベーコン、缶詰、びん詰、味付け肉等の肉製品を製造・販売すること。）、調理販売（施設直営の飲食店等で調理し販売すること）毎の数量を把握している。

食肉処理施設の販売先
しょくにくしょりせつのはんばいさき

野生鳥獣資源利用実態調査
　食肉処理施設が卸売・小売した販売先をいう。卸売業者、小売業者、加工品製造業者（ソーセージ、ハム、ベーコン等の肉製品（缶詰、瓶詰、つぼ詰を含む。）を製造する事業所）、外食産業・宿泊施設（外食産業とは飲食料品を一般消費者に対しその場で飲食させる事業者をいい、持ち帰り及び宅配のサービスを行っている事業者を含む。宿泊施設とはホテル、旅館、民宿をいう。）、消費者への直接販売（卸売業者や小売業者を経由せずに一般消費者へ食肉を直接販売することをいう。）、学校給食（小中学校の給食をいい、幼稚園、保育園、その他の教育機関の給食を含む。）に区分して把握している。

(3) 地産地消

産 地 直 売 所 さんちちょくばいしょ	農産物地産地消等実態調査 　生産者が自ら生産した農産物（農産物加工品を含む。）を生産者又は生産者グループが、定期的に地域内の消費者に直接対面販売するために開設した場所又は施設をいう。なお、市区町村、農業協同組合等が開設した施設、道の駅に併設された施設を利用するもの、果実等の季節性が高い農産物を販売するため、期間を限定して開設されたものを含む。ただし、無人販売所、移動販売及びインターネットによる販売は除いている。
地 場 農 産 物 じばのうさんぶつ	農産物地産地消等実態調査 　産地直売所及び農産加工場の所在する市区町村及びその同一都道府県内の隣接する市区町村（境界が海上の場合は隣接としない）で生産された農産物をいう。なお、東京都の「特別区」に所在する産地直売所及び農産加工場については、「特別区」（全体で一つの市区町村とみなす。）で栽培された農産物のみとし、「特別区」に隣接する市に所在する産地直売所・農産加工場については「特別区」で栽培された農産物は含めていない。また、肉類については、と畜される前に飼育された市区町村を基準としている。
運 営 主 体 うんえいしゅたい	農産物地産地消等実態調査 　産地直売所を運営する主たる組織をいう。地方公共団体、第3セクター、農業協同組合、農業協同組合（女性部、青年部）、生産者又は生産者グループ、その他に分けて把握している。
常 設 施 設 じょうせつしせつ	農産物地産地消等実態調査 　直売専用に使用している常設の施設（簡易な小屋等を含む。）や調査対象が所有する作業場や温室といった他の用途と兼用している施設のことをいう。

参 加 農 家
さんかのうか

農産物地産地消等実態調査
　産地直売所に参加（登録）している全ての農家である。
（出荷の有無は問わない）ただし、参加（登録）はしてい
ないが、営業期間を通じて出荷している場合は参加農家と
している。

従 　業 　員
じゅうぎょういん

農産物地産地消等実態調査
　正社員、パートなどの雇用形態、雇用の期間にかかわら
ず、産地直売所に勤務している全ての従業員をいう。な
お、従業員には、産地直売所の参加農家のうち、実際に産
地直売所において販売、経理などの産地直売所の業務を行
った人は全て該当するが、農産物の出品のみしている参加
農家は含んでいない。

**農業協同組合等が運
営する農産加工場**
のうぎょうきょうど
うくみあいとうがう
んえいするのうさん
かこうじょう

農産物地産地消等実態調査
　農産物を原料として加工品の製造・販売等（卸を含む。）
を行うため、農業協同組合及び農業協同組合連合会（以
下、「農業協同組合等」という）が運営する加工施設をい
い、農業協同組合等が50％以上を出資している子会社を含
んでいる。
　なお、農業協同組合等の加工施設を使用し、農業協同組
合等の女性部、部会、生産者グループなどが加工品の製
造・販売等の事業を運営している場合は、各運営主体ごと
にそれぞれを農産加工場としている。ただし、農業協同組
合等の加工施設であっても、農家等から委託を受け、農産
物の加工を行い加工賃（委託料）のみを徴収している場合
は除いている。

**農業経営体が営む農
産加工場**
のうぎょうけいえい
たいがいとなむのう
さんかこうじょう

農産物地産地消等実態調査
　農業生産に関連した事業のうち、農産物の加工（原材料
の全てを他から購入している場合は除く。）を営む農業経
営体をいう。

農 産 加 工 品
のうさんかこうひん

農産物地産地消等実態調査
　農畜産物を用いて加工した全ての製品としている。食
品、非食品は問わない。

(4) 米穀在庫量

在　庫　量 ざいこりょう	生産者の米穀在庫等調査 　農家（世帯）が手持ちしている米穀の数量をいう。この数量には、JA等に保管しているもの、販売予約済又は手付金受領済であって現品を当該標本農家（世帯）以外の者に引き渡していないものを含んでいる。
購入及び譲受量 こうにゅうおよびゆずりうけりょう	生産者の米穀在庫等調査 　購入、譲受け、借入れ、物々交換又は現物収入等によって当該生産世帯以外の者から譲り受けた米穀の数量（購入した苗に相当する種子もみを含む。）をいう。
収　穫　量 しゅうかくりょう	生産者の米穀在庫等調査 　収穫した米穀を乾燥調製したもみ（玄米換算）及び玄米の量をいう。
消　費　量 しょうひりょう	生産者の米穀在庫等調査 　自家生産した米穀及び購入した米穀から次に掲げる用途に自家消費した数量をいう。①食用のため使用、②家畜等の飼料として使用、③みそ、しょうゆ、穀粉の原材料として使用
販　売　量 はんばいりょう	生産者の米穀在庫等調査 　販売、交換、現物支払等によって当該生産世帯以外の者に有償で販売した米穀の量をいう。
玄米換算の目安 げんまいかんさんのめやす	生産者の米穀在庫等調査 　もみ10kg（×0.8）→玄米 8 kg（×0.9）→精米 7 kg

(5) 生鮮野菜価格

国産有機栽培品
こくさんゆうきさい
ばいひん

生鮮野菜価格動向
　「農林物資の規格化等に関する法律」（JAS法）に基づく
登録認定機関の認定を受けた生産者等が「有機農産物の日
本農林規格」に準じて生産し、有機JASマークを貼付した
国内産の商品をいう。具体的には、たい肥等による土づく
りを行い、播種・植付前2年以上及び栽培中に（多年生作
物の場合は収穫前3年以上）、原則として化学的肥料及び
農薬は使用しないこと、また、遺伝的組替え種苗は使用し
ないこと等により栽培されたものである。

国産特別栽培品
こくさんとくべつさ
いばいひん

生鮮野菜価格動向
　農林水産省で示している「特別栽培農産物に係る表示ガ
イドライン」に基づき表示されている商品及び各都道府県
において定められている特別栽培農産物の認証制度により
認証された国内産の商品をいう。具体的には、生産された
地域の慣行レベル（各地域の慣行的に行われている節減対
象農薬及び化学肥料の使用状況）に比べて、節減対象農薬
の使用回数が50％以下、化学肥料の窒素成分量が50％以下
で栽培されたものである。なお、上記以外でも、特別な栽
培方法等により通常のものに比べて品質等の価値を付して
販売されている商品はこれに含めている。

輸　入　品
ゆにゅうひん

生鮮野菜価格動向
　外国から輸入された生鮮野菜をいう。なお、数か国から
輸入品が販売されていた場合には、最も販売数量の多いも
のとした。

国 産 標 準 品
こくさんひょうじゅ
んひん

生鮮野菜価格動向
　国内で生産された生鮮野菜のうち、品質、栽培方法等に
ついて消費者に特段の差別化を図らず販売されている商品
をいう。

並列販売店舗
へいれつはんばいて
んぽ

生鮮野菜価格動向
　同じ品目について、国産有機栽培品、国産特別栽培品又
は輸入品のいずれかを国産標準品と同時に販売している店
舗をいう。

Ⅱ 林　業

1．林業一般

(1) 林業一般

林　　　業 りんぎょう	林業とは、林木の造林、保育、保護を行う育林業、林木の伐採、素材生産を行う素材生産業、薪、木炭生産を行う製薪炭業、これらに関連する林業的サービス業及び林野から樹皮、樹脂、樹実、薬草、菌茸類、山菜の採取や野生動物の狩猟を行うその他の林業をいう。 　なお、「日本標準産業分類」（平成25年10月改訂）における小分類で林業は、「育林業」、「素材生産業」、「特用林産物生産業（きのこ類の栽培を除く)」、「林業サービス業」、「その他の林業」に5分類されている。きのこ類の栽培は、「日本標準産業分類」では農業の「野菜作農業（きのこ類の栽培を含む)」に分類されるが、センサスを除く林業経営統計調査等林業統計では行政目的に従い、林業の範疇に含めている。
林 業 経 営 体 りんぎょうけいえいたい	農林業センサス 　農林業経営体のうち、次のいずれかに該当する事業を行う者をいう。 　(1) 権原に基づいて育林又は伐採（立木竹のみを譲り受けてする伐採を除く。）を行うことができる保有山林の面積が3 ha以上の規模の林業（育林又は伐採を適切に実施する者に限る。) 　(2) 委託を受けて行う育林もしくは素材生産又は立木を購入して行う素材生産の事業 ⇒I‐1「農林業経営体」参照

林業経営体の推移　　　　　　　　　単位：千経営体

		2005年	2010年	2015年
林業経営体数		200	140	87
家族経営体		178	126	78
	法人経営		0	0
組織経営体			15	9
	法人経営		6	5

農林業センサス

所 有 山 林
しょゆうさんりん

農林業センサス

　実際に所有している山林をいう。

　なお、登記は済んでいないものの、実際に相続している山林や購入した山林を含む。また、共有林などのうち、割り替えされない割地（半永久的に利用できる区域）があれば、それも含んでいる。

保有山林の状況

		2005年	2010年	2015年
所有山林	経営体数（千経営体）	197	138	86
	面積（千ha）	5,629	4,964	4,028
貸付山林	経営体数（千経営体）	8	4	3
	面積（千ha）	357	309	223
借入山林	経営体数（千経営体）	6	4	2
	面積（千ha）	516	522	569
保有山林	経営体数（千経営体）	198	139	86
	面積（千ha）	5,789	5,177	4,373

農林業センサス

貸 付 山 林
かしつけさんりん

農林業センサス

　所有山林のうち、山林として使用するため他者が地上権の設定をした山林、他者に貸し付けている土地又は分収（土地所有者と造林者が異なり、両者で収益を分配するもの）させている山林をいう。賃貸料の有無を問わない。

借 入 山 林
かりいれさんりん

農林業センサス

　単独で山林として使用するため地上権を設定した他者の

山林、他者から借りている山林又は分収している山林をいう。

また、共有林などのうち、割り替えされる割地（何年かで利用できる区域が変更されるもの）も含む。

保 有 山 林
ほゆうさんりん

農林業センサス

自らが林業経営に利用できる（している）山林で、次式により表される。

保有山林＝所有山林−貸付山林＋借入山林

請負わせた山林
うけおわせたさんりん

農林業センサス

保有山林のうち、一定の期間、一連の林業作業（下刈り、除伐、間伐、主伐等）とその管理を一括して他者に任せている山林をいう。ただし、作業ごとに委託した（請け負わせた）場合は含まない。

請 負 っ た 山 林
うけおったさんりん

農林業センサス

保有山林以外で、一定の期間、一連の林業作業（下刈り、除伐、間伐、主伐等）とその管理を一括して任されている山林をいう。ただし、作業ごとに受託した（請け負った）場合は含まない。

山　　　　林
さんりん

農林業センサス

山林とは、用材、薪炭材、竹材、その他の林産物を集団的に生育させるために用いている土地をいう。したがって、樹木が生えていても、果樹園や庭園は山林に含めない。樹木が点々と生えているところは、枝や葉がその土地の3割以上覆っていると認められる場合は山林としている。

農林業センサスでは山林かどうかは現況によっており、台帳上の地目にかかわらず、現況が山林ならば山林としている。山林の伐採跡地はその後にまだ造林されていなくても山林としている。

次のものも山林としている。

・耕地防風林及び屋敷林

・保安林、砂防指定地などの制限林

・くり、油桐、あべまき、うるし、つばき、山桑、たけのこなどの生育地で、肥料等を投入して管理（肥培管理）していないもの。

分　収　林 ぶんしゅうりん	農林業センサス 　分収林とは、土地所有者が土地を提供し、個人（公団、公社を含む。）が費用負担あるいは造林をして、そこから得られる林産物の収穫を互いに協定した割合で分配する契約の山林のことで、地方によっては「部分け山」、「植分け山」などと呼ばれているものである。 　また、生育途上の若齢人工林を対象にその山林の育林費負担者を募り、伐採時にその収益を分配する契約の「分収育林」（国有林野の「緑のオーナー制度」など）の形態もあるが、この場合は山林の提供者が、その後の保育・管理も行う場合が多いため、「分収させている」、「分収している」との取り扱いはせず、山林提供者（保有者）の保有山林としている。
割　　　地 わりち	農林業センサス 　割地とは「ムラ」の山林や共有林などのうちで権利者が勝手に利用できる区域がはっきり決められている山林をいう。 「割り替えされる」とは何年目かに利用できる区域が変更されることをいい、権利者が借りている山林としている。 「割り替えされない」とは、利用できる区域が半永久的に変更されないことをいい、権利者の所有山林としている。
林　業　作　業 りんぎょうさぎょう 植林 下刈り 除伐 つる切 枝打ち 雪起こし 間伐 切捨間伐 主伐	農林業センサス 　林業作業とは、植林、下刈りなど、間伐、（切捨間伐、利用間伐）、主伐をいう。 　(1) 植林：山林とするために、伐採跡地や山林でなかった土地に苗木の植付け、種子のまき付け、挿し木などを行うことをいう。 　(2) 下刈りなど：林木の健全な育成のために行う下刈り、除伐、つる切り、枝打ち、雪起こしなど、植林から間伐までの間の保育作業をいう。 　①下刈り：苗の健全な育成のため、植林後数年間、苗木に支障を及ぼす雑草や低木などを刈りはらう作業 　②除伐：新植した山林が概ねうっ閉（枝葉が重なり地表を覆った状態）したときに行う作業で、不用木を取り除く作業 　③つる切り：林木に巻き付くつる植物を取り除く作業 　④枝打ち：林木の健全な成長と節のない良材を作るために計画的に一部分の下枝を切り取る作業

⑤雪起こし：雪害による林木の抜け倒れ、曲がり、割れ、折れなどを防ぐために縄やロープなどで引き起こす作業）などの植林から間伐までの保育作業をいう。なお、作業を年２回以上同一区画で行った場合あるいは同一区画で別々の作業を行った場合の面積は、実面積を計上している。

(3) 間伐：林木を健全に成長させるため、立木密度を調整、劣勢木、不用木など林木の一部を伐採することをいう。このうち利用間伐とは、間伐材を林外に運搬し他に利用した場合。間伐材を林内に放置したままにした場合は切捨間伐としている。

(4) 主伐：一定の林齢に生育した立木を、用材等で販売するために伐採（被害木の伐採は含まない。）することをいう。

なお、主伐には、一度に全面積伐採する皆伐と、区画内の立木を何回かに分けて抜き切りする択伐があるが、択伐の場合であっても、面積は、伐採した全体の区画としている。

保有山林での林業作業面積（千ha）

	2010年	2015年
植林	22	17
下刈りなど	132	87
切捨間伐	119	59
利用間伐	45	53
主伐	13	16

農林業センサス

林 業 従 事
りんぎょうじゅうじ

農林業センサス
　林家における世帯員、会社等の組織における経営の責任者・役員及び山林を共同で経営している場合の共同保有者のうち、林業経営への従事をいう。林業作業に従事した場合だけでなく林業経営に付帯する経理事務等の管理事務を含む。

雇 用 者
こようしゃ

農林業センサス
　農林業センサス、農業経営体調査に同じ
⇒Ⅰ-1-(4)「農業雇用労働」参照

素 材 生 産 量
そざいせいさんりょ
う

農林業センサス

　素材とは丸太のことをいい、原木ともいう。また、主伐
に限らず間伐により生産したものも含む。受託して生産し
たものや立木を購入して生産したものは含んでいない。

素材生産を行った経営体数・生産量の状況

		2005年	2010年	2015年
素材生産	経営体数(千経営体)	13	13	10
	素材生産量(千立方メートル)	13,824	15,621	19,888

農林業センサス

林産物の販売金額
りんさんぶつのはん
ばいきんがく
　　　　　用材
　　　　立木で
　　　　素材で
　　ほだ木用原木
　　特用林産物

農林業センサス

　保有山林から生産された林産物(立木を購入して生産し
た素材、栽培きのこ、林業用苗木などは含まない。)の販
売金額をいう。自ら営む製材業などで使用した場合はその
見積額としている。
①用材:樹種を問わず、製材用丸太、合板用材、パルプ
用材、電柱用材、土木用材、杭木、まくら木、農用等に
使われる木材をいう。
・立木で:立木のまま販売したものをいう。
・素材で:立木を伐倒し、所定の長さに切断した丸太、
　あるいは切断した後で運搬を容易にするために四面を
　とった丸太(そま角)にして販売したものをいう。
②ほだ木用原木:保有山林からの林木を、しいたけ、な
めこなどを生産するほだ木として販売したものをいう。
③特用林産物:保有山林から生産又は採取し販売したも
ののうち、用材、ほだ木用原木を除く林産物をいう。山
林から採取したきのこ、山菜、たけのこ、薪炭原木、竹
材、樹実、樹皮が該当する。

(2) 林野面積

国有林野の区分
こくゆうりんやのく
ぶん

国有林野事業統計

　国有財産法に基づき、土地をその利用方法によって、企
業用財産としての要存置林野と、普通財産としての不要存

置林野に区分されている。

要 存 置 林 野
ようそんちりんや

国有林野事業統計
　国有林野のうち、国が森林経営に用いているか、又は利用することが決定している林野をいい、林地と林地以外の国有林野の土地に区分されている。

不 要 存 置 林 野
ふようそんちりんや

国有林野事業統計
　国有林野のうち、国民の福祉を考慮して森林経営に用いなくなった林野をいう。

**林地以外の国有林野
の土地**
りんちいがいのこく
ゆうりんやのとち

国有林野事業統計
　国有林野のうち、森林経営から除外されている附帯地、貸地、雑地をいう。なお、附帯地は苗畑、建物、その他施設の敷地、林道など、貸地は採草放牧地、温泉敷地など、雑地は崩壊地、岩石地、草生地、高山帯などである。

国　　有　　林
こくゆうりん

国有林野事業統計
　国が所有（林野庁所管、その他官庁所管）する森林及び国有林野法に基づく分収造林をいう。

森林資源の現況（平成24年3月31日現在）　単位：千ha

| 総数 | 国有林 | | 民有林 | | |
	計	林野庁所管	計	公有林	私有林
25,081	7,674	7,610	17,407	2,919	14,437

出典：森林・林業統計総覧2017

民　　有　　林
みんゆうりん

　国有林以外をいい、緑資源機構所管林、公有林と私有林に区分される。
　国有林野事業統計には表章されていない。

公　　有　　林
こうゆうりん

国有林野事業統計
　都道府県、地方公共団体の組合、市区町村、財産区の所有する森林をいう。

私　　有　　林
しゆうりん

国有林野事業統計
　民有林のうち、公有以外の個人、会社、社寺、共同、各種団体・組合等の所有する森林をいう。

| 林　種 | 国有林野事業統計 |

林　種
りんしゅ

国有林野事業統計

　森林を成立状態によって区分したものをいう。具体的には、森林を立木地と無立木地に、立木地を人工林と天然林に、無立木地を伐採跡地と未立木地に区分している。

林種別面積（国有林）（平成29年　国有林野事業統計）　　　単位：千ha

総数	林地					
	林地計	立木地				
		立木地計	人工林			
			人工林計	育成単層林	育成複層林	
7,581	6,914	6,900	2,218	2,162	55	

林種別面積（国有林）（平成29年　国有林野事業統計）　単位：千ha

林地							
立木地					無立木地		
天然林				竹林	無立木地計	伐採跡地	未立木地
天然林計	育成単層林	育成複層林	天然生林				
4,682	28	478	4,176	0	13	10	4

森　林
しんりん

国有林野事業統計

　森林法（昭和26年法律第249号）第2条で次のように定められている。

　（1）木竹が集団して生育している土地及びその土地の上にある立木竹

　（2）前号の土地の外、木竹の集団的な生育に供される土地。

林　地
りんち

国有林野事業統計

　森林のうち、林木（針葉樹、広葉樹）が集団的に生育している土地をいい、樹冠の投影面積が30％以上を占めているところをいう。竹林、伐採跡地及び未立木地は含めない。

立木地
りゅうぼくち

国有林野事業統計

　木竹が集団的に生育している土地をいい、樹冠の投影面積が30％以上という基準が設けられている。

無 立 木 地
むりゅうぼくち

掲載調査：国有林野事業統計
　森林のうち立木地の基準に達しない土地、すなわち伐採跡地、未立木地をいう。

未 立 木 地
みりゅうぼくち

国有林野事業統計
　森林計画によって将来森林にすることを予定している土地で、樹冠の投影面積が30％未満のものをいう。なお、未立木地の現況は、野草の繁茂している荒廃地が大部分であるが、森林計画が樹立されているものに限定されている。

人 工 林
じんこうりん
　　　　　単層林
　　　　　複層林

国有林野事業統計
　苗木を植林したり、種をまいたりして人工的に育成した森林をいう。なお、人工林率とは樹林地面積に対する人工林の面積割合をいい、林業の生産活動を表す一つの指標として用いられている。また、樹冠層が単一のものを単層林、複数のものを複層林という

人 工 林 齢 級
じんこうりんれいきゅう

国有林野事業統計
　齢級とは、森林の年齢を5年の幅でくくったもの。人工林は、苗木を植栽した年を1年生とし、1〜5年生を1齢級、6〜10年生を2齢級と数える。

育 成 単 層 林
いくせいたんそうりん

国有林野事業統計
　森林を構成する林木の一定のまとまりを一度に全部伐採し、人為により単一の樹冠層を構成する森林として成立させ維持する施業（育成単層林施業）が行われている森林をいう。

育 成 複 層 林
いくせいふくそうりん

国有林野事業統計
　森林を構成する林木を択伐等により部分的に伐採し、人為により複数の樹冠層を構成する森林（施業の関係上一時的に単層となる森林を含む。）として成立させ維持する施業（育成複層林施業）が行われている森林をいう。

天 然 林
てんねんりん
　　　　　天然生林
　　　　　育成天然林

国有林野事業統計
　天然下種更新、ほう芽更新などの天然更新により成立した森林をいう。なお植生後手入れを行った場合でも、人工林とはしない。また、林木の一部を伐採するだけで造林保育を行うことなく、自然のままに成林する森林を天然生林、これ以外を育成天然林という。

竹　　　　　林 ちくりん	国有林野事業統計 　竹材の生産を目的とした竹の純林をいう。なお、たけのこを生産する目的で肥培管理を行っているものは竹林とはしない。
伐　採　跡　地 ばっさいあとち	国有林野事業統計 　樹木を伐採して、植林を行っていない土地をいう。なお、伐採跡地は森林として取り扱われている。
保　安　林 ほあんりん	国有林野事業統計 　森林の公益的機能を行使する目的で、国が特定の制限（伐採等）を課した森林のことをいう。保安林は森林法に基づく指定の目的により17種類に分類される。 　①水源かん養保安林 　②土砂流出防備保安林 　③土砂崩壊防備保安林 　④飛砂防備保安林 　⑤防風保安林 　⑥水害防備保安林 　⑦潮害防備保安林 　⑧干害防備保安林（かんがい用貯水池の水枯れを防止するもの） 　⑨防雪保安林 　⑩防霧保安林 　⑪なだれ防止保安林 　⑫落石防止保安林 　⑬防火保安林 　⑭魚つき保安林 　⑮航行目標保安林（主として漁船の航行目標として有用のもの） 　⑯保健保安林（都会等での防じん等の作用や森林レクリエーションの場として公衆の衛生に貢献するもの） 　⑰風致保安林（社寺名所旧跡の風致を添えるもの）
分　収　造　林 ぶんしゅうぞうりん	国有林野事業統計 　土地所有者が土地を提供し、土地所有者以外の者が造林をし、あるいは造林の費用を負担してそこから得られる林産物の収益を互いに協定した割合で分配する契約をしている森林をいう。地方によっては、「植分け山」「部分け山」などともいう。

林　道 りんどう	国有林野事業統計

本来は、林産物の運搬と林業経営に必要な交通網を確保することを目的に構築されたものをいうが、最近は地域経済の発展、地域住民の福祉の向上を含めた役割を担っている。林道規定（林野庁通達）に基づく林道の種類には、自動車道、軽車道がある。林道の管理は、国有林道は森林管理署長、民有林道は地方公共団体、森林組合の長が行うこととなっている。

林道の延長距離は45,818km（平成29年3月31日現在）となっている。

官行造林地
かんこうぞうりんち

国有林野事業統計

公有林野等官行造林法（昭和36年5月19日廃止）に基づいて、国が地方公共団体と分収契約を結び造林した造林地をいう。

共有林野
きょうゆうりんや

国有林野事業統計

国有林野法に基づいて、地元市町村の住民との共同利用が、土地利用上必要であると認めた場合、契約により利用上の権利を与えている林野をいい、利用の範囲は以下に限定されている。

（1）自家用薪炭の原料に用いる原木、枝又は落枝の採取。

（2）自家用の肥料もしくは飼料又はこれらの原料に用いる落葉又は草の採取。自家用薪炭の原木採取。

（3）枯れて倒れている木、木の実及び木の葉、つる類、かや類、笹類、きのこ類、わらび、ぜんまい、その他これらに類する林産物の採取。

（4）耕作に付随して飼養する家畜の放牧。

自然公園
しぜんこうえん

国有林野事業統計

自然公園法（昭和32年法律第161号）に基づき指定された国立公園、国定公園及び都道府県立自然公園をいう。

鳥獣保護区
ちょうじゅうほごく

国有林野事業統計

鳥獣の保護及び狩猟の適正化に関する法律（平成14年法律第88号）に基づき指定されている区域をいう。

自然環境保全地域 しぜんかんきょうほ ぜんちいき	国有林野事業統計 　自然環境保全法（昭和47年法律第85号）に基づき指定されている原生自然環境保全地域、自然環境保全地域及び都道府県自然環境保全地域をいう。
保　護　林 ほごりん	国有林野事業統計 　保護林は、原生的な天然林などを保護・管理することにより、森林生態系からなる自然環境の維持、野生生物の保護、遺伝資源の保護、森林施業・管理技術の発展、学術の研究等に資することを目的としている国有林野のことをいう。 　保護林の区分体系は 　①森林生態系保護地域 　②森林生物遺伝資源保存林 　③林木遺伝資源保存林 　④植物群落保護林 　⑤特定動物生息保護林 　⑥特定地理等保護林 　⑦郷土の森 の7区分となっている。

（3）特用林産物

特 用 林 産 物 とくようりんさんぶ つ	特用林産物生産統計調査 　本来森林や原野から得られる産物のうち、一般木材を除いたものの総称であり、代表的なものとしては、しいたけ、えのきたけ、ぶなしめじ等のきのこ類、樹実類及び山菜類といった食用物、うるしや木ろう等の伝統的工芸品の原材料、竹材、桐材といった非食用物がある。 　把握している品目は、乾しいたけ、生しいたけ、なめこ、えのきだけ、ひらたけ、ぶなしめじ、まいたけ、エリンギ、きくらげ類、まつたけ、くり、くるみ、たけのこ、ねまがりだけ、わさび、おうれん、きはだ皮、木ろう、生うるし、つばき油、竹皮、竹材、桐材、木炭、竹炭、木酢液、竹酢液、薪、オガライト、オガ炭、煉炭、豆炭

2　木材関連資材

◎製材用機械一覧表

	機械名称
製材用機械	○帯のこ盤 ○自動送材車付帯のこ盤 ○テーブル兼用送材車付帯のこ盤、（ノーマン等） ○自動ローラー送りテーブル式帯のこ盤 ○自動製材帯のこ盤 ○丸のこ盤（リッパー、エッシャー、その他の丸のこ盤） ○バーカー ○その他の機械（チッパーキャンター、原木選別機、モルダー類、グレーディングマシン）
合単板製造機械	○ロータリーレース、○ベニヤスライサー ○自動ベニヤクリッパー、○ベニヤドライヤー ○単板はぎ合わせ機（コアビルダー） ○グルースプレッダー、○コールドプレス ○ホットプレス、○ダブルソー、○サンダー ○熱硬化性樹脂自動含浸機、○印刷機 ○目止め機・塗装機、○乾燥路、○ボイラー ○ラミネータマシン
木材チップ製造用機械	○チッパー、○ドラムバーカー、○カットバーカー ○スラッシャー、○ナイフ研磨機
LVL製造機械（合単板製造機械と重複しないもののみ記載)	○単板強度測定機、○単板含水率測定機 ○単板表面測定機、○スカーフカットソー ○スタッカー（強度別積込スタッカー） ○フィーダー（単板送り装置） ○エクストゥルーダー（接着剤送り装置） ○レイアップライン（レイアップ装置）、○パンク探知機 ○クロスカットソー ○ギャングソー（裁断機）　○プレーナー（サンダー）

3　木材の生産

素　　材
そざい

大中角

盤

木材統計調査・素材

　用材（薪炭材及びしいたけ原木を除く。）に供される丸太及びそま角をいう。ただし、輸入木材にあっては、半製品（大中角、盤及びその他の半製品）を含めている。

　①大中角：建築用材のひき角類のうち一般に大中角と称されるものをいい、一定の規格は定められていない。米材では通常一辺の長さが18インチ（46cm）以上を大角、18インチ未満で10インチ（25cm）以上のものを中角と称するが、取引に際しては大中角として一括されている。

　②盤：建築用材のひき割類のうち一般に盤と称されるものをいい、一定の規格は定められていない。米まつ、米つが、スプルース、チーク等の材に多く、米材では厚さ3〜6インチ（7.6〜15.2cm）、幅10〜12インチ（25〜30.5cm）及び長さ20フィート（6 m）以上のものとしている。

　③その他の半製品：大中角及び盤以外の製品で、一般に再製材しないと利用できないものをいう。

需要部門別、材種別素材供給量（平成28年）

単位：千立方メートル

	計	国産材			外材					
		小計	針葉樹	広葉樹	小計	南洋材		米材	北洋材	ニュージーランド材
							ラワン材			
計	26,029	20,660	18,470	2,188	5,370	243	188	4,106	381	458
製材用	16,590	12,182	12,088	93	4,408	59	4	3,513	230	430
合板用	4,638	3,682	3,667	15	857	184	184	588	151	28
木材チップ	4,801	4,796	2,715	2,080	5	–	–	5	0	–

木材統計調査

南　洋　材
なんようざい

木材統計調査・素材

　ベトナム、マレーシア、フィリピン、インドネシア、パプアニューギニアなどの南方地域から輸入される木材の総

称で、きり、リグナムバイタ及びチークの3樹種を除いた全ての樹種をいう。

ラ ワ ン 材 らわんざい	木材統計調査・素材 　南洋材のうちフタバガキ科に属する樹木で一般にラワン類と称されるものの総称であり、フィリピンのラワンのほか、これに相当するものはメランチ（マレーシア、インドネシア）、セラヤ（マレーシアのサバ州）等がある。なお、材の色調により、赤ラワン、黄ラワン、白ラワンに分類されている。
米　　　　　材 べいざい	木材統計調査・素材 　アメリカ合衆国及びカナダから輸入される木材で樹種は問わない。主要樹種は、米つが、米まつ、スプルース、米すぎ、米ひのきなどである。
北　洋　材 ほくようざい	木材統計調査・素材 　ロシア連邦から輸入される木材で樹種は問わない。主要樹種は、北洋からまつ、北洋えぞまつ、北洋とどまつなどである。
ニュージーランド材 にゅーじーらんどざい	木材統計調査・素材 　ニュージーランドから輸入される木材で樹種は問わない。主要樹種はニュージーランドまつである。
その他の外材 そのたのがいざい	木材統計調査・素材 　南洋材、米材、北洋材、ニュージーランド材以外の輸入材をいう。
素 材 入 荷 量 そざいにゅうかりょう	木材統計調査・製材 　製材、木材チップ生産又は単板生産を行うために工場土場に入荷した素材の量（手持ち材及び賃びきを依頼された材）をいう。製材工場等では、素材の転売や賃びき（賃加工）があり、1つの材が入荷量として重複計上されるおそれがあるので、次のようにして把握されている。 　①製材（木材チップ又は単板生産）以外の用途に向ける素材を除き、製材（木材チップ又は単板生産）を行うために入荷した素材（手持材）の量を把握。 　②①のうち都合によって転売したものや、他の工場に賃びき（賃加工）に出したものを把握。

③賃びき（賃加工）を依頼された素材のうち素材消費量を把握。

以上から素材入荷量＝①－②＋③を求めている。

素材消費量
そざいしょうひりょう

木材統計調査・製材

製材機にかけた素材の量をいう。手持材によるものと賃びきを依頼された材によるものがある。なお、大径木の外材を割材（製材品にまでしない。）にするだけの賃びき（賃割り）は賃びきとしては扱わない。ただし他工場で割材したものを、自工場で更に製材した場合は手持ち素材に含まれている。

素材在庫量
そざいざいこりょう

木材統計調査・製材

調査年の1月1日現在（年始在庫量）、12月31日現在（年末在庫量）で工場土場に残っている製材（木材チップ又は単板生産）用素材の量をいう。なお、賃びき（賃加工）を依頼された材や製材（木材チップ又は単板生産）用以外の用途に使うため、一時的に工場土場にある素材は除かれている。

製　　　材
せいざい

木材統計調査・製材

素材（丸太及びそま角をいい、輸入木材にあっては大中角、盤その他の半製品を含む。）で長さ180cm以上のものから、機械によって板類、ひき割類、ひき角類等を生産することをいう。

①板類：厚さが7.5cm未満で幅が厚さの4倍以上のもの。または、床板用原板（えん甲板用原板、広葉樹フローリング用原板）を含む。

②ひき割類：厚さが7.5cm未満で幅が厚さの4倍未満のもの。

③ひき角類：厚さ及び幅が7.5cm以上のもの。

製　材　工　場
せいざいこうじょう

木材統計調査・製材

製材を行う事業所をいい、移動製材工場も含まれる。ただし、製材に用いる動力の出力数が7.5kw未満の工場は除かれている。

製　材　用　動　力
せいざいようどうりょく

木材統計調査・製材

製材用機械の原動力（モーター等）をいう。この場合、製材機用だけでなく、それに付随する設備（例えば目立

機、巻き上げ機、ベルトコンベアーなど）の動力も含まれている。

木材チップ工場
もくざいちっぷこうじょう

木材統計調査・木材チップ
　素材、工場残材、林地残材及び解体材・廃材をチッパー等にかけて木材チップを製造する事業所をいう。なお、製材工場、合単板工場、家具・建具工場等との兼営工場は含まれているが、製紙工場、パルプ工場、繊維板工場及び削片板工場における調木、原料製造の一工程として木材チップを製造しているものは除かれている。

木材チップ
もくざいちっぷ

木材統計調査・木材チップ
　チョッパー等を用いて製造したパルプ、紙、繊維板、削片板等の原料とする木材の小削片をいう。一般に白チップ（皮むき）、黒チップ（皮付き）及び針葉樹・広葉樹別等に分類される。

工場残材
こうじょうざんざい

木材統計調査・木材チップ
　製材工場、合単板工場及びその他木材加工工場において製品を製造した後にできる端材をいう。

林地残材
りんちざんざい

木材統計調査・木材チップ
　立木伐採後の林地において玉切り、造材により生じた根株、枝条等をいう。

解体材・廃材
かいたいざい・はいざい

木材統計調査・木材チップ
　家屋等を解体した際の古材及び電柱材、足場丸太、くい丸太、まくら木等すでに利用に供された木材をいう。

合単板工場
ごうたんばんこうじょう

木材統計調査・合単板
　単板、普通合板及び特殊合板を製造する工場をいう。なお、普通合板と特殊合板を製造する工場を一貫工場という。

単板
たんばん

木材統計調査・合単板
　合板に用いるために、素材からロータリーレース、スライサー又はベニヤソーを使用して製造された木材の薄板をいう。その製造法によって、ロータリー単板、スライド単板、ソーン単板及びハーフランド単板の種類がある。

| 合　　　　　板
ごうばん | 木材統計調査・合単板
　原則として単板を3枚以上繊維方向を直角に、接着剤で張り合わせたものをいう。普通合板、特殊合板がある。 |

合　　　　　板
ごうばん

木材統計調査・合単板

　原則として単板を3枚以上繊維方向を直角に、接着剤で張り合わせたものをいう。普通合板、特殊合板がある。

普　通　合　板
ふつうごうばん
　　　　　針葉樹合板
　ベニアコアー合板
　　　　　1類合板
　　　　　2類合板
　　特殊コア合板

木材統計調査・合単板

　表面にオーバーレイ、プリント、塗装等の加工を施さない合板をいう。普通合板の種類には、針葉樹合板、ベニヤコアー合板、1類合板、2類合板、特殊コアー合板がある。

　①針葉樹合板：針葉樹材で生産された普通合板をいう。

　②ベニアコアー合板：心板（コアー）に単板（ベニヤ）を用いたものをいう。

　③1類合板：長期間の外気及び湿潤露出に耐え、完全耐水性を有するよう接着されている合板をいう。

　④2類合板：通常の外気及び湿潤露出に耐え、普通の耐水性を有するよう接着されている合板をいう。

　⑤特殊コア合板：心板に単板以外のもの（ひき板等）を用いたものをいう。

特　殊　合　板
とくしゅごうばん
　　オーバレイ合板
　　プリント合板
　　　塗装合板
　天然木化粧合板
　その他の合板

木材統計調査・合単板

　普通合板の表面に美観、強化を目的とする薄板の張り付け、オーバレイ、プリント、塗装等の加工を施したもの。オーバーレイ合板、プリント合板、塗装合板、天然木化粧合板、その他の合板がある。

　①オーバレイ合板：ポリエステル化粧合板、塩化ビニル化粧合板及びジアリルフタレート化粧合板をいう。

　a　ポリエステル合板とは、表面に紙又はこれに類する繊維質材料を主材とし、ポリエステル樹脂を主材とした熱硬化性樹脂を結合剤又は化粧材とした材料を表面に加工した合板をいう。

　b　塩化ビニール化粧合板とは、表面に塩化ビニル樹脂シート又は塩化ビニル樹脂フィルムを表面に加工した合板をいう。なお、床用合板はここには含めず、その他の合板に含める。

　c　ジアリルフタレート化粧合板とは表面に紙又はこれに類する繊維質材料を主材とし、プロピレン樹脂の塩素化によって得られるアアリルクロライドとフタール酸を主原料としたジアリルフタレート樹脂を表面に加工した合板をいう。

　②プリント合板：表面に印刷加工を施した合板をいい、

ラミネートを含む。ラミネートとは、あらかじめ印刷した薄葉紙を普通合板に表面に加工し、上塗りしたものをいう。なお、床用合板、印天合板はここには含めず、その他合板に含める。

③塗装合板：表面に木材用塗料、主としてニトロセルローズラッカー、アミノアルキッド樹脂塗料、ポリエステル樹脂塗料などを塗装した合板をいい、透明塗装合板、不透明塗装合板の種類がある。

a　透明塗装合板とは上塗りにクリアラッカー等を使用し、自然の木材の木目、色調を生かした表面塗装をしたものをいう。

b　不透明塗装合板とは表面に顔料等を加えた塗料を使用し、木目を完全に隠ぺいしたものをいう。

④天然木化粧合板：表面に木材質特有の美観を目的として薄単板を張り合わせた合板をいう。

⑤その他の合板：オーバーレイ合板、プリント合板、塗装合板、天然木化粧合板以外の特殊合板をいう。メラミン化粧合板、変性メラミン化粧合板、その他の合成樹脂化粧合板、その他のオーバレイ合板、印天合板、張天合板及び床用合板がある。

a　メラミン化粧合板とは表面に紙又はこれに類する繊維質材料を主材とし、メラミン樹脂を主材とした熱硬化性樹脂を結合剤又は化粧材とした材料を表面に加工した合板をいう。

b　変性メラミン化粧合板とは、表面に紙又はこれに類する繊維質材料を主材とし、メラミン樹脂又はメラミン樹脂系化合物を主成分とした熱硬化性樹脂を結合剤又は化粧材とした材料を表面に加工した合板をいう。

c　印天合板とは印刷天井板用合板のことで、天井用を主たる用途とするプリント加工を施した合板をいう。なお、ラミネート天井板用合板を含む。

d　張天合板とは天井板用を主たる用途とする天然木化粧板をいう。

e　床用合板とは床板用を主たる用途とする合板をいう。木質複合床板とは合板を主材とし、木質系材料を重ねて接着し、さねはぎ加工その他所要の加工を施した床板をいう。

コンクリート型わく用合板　木材統計調査・合単板

普通合板生産量のうち、コンクリート型わく用に使用さ

こんくりーとかたわくようごうばん	れる合板をいう。
構 造 用 合 板 こうぞうようごうばん	木材統計調査・合単板 　ツーバイフォー住宅など建築物の耐力構造上必要な部位に使用される合板で、単板の厚さの規定により強度保証がされている。

4 木材生産流通

素材の材種
そざいのざいしゅ

木材流通統計調査
　素材の材種には、小丸太、中丸太、大丸太がある。小丸太とは日本農林規格（JAS）でいう丸太の最小径が14cm未満の素材をいう。中丸太とはJASでいう丸太の最小径が14cm以上30cm未満の素材をいう。大丸太とはJASでいう丸太の最小径が30cm以上の素材をいう。

合板適材
ごうばんてきざい

木材流通統計調査
　国産材すぎ丸太のうち合板用として仕向けられるものをいう。

工場着価格
こうじょうちゃくかかく

木材流通統計調査
　素材を購入する工場の土場又は貯木場までの輸送費や積み降ろし等の諸経費を含んだ価格をいう。

工場渡し価格
こうじょうわたしかかく

木材流通統計調査
　買い方が売り方（事務所、販売店及び工場）まで引き取りに来ることを条件に販売する価格をいう。配達のための輸送費や積み降ろしなどの諸経費を含んだ持ち込み価格の場合は、それらの諸経費を除いた価格をいう。

木材市売市場
もくざいいちうりしじょう

木材流通統計調査
　市売売買と称される売買方式によって木材の売買を行わせる事業所をいう。市売売買とは、定められた日時に、売手（市売問屋）と買手（木材販売業者等）が「せり」又は「入札」によって売買価格を決定する方法である。なお、これには市場経営者自らが集荷・販売業務を行う「単式市場」と、複数の市売問屋に集荷・販売業務を行わせる「複式市場」とがある。

木材センター
もくざいせんたー

木材流通統計調査
　二つ以上の売手（センター問屋）を同一の場所に集め、買手（木材販売業者等）を対象として相対取引によって木材の売買を行わせる事業所をいう。

木材販売業者
もくざいはんばいぎょうしゃ

木材流通統計調査
　原則として木材を購入して販売する事業所であって、一般に木材問屋（外材問屋、納材問屋、付売問屋等）、材木店、建材店といわれるものをいう。

卸　売　業　者
おろしうりぎょうしゃ

木材流通統計調査
　木材販売業者のうち、直接需要者への販売率30％未満の業者をいう。

製材品の等級
せいざいひんのとうきゅう

木材流通統計調査
⇒「素材、木材チップ、製品の規格一覧」（別表）参照。

製材品の規格
せいざいひんのきかく

平角
正角
板

木材流通統計調査
　JASによる製材の寸法区分のことであり製材の寸法は、厚さ、幅及び長さにより区分される。
　①平角：横断面が長方形のひき角材（厚さ、幅が7.5cm以上の製材品）をいう。
　②正角：横断面が正方形のひき角材をいう。
　③板：厚さが3cm未満、幅が12cm以上の板類をいう。

乾　燥　材
かんそうざい

木材流通統計調査
　乾燥処理をした製材品で、含水率25％以下のものをいう。

集　成　材
しゅうせいざい

木材流通統計調査
　ひき板、小角材等の部材の繊維方向（木目方向）を平行にして、厚さ、幅もしくは長さのうち、いずれかの方向に集成接着した通直もしくはわん曲した形状の材又はこれらの表面に美観を目的として化粧板を張り付けたものをいう。

ＬＶＬ工場
えるぶいえるこうじょう

木材流通統計調査
　LVL（ロータリーレース等を用いて製造された単板を、主としてその繊維方向（木目方向）を互いに平行にして積層接着して作られる製品で、「単板積層材」とも呼ばれる。）の生産を行う事業所をいう。単板の厚さは2〜4mm程度が普通で、積層数は数層から数十層に及ぶものがある。繊維方向が直交する単板を用いた場合は、直交する単板の合計の厚さが製品の厚さの20％以下であり、かつ、

当該単板の枚数の構成比が30%以下である一般材をいう。

プレカット工場
ぷれかっとこうじょう

木材流通統計調査

　軸組工法（建築物の骨格を軸組で形作る工法。在来工法ともいう。）等による木造建築物の構造材（柱、土台、梁等）、羽柄材（板、垂木、敷居、鴨居等）の仕口、継手、ほぞ等従来は大工が手で行っていた加工を機械で行う事業所をいう。

　プレカット工場には、①単能機械だけを持つ工場、②単能機械を組み合わせてライン化した工場、③ラインをコンピュータ制御で自動化した工場等多様なものがある。

集成材工場
しゅうせいざいこうじょう
　　　　　集成材
　　　　　ＣＬＴ

木材流通統計調査

　集成材又はCLTを生産する事業所をいう。
　①集成材とは、ひき板、小角材等の部材の繊維方向（木目方向）を平行にして、長さ、幅、厚さの方向に集成接着した通直又はわん曲した形状の材をいう。
　②CLTとは直交集成材をいい、一定の寸法（厚さ12～35mm程度）に加工された板（板を長さ方向に接合接着してより長い板にしたものを含む。）をその繊維方向が互いにほぼ平行になるように並べて板状（板と板の間を接着したものを含む。）にし、さらにその板状のものを繊維方向に直交するように積層接着（3～9枚程度）したパネルをいう。

木材の年間販売金額
もくざいのねんかんはんばいきんがく

木材流通統計調査

　調査期日前1年間に素材、製材品、合板、LVL、プレカット加工材及び集成材（CLTを含む。）を販売して得た金額をいう。事業所が他に有している支店・営業所に素材、製材品、合板、LVL、プレカット加工材及び集成材（CLTを含む。）を仕向けた場合には、その仕向量を販売したものとみなして、その金額を見積もりに計上している。

素材の入荷量
そざいのにゅうかりょう

木材流通統計調査

　素材の入荷量（仕入れ量）（木材市売市場にあっては受入量を含む。）は売買契約に基づく売り方と買い方との間の移動量としている。ただし、本店・支店間の受入量、仕向量はそれぞれの事業所毎の入荷量・販売量として取り扱っている。

出　荷　量 しゅっかりょう	木材流通統計調査 　自工場で生産した製品のみの出荷量とし、他社から購入した製品の販売量は含まない。
製材用機械の所有状況 せいざいようきかいのしょゆうじょうきょう	⇒「2　木材関連資材」参照

素材、木材チップ、製品の規格一覧

1　素材

製材用素材、合単板用素材

品目					
	国産・外材別	樹種	材種	規格 （径cm×長m）	等級
製材用素材	国産材	まつ	中丸太	24〜28×3.65〜4.0	込み
		すぎ	小丸太	8〜13×3.65〜4.0	〃
			中丸太	14〜22×3.65〜4.0	〃
				24〜28×3.65〜4.0	〃
			大丸太	30〜36×3.65〜4.0	〃
		ひのき	中丸太	14〜22×3.65〜4.0	〃
		からまつ	中丸太	14〜28×3.65〜4.0	〃
		えぞ・とどまつ	大丸太	30〜38×3.65〜4.0	〃
	外材	米材 米まつ	丸太	30上×6.0上	〃
		米材 米つが	丸太	〃	〃
		北洋材 北洋えぞまつ	丸太	20〜28×3.8上	〃
合単板用素材	国産材	すぎ	丸太	18上	（合板適材）

木材チップ用素材

	針葉樹・広葉樹別	材種	規格	等級
国産材	針葉樹	丸太	チップ向け	込み
	広葉樹		チップ向け	込み

2　木材チップ

針葉樹・広葉樹別	用途
針葉樹	パルプ向け
広葉樹	パルプ向け

3　製材品
(1)　製材品

品目					
	国産・外材別	樹種	材種	規格 (厚cm×幅cm×長m)	等級
製材用素材	国産材	まつ	平角	10.5~12.0×24.0×3.65~4.0	2 級
		すぎ	正角	10.5×10.5×3.0	〃
				12.0×12.0×3.0	〃
				10.5×10.5×3.65~4.0	〃
			正角 (乾燥材)	10.5×10.5×3.0	〃
				12.0×12.0×3.0	〃
		ひのき	正角	10.5×10.5×3.0	〃
				12.0×12.0×3.0	〃
				10.5×10.5×3.65~4.0	〃
			正角 (乾燥材)	10.5×10.5×3.0	〃
				12.0×12.0×3.0	〃
		えぞ・とどまつ	正角	10.5×10.5×3.65~4.0	〃
			板	1.2~1.5×21.0~24.0×3.65~4.0	1 級
	外材	米材　米まつ	平角	10.5~12.0×24.0×3.65~4.0	2 級
		米材　米つが	正角　防腐処理材	12.0×12.0×4.0	〃
			正角　防腐処理材 (乾燥材)	12.0×12.0×4.0	〃
		北洋材　北洋えぞまつ	板	1.2~1.5×15.0×3.65~4.0	1 級

(2)　合板

製品別	品目		規格(厚cm×幅cm×長m)
普通合板	針葉樹合板	1 級	1.2×91×1.82

(3)　集成材

製品別	品目		規格(厚cm×幅cm×長m)
集成材	ホワイトウッド集成管柱	1 級	10.5×10.5×3.0

5　林業経営

林業経営日誌
りんぎょうけいえい
にっし

林業経営統計調査

　林業経営統計調査において、林業経営による「収支」、「労働時間」を調査する帳簿をいう。農業経営統計調査では現金出納帳（農業経営に係る日々の取引を記入するもの）、作業日誌（日々の労働時間を記入するもの）に該当する。

　林業経営収支は月、日、収入、支出、費用区分、数量、金額、樹種、林齢及び面積を記述し、労働時間は林業に関する労働について、日、作業名、樹種、林齢、面積、材積、家族の労働時間、雇用者の労働時間を記述している。

　林業経営統計では、林業経営の範囲を種苗生産から育林、素材生産等の販売までとしており、素材生産及び薪炭生産を買山で行い販売した場合並びに素材生産及び薪炭生産を請け負い又は賃焼きによって行った場合も含まれている。

　山林内の採石業、狩猟による収入は林業収入に含まれないが森林組合連合会の共済金、補償金等の受取額は林業収入に含まれている。

常住家族
じょうじゅうかぞく

林業経営統計調査

　家族のうち同居の親族をいい、出稼ぎ者（12ヶ月未満）、病気療養、勉学のため他出している家族などで年度初めにいない者でも常住家族としている。年度途中で死亡し、在宅期間が6ヶ月以上の者を含む。年度途中で転出し在宅期間が6ヶ月未満で転出後は経済的な繋がりがなくなった者（結婚等による転出者等）についても家族としている。

就業状態別世帯員
しゅうぎょうじょう
たいべつせたいいん

林業経営統計調査

　従事した日数の最も多い就業形態により計上されており、就業区分は「自営林業が主」、「自営農業が主」、「その他自営兼業が主」、「雇われ兼業が主」、「非就業」となっている。

保有山林
ほゆうさんりん

林業経営統計調査

　保有山林とは次のものをいう。

①所有山林（他人に貸し付けた山林及び分収に出した山林を除く山林）
②借入山林
③単独で分収契約している山林（分収林）
④割地に植えている山林
農林業センサスでは、保有山林＝所有山林－貸付山林＋借入山林となっている。

人　工　林
じんこうりん

林業経営統計調査
　苗木を植林したり、人工的に種をまいたりして造成した山林をいう。
　単層林：一斉皆伐方式造林で樹冠がほぼそろっているもの。
　混交林：数種以上の樹種による混交で、その最も多い樹種の割合が75％未満の状況をいう。
　複層林：光が林地に入るようになったところへ植林すると樹冠が成木の層と植栽林の層との二段になる。このように二段以上の樹幹の層が見られる林地をいう。

樹種別山林面積
じゅしゅべつさんりんめんせき

林業経営統計調査
　林業経営統計調査では、すぎ、ひのき、まつ、からまつ、とどまつ、その他について把握されている。

林　業　労　働
りんぎょうろうどう

林業経営統計調査
　家族及び雇用者の林業作業労働時間をいう。作業の種類は次のとおり。
「育林部門」
　①地ごしらえ：造林準備のため、灌木（低木）、散在している木の枝、雑草等を取り除く作業
　②植え付け：苗木の植林作業
　③下刈り：幼齢期の成長を妨げる雑草木、ささ等を刈り取る作業、薬剤による枯殺作業
　④枝打ち・つる切り・除伐：枝打ちとは林木の成長促進と良材の育成のため計画的に下枝を付け根から切り取る作業、つる切りとは木にからまったつる等を切り取る作業、除伐とは森林構成を整えるために行う抜き切り作業で、販売を目的としない保育間伐
　⑤受託（育林）：他の経営体から委託を受けて行った他の経営体の保有山林の育林作業
　⑥その他：施肥、補植、倒木起こし、立木調査、保護・

管理作業等

「素材生産部門」

　①人工林主伐：人工林において、更新又は更新準備のために行う伐採、森林を林木育成以外の用途に供するために行う伐採その他更新を行うための伐採。造林、木寄せ、機械集材、トラクター集材、道路輸送等の手段により伐採地から搬出する作業を含む。

　②人工林間伐：人工林において、主伐までの期間に林冠（樹木の上部の枝や葉が茂った状態）が重なった状態を適正に調整し、生産の目的に合うように立木の密度を調整するために行う伐採で、販売を目的にするもの。

　③受託（素材生産）：他の経営体から委託を受けて行った他の経営体の保有山林の素材生産作業

　④その他：天然林択伐・皆伐、土場の築設、架線の設置、はい積み、販売等

「その他部門」

　「育林部門」及び「素材生産部門」に含まれない、災害復旧のための林業作業や「薪炭生産」、「きのこ生産」、「種苗生産のための作業」、「特殊樹林・竹林」、「企画管理」、「林野副産物の採取作業」及び「共有林、集落有林への出役」等

林業用資産
りんぎょうようしさん

林業経営統計調査

　経営体が保有する資産。林業専用資産及び林業との兼用資産を計上しており、家計専用資産及び農業などの林業外専用資産は除外されている。建築物、機械類の償却資産は10万円以上のものが計上されている。

　①土地：年度始め現在の法定評価額（地方税法による固定資産の課税標準の基礎となる土地の評価額）により評価している。

　②建物：林業用の建築物及び林業と他産業との兼用の構築物。また、索道、林道、炭がまなどの林業専用の建築物及び温室、乾燥室などの農業と兼用している構築物となっている。構築物には次のものを把握している。

　　住宅、事務所、倉庫、山小屋、納屋、発生舎、作業舎、培養舎、乾燥室、貯蔵庫、クーラー室、簡易建物、温室、プラスチックハウス、林道・車道、浸水槽、貯水槽、消雪水槽、斜降索道設備等

　③機械類：林業用の機械及び器具、企画管理労働に伴う機器。機械類には次のものがある。発電機、電動機、揚

水ポンプ、チェンソー、グラップル、プロセッサ・ハーベスター、フォワーダ、スイングヤーダ、タワーヤーダ、集材機、滑車・搬器類、台車、林内運材車、軽自動車（貨物）、貨物ダンプ、貨物自動車、乗用トラクター、ホークリフト、パワーリフター、ホイルヤーダ、パケットヤーダ、フロント、ローダ、乾燥機・暖房機、照明装置、ミキサー、コンベア、殺菌釜、袋詰・包装機、保冷庫、自動植菌機、パソコン、ほだ木等

未処分林産物
みしょぶんりんさんぶつ

林業経営統計調査
　未処分林産物とは林業生産物の未販売のもの、家計に仕向ける予定のもの、林業やその他の用に仕向ける予定のものなどをいう。

林 業 用 資 材
りんぎょうようしざい

林業経営統計調査
　林業用資材とは、林業用に購入又は自家生産した原料及び材料で、年度末に在庫となるもの（苗木、肥料、薬剤など）をいう。

林業用資本額
りんぎょうようしほんがく

林業経営統計調査
　固定資本額：林業用資産の償却資産（建築物、構築物、機械類（企画管理用機器を含む。）しいたけ用ほだ木）の年度始め現在価を計上している。
　流動資本額：林業経営費から減価償却費を差し引いた額に2分の1（平均資本凍結期間6か月）を乗じた額を計上している。

林業経営収支
りんぎょうけいえいしゅうし

林業経営統計調査
　林業経営の収入及び支出を表したもの。
　収入：立木販売、素材生産、その他（栽培きのこ、薪炭、山林副産物、受託収入、造林補助金、被災林分）別に把握している。
　支出：雇用労働、種苗費、原木費、肥料費、薬剤費、諸材料費、器具費、機械維持修繕費、建物維持修繕費、賃借料及び料金、請負わせ料金、被災林分、その他を把握している。

林 業 所 得
りんぎょうしょとく

林業経営統計調査
　林業所得＝林業粗収益－林業経営費

林業粗収益
りんぎょうそしゅう
えき

林業経営統計調査

　一定期間（通常は1年間）の林業経営の結果得られた総収益額をいい、林産物販売収入のほか、家計に消費するために仕向けられた林産物の時価評価額及び未処分林産物在庫増減額（未処分林産物在庫価額の年度末価額から年度始め価額を差し引いたもの）の合計である。

　①販売・受取：生産年度にかかわらず、年度内に販売することによって得られた総額を計上している。

　②内部仕向：家計に消費するために仕向けた自営林業の生産物の時価評価額を計上している。

　③在庫増減額：未処分林産物の年度末在庫価額から年度始め在庫価額を差し引いた額を計上している。

　④立木販売収入：経営山林の林木を立木のまま販売したもの。

　⑤素材生産収入：保有山林又は自家以外の立木から素材（丸太）を生産して販売した価額及び家計消費等に仕向けた価額を計上している。

　⑥その他収入：栽培きのこ、薪炭、受託収入など

（主な収入の例）

立木販売：立木を伐採せずに販売した収入

素材生産：合板用原木、一般用製材原木、くい、パルプ・チップ材、しいたけ原木等を生産して販売した収入。素材生産の範囲は立木の伐採、造林から搬出までとしている。

その他：栽培きのこ、薪炭、山林副産物、受託収入、造林補助金、被災林分（被災により得た収入をいう。）造林補助金とは造林補助金、造林以外の下刈り・倒木起こし、除伐、保育間伐に支払われた補助金、森林整備地域活動支援交付金、しいたけ種駒補助金などの補助金をいう。

林業経営費
りんぎょうけいえい
ひ

林業経営統計調査

　林業粗収益をあげるために要した一切の費用をいい、雇用労賃、諸材料費、賃借料・料金、請負わせ料金等の現金支出のほか、生産資材在庫増減額及び減価償却費などの合計である。

　総額については購入・支払、減価償却費、処分差損益、在庫増減額別に計上している。

購入・支払：経営体が当年度に支払った林業経営上の現金支出。当年度以降に消費する目的で購入した物財の支払額

も含む。

減価償却費：建築物、構築物、機械類など償却資産である資本財について、当該年の林業経営で負担すべき減価償却費。

処分差損益：原木、機械類、建築物、構築物、企画管理に関わる諸材料の売却・廃棄による処分価額と年度始め現在価の差損。

在庫増減額：林業用資材の年度始め在庫価額から年度末在庫価額を引いた額。

(主な支出の例)

雇用労賃：林業経営体が契約に基づき雇用して支払った雇用労賃、物々交換又は現物による労賃の支払いの場合は、現物を市価価格で評価した金額を計上している。

原木費：しいたけ用ほだ木、薪炭用原木の購入代金である。

肥料費及び薬剤費：保有山林に施肥する肥料、散布する薬剤の購入費

諸材料費：肥料費及び薬剤費以外の材料の購入費

器具費：家庭における利用、農業用等と兼用されるカマ、鋸等の小器具の購入費

機械維持修繕費及び建物維持修繕費：取得価額10万円未満の購入又は補充をし、又は機械もしくは建物を修繕した費用

賃借料及び料金：販売手数料、検査料、倉敷料等の費用

被災林分：災害のために要した費用

その他：上記に該当しない雑支出

分析指標	
林 業 純 生 産 りんぎょうじゅんせいさん	林業経営統計調査 　林業純生産＝林業粗収益－（林業経営費－雇用労働－負債利子）
林 業 所 得 率 りんぎょうしょとくりつ	林業経営統計調査 　林業所得率（％）＝林業所得÷林業粗収益×100
保有山林面積 1 ha 当たり林業所得 ほゆうさんりんめんせき 1 haあたりり	林業経営統計調査 　保有山林面積 1 ha当たり林業所得＝林業所得÷保有山林面積

んぎょうしょとく

林業労働1時間当た り林業所得
りんぎょうろうどう いちじかんあたりり んぎょうしょとく

林業経営統計調査
　林業労働1時間当たり林業所得＝林業所得÷家族労働時 間

林業固定資本千円当 たり林業所得
りんぎょうこていし ほんせんえんあたり りんぎょうしょとく

林業経営統計調査
　林業固定資本千円当たり林業所得＝林業所得÷林業固定 資本額×1,000

林業経営関連借入金
りんぎょうかんれん かりいれきん

林業経営統計調査
　林業経営育成資金、林業基盤整備資金などである。

III 水 産 業

1. 漁業一般

漁 業
ぎょぎょう

漁業とは、水産動植物の採捕又は養殖の事業をいう（漁業センサス規則昭和38年農林省令第39号、漁業法（昭和24年法律第267号第2条））。ここでいう「事業」とは、利潤又は生活の資を得るために、生産物の販売を目的とする行為をいう。

次に掲げるものは、水産統計調査では漁業とはしていない。

(1) 遊漁（レクリエーションを目的とする水産動物の採捕。）

(2) 遊漁案内業（漁業者、漁業協同組合、遊漁船業者、観光業者等が利用者から料金を徴取して船釣り、潮干狩り、すだて、地引網等によって水産動植物を採捕させる行為及び漁船、遊漁案内船等を使用して遊漁者を漁場に案内する行為。

(3) 官公庁、学校、試験研究機関等による水産動植物の採捕調査、訓練、試験研究を目的とした水産動植物の採捕又は養殖のうち、生産物の販売行為を伴わないもの。

(4) 海産ほ乳類の猟獲
くじら及びいるか以外の海産ほ乳類の猟獲。

養 殖 業
ようしょくぎょう

施設を施して、水産動植物の種苗を採取又は集約的に育成し、収獲する事業をいう。「種苗の採取」とは、通常、水産動植物の種苗を自然の状態で、又は人工的に発生させ採苗器により採取することをいう。採苗器とは、水産動植物の卵、稚仔、胞子等を付着させ採取する貝がら、そだ、葉のついた杉枝、網、ロープ等をいう。なお、人工ふ化施設を使用した場合も含める。

「集約的に育成する」とは、水産動植物を育成するために養殖場の選定、養殖施設の敷設、育成環境の整備、施肥又は投餌、病害、盗難対策等の人為的管理を積極的に行う

ことをいう。

次に掲げるものは、水産統計調査では養殖業とはしていない

(1) 蓄養

価値維持又は収穫時あるいは購入時と販売時の価格差による収益をあげることを目的として、水産動物類をいけす等に収容し、育成を行わず一定期間生存させておくこと。

(2) 増殖事業

天然における水産動植物の繁殖、資源の増大を目的として、産卵場の造成、水産動植物の種苗採取、魚礁の設置、水産動植物のふ化放流等を行うこと。

(3) 釣堀

水産動物類をいけす等に収容し料金を徴収して釣等を行わせるサービス業をいう。ただし、釣堀を営むために業者自らが水産動物類の養殖を行っている場合は、釣堀に供するまでの段階を養殖業として扱う。

(4) 官公庁、学校、試験研究機関等による水産動植物の養殖

調査、訓練、試験研究を目的とした水産動植物の養殖のうち、生産物の販売行為を伴わないもの。

海 面 漁 業
かいめんぎょぎょう

漁業センサス、海面漁業生産統計調査

海面（浜名湖、中海、加茂湖、サロマ湖、風蓮湖及び厚岸湖を含む。）において営む漁業をいう。

海面と内水面の境界は、漁業法第84条に基づき設置された海区漁業調整委員会の管轄下にある水域（琵琶湖、霞ケ浦及び北浦を除く。）と、これに隣接する河川又は湖沼との境界による。ただし、以下の場合は海面漁業として取扱っている。

①満潮等により海面と内水面との境界を越えた内水面において、通常海面で行われる漁業が行われた場合

②干拓、埋立て等の事業のため、地先海面の漁業権を放棄した水域で、漁業が行われた場合（ただし、当該水域が淡水化した場合（例：八郎湖（秋田県）、児島湖（岡山県））は、内水面として取り扱う。

海 面 養 殖 業
かいめんようしょく
ぎょう

漁業センサス、海面漁業生産統計調査

海面において、水産動植物を集約的に育成し、収穫する事業をいう。

　なお、沿海市区町村において海面以外の場所に設けられた施設において、海水を使用して水産動植物の養殖の事業が行われた場合は海面養殖業として取り扱われている。

内 水 面 漁 業
ないすいめんぎょぎょう

漁業センサス、内水面漁業生産統計調査
　公共の内水面（浜名湖、中海、加茂湖、サロマ湖、風蓮湖及び厚岸湖を除く。）において営む漁業をいう。

内 水 面 養 殖 業
ないすいめんようしょくぎょう

漁業センサス、内水面漁業生産統計調査
　公共の内水面における水産動植物の養殖の事業をいう。
　なお、内水面以外の場所に設けられた施設において、淡水を使用して水産動植物の養殖の事業が行われた場合は、内水面養殖業として取り扱われている。
　また、沿海市区町村以外の場所に設けられた施設において、海水を使用して水産動植物の養殖の事業が行われた場合は海面養殖業として取り扱われている

2　漁業生産構造・就業構造

(1)　海面漁業

漁 業 経 営 体
ぎょぎょうけいえい
たい

漁業センサス、漁業就業動向調査
　調査期日前 1 年間に利潤又は生活の資を得るために、生産物を販売することを目的として、海面において水産動植物の採捕又は養殖の事業を行った世帯又は事業所をいう。ただし、調査期日前 1 年間における漁業の海上作業日数が30日未満の個人経営体は除く。

漁業経営体の推移（海面漁業）　　　　　　　　単位：経営体

		2003年	2008年	2013年
漁業経営体数		132,417	115,196	94,507
	個人経営体	125,931	109,451	89,470
	団体経営体	6,486	5,745	5,037

漁業センサス

個 人 経 営 体
こじんけいえいたい

漁業センサス、漁業就業動向調査
　漁業経営体のうち個人で漁業を営んだものをいう。

団 体 経 営 体
だんたいけいえいた
い

漁業センサス、漁業就業動向調査
　個人漁業経営体以外の次の漁業経営体をいう。
(1) 会社法（平成17年法律第86号）第 2 条第 1 項に基づき設立された株式会社、合名会社、合資会社及び合同会社をいう。なお、特例有限会社は株式会社に含む。
(2) 水産業協同組合法（昭和23年法律第242号）第 2 条に規定する漁業協同組合及び第 4 条に規定する同連合会。
(3) 水産業協同組合法第 3 条に規定する漁業生産組合。
(4) 共同経営（ 2 人以上の漁業経営体（個人又は法人）が、漁船、漁網等の主要生産手段を共有し、漁業経営を共同で行うものであり、その経営に資本又は現物を出資しているものをいう。）
(5) その他都道府県の栽培漁業センターや水産増殖センタ

一等

経営体階層
けいえいたいかいそう

漁業センサス

　漁業経営体が「調査期日前1年間に主として営んだ漁業種類」又は「調査期日前1年間に使用した漁船のトン数」により分類したものである。①調査期日前1年間に主として営んだ漁業種類（販売金額1位の漁業種類）により分類したもの：大型定置網、さけ定置網、小型定置網及び海面養殖。②調査期日前1年間に使用した漁船の種類及び動力漁船の合計トン数（動力漁船の合計トン数には、遊漁のみに用いる船、買付用の鮮魚運搬船等のトン数は含まない。）により分類したもの：漁船非使用、無動力漁船、船外機付漁船、動力漁船1トン未満から動力漁船3,000トン以上の階層まで16階層に分類している。

漁業経営体階層区分

(1) 調査期日前1年間に営んだ漁業種類（販売金額1位）

(2) 調査期日前1年間に使用した漁船

経営体階層
大 型 定 置 網
小 型 定 置 網
地 び き あ み
ぶ り 類 養 殖
ま だ い 養 殖
ひ ら め 養 殖
その他の魚類養殖
ほ て い が い 養 殖
か き 類 養 殖
わ か め 類 養 殖
の り 類 養 殖
真 珠 養 殖
真 珠 母 貝 養 殖
そ の 他 の 養 殖

経営体階層
漁 船 非 使 用
無 動 力
船 外 機 付 船
動 力 1 T未満
動 力 1 ～ 3 T
動 力 3 ～ 5 T
動 力 5 ～ 10 T
動 力 10 ～ 20 T
動 力 20 ～ 30 T
動 力 30 ～ 50 T
動 力 50 ～ 100 T
動 力 100 ～ 200 T
動 力 200 ～ 500 T
動 力 500 ～ 1000 T
動 力 1000 ～ 3000 T
動 力 3000 T以上

漁　業　層
ぎょぎょうそう

漁業センサス

　沿岸漁業層、中小漁業層、大規模漁業層に区分している。

①沿岸漁業層：漁船非使用、無動力漁船、船外機付漁船、動力漁船10トン未満、定置網、地びき網及び海面養殖の各階層を総称したものをいう。
②中小漁業層：動力漁船10トン以上1000トン未満の各階層を総称したものをいう。
③大規模漁業層：動力漁船1000トン以上の各階層を総称したものをいう。

漁　業　層

漁業層	経営体階層
沿岸漁業層	漁船非使用 無動力 船外機付船 動力　1T未満 動力　1〜3T 動力　3〜5T 動力　5〜10T 定置網 地びき網 海面養殖
中小漁業層	動力　10〜20T 動力　20〜30T 動力　30〜50T 動力　50〜100T 動力　100〜200T 動力　200〜500T 動力　500〜1000T
大規模漁業層	動力　1000〜3000T 動力　3000T以上

(1) 過去1年間の使用漁船
(2) 定置網、地びき網、海面養殖は、調査目的1年間に営んだ漁業種類の販売金額1位のもの

海　上　作　業
かいじょうさぎょう

漁業センサス、漁業就業動向調査
①漁船漁業では、漁船の航行、機関の操作、漁労、船上加工等の海上におけるすべての作業をいう。（運搬船など、漁労に関して必要な船の全ての乗組員の作業も含める。したがって、漁業に従事しない医師、コック等の乗組員も海上作業従事者としている。）
②定置網漁業では、網の張りたて（網を設置することを

いう。）・取替え、漁船の航行、漁労等海上における全ての作業及び陸上において行う岡見（定置網に魚が入るのを見張ること）をいう。

③地引網漁業では、漁船の航行、網のうち回し、漁労等海上における全ての作業及び陸上の引き子の作業をいう。

④漁船を使用しない漁業では、採貝、採藻（海岸に打ち寄せた海藻を拾うことも含める。）等をする作業をいう。（潜水も含む。）

⑤養殖業では次の作業をいう。

（ア）海上養殖施設での養殖

  a　漁船を使用しての養殖施設までの往復

  b　いかだや網等の養殖施設の張りたて並びに取り外し

  c　採苗、給餌作業、養殖施設の見回り、収獲物の取り上げ等海上において行う全ての作業

（イ）陸上養殖施設での養殖

  a　採苗、飼育に関わる養殖施設（飼育池、養成池、水槽等）での全ての作業

  b　養殖施設（飼育池、養成池、水槽等）の掃除

  c　池及び水槽の見回り

  d　給餌作業（ただし、飼料配合作業（餌づくり）は陸上作業としている。）

  e　収獲物の取り上げ作業

陸　上　作　業
りくじょうさぎょう

漁業センサス

漁業に係る作業のうち、海上作業以外の全ての作業をいう。

①漁船、漁網等の生産手段の修理・整備（停泊中の漁船上で行った場合も含む。）

②漁具、漁網及び食料品の積み降ろし作業

③出港・入港（帰港）時の漁船の引き下ろし、引き上げ

④悪天候時の出漁待機

⑤餌の仕入れ及び調餌作業

⑥真珠の核入れ作業、珠の採取作業、貝清掃作業、貝のむき身作業、のり、わかめの干し作業

⑦漁獲物を出荷するまでの運搬、箱詰め等の作業

⑧自家生産物を主たる原料とした水産加工品の製造・加工作業（ただし、同一構内（屋敷内）に工場、作業所とみられるものを有し、その製造活動に常時従事者を使用

している場合は漁業の陸上作業には含めない。)
⑨自家漁業の管理運営業務（指揮監督、技術講習、経理・計算、帳簿管理）

漁　　　　　船
ぎょせん

動力漁船
船外機付漁船
無動力漁船

漁業センサス

漁船とは、漁業経営体が所有又は借りている船のうち、過去1年間に自己の漁業生産に使用した主船及び付属船（灯船、魚群探索船、網船、運搬船等）をいう。

なお、漁船登録を受けていても、過去1年間漁業生産に使用しなかった船及び直接漁業生産に使用しなかった船（遊漁のみに使用した船、買い付け用運搬船等）は含めない。漁船の種類として動力漁船、船外機付漁船、無動力漁船が把握されている。

①動力漁船：推進機関を船体に固定している漁船をいう。

②船外機付漁船：無動力漁船に取り外しのできる推進機関を付けた漁船をいう。

③無動力漁船：推進機関を付けない漁船をいう。

漁船隻数　　　　　　　　　　　　　　　　　　単位：隻

	2003年	2008年	2013年
漁船隻数	213,808	185,465	152,998

漁業センサス（海面漁業）

漁 業 世 帯 員
ぎょぎょうせたいいん

漁業センサス、漁業就業動向調査

生活の根拠がその家にある者をいう。具体的には、

①住居と生計を共にしている者（血縁又は姻戚関係のない者を含む。）。

②漁船に乗り込んでいる者、出稼ぎ者、遊学者、療養者等で調査日現在において家を離れている者のうち、不在期間が1年未満の者。なお、漁船も含め船舶の乗組員については、航海日数の長期化により不在期間が1年以上にわたる場合であっても、特例として世帯員に含む。

③家族同様に住んでいる雇人で1年以上経過した者又は1年以上経過する見込みである者。同居人、下宿人のように生計を別にしている者は含まない。

年齢別世帯員数の推移　　　　　　　　　　　　　単位：千人

	2003年	2008年	2013年
男女計	603	367	285
男	311	190	150
うち、15歳以上	271	171	136
女	293	177	135
うち、15歳以上	255	159	123

漁業センサス（海面漁業）

漁業従事世帯員
ぎょぎょうじゅうじ
せたいいん

漁業センサス
　満15歳以上で漁業従事日数に係わらず過去1年間に漁業に従事した人（雇われて漁業の仕事のみに従事した人を含む。）をいう。

基幹的漁業従事者
きかんてきぎょぎょ
うじゅうじしゃ

漁業センサス
　個人経営体の世帯員のうち、満15歳以上で自営漁業の海上作業従事日数が最も多い者をいう。

漁 業 就 業 者
ぎょぎょうしゅうぎ
ょうしゃ

漁業センサス、漁業就業動向調査
　満15歳以上で過去1年間に自営漁業又は漁業雇われの海上作業に年間30日以上従事した者をいう。

漁業就業者数の推移　　　　　　　　　　　　　　単位：人

		2003年	2008年	2013年
漁業就業者		238,371	221,908	180,985
	男	199,163	187,820	157,117
	女	39,208	34,088	23,868

漁業センサス（海面漁業）

漁 業 後 継 者
ぎょぎょうこうけい
しゃ

漁業センサス
　過去1年間に漁業に従事した者のうち、将来、自営漁業の経営主になる予定の者をいう。

漁 業 地 区
ぎょぎょうちく

漁業センサス
　市町村の区域内において、共通の漁業条件及び共同漁業権を中心とした地先漁業の利用等に係る社会経済活動の共通性に基づいて漁業が行われる地区をいう。

漁 業 集 落
ぎょぎょうしゅうらく

漁業センサス
　漁業地区の一部において、漁港を核として、当該漁港の利用関係にある漁業世帯の居住する範囲を社会生活面の一体性に基づいて区切った範囲をいう。

漁業管理組織
ぎょぎょうかんりそしき

漁業センサス
　漁業管理組織とは、
①漁場又は漁業種類を同じくする複数の漁業経営体が集まっている組織
②自主的な漁業資源の管理、漁場の管理又は漁獲の管理を行う組織
③漁業管理について文書による取り決めのある組織
④漁協又は漁連が関与している組織

漁業資源の管理
ぎょぎょうしげんのかんり

漁業センサス
　漁業資源の管理内容を資源量の把握、漁獲（収獲）枠の設定、漁業資源の増殖などに区分して把握している。
①資源量の把握
　魚介類等の生育状況等を実際に調査や過年次の漁業操業における漁獲量、出漁日数、漁船漁具の規模等のデータを用いて資源量の解析を行っているもの。
②漁獲（収獲）枠の設定
　適正な漁獲量を算出し、魚種別又は漁業種類別に総漁獲量を取り決めているもの。また、漁場環境の変化等を防ぐ観点から養殖施設の総設置数を取決めているもの。
③漁業資源の増殖
　資源を維持・増大するために、種苗の中間育成、種苗放流等を行っているもの。

漁 場 の 管 理
ぎょじょうのかんり

漁業センサス
　漁場の管理内容を漁場の保全、漁場の造成、漁場利用の取り決め、漁場の監視に区分して把握されている。
①漁場の保全：油濁・赤潮の防止対策、公害対策、漁場汚染の防止対策等、漁場環境を漁業資源の生育に適する状態に保つための措置を講じたもの及び漁場環境の調査を行ったもの。
②漁場の造成：魚礁の設置、築磯・干潟の造成、産卵場・育成場の造成、藻場・海中林の造成、作れい等により漁場としての利用価値向上を図ったもの。
③漁場利用の取り決め：禁漁区の設定、操業区域の制

限、漁場利用の輪番制、輪採制、海面養殖における養殖規模の制限等漁場利用に関して組織内で取り決めを行ったもの。

④漁場の監視：漁場における操業秩序の維持又は密漁防止のため漁場の監視を行ったもの。

⑤植樹活動、魚つき林の造成：沿岸漁場のための植樹活動や魚つき林の造成活動を行ったもの。

漁 獲 の 管 理 ぎょかくのかんり	漁業センサス 　漁獲の管理内容を法制度による規制、自主規制に区分して把握されている。 　①法制度による規制：都道府県漁業調整規則をはじめとする各種漁業に関する法制度に基づいて漁獲の規制を行ったもの。 　②自主規制：法制度による規制とは別に組織が独自に定めた取り決めに基づいて漁獲の管理を行っているもの及び法制度に基づく規制を自主的に強化しているもの。
新 規 就 業 者 しんきしゅうぎょうしゃ	漁業センサス 　過去1年間に漁業で恒常的な収入を得ることを目的に主として漁業に従事した者で、次の者をいう。 　①新たに漁業を始めた者 　②他の仕事が主であったが漁業が主となった者（他産業従事者） 　③ふだんの状態が仕事を主としていなかったが、漁業が主になった者（学生等） 　なお、個人経営体の自営漁業のみに従事した者については、海上作業に30日以上従事した者を新規就業者としている。
個人経営体の専兼業分類 こじんけいえいたいのせんけんぎょうぶんるい	漁業センサス、漁業就業動向調査 　①専業：個人経営体（世帯）として過去1年間の収入が自営漁業からのみであった場合をいう。 　②第1種兼業：個人経営体（世帯）として、過去1年間の収入が自営漁業以外の仕事からもあり、かつ、自営漁業からの収入がそれ以外の仕事からの収入の合計よりも大きかった場合をいう。 　③第2種兼業：個人経営体（世帯）として、過去1年間の収入が自営漁業以外の仕事からもあり、かつ、自営漁業以外からの収入の合計が自営漁業からの収入よりも大

きかった場合をいう。

農林業センサスでは自営農業所得の主従で第1種兼業、第2種兼業に分類している。

⇒Ⅰの1の「兼業農家」参照。

世 代 構 成 別
せだいこうせいべつ

漁業センサス

①一世代個人経営：漁業を行った世帯員が「経営主」のみ、「経営主と配偶者のみ」及び「経営主の兄弟姉妹のみ」の世帯員構成で行う経営をいう。

②二世代個人経営：一世代個人経営に「子」、「父母」、「祖父母」及び「孫」のうちいずれかを加えた世帯員構成で行う経営をいう。

③三世代等個人経営：一世代個人経営、二世代個人経営以外の世帯員構成で行う経営をいう。

農林業センサスにおいても同様の分類を行っており、「家族経営構成別」と表現している。

⇒Ⅰの1の「家族経営構成別」参照。

出 荷 先
しゅっかさき

漁業センサス

漁獲物・収獲物を漁業経営体が直接出荷した相手先をいう。主な出荷先は以下のとおり。

①漁業協同組合の市場又は荷さばき所：漁協が開設している卸売市場又は漁協の荷さばき所へ出荷している場合。

②漁業協同組合以外の卸売市場：漁協以外が開設している卸売市場（中央卸売市場を含む。）へ出荷している場合。

③流通業者・加工業者：卸売問屋等流通業者、加工業者等へ出荷している場合。

④小売業者：スーパー（量販店を含む。）、鮮魚商等へ出荷している場合。

⑤直売所：直売所、道の駅等で場所を借りて販売している場合。

⑥自家販売：自家店舗、通販、インターネット販売、行商などで販売している場合。

農林業センサスにおいても、農産物の出荷先を把握している。

⇒Ⅰの1の「農産物の出荷先」参照。

団体経営体の海上作業従事者 だんたいけいえいたいのかいじょうさぎょうじゅうじしゃ	漁業センサス 　調査日現在の海上作業の従事者をいう。他の企業等からの出向者や派遣者が海上作業に従事していればそれらを含む。
外　国　人 がいこくじん	漁業センサス 　国籍が日本以外の者で漁業経営体と雇用契約を結んで漁業の海上作業に従事している外国人（海外基地で乗下船及び技能実習制度による外国人を含む。）をいう。なお、技能実習の外国人は漁業の従事者に含めるが研修生は含まない。 　外国人研修・技能実習制度：技能実習1号及び技能実習2号に区分され、前者は知識及び技能習得を目的として1年の期間で行われ、最低2ヶ月知識習得のための講習を受けることになっている（雇用関係は存在しないので雇用者には含まない。）。講習終了後は雇用者に含まれる。 　2013年漁業センサスにおいては、個人経営体での外国人雇用者は6,206人であった。

(2) 内水面漁業

内水面漁業経営体 ないすいめんぎょぎょうけいえいたい	漁業センサス 　湖沼漁業経営体及び内水面養殖業経営体をいう。
湖沼漁業経営体 こしょうぎょぎょうけいえいたい	漁業センサス 　過去1年間に調査対象湖沼において水産動植物の採捕の事業又は養殖の事業を利潤又は生活の資を得るために、生産物を販売する目的として営んだ世帯又は事業所をいう。

内水面漁業漁業経営体の推移　　　　　　　　単位：経営体

		2003年	2008年	2013年
内水面漁業経営体数（実数）		7,474	6,478	5,503
	湖沼経営体	3,124	2,850	2,484
	養殖業経営体	4,495	3,764	3,129

漁業センサス（内水面）

内水面養殖業経営体
ないすいめんようし
ょくぎょうけいえい
たい

漁業センサス
　過去1年間に利潤又は生活の資を得るため内水面におい
て販売を目的として計画的かつ持続的に投餌又は施肥を行
い、養殖用又は放流用種苗の養成若しくは成魚を養成した
世帯又は事業所をいう。

湖沼漁業の湖上作業
こしょうぎょぎょう
のこじょうさぎょう

漁業センサス
　湖沼漁業において湖上で行う以下の作業をいう。
①漁船漁業では漁船の航行、漁労等の作業
②定置網漁業では網の張りたて、取り替え、漁船の航
行、漁労、その他湖上における全ての作業及び岡見（定
置網に魚が入るのを見張る作業）
③地引き網漁業では漁船の航行、網の打ち回し、その他
湖上における全ての漁労作業及び陸上の引き子の作業
④漁船を使用しない採貝、採藻
⑤養殖業では養殖場への往復、いかだやいけす等の養殖
施設の張り立て及び取り外し、採苗、養殖場の見回り、
収獲物の採取等湖上における全ての作業（真珠養殖の施
術作業、貝掃除作業、貝のむき身作業のみに従事する場
合を除く。）

養殖業従事者数及び湖上作業従事者の推移　　単位：人

		2008年	2013年
養殖業従事者		12,494	10,548
	家族	5,353	4,276
	雇用者	7,141	6,272
湖上作業従事者		4,818	4,118
	家族	3,896	3,296
	雇用者	922	822

漁業センサス（内水面）

湖沼漁業の湖上作業従事者
こしょうぎょぎょうのこじょうさぎょうじゅうじしゃ

漁業センサス
　満15歳以上で日数にかかわらず過去１年間に湖沼漁業の湖上作業に従事した者をいい、特定の作業を行うために臨時的に従事した者を含む。

養殖作業
ようしょくさぎょう

漁業センサス
　養殖業における給餌（調餌を含む。）、選別、取り揚げ、養殖池の管理、養殖施設の設置作業、その他の養殖経営に必要な作業（湖沼漁業における養殖業の作業を含む。）をいう。

養殖業従事者
ようしょくぎょうじゅうじしゃ

漁業センサス
　15歳以上で日数にかかわらず過去１年間に養殖業作業に従事した者をいい、特定の作業を行うために臨時的に従事した者を含む。

養殖池数
ようしょくいけすう

漁業センサス
　養殖業に使用した養殖池（養成池、稚魚池、収穫時の補助池等であり、水質浄化用の沈殿池やろ過池等は含まない。）の数をいう。なお、コンクリート等の固定物で仕切られた区画については、それぞれを池数と数える。網いけすの場合はいけすの数、真珠養殖の場合は区画漁業権の数を養殖池数としている。

遊漁
ゆうぎょ

漁業センサス
　レクリエーションを目的として、内水面において水産動

植物を採捕する行為をいい、遊漁者とは、遊漁を行う者を
いう。

遊漁承認証
ゆうぎょしょうにん
しょう

漁業センサス

　内水面における漁業権の公共的な性格から、共同漁業権
の権利者たる組合が遊漁規則を定め、遊漁者に対し発行す
る承認証をいう。

(3) 流通加工

魚　市　場
うおいちば

漁業センサス

　過去1年間に漁船による水産物の直接水揚げがあった市
場及び漁船による直接水揚げがなくても、陸送により生産
地から水産物の搬入を受けて第1次段階の取引を行った市
場をいう。

冷凍・冷蔵工場
れいとう・れいぞう
こうじょう

漁業センサス

　陸上において主機10馬力（7.5kw）以上の冷蔵・冷凍施
設を有し、過去1年間に水産物（のり冷凍網を除く。）を
冷凍し、又は低温で貯蔵した事業所をいう。

水　産　加　工　場
すいさんかこうじょ
う

漁業センサス

　販売を目的として過去1年間に水産動植物を他から購入
して加工製造を行った事業所及び原料が自家生産物であっ
ても加工製造するための作業場又は工場と認められるもの
を有し、その製造活動に専従の従事者を使用し、加工製造
を行った事業所をいう。

従　業　者
じゅうぎょうしゃ
　　　常時従業者

漁業センサス

　次のいずれかに該当する者をいう。
①個人事業主及び無給の家族従業者
②常勤の役員
③雇用者（賃金・給与（現物支給を含む。）を支給され
ている者
④出向・派遣受入者
　なお、実務にたずさわらない事業主、他の会社等へ出

向・派遣している者及び研修生は含めない。

　従業者の①及び②、③又は④のうち、次の⑤から⑦のいずれかに該当する場合は常時従業者という。

　⑤期間を定めずに従事している人

　⑥1ヶ月を超える期間を定めて従事している人

　⑦調査日前年の9月、10月にそれぞれ18日以上従事した人。なお、重役や理事などの役員で、常時勤務して毎月給与の支払いを受けている場合も「常時従事者」に含む。

3　漁業生産

(1) 海面漁業

海　面　漁　業 かいめんぎょぎょう	海面漁業生産統計調査 　（海面漁業生産統計調査規則昭和27年農林省令第65号）。 ⇒Ⅲの1の「海面漁業」参照。
海　面　養　殖　業 かいめんようしょく ぎょう	海面漁業生産統計調査 ⇒Ⅲの1の「海面養殖業」参照。
漁　業　経　営　体 **（海　面　漁　業）** ぎょぎょうけいえい たい	海面漁業生産統計調査 　利潤又は生活の資を得るために海面において、水産動植物を採捕する事業を営む世帯又は事業所をいう。
養　殖　業　経　営　体 **（海　面　養　殖　業）** ようしょくぎょうけ いえいたい	海面漁業生産統計調査 　利潤又は生活の資を得るために海面又は陸上に設けられた施設において、海水を利用して水産動植物を集約的に育成し収獲する事業を営む世帯又は事業所をいう。なお、真珠養殖における経営体とは、母貝仕立て（挿核準備）、挿核施術から施術後の貝の養成、管理を一貫して行うものをいう。
漁　労　体 ぎょろうたい	海面漁業生産統計調査 　海面漁業経営体が海面漁業を営むための漁労作業の単位をいい、1漁労体を1（か）統と数えている。 　漁労体数は、漁労体が操業した漁業種類ごとに、調査期間を通じて計上する。 　具体的な計上方法は以下のとおりである。 　①漁船漁業：1隻の漁船を使用して漁労作業を行う場合は、当該漁船を1漁労体として計上する。（複船操業の場合は1組を1漁労体としている。） 　②大型定置網：漁業法第6条第3項の定置漁業権1件を

1漁労体としている。（小型定置網及び地びき網は地元において呼称されている網（ます網、つぼ網、角建網等）をもって1漁労体としている。）

③特殊な取り扱いをする漁業

　ア　共同経営及びもちより操業（2人以上の者が自己所有の生産手段（漁船、漁具等）を持ち寄って操業し、生産手段の管理運営又は漁獲物の処理が各個人の責任で行われるもの）は、参加者が構成する漁労作業の単位を1漁労体とし、各参加者は漁労体としない。

　イ　あいのり操業（自己所有の漁具を持って他人の船に乗り込んで操業し、漁獲物を自己の責任で処理するもの）は、漁船を1漁労体とし、乗り込んだ個人は漁労体としない。

　ウ　漁船を使用しない漁業は漁労体数を計上しない。この場合の「漁船を使用しない漁業」とは磯で行う採貝、採藻等、漁労作業に漁船を使用しない漁業及び漁船を瀬渡し船等の交通手段としてのみ使用する漁業をいう。

　なお、採貝、採藻等で、「箱船」、「たらい船」等、漁船と同様の役割を果たすものを使用する漁業は、漁船を使用したものと見なし、1隻を1漁労体として計上している。

水揚機関
みずあげきかん

海面漁業生産統計調査

　生産物の陸揚地に生産物の売買取引を目的とする市場を開設している者及び生産物の陸揚地に所在する漁業協同組合、会社等の事業所で生産物の陸揚げをした者から生産物を譲り受け、又はその販売の委託を受けるものをいう。

出漁日数
しゅつりょうにっすう

海面漁業生産統計調査

　漁船が漁労作業を目的として航海した日数であり、「航海日数」ともいう。

　①漁船が出港してから入港するまでの日数である。なお、漁労が目的であっても何らかの理由により漁労作業が行われなかった場合や、漁獲が皆無であった場合も出漁日数としている。

　②日帰り操業は1日のうちに何回も出漁しても1日としている。1航海が1夜の場合（夕方出港し、翌朝入港する場合）も1日とし、2夜以上にわたる場合は出港日か

ら入港日までを通算した日数としている。

漁　獲　量
ぎょかくりょう

海面漁業生産統計調査

　海面漁業により採捕した全ての水産動植物の採捕時の原形重量をいい、船内で、鮮度維持のための内臓、えら、頭、ひれ等の除去、フィレー、ブロック等への解体、乾燥品、塩蔵品、冷凍品、缶詰等への加工を行ったものは、すべて原形重量で計上されている。なお、乗組員の船内食用、自家用（食用又は贈答用）、自家加工用、販売活餌等を含む。

　ただし、次に掲げるものは除外されている。
　①操業中に丸のまま海中に投棄したもの
　②沈没により滅失したもの
　③漁業用餌料（たい釣のためのえび類、敷網等のためのあみ類等）として自家用のみに採捕したもの
　④養殖用種苗として自家用のみに採捕したもの
　⑤自家用肥料のみに供するために採捕したもの（主として海藻類、かしぱん、ひとで類等）

漁業・養殖業生産量　　　　　　　　　　　　　　　　単位：千トン

	総生産量	海面			内水面		
		計	海面漁業	海面養殖	計	内水面漁業	内水面養殖業
平成18年	5,735	5,652	4,470	1,183	83	42	41
19	5,720	5,638	4,397	1,242	81	39	42
20	5,592	5,520	4,373	1,146	73	33	40
21	5,432	5,349	4,147	1,202	83	42	41
22	5,313	5,233	4,122	1,111	79	40	39
23	4,766	4,693	3,824	869	73	34	39
24	4,853	4,786	3,747	1,040	67	33	34
25	4,774	4,712	3,715	997	61	31	30
26	4,765	4,701	3,713	988	64	31	34
27	4,631	4,561	3,492	1,069	69	33	36
28年	4,359	4,296	3,263	1,033	63	28	35

海面漁業生産統計調査

操業水域区分
そうぎょうすいいき
くぶん

海面漁業生産統計調査

　漁業生産の実態を操業水域（漁場）別に明らかにし、漁業調整、水産資源研究、漁場開発等に役立たせるために海洋を区分したもので、本調査では生産量については世界水域（FAOの水域区分）、稼働量調査については日本周辺を9区分した大海区に分類している。

漁　　　　　船
ぎょせん

海面漁業生産統計調査

　海面漁業経営体が所有している船もしくは借り入れている船で、調査期間に直接漁業生産のために使用した船をいう。

Ⅲ-2「漁船」参照

養 殖 業 の 施 設
ようしょくぎょうの
しせつ

海面漁業生産統計調査

　海面養殖業を営むために、築堤等で区切った海面又は海面に敷設した施設（いかだ、はえ縄、さく等）をいう。各養殖方法における代表的な施設は次のとおり。
　　①小割式：網や金網などで仕切られたいけす
　　②網仕切り又は築堤式：せき堤や網で仕切られた区画
　　③陸上施設：陸上に敷設された水槽
　　④いかだ式：木又は竹などを縦横に組合わせていかだを組み、木樽やドラム缶、発砲スチロールなどの浮きをつけて海面に浮かべたもの
　　⑤はえ縄式：樽、合成樹脂製浮子等を使用して海面に張られた縄

収　　獲　　量
しゅうかくりょう

海面漁業生産統計調査

　海面養殖業により収獲した水産動植物の数量（自家用（食用又は贈答用）、自家加工用等を含む。）をいい、養殖魚種別に把握されている。

種 苗 販 売 量
しゅびょうはんばい
りょう

海面漁業生産統計調査

　海面養殖収獲統計調査のうち、ぶり類、まだい、ひらめ、ほたてがい、かき類、くるまえび、わかめ類、のり類の各種苗及び真珠母貝を販売した場合は、種苗販売量として計上し、収獲量には計上していない。

投　　餌　　量
とうじりょう

海面漁業生産統計調査

　海面養殖業を営むために投与した餌料の数量をいう。ただし、種苗養殖のみのために投与した餌料は含めない。餌

料区分は次のとおり。

①生餌：魚類、貝類その他水産動植物を生鮮又は冷凍の状態で餌にしたもの。

②配合飼料：養殖用として養殖魚が必要とする栄養分を人工的に配合して市販されているもの。さなぎ、魚粉、魚粕、小麦粉、大豆粕、大豆タンパク、フィード・オイル等がある。

⇒「全国漁業種類分類」（別表）、「全国魚種分類」（別表）、「養殖方法分類」（別表）、「養殖魚種分類」（別表）、「大海区区分図」（別表）参照。

全国漁業種類分類

漁 業 種 類 名			定　　　　義	内 容 例 示
網び 漁 業	底 び き 網	遠洋底びき網	北緯10度20秒の線以北、次に掲げる線から成る線以西の太平洋の海域以外の海域において総トン数15トン以上の動力漁船により底びき網を使用して行う漁業（指定漁業） イ　北緯25度17分以北の東経152度59分46秒の線 ロ　北緯25度17分東経152度59分46秒の点から北緯25度15秒東経128度29分53秒の点に至る直線 ハ　北緯25度15秒東経128度29分53秒の点から北緯25度15秒東経120度59分55秒の点に至る直線 ニ　北緯25度15秒以南の東経120度59分55秒の線	
		以西底びき網	北緯10度20秒の線以北、次に掲げる線から成る線以西の太平洋の海域において総トン数15トン以上の動力漁船により底びき網を使用して行う漁業（指定漁業） イ　北緯33度9分27秒以北の東経127度59分52秒の線 ロ　北緯33度9分27秒東経127度59分52秒の点から北緯33度9分27秒東経128度29分52秒の点に至る直線 ハ　北緯33度9分27秒東経128度29分52秒の点から北緯25度15秒東経128度29分53秒の点に至る直線 ニ　遠洋底びき網のハ及びニの線	
		沖合底びき網　1そうびき	北緯25度15秒東経128度29分53秒の点から北緯25度17秒東経152度59分46秒の点に至る直線以北、以西底びき網のイ、ロ及びハから成る線以東、東経152度59分46秒の線以西の太平洋の海域において総トン数15トン以上の動力漁船により底びき網を使用して行う漁業（指定漁業）	1そうびきで行うもの	
		沖合底びき網　2そうびき		2そうびきで行うもの	
		小型底びき網	総トン数15トン未満の動力漁船により底びき網を使用して行う漁業（法定知事許可漁業）	かけまわし、2そうびき、板びき網、えびこぎ網、戦車こぎ網、けた網（貝、えび等）、まんが、打瀬網（帆、潮）
	船びき網		海底以外の中層若しくは表層をえい網する網具（ひき回し網）又は停止した船（いかりで固定するほか、潮帆又はエンジンを使用して対地速度をほぼゼロにしたものを含む。）にひき寄せる網具（ひき寄せ網）を使用して行う漁業（瀬戸内海において総トン数5トン以上の動力漁船を使用して行うものは、法定知事許可漁業）	ぱっち網、2そうびき、船びき網、浮きひき網、吾智（＝ごち）網、船びき網（錨＝いかりどめ）

全国漁業種類分類（続き）

漁業種類名				定　　義		内　容　例　示
網漁業（続き）	まき網	大中型まき網	1そうまき	遠洋かつお・まぐろ	総トン数40トン（北海道恵山岬灯台から青森県尻屋崎灯台に至る直線の中心点を通る正東の線以南、同中心点から尻屋崎灯台に至る直線のうち中心点から同直線と青森県の最大高潮時海岸線との最初の交点までの部分、同交点から最大高潮時海岸線を千葉県野島崎灯台正南の線と同海岸線との交点に至る線及び同点正南の線から成る線以東の太平洋の海域にあっては、総トン数15トン）以上の動力漁船によりまき網を使用して行う漁業（指定漁業）	1そうまきでかつお・まぐろ類をとることを目的として、遠洋（太平洋中央海区（東経179度59分43秒以西の北緯20度21秒の線、北緯20度21秒以北、北緯40度16秒以南の東経179度59分43秒の線及び東経179度59分43秒以東の北緯40度16秒の線から成る線以南の太平洋の海域（南シナ海の海域を除く。））又はインド洋海区（南緯19度59分35秒以北（ただし、東経95度4秒から東経119度59分56秒の間の海域については、南緯9度59分36秒以北）のインド洋の海域）で操業するもの	
				近海かつお・まぐろ		1そうまきでかつお・まぐろ類をとることを目的として、大中型遠洋かつお・まぐろまき網に係る海域以外で操業するもの	
				その他		1そうまきでかつお・まぐろ類以外をとることを目的とするもの	
			2そうまき			2そうまきで行うもの	
		中・小型まき網			指定漁業以外のまき網（総トン数5トン以上40トン未満の船舶により行う漁業は、法定知事許可漁業）	縫い切り網、しばり網、瀬びき網
	刺網	さけ・ます流し網			流し網を使用してさけ又はますをとることを目的とする漁業（総トン数30トン以上の動力漁船により行うものは指定漁業、30トン未満の動力漁船により行うものは法定知事許可漁業）	
		かじき等流し網			総トン数10トン以上の動力漁船により流し網を使用してかじき、かつお又はまぐろをとることを目的とする漁業（東経127度59分52秒の線以西の日本海及び東シナ海の海域において行うものは特定大臣許可漁業、それ以外のものは届出漁業（知事許可等を要するものもある。））	
		その他の刺網			流し網又は刺網を使用して行う漁業でさけ・ます流し網及びかじき等流し網以外のもの（太平洋の公海（我が国以外の外国の排他的経済水域を除く。）において動力漁船により行うものは、特定大臣許可漁業）	中層刺網、底刺網、浮き刺網、流し網、まき刺網、こぎ刺網、太平洋底刺し網、日ロ民間操業による刺網漁業
	敷網	さんま棒受網			棒受網を使用してさんまをとることを目的とする漁業（北緯34度54分6秒の線以北、東経139度53分18秒の線以東の太平洋の海域（オホーツク海及び日本海の海域を除く。）において総トン数10トン以上の動力漁船により行うものは、指定漁業）	
	定置網	大型定置網			漁具を定置して営む漁業であって、身網の設置される場所の最深部が最高潮時において水深27メートル（沖縄県にあっては、15メートル）以上であるもの（瀬戸内海におけるます網漁業並びに陸奥湾（青森県焼山崎から同県明神崎灯台に至る直線及び陸岸によって囲まれた海面をいう。）における落とし網漁業及びます網漁業を除く。）	
		さけ定置網			漁具を定置して営む漁業であって、身網の設置される場所の最深部が最高潮時において水深27メートル以上であるものであり、北海道においてさけを主たる漁獲物とするもの	
		小型定置網			定置網であって大型定置網及びさけ定置網以外のもの	ます網、つぼ網、角建網

全国漁業種類分類（続き）

		漁 業 種 類 名	定 義	内 容 例 示
網漁業（続き）		その他の網漁業	網漁業であって底びき網、船びき網、まき網、刺網、敷網及び定置網以外のもの ○ 陸岸にひき寄せる網具を使用して行う漁業 ○ 敷網を使用して行う漁業であってさんま棒受網以外のもの ○ その他	地びき網 張り網、四つ手網、棒受網（あじ、さば等）、込ませ網、あんこう網、（沖縄式）追込み網 建干し網、建切り網、たもすくい（さば）、すくい網、投網
釣漁業	はえ縄	ま ぐ ろ は え 縄 — 遠洋まぐろはえ縄	総トン数120トン（昭和57年7月17日以前に建造され、又は建造に着手されたものにあっては、80トン。以下動力漁船の項において同じ。）以上の動力漁船により、浮きはえ縄を使用してまぐろ、かじき又はさめをとることを目的とする漁業（指定漁業）	
		近海まぐろはえ縄	総トン数10トン（我が国の排他的経済水域、領海及び内水並びに我が国の排他的経済水域によって囲まれた海域から成る海域（東京都小笠原村南鳥島に係る排他的経済水域及び領海を除く。）にあっては、総トン数20トン）以上120トン未満の動力漁船により、浮きはえ縄を使用してまぐろ、かじき又はさめをとることを目的とする漁業（指定漁業）	
		沿岸まぐろはえ縄	浮きはえ縄を使用してまぐろ、かじき又はさめをとることを目的とする漁業であって遠洋まぐろはえ縄及び近海まぐろはえ縄以外のもの（我が国の排他的経済水域、領海及び内水並びに我が国の排他的経済水域によって囲まれた海域から成る海域（東京都小笠原村南鳥島に係る排他的経済水域及び領海並びに北海道稚内市宗谷岬突端を通る線以西、長崎県長崎市野母崎突端を通る緯線以北の日本海の海域を除く。）において総トン数10トン以上20トン未満の動力漁船により行うものは、届出漁業（知事許可等を要するものもある。））	
		その他のはえ縄	はえ縄を使用して行うまぐろはえ縄以外の漁業（東シナ海の海域において総トン数10トン以上の動力漁船により行うもの、大西洋又はインド洋の海域において動力漁船により行うもの及び太平洋の公海（我が国又は外国の排他的経済水域を除く。）において動力漁船により行うものは、特定大臣許可漁業）	まぐろ類以外の魚を目的とする浮きはえ縄、底はえ縄、立てはえ縄（立て縄式は、「その他の釣」）、ふぐはえ縄
	はえ縄以外の釣	か つ お 一 本 釣 — 遠洋かつお一本釣	総トン数120トン以上の動力漁船により、釣りによってかつお又はまぐろをとることを目的とする漁業（指定漁業）	
		近海かつお一本釣	総トン数10トン（我が国の排他的経済水域、領海及び内水並びに我が国の排他的経済水域によって囲まれた海域から成る海域（東京都小笠原村南鳥島に係る排他的経済水域及び領海を除く。）にあっては、総トン数20トン）以上120トン未満の動力漁船により、釣りによってかつお又はまぐろをとることを目的とする漁業（指定漁業）	
		沿岸かつお一本釣	釣りによってかつお又はまぐろをとることを目的とする漁業であって遠洋かつお一本釣及び近海かつお一本釣以外のもの	小釣及び五目釣は、「その他の釣」
		い か 釣 — 遠洋いか釣	総トン数200トン以上の動力漁船により釣りによっていかをとることを目的とする漁業（指定漁業）（ただし、北緯20度の線以北、東経169度59分44秒の線以西の太平洋の海域（ベーリング海、オホーツク海、日本海、黄海、東シナ海及び南シナ海の海域を含む。）において釣りによっていかをとることを目的として官公庁、学校、試験研究機関等が行うものは、「近海いか釣」に含める。）	海外いか釣（ニュージーランド、ペルー海域等）
		近海いか釣	総トン数30トン以上200トン未満の動力漁船により釣りによっていかをとることを目的とする漁業（指定漁業）	

全国漁業種類分類（続き）

漁　業　種　類　名			定　　　義	内　容　例　示
釣漁業（続き）	はえ縄以外の釣（続き）	いか釣（続き） 沿岸いか釣	釣りによっていかをとることを目的とする漁業であって遠洋いか釣及び近海いか釣以外のもの（総トン数５トン以上30トン未満の動力漁船により行うものは、届出漁業（知事許可等を要するものもある。））	
		ひき縄釣	ひき縄を使用して行う漁業（かつお又はまぐろをとることを主たる目的とするものを含む。）	ひき縄、ひき縄釣、ひき釣、けんけん
		その他の釣	はえ縄以外の釣漁業であってかつお一本釣、いか釣及びひき縄釣以外のもの	手釣、竿釣、一本釣、立て縄釣、たる流し釣、飼付け漁業、鳥付きこぎ釣漁業、小釣、五目釣、釣具によりさばをとることを目的とする漁業
捕鯨業	小型捕鯨		動力漁船によりもりづつを使用してみんくくじら又は歯くじら（まっこうくじらを除く。）をとる漁業（指定漁業）	
	採貝・採藻		○　小型底びき網、潜水器漁業等以外の貝をとることを目的とする漁業	貝かご、貝突き漁業、見突き漁、腰まき、大まき、貝はさみ漁
			○　潜水器漁業等以外の海藻をとることを目的とする漁業	
そ の 他	その他の漁業		前記以外の全ての漁業 ○　潜水器を使用して行う漁業	潜水器漁業、簡易潜水器漁業
			○　針に引っかけてとるもの	文鎮こぎ、空釣縄、たこいさり
			○　捕鯨以外のほこ、もり等で突き刺してとるもの	突きん棒、貝を除く見突き
			○　かぎ、鎌等で引っかけてとるもの	たこかぎ、うなぎ鎌
			○　採藻以外のはさむ、ねじる等の方法によりとるもの	うなぎはさみ
			○　えり漁業	すだて、羽瀬
			○　うけ、筒、箱又はかごを使用してとるもの（採貝を除く。次に掲げる海域以外の日本海の海域においてかごを使用してべにずわいがにをとることを目的とするものは指定漁業、総トン数10トン以上の動力漁船によりかごを使用してずわいがにをとることを目的とするもの及び大西洋又はインド洋の海域において動力漁船によりかごを使用して行うものは特定大臣許可漁業） イ　北緯41度20分９秒の線以北の我が国の排他的経済水域、領海及び内水 ロ　北緯41度20分９秒の線以南、次に掲げる線から成る線以東の日本海の海域 (イ)　北緯41度20分９秒東経137度59分48秒の点から北緯40度30分９秒東経137度59分48秒の点に至る直線 (ロ)　北緯40度30分９秒東経137度59分48秒の点から北緯37度30分10秒東経134度59分50秒の点に至る直線 (ハ)　北緯37度30分10秒東経134度59分50秒の点から北緯37度30分10秒東経133度59分50秒の点に至る直線 (ニ)　北緯37度30分10秒以南の東経133度59分50秒の線	たこつぼ、かにかご、あなご筒
			○　木、竹、わら等を海中に敷設してとるもの	柴浸け、いか巣びき、さんま手づかみ（釣具、ひき縄等を使用する場合は、該当する漁業種類に分類する。）

全国魚種分類の定義

魚 種 分 類			定 義 等 （標 準 和 名 ＜通 称・地 方 名＞）
魚 類	ま ぐ ろ 類	くろまぐろ	くろまぐろ＜ほんまぐろ＞、めじ、よこわ
		みなみまぐろ	みなみまぐろ＜いんどまぐろ＞
		びんなが	びんなが＜びんちょう、とんぼ＞
		めばち	めばち＜だるま＞
		きはだ	きはだ＜きめじ＞
		その他のまぐろ類	こしなが〔前記以外のまぐろ属及び分類不能のまぐろ属〕（いそまぐろは、その他の魚類）
	か じ き 類	まかじき	まかじき
		めかじき	めかじき
		くろかじき類	くろかじき＜くろかわ＞、しろかじき＜しろかわ＞、〔くろかじき属〕
		その他のかじき類	ばしょうかじき、ふうらいかじき〔前記以外のまかじき科〕
	か つ お 類	かつお	かつお
		そうだがつお類	ひらそうだ、まるそうだ〔そうだがつお属〕
	さめ類		よしきりざめ、あぶらつのざめ、ほしざめ、しろざめ等（さかたざめは、その他の魚類）
	さけ・ます類	さけ類	さけ＜しろざけ＞、べにざけ＜べにます＞、ぎんざけ、ますのすけ＜キングサーモン＞
		ます類	からふとます＜せっぱり＞、さくらます＜ままず、おおめます＞
	このしろ		このしろ＜こはだ＞
	にしん		にしん
	い わ し 類	まいわし	まいわし
		うるめいわし	うるめいわし
		かたくちいわし	かたくちいわし＜せぐろ＞
		しらす	いわし類の稚仔（＝ちし）魚であって、35mm以下程度のもの（混獲されたいわし類以外の稚仔魚を含む。）
	あ じ 類	まあじ	まあじ
		むろあじ類	むろあじ、まるあじ、おおあかむろ、もろ、くさやむろ〔むろあじ属〕
	さば類		まさば＜ひらさば＞、ごまさば＜まるさば＞〔さば属〕
	さんま		さんま
	ぶり類		ぶり＜はまち、わかし、いなだ、わらさ、つばす、ふくらぎ＞、ひらまさ、かんぱち〔ぶり属〕

注：〔 〕は、綱、目、科、属を示し、当該綱、目、科、属に含まれる全ての魚種を含む。種名で示したものは、当該魚種に限る。

全国魚種分類の定義（続き）

魚　種　分　類			定　義　等　（標準和名＜通称・地方名＞）
ひかられめい・類	ひらめ		ひらめ
	かれい類		ひらめを除くかれい目の魚（まがれい、さめがれい、やなぎむしがれい、あかがれい、まこがれい、あぶらがれい、そうはちがれい、めいたがれい、いしがれい、こがねがれい、おひょう、ひれぐろ（なめたがれい）、うしのした類等）
たら類	まだら		まだら
	すけとうだら		すけとうだら＜すけそう＞
ほっけ			ほっけ〔ほっけ属〕
きちじ			きちじ〔きちじ属〕＜きんき、きんきん＞
はたはた			はたはた
にぎす類			にぎす、かごしまにぎす
あなご類			まあなご、くろあなご〔くろあなご属〕
たちうお			たちうお
たい類	まだい		まだい
	ちだい・きだい		ちだい＜はなだい、ちこだい＞、きだい＜れんこだい＞〔ちだい属、きだい属〕
	くろだい・へだい		くろだい＜ちぬ、かいず＞、きちぬ＜きびれ＞、へだい〔くろだい属、へだい属〕
いさき			いさき（しまいさき、やがたいさき等は、その他の魚類）
さわら類			さわら、うしさわら＜おきさわら＞、よこしまさわら、かますさわら〔さわら属、かますさわら属〕 （バラクーダ（遠洋底びき網のおきさわら）は、その他の魚類）
すずき類			すずき＜せいご、ふっこ＞、ひらすずき〔すずき属〕
いかなご			いかなご＜こうなご、めろうど＞
あまだい類			しろあまだい、あかあまだい、きあまだい〔あまだい属〕＜ぐじ＞
ふぐ類			とらふぐ、まふぐ、からす、ひがんふぐ、しょうさいふぐ、さばふぐ〔とらふぐ属、さばふぐ属〕
その他の魚類			前記のいずれにも分類されない魚類（めぬけ類、にべ・ぐち類、えそ類、いぼだい、はも、えい類、しいら類、とびうお類、ぼら類、ほうぼう類、あんこう類、きんめだい類、こち類、さより類、おにおこぜ類、めばる類、きす類、はぎ類、かながしら類等）
いせえび			いせえび
くるまえび			くるまえび
その他のえび類			前記のいずれにも分類されないえび類（ほっこくあかえび、こうらいえび＜大正えび＞、ぼたんえび等）

（表の左端に縦書きで「魚　類　（続き）」「え　び　類」と記載）

全国魚種分類の定義（続き）

魚　種　分　類		定　義　等　（標準和名＜通称・地方名＞）
か に 類	ずわいがに	ずわいがに＜まつばがに、えちぜんがに＞（まるずわいには、その他のかに類）
	べにずわいがに	べにずわいがに
	がざみ類	がざみ、ひらつめがに、たいわんがざみ、じゃのめがざみ〔わたりがに科〕
	その他のかに類	前記のいずれにも分類されないかに類（たらばがに、けがに、はなさきがに、まるずわいがに、いばらがに、あさひがに、あぶらがに等）
おきあみ類		なんきょくおきあみを除くおきあみ類〔おきあみ属〕
貝 類	あわび類	くろあわび、えぞあわび、まだか、めがい（とこぶしは、その他の貝類）
	さざえ	さざえ
	あさり類	あさり、ひめあさり〔あさり属〕
	ほたてがい	ほたてがい
	その他の貝類	前記以外のいずれにも分類されない貝類（はまぐり類、うばがい（ほっきがい）、さるぼう（もがい）、つぶ、ばい、たいらぎ、ばかがい、とりがい、あかがい、いたやがい、とこぶし等）
い か 類	するめいか	するめいか
	あかいか	あかいか＜むらさきいか、ばかいか＞（けんさきいかは、その他のいか類）、あめりかおおあかいか
	その他のいか類	前記のいずれにも分類されないいか類（こういか類（こういか、しりやけいか、かみなりいか、こぶしめ〔こういか科〕＜もんごういか＞）、やりいか、けんさきいか、そでいか、あおりいか、ほたるいか、ニュージーランドするめいか、まついか等）
たこ類		まだこ、みずだこ、いいだこ〔まだこ科〕
うに類		ばふんうに、えぞばふんうに、むらさきうに、きたむらさきうに、あかうに〔うに綱〕
海産ほ乳類		いるか類及びくじら類（捕鯨業により捕獲されたものを除く。）
その他の水産動物類		前記のいずれにも分類されない水産動物類（なまこ類（まなまこ、くろなまこ〔なまこ綱〕）、なんきょくおきあみ、しゃこ、さんご、餌むし等）
海 藻 類	こんぶ類	まこんぶ、ながこんぶ、みついしこんぶ、りしりこんぶ〔こんぶ属〕
	その他の海藻類	前記のいずれにも分類されない海藻類（わかめ類（わかめ、ひろめ、あおわかめ〔わかめ属〕）、ひじき、てんぐさ類（まくさ、ひらくさ、おにくさ、ゆいきり＜とりのあし＞〔てんぐさ科〕）、ふのり類、あまのり類、とさかのり、おごのり、あらめ、かじめ等）

養殖方法分類

養 殖 方 法	定　　　　　義	内 容 例 示
築堤式	入江、潟等の海面を堤防で区切って養殖を行うもの	魚類、くるまえび等の養殖に用いられる。
網仕切式	入江、潟等の海面を網で仕切るか又は一定の海面を網で囲んで養殖を行うもの	魚類、くるまえび等の養殖に用いられる。
小割式	海面にいけす網、いけす箱等を浮かべるか又は中層に懸垂して養殖を行うもの	魚類、たこ類等の養殖に用いられる。
いかだ式	いかだに種苗を付着させた貝がら、ロープ等を直接垂下するもの及び種苗を入れたかご又は網袋を垂下して養殖を行うもの	かき類、ほたてがい、あわび類、わかめ類等の養殖に用いられる。 なお、わかめ類養殖等でみられる3～4ｍの間隔で浮き竹をロープでつないだものも、いかだ式に含める。
垂下式	海底に丸太、竹等の杭を立て、これに木、竹等を渡し、種苗を付着させた貝がら、ロープ等を直接垂下するもの及び種苗を入れたかご又は網袋を垂下して養殖を行うもの	かき類、ほたてがい等の養殖に用いられる。
はえ縄式	樽、合成樹脂製浮子等を使用して、海面に縄を張り、これに種苗を付着させた貝がら、ロープ等を直接垂下するもの及び種苗を入れたかご又は網袋を垂下して養殖を行うもの	かき類、ほたてがい、真珠、わかめ類等の養殖に用いられる。
地まき式	海底に種苗をまいて養殖を行うもの	かき類養殖に用いられる。
網ひび式	網ひびに種苗を付着させて養殖を行うもので、支柱式と浮き流し式がある。	のり類養殖に用いられる。
支柱式	海底に支柱を立て、これに網ひびを所定の高さに張り養殖を行うもの	
浮き流し式	海面に浮かせた枠に網ひびを張り養殖を行うもの	地方により「ベタ流し」、「沖流し」とも呼ばれる。 なお、「浮上いかだ式」を含む。
そだひび式	そだ（＝切り取った竹や木の枝）に種苗を付着させて養殖を行うもの	かき類養殖に用いられる。
コンクリート水槽式	陸上のコンクリート水槽に、動力で海水を揚水し、曝気（＝ばっき）装置を設け、海水の流れを図り養殖を行うもの	魚類、くるまえび等の養殖に用いられる。
その他	前記以外の養殖方法で行うもの	

養殖魚種分類

養　殖　魚　種			定　義　等　(標　準　和　名)
魚類	ぎんざけ		ぎんざけ
	ぶり類	ぶり	ぶり
		かんぱち	かんぱち
		その他のぶり類	前記のいずれにも分類されないぶり類 (ひらまさ等)
	まあじ		まあじ
	しまあじ		しまあじ
	まだい		まだい
	ひらめ		ひらめ
	ふぐ類		とらふぐ、まふぐ〔とらふぐ属〕
	くろまぐろ		くろまぐろ
	その他の魚類		前記のいずれにも分類されない魚類 (ちだい、くろだい、かわはぎ等)
貝類	ほたてがい		ほたてがい
	かき類		まがき、いたぼがき、すみのえがき〔いたぼがき科〕
	その他の貝類		前記のいずれにも分類されない貝類 (いたやがい、ひおうぎがい等)
くるまえび			くるまえび
ほや類			まぼや、あかぼや
その他の水産動物類			前記のいずれにも分類されない水産動物類 (がざみ類、うに類、いせえび、餌むし等)
海藻類	こんぶ類		まこんぶ、ながこんぶ、みついしこんぶ、りしりこんぶ〔こんぶ属〕
	わかめ類		わかめ、ひろめ
	のり類		あさくさのり〔あまのり属〕、ひとえぐさ〔あおさ属〕、すじあおのり〔あおのり属〕
	もずく類		もずく、おきなわもずく、ふともずく
	その他の海藻類		前記のいずれにも分類されない海藻類 (まつも等)
真珠			真珠 (海水産の真珠母貝により生産されるもの)
種苗	ぶり類種苗		ふ化の翌年の5月31日までのもののうちもじゃこを除いたもの及びふ化の翌年の6月1日からその翌年の5月31日までのもの
	まだい種苗	稚魚	天然種苗並びに人工的に採卵し、ふ化させ、及び飼育した人工種苗
		1・2年魚	ふ化の翌年の5月31日までのもののうち稚魚を除いたもの及びふ化の翌年の6月1日からその翌年の5月31日までのもの

養殖魚種分類（続き）

養　殖　魚　種			定　義　等　（標　準　和　名）
種 苗 （ 続 き ）	ひらめ種苗		ひらめ種苗
	真珠母貝		あこやがい、まべがい、くろちょうがい等
	ほたてがい種苗		ほたてがい種苗
	かき類種苗		かき類種苗
	くるまえび種苗		くるまえび種苗
	わかめ類種苗		わかめ類種苗
	の り 類	種 苗 網ひび	のりの殻胞子を付着させた網（種網）
		貝がら	のりの果胞子が貝がらに穿入（＝せんにゅう）し、糸状体となったもの

大海区別都道府県区分図
(水域区分ではなく地域区分である)

① 北海道斜里郡斜里町と目梨郡羅臼町の境界
② 北海道松前郡松前町と福島町の境界
③ 青森県下北郡佐井村と脇野沢村の境界
④ 千葉県と茨城県の境界
⑤ 和歌山県と三重県の境界
⑥ 和歌山県日高郡美浜町と日高町の境界
⑦ 徳島県海部郡由岐町と阿南市の境界
⑧ 愛媛県八幡浜市と西宇和郡保内町の境界
⑨ 大分県北海部郡佐賀関町佐賀関漁業地区と神崎
漁業地区の境界
⑩ 鹿児島県と宮崎県の境界
⑪ 福岡県北九州市旧門司漁業地区と田ノ浦漁業地
区の境界
⑫ 山口県下関市下関漁業地区と壇ノ浦漁業地区の
境界
⑬ 山口県と島根県の境界
⑭ 石川県と富山県の境界

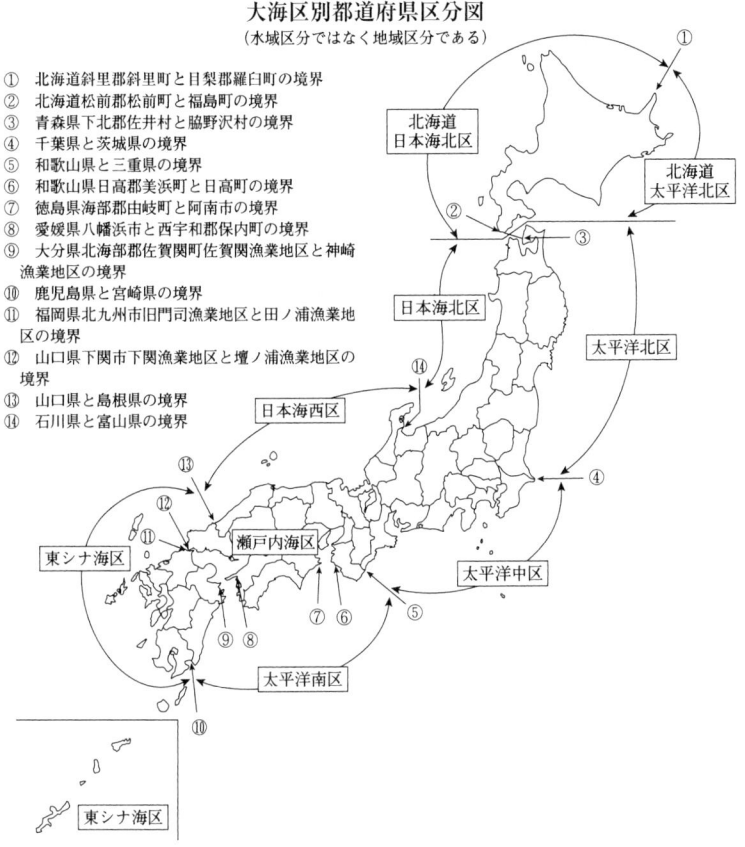

(2) 内水面漁業

内　水　面 ないすいめん	内水面漁業生産統計調査 　内水面とは河川及び湖沼をいう。ただし、次に掲げる湖沼を除く。サロマ湖（北海道）、風蓮湖（北海道）、温根沼（北海道）、厚岸湖（北海道）、加茂湖（新潟県）、浜名湖（静岡県）、中海（鳥取県、島根県）。河川とは、本流とこれに接続する全ての支流、放水路（河川から海又は湖に開削された人工の水路）及びダムの建設により生じた人造湖を合わせたものをいい、本流の名で表示する。 　湖沼とは、湖、沼、池をいう。
内 水 面 漁 業 ないすいめんぎょぎょう	内水面漁業生産統計調査 　内水面において水産動植物を採捕する事業をいう。 　なお、内水面漁業漁獲統計調査では、漁業センサス実施年においては、漁業法に基づく漁業権の設定又は水産資源保護法（昭和26年法律第313号）に基づく保護水面の指定が行われている全ての河川及び湖沼を調査対象としている。また、漁業センサス実施年以外の年においては、上記調査対象河川・湖沼のうち、年間漁獲量50トン以上の河川・湖沼並びに年間漁獲量50トン未満の河川・湖沼で、国の施策上、毎年の調査が必要とされた河川・湖沼を調査対象としている。
内 水 面 養 殖 業 ないすいめんようしょくぎょう	内水面漁業生産統計調査 　一定区画の内水面又は陸上において、淡水を使用して水産動植物（種苗を含む。）を集約的に育成し、収獲する事業をいう。 　ただし、次のものは除かれている。 ①蓄養：漁業又は養殖業によって生産された水産動物類をいけす等に収容し、肥育を目的とせず価格維持又は収獲時あるいは購入時との価格差によって収益をあげることを目的に、一定期間水産動物類を囲って生存させておく事業。 ②増殖：天然における水産動物類の繁殖助長若しくは繁

殖保護又はその資源の増大を目的として行う事業。

③釣堀等のサービス業：料金を徴集して水産動物類の釣等を行わせるサービス業。ただし、自ら養殖した水産動物類をサービス業に供している場合はサービス業に供する以前の事業は内水面養殖業に含めている。

④水田養魚：水田又は稲を植える前もしくは刈り取った後の空田を利用して養魚を行う事業。

⑤観賞魚：錦ごいその他の観賞魚の育成を行う事業。

⑥内水面においてかん水を用いる養殖業：かん水とは海水等の塩分を含んだ水をいう。ただし、あゆの種苗をかん水を用いて生産し販売を行った場合は、種苗販売量に含める。

内水面漁業経営体
ないすいめんぎょぎょうけいえいたい

内水面漁業生産統計調査

　利潤又は生活の資を得るために生産物を販売することを目的として、内水面漁業を営む世帯又は事業所をいう。

　漁業センサスにおいては、湖沼漁業経営体及び内水面養殖業経営体をいう。

⇒Ⅲ-1「内水面漁業経営体」参照。

内水面養殖業経営体
ないすいめんようしょくぎょうけいえいたい

内水面漁業生産統計調査

　利潤又は生活の資を得るために生産物を販売することを目的として、内水面養殖業を営む世帯又は事業所をいう。

漁　獲　量
ぎょかくりょう

内水面漁業生産統計調査

　利潤又は生活の資を得るために、生産物の販売を目的として内水面漁業により採捕された水産動植物の採捕時の原形重量をいう。漁獲量計上にあたっては次のように取り扱われている。

　①内水面漁業経営体が採捕した河川・湖沼、当該内水面漁業経営体が属する内水面漁業協同組合の所在する都府県に計上している。

　②販売を目的として漁獲した数量（自家消費を含む。）を計上している。

　③投棄した数量、農家等が肥料用に採捕した藻類等の数量は販売しない限り漁獲量に含めない。

収　穫　量
しゅうかくりょう

内水面漁業生産統計調査

　内水面養殖業により収穫した水産動植物の数量をいう。

収獲量には自家用（食用）を含む。種苗販売量は収獲量に
は含めない。

⇒「内水面漁業魚種分類」（別表）、「内水面養殖業魚種分
類」（別表）、「3 湖沼漁業魚種分類」（別表）、「3 湖沼漁業
種類分類」（別表）、「3 湖沼養殖業魚種分類」（別表）参
照。

内水面漁業・養殖業分類及び3湖沼漁業分類の定義
内水面漁業魚種分類

<table>
<thead>
<tr><th colspan="3">魚 種 分 類</th><th>該 当 す る 魚 種 名 等</th></tr>
</thead>
<tbody>
<tr><td rowspan="13">魚
類</td><td rowspan="4">さ
け
・
ま
す
類</td><td>さけ類</td><td>しろざけ（「ときしらず」、「あきざけ」と称する地方もある。）、ぎんざけ、ますのすけ等</td></tr>
<tr><td>からふとます</td><td>からふとます（「せっぱります」と称する地方もある。）</td></tr>
<tr><td>さくらます</td><td>さくらます（「ます」、「ほんます」、「まます」と称する地方もある。）</td></tr>
<tr><td>その他のさけ
・ます類</td><td>ひめます（べにざけの陸封性）、にじます、ブラウントラウト、やまめ（さくらますの陸封性、「やまべ」と称する地方もある。）、いわな、おしょろこま、かわます、ごぎ、えぞいわな、びわます（あまご）、いわめ、いとう等</td></tr>
<tr><td colspan="2">わかさぎ</td><td>わかさぎ</td></tr>
<tr><td colspan="2">あゆ</td><td>あゆ</td></tr>
<tr><td colspan="2">しらうお</td><td>しらうお</td></tr>
<tr><td colspan="2">こい</td><td>こい</td></tr>
<tr><td colspan="2">ふな</td><td>ふな（きんぶな、ぎんぶな、げんごろうぶな、かわちぶな等）</td></tr>
<tr><td colspan="2">うぐい・おいかわ</td><td>うぐい、まるた、おいかわ（「やまべ」、「はや」、「はえ」と称する地方もある。）</td></tr>
<tr><td colspan="2">うなぎ</td><td>うなぎ</td></tr>
<tr><td colspan="2">はぜ類</td><td>まはぜ、ひめはぜ、うろはぜ、ちちぶはぜ、じゃこはぜ、あしじろはぜ、ごくらくはぜ、どんこ、かわあなご、いさざ、しろうお、よしのぼり、びりんご、ちちぶ、うきごり等</td></tr>
<tr><td colspan="2">その他の魚類</td><td>上記以外の魚類（どじょう、ふくどじょう、あじめどじょう、しまどじょう、ぼら、めなだ、かじか、なまず、もろこ、にごい、ししゃも、らいぎょ、そうぎょ等）</td></tr>
<tr><td rowspan="2">貝
類</td><td colspan="2">しじみ</td><td>やまとしじみ、ましじみ、せたしじみ等</td></tr>
<tr><td colspan="2">その他の貝類</td><td>しじみ以外の貝類</td></tr>
<tr><td rowspan="2">その他の水産動植物類</td><td colspan="2">えび類</td><td>すじえび、てながえび、ぬかえび等（ざりがにを除く。）</td></tr>
<tr><td colspan="2">その他の水産動植物類</td><td>上記以外の水産動植物類（さざあみ、やつめうなぎ、かに、藻類等）</td></tr>
</tbody>
</table>

内水面養殖業魚種分類

魚　　　　　種		該 当 す る 魚 種 名 等
魚類	ます類　にじます	にじます、ドナルドソン
	その他のます類	やまめ、あまご、いわな等
	あゆ	あゆ
	こい	こい
	うなぎ	うなぎ

3 湖沼漁業魚種分類

(ア) 琵琶湖

魚　　　種			該　当　す　る　魚　種　名　等
魚 類	わかさぎ		わかさぎ
	ます		びわます
	こあゆ		こあゆ（ひうお（こあゆの稚魚）を含む。）
	こい		こい
	ふ な	にごろぶな	にごろぶな
		その他	にごろぶな以外のふな
	うぐい・おいかわ		うぐい、おいかわ
	うなぎ		うなぎ
	は ぜ 類	いさざ	いさざ（はぜ類）
		その他	いさざ以外のはぜ類
	も ろ こ 類	ほんもろこ	もろこ（ほんもろこ）
		その他	もろこ（ほんもろこ）以外のもろこ類 （すでもろこ、でめもろこ等を含む。）
	はす		はす
	その他の魚類		前記以外のいずれにも分類されない魚類
貝 類	しじみ		せたしじみ
	その他の貝類		前記以外のいずれにも分類されない貝類
その他の水 産動物類	えび類		すじえび、てながえび
	その他の水産動物類		前記のいずれにも分類されない水産動物類

(イ) 霞ヶ浦及び北浦

魚　　　種		該　当　す　る　魚　種　名　等
魚 類	わ　か　さ　ぎ	わかさぎ
	し　ら　う　お	しらうお
	こ　　　い	こい
	ふ　　　な	ふな
	う　な　ぎ	うなぎ
	は　ぜ　類	まはぜ、ひめはぜ
	ぼ　ら　類	ぼら、めなだ
	その他の魚類	前記のいずれにも分類されない魚類 （たなご類、さより、どじょう類、すずき、ひがい、 れんぎょ、そうぎょ、らいぎょ、ブラックバス等）
貝 類	し　じ　み	やまとしじみ
	その他の貝類	前記のいずれにも分類されない貝類 （からすがい（たんがい）、いけちょうがい）
その他の水 産動物類	え　び　類	すじえび、てながえび
	その他の水産動物類	前記のいずれにも分類されない水産動物類

3 湖沼漁業種類分類
(ア)　琵琶湖

漁業種類分類	定　　　　　　　義
底びき網	小型動力船で底びき網又は貝けた網を使用して行う漁業（沖びき網、貝びき網等）
敷網	四方形の敷網又はさで網を使用して行う漁業（四つ手網、追いさで網（あゆをとることを目的として、さで網を使用し輔竿（＝うざお）等で威嚇して魚を追い込む漁業））
刺網	刺網を使用して行う漁業（荒目小糸網、細目小糸網）
定置網	第2種共同漁業権により定められた一定の場所に漁網を定置して、あるいは竹す又は網でえりを設置して行う漁業（落とし網、えり）及び河川を横断して杭を打ち竹すでやなを敷設して川をせき止めて魚をとる漁業（やな）
採貝	手がき漁具を使用して貝をとる漁業
かご類	竹で編んだ円筒形の巣かごや網で編んだもんどり及びたつべ（竹で編んだかご）を使用する漁業
あゆ沖すくい	小型動力漁船で船首にすくい網を固定し、あゆをすくいとることを目的とする漁業
投網	人力によって網を投げて魚をとる漁業
その他の漁業	上記以外の漁業

(イ)　霞ヶ浦及び北浦

漁業種類分類	定　　　　　　　義
底びき網	底びき網を使用して行う漁業（わかさぎ・しらうおびき網、帆びき網、いさざごろびき網）
刺網	刺網を使用して行う漁業
定置網	漁具を定置して行う漁業
採貝	貝類をとることを目的とする魚業
その他の漁業	上記以外の漁業

3 湖沼養殖業魚種分類

魚 種 分 類			該 当 す る 魚 種 名 等
食	さけ・ます類	にじます	にじます
		その他のさけ・ます類	にじます以外のさけ・ます類
	あゆ		あゆ
	こい		こい
	うなぎ		うなぎ
用	その他		前記のいずれにも分類されない魚類
真珠			真珠（淡水産の真珠母貝により生産されるもの）
種	卵	ます類	ます類の卵
	稚魚	ます類	ます類の稚魚
		あゆ	あゆの稚魚
苗		こい	こいの稚魚
	その他の種苗		前記のいずれにも分類されない種苗

4　漁業経営

日　記　帳
にっきちょう

漁業経営統計調査

　漁業経営調査・個人経営体調査においては、調査対象経営体における貸借対照表、損益計算書、その他会計に関する書類の整備・保有状況に応じて調査方法を変えており、会計書類が整備されていない場合は日記帳及び経営体台帳により調査が行われている。

　日記帳は自家で日々行った漁業労働を記入するとともに、漁獲物及び収獲物の販売、漁業生産のための資材等の購入など、日々の現金の出し入れや掛取引などの内容を整理するためのものである。現物支給（雇用労賃・料金）、自営の水産加工業用、民宿用、その他（贈り物、自家消費等）に使った漁業・養殖業生産物は実際に販売した価格や市場価格により評価されている。

経 営 台 帳
けいえいだいちょう

漁業経営統計調査

　経営台帳は、経営主の年齢、基幹的漁業従事者の年齢、家族員数、最盛期の従事者数、調査経営体の所有する土地、漁船などの財産状況、租税公課負担などについて整理されたものである。

漁 業 経 営 体
ぎょぎょうけいえい
たい

漁業経営統計調査

⇒Ⅲの2の「漁業経営体」参照。

個 人 経 営 体
こじんけいえいたい

漁業経営統計調査

⇒Ⅲの2の「個人経営体」参照。

会 社 経 営 体
かいしゃけいえいた
い

漁業経営統計調査

　漁業経営体のうち、会社（会社法（平成17年法律86号）に基づき設立された株式会社、合名会社、合資会社及び合同会社をいう。なお、旧有限会社は株式会社として会社に含む。）で漁業を営む経営体をいう。

経 営 主
けいえいしゅ

漁業経営統計調査

　漁業経営体の漁業生産物の漁獲及び収獲作業の決定を行

うなど、常時、漁業経営における管理運営の中心となっている者をいい、戸籍上の筆頭者や最年長者とは限らない。

家族員数
かぞくいんずう

漁業経営統計調査
　経営主と同居し、生計を共にしている人数である。生計を共にしていれば、家族以外の同居人も含む。

基幹的漁業従事者
きかんてきぎょぎょうじゅうじしゃ

漁業経営統計調査
⇒Ⅲの2の「基幹的漁業従事者」参照。

事業所得
じぎょうしょとく

漁業経営統計調査
　事業所得＝漁労所得＋漁労外事業所得

漁労所得
ぎょろうしょとく

漁業経営統計調査
　漁業生産活動の成果によって得られた所得をいい、次式によって求める。
　漁労所得＝漁労収入－漁労支出

漁労収入
ぎょろうしゅうにゅう

漁業経営統計調査
　自家漁業及び自家養殖業による漁獲物、収穫物の販売等による収入をいう。具体的には、直売所での販売、自家販売（自家店舗、通販、インターネット販売、行商などで販売）による収入である。

漁労支出
ぎょろうししゅつ

漁業経営統計調査
　調査期間1年間の自家漁業及び自家養殖業による漁獲、養殖業生産物の育成、収穫、販売等にかかる支出及び当年に負担すべき固定資産の減価償却費を合計したものをいう。
　具体的には、次のとおり。
　①期首期末棚卸増減：調査期間における漁獲物、養殖業生産物、仕掛品、原材料等（未処分漁業・養殖業生産物、育成中の養殖業生産物、漁業・養殖業用資材）の棚卸高の増減額をいう。
　②雇用労賃：自家漁業（養殖業）のために雇った雇用者に支払う現金・現物支給の評価額を計上している。雇用者のための福利厚生費用（失業保険・国民健康保険料・厚生年金保険料等）を含む。
　③漁船・漁具費：帆布・樽・錨・漁船用シート・あかく

み・たわし等の船具、油さし・油ふき・機関修理道具等の機関備品、電気器具・冷凍装置の備品及び漁船の補修・修理のための釘・かすがい・針金・材木・ペンキ等の諸材料・部品費、漁具漁網・浮子・沈子・釣り竿・釣り針・なわかご、玉網などの網具・釣なわ具、その他の突具・引具・狭具、漁具の補修・修理のための諸材料、部品費

④油費：重油・軽油・灯油・潤滑油等の費用

⑤えさ代：漁獲作業、いけす等で生魚に与える餌代及び魚類養殖のための生餌・配合餌料等の餌代をいう。

⑥種苗代：ぶり類、まだい等の稚魚、ほたてがい、かき類の種苗・中成貝、わかめ類、のり類の種苗、真珠母貝等の購入費をいう。

⑦修繕費：漁船の船体、機関、電気・電子機器、冷凍装置、漁労装置を造船所・メーカ等に委託し補修・修理した費用や漁網、漁具メーカ等に委託し補修・修理した費用をいう。

⑧販売手数料：生産物を販売するため漁協・魚市場・生産組合・問屋等の集荷販売業者に支払った手数料、漁連の共販手数料をいう。

⑨負債利子：借入金の支払利子一切、手形割引料、掛買購入品の延滞利子等のうち、漁業・養殖業負担分をいう。

⑩租税・公課諸負担：自動車重量税・自動車税、建物・土地の固定資産税の漁業・養殖業負担部分をいう。

⑪その他：塗染料代、氷代、魚箱代、諸施設費（漁業用倉庫等の陸上施設、養殖のための施設の備品）、事務・管理費（役員手当、電話等の通信連絡費等）加工用資材費、諸材料費（補修・修理のための諸材料、電気料・水道料等の漁業負担分、漁業用自動車費（ガソリン、修繕費、任意保険料の漁業負担分）、賃借料・料金、公課諸負担（漁船保険の保険料、漁獲共済掛け金など）。

漁労外事業所得
ぎょろうがいじぎょうしょとく

漁業経営統計調査
　漁業以外に兼営する事業の所得をいい、次式によって求める。
　漁労外所得＝漁労外事業収入－漁労外事業支出

漁労外事業収入
ぎょろうがいじぎょ

漁業経営統計調査
　漁業経営以外に兼営する事業からの収入をいう。具体的

うしゅうにゅう	には、水産加工業、民宿、遊漁船業の収入、その他自営業に係る収入をいう。

漁労外事業支出
ぎょうがいじぎょ
うししゅつ

漁業経営統計調査
　漁業以外の事業収入を得るために要した一切の費用をいい、漁労収入以外の水産加工業、民宿、遊漁船業の支出、その他自営業に係る支出をいう。
　①水産加工業支出：水産加工の購入原料及び自給原料の全てで魚類・貝類・海藻類及びその他の水産動物類等の主原料費、水産加工収入を得るために要した雇用労賃、補助原材料、施設備品費、補修費、租税公課諸負担、その他一切の費用をいう。
　②民宿支出：民宿経営に係る購入原料及び自給原料の全てで、自家で生産した水産物及び水産加工食品、諸材料費、水道光熱費、施設備品費、補修費、租税公課諸負担、その他一切の費用をいう。
　③遊漁船業支出：遊漁船業に係る燃油代、諸材料費、補修費、減価償却費、租税公課諸負担、その他一切の費用をいう。

補助・補償金
ほじょ・ほしょうきん

漁業経営統計調査
　自営業に係わる保険金の受取金、漁業災害補償法（昭和22年法律第185号）により支払われた共済金受取金、各種の損害補償金、補助・助成金等をいう。
　具体的には、次のとおり。
　①漁業共済中小漁業者の営む漁業について異常の事象又は不慮の事故によって受ける損失を補てんするもの。漁獲共済、養殖共済、特定養殖共済、漁業施設共済がある。
　②漁業経営安定対策（積立プラス）：経営改善に取り組む経営体を対象として、収入が減少した場合に漁業者が拠出した積立金と国費により漁業共済の経営安定機能に上乗せした形で補てんするもの。
　③漁業用燃油価格安定対策：漁業者と国の拠出により、燃油価格が高騰したときに補てん金を交付し漁業経営の安定を図るもの。
　④養殖用配合飼料価格安定対策：養殖業者と国の拠出により配合飼料価格が高騰したときに補てん金を交付するもの。

漁労所得率
ぎょろうしょとくりつ

漁業経営統計調査
　　漁労所得率（％）＝漁労所得÷漁労収入×100

物的経費（個人経営体調査）
ぶってきけいひ

漁業経営統計調査
　　物的経費＝漁船・漁具費＋油費＋えさ代＋種苗代＋修繕費＋販売手数料＋租税公課諸負担＋減価償却費＋（その他の漁労支出）×3分の1（その他の漁労支出の把握ができないため便宜的に3分の1としている。）

純生産性（個人経営体調査）
じゅんせいさんせい

漁業経営統計調査
　　純生産性＝（漁労収入−物的経費）÷最盛期の漁業従事者数
　　最盛期の漁業従事者数とは調査期間内に漁業・養殖業の海上作業（養殖業の場合は陸上作業を含む。）に従事した者が最も多かった時期の人数をいう。

分　析　指　標　漁業固定資本装備率
ぎょぎょうこていしほんそうびりつ

漁業経営統計調査
　　生産に当たって、労働者がどの程度労働手段（資本）によって装備されているかを示す指標であり、固定資本額を労働者数で除したものである。すなわち労働者1人当たりの固定資本額を労働の資本装備率という。漁業経営調査では次の算式で求めている。
　　漁業固定資本装備率＝漁業投下固定資本÷最盛期の漁業従事者数

総資本利益率（会社経営体調査）
そうしほんりえきりつ

漁業経営統計調査
　　当期の利益を獲得するため投下された全ての資本に対してどれだけの利益をあげたかをみる指標で、後述の漁業投下資本利益率、自己資本利益率と共に資本の使用効率及び収益性をみる指標であり、次の算式で求めている。
　　総資本利益率＝当期利益÷負債・純資産合計（期首・期末平均）

漁業投下資本利益率（会社経営体調査）
ぎょぎょうとうかしほんりえきりつ

漁業経営統計調査
　　当期の漁業利益を獲得するために漁業部門に投下された資本によってどれだけの利益が得られたかをみる指標であり、次の算式で求めている。
　　漁業投下資本利益率＝漁労利益÷漁業投下資本額

自己資本利益率 （会社経営体調査） じこしほんりえきり つ	漁業経営統計調査 　当期の利益を獲得するために投入された自己資本に対して どれだけの利益をあげたかをみる指標であり、次の算式 で求めている。 　自己資本利益率（％）＝当期純利益÷（株主資本合計＋ 評価・換算差額等（期首期末平均））×100
売 上 利 益 率 （会社経営体調査） うりあげりえきりつ	漁業経営統計調査 　漁労収入のうち、どれだけ漁労利益として実現している かを示し、収益性を表す端的な指標であり、次の算式で求 めている。 　売上利益率（％）＝漁労利益÷漁労売上高×100
総 資 本 回 転 率 （会社経営体調査） そうしほんかいてん りつ	漁業経営統計調査 　当該期間中に投入された全ての資本が何回使用されたか を示し、自己資本回転率とともに資本の利用効率をみる指 標であり、次の算式で求めている。 　総資本回転率＝売上高合計÷負債・純資産合計（期首期 末平均）
自己資本回転率 （会社経営体調査） じこしほんかいてん りつ	漁業経営統計調査 　自己資本の利用効率をみる指標であり、売上高が一定と すれば自己資本が充実しているほどこの回転率は低く、自 己資本が乏しいほど高くなる。次の算式で求めている。 　自己資本回転率＝売上高合計÷（株主資本合計＋評価・ 換算差額等（期首期末平均））
固 定 比 率 （会社経営体調査） こていひりつ	漁業経営統計調査 　固定資産（設備投資）が自己資本でどの程度賄われてい るかをみる指標であり、次の算式で求めている。 　固定比率（％）＝固定資産合計（期首値）÷（株主資本 合計＋評価・換算差額（期首値））×100
流 動 比 率 （会社経営体調査） りゅうどうひりつ	漁業経営統計調査 　流動負債が流動資産によりどの程度返済可能かをみる指 標であり、次の算式で求めている。 　流動比率（％）＝流動資産（期首値）÷流動負債合計 （期首値）×100

労　賃　率 （会社経営体調査） ろうちんりつ	漁業経営統計調査 　漁業収入に対する労賃の割合をみる指標であり、次の算式で求めている。 　労賃率（％）＝労務費÷漁労売上高×100
付加価値生産性 （会社経営体調査） ふかかちせいさんせい	漁業経営統計調査 　付加価値生産性は、従事者一人当たりどれだけの付加価値を算出したかを示す指標であり、次の算式で求めている。 　付加価値生産性＝（漁労売上高−物的経費）÷最盛期の従事者数 　なお、物的経費は、 　物的経費＝漁船・漁具費＋油費＋えさ代＋種苗代＋修繕費＋（租税公課×4分の1）＋（その他の材料費及び経費×3分の1）＋（その他の漁労販売費及び一般管理費×3分の1）＋減価償却費 （会社経営体調査では、便宜的に租税公課の4分の1、その他の諸材料及び経費とその他の漁労販売費及び一般管理費の3分の1を物的経費としている。）
漁労売上総利益 （会社経営体調査） ぎょろううりあげそうりえき	漁業経営統計調査 　漁労売上総利益＝漁労売上高−漁労売上原価 ①漁労売上高：漁獲物の販売金額である。乗組員等の労賃部分としての現物支給、船内の食料消費にあてた漁獲物の評価額を含む。 ②漁労売上原価：期首棚卸高、製品製造原価（労務費、材料費及び経費（漁船・漁具費、油費、えさ代、種苗代、修繕費、租税公課、減価償却、その他（魚箱、氷代等））、期末棚卸高
売 上 総 利 益 （会社経営体調査） うりあげそうりえき	漁業経営統計調査 　売上総利益＝漁労売上総利益＋漁労外売上総利益 　漁労外売上総利益＝漁労外売上高−漁労外売上原価
営 業 利 益 （会社経営体調査） えいぎょうりえき	漁業経営統計調査 　営業利益＝漁労利益＋漁労外利益
営 業 外 利 益 （会社経営体調査）	漁業経営統計調査 　営業外利益＝営業外収益−営業外費用

えいぎょうがいりえき	①営業外収益：地代・配当・利子収入、補助金・補償金収入、その他（有価証券売却益、保険金（共済掛金）戻入など） ②営業外費用：支払利息及び割引料、その他（寄付金、有価証券評価損等）

IV　流通・食品産業

1　食料品の流通経路・生鮮食料品の流通情報

青果物・花きの流通
せいかぶつ・かきの
りゅうつう

青果物が生産者から出荷され、消費者に渡るまでの集出荷、輸送、貯蔵、加工、卸売、仲卸、小売などの諸活動を含む全過程をいう。青果物・花きの流通過程には、各段階ごとに零細規模の流通業者が多数介在しており、流通経路を複雑にしている。なお、青果物及び花きの流通経路は下図のとおりである。

青 果 物 の 主 な 流 通 経 路

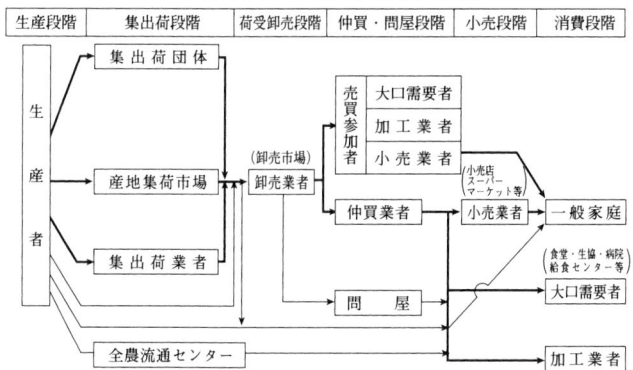

花 き の 主 な 流 通 経 路

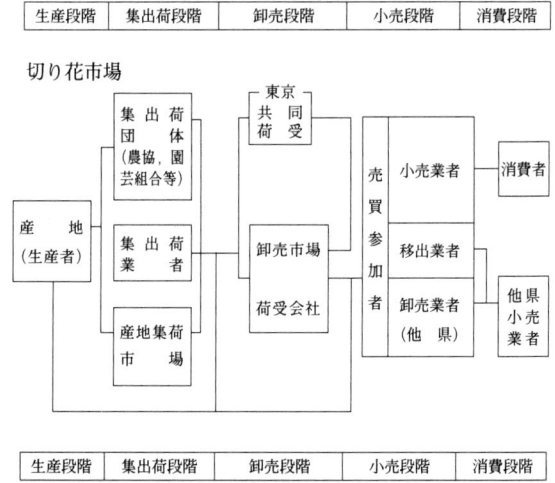

| 生産段階 | 集出荷段階 | 卸売段階 | 小売段階 | 消費段階 |

切り花市場

| 生産段階 | 集出荷段階 | 卸売段階 | 小売段階 | 消費段階 |

鉢もの市場

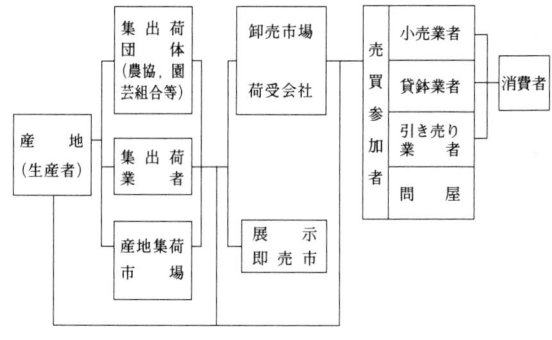

畜産物の流通
ちくさんぶつのりゅうつう

　畜産物が生産者から消費者に渡るまでの集出荷、輸送、と畜・処理加工、貯蔵、卸売、小売などの諸活動を含む全過程をいう。

　従来の畜産物流通は、耕種農業に付随した迂回的、副業的な肉畜生産基盤を背景に、農家で飼育されていた肉畜を家畜商が買取り集荷し、消費地の食肉問屋に生体のまま出荷するという相対取引による非近代的な体系がとられていた。

　しかし、農業機械化の進展に伴って、役利用を目的とした飼養が大幅に減少した反面、畜産物需要の増大に伴い多頭飼養の大規模農家が増大したことにより、生産者による肉畜の直接出荷がみられるようになり、大消費地を中心に食肉卸売市場が開設されたため、従来の生体取引から枝肉のセリによる取引が実施されるようになった。

　更に、最近では、生産から流通、小売に至る過程を系統農協、総合商社等が系列化したインテグレーションも進められ、また、産地を中心に食肉センターが設置されたことにより、出荷の形態が枝肉から部分肉など最終商品に近い形態で出荷されるなど、流通機構・流通形態にも大きな変化がみられている。

肉　畜　・　食　肉　の　流　通　経　路

鶏　卵　の　流　通　経　路

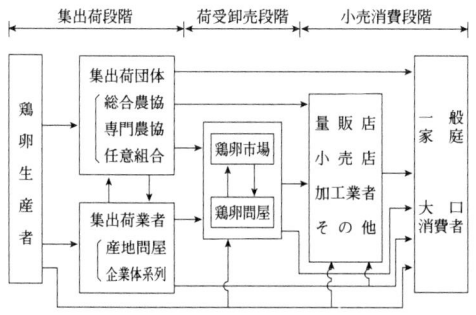

食 鳥 の 流 通 経 路

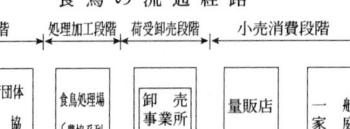
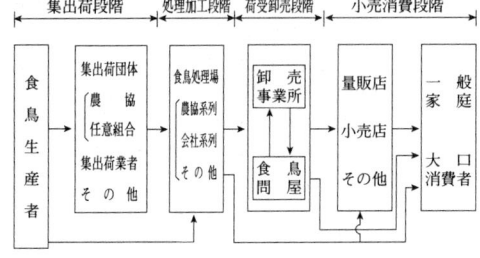

水産物の流通
すいさんぶつのりゅ
うつう

　水産物（輸入品を含む。）が生産者から消費者に渡るまでの集出荷、輸送、貯蔵、加工、卸売、仲卸売、小売などの諸活動を含む全流通過程をいう。

　水産物の流通は、漁港などの水揚地にある生産地市場と大都市などの消費地にある卸売市場等の2段階の市場を中心として形成されている。

　水産物卸売市場は、多様かつ多量の腐敗性の強い生鮮魚介を敏速に集荷し、分荷するために形成されたものであるが、近年は、冷凍技術の発展、全国的な冷蔵網の整備を背景に生鮮魚介中心の流通から冷凍品、加工品を主とする流通に移行すると共に、市場外流通のウエイトが高まり、流通経路が多元化し、市場流通の内容自体も変化している。

(1) 水産物
　　魚類、水産動物類、貝類、海藻類及び海産ほ乳類をいい、商品の形態としては、生鮮品、冷凍品及び水産物を主原料とする加工品がある。

(2) 産地卸売市場
　　主として漁業者又は水産業協同組合から出荷される水産物の卸売のため、その水産物の水揚地において開設される市場をいう。産地卸売市場は漁業生産過程と水産物流通過程の接点に位置し、この売買段階で生産が終わり、流通が始まる。

(3) 消費地卸売市場
　　消費地で水産物の卸売を行うために開設された市場をいう。

水 産 物 の 流 通 経 路

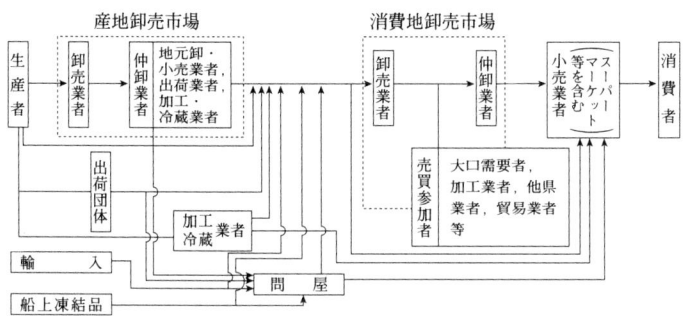

2　牛乳乳製品

生　　　　乳 せいにゅう	牛乳乳製品統計 　搾ったままの人の手を加えない牛の乳をいう。生乳の生産のほとんどが乳用牛が占めており、牛乳乳製品統計調査では、乳用牛の乳を生乳としている。

生 乳 生 産 量
せいにゅうせいさんりょう

牛乳乳製品統計
　初乳（分娩後5日内の乳）を除く生乳の総量をいう。牛乳処理場・乳製品工場に出荷された生乳の数量及び生産者の自家飲用や子牛ほ乳用などの出荷されない生産量が含まれる。なお、生産者が疫病、薬剤投与等により生乳を廃棄した場合は生産量に含めない。

生乳生産量及び用途別処理量（平成28年）　　　　単位：千トン

生乳生産量	処理量				
	牛乳等向け		乳製品向け		クリーム等 向け
		業務用向け		チーズ向け	
7,394	3,992	308	3,349	439	1,285

牛乳乳製品統計調査

生乳の移出・移入量
せいにゅうのいしゅつ・いにゅうりょう

牛乳乳製品統計
　処理場・工場が県外の生産者・集乳所又は処理場・工場から受乳した生乳量を移入量といい、生産者・集乳所又は処理場・工場が県外の処理場・工場へ送乳する生乳量を移出量という。生乳の都道府県間移出入量を把握することによって、都道府県別の生乳の生産量及び処理量を明らかにしている。

乳 製 品 工 場
にゅうせいひんこうじょう

牛乳乳製品統計
　乳製品（れん乳、粉乳、バター、クリーム、チーズ及びアイスクリーム等）を製造する施設をいう。ただし、牛乳乳製品統計調査ではアイスクリームのみを製造する工場は、年間製造量が5万リットル以上の工場を対象としている。

牛 乳 処 理 場
ぎゅうにゅうしょり
じょう

牛乳乳製品統計
　生乳を処理して飲用牛乳等（牛乳、加工乳、成分調整牛乳、はっ酵乳、乳飲料及び乳酸菌飲料）を製造する施設であって、乳製品工場以外のものをいう。

牛乳等及び乳製品の
規格基準
ぎゅうにゅうとうお
よびにゅうせいひん
のきかくきじゅん
　　　　　牛乳等
　　　　飲用牛乳
　　　　　　牛乳
ロングライフミルク
　　　（LL牛乳）
　　　　特別牛乳
　　　　　加工乳
　　　成分調整牛乳
　　　低脂肪牛乳
　　　無脂肪牛乳
　　　　　業務用
　　　学校給食用
　　　　　乳飲料
　　　　　はっ酵乳
　　　乳酸菌飲料

牛乳乳製品統計
　牛乳等及び乳製品の定義は、「乳及び乳製品の成分規格に関する省令（昭和26年厚生省令第52号）」を基にしており、主要な品目の定義は次のとおりである。
　①牛乳等：飲用乳等に乳飲料、はっ酵乳及び乳酸菌飲料を加えたものの総称である。厚生省令では乳飲料、はっ酵乳及び乳酸菌飲料は、乳製品に分類しているが、これらは、製造過程及び施設が飲用牛乳等と同一又は類似しており、流通も同一であることから、牛乳等として分類されている。
　②飲用牛乳：直接飲用に供する目的又はこれを原料とした食品の製造若しくは加工の用に供する目的で販売する牛乳、成分調整牛乳及び加工乳をいう。
　③牛乳：生乳以外のものを混入することなく、直接飲用に供する目的又はこれを原料とした食品の製造若しくは加工の用に供する目的で販売する牛の乳をいい、厚生省令に定める成分規格並びに製造及び保存の方法の基準に沿って製造されたものをいう。
　なお、牛乳乳製品統計では、ロングライフミルク（LL牛乳）及び特別牛乳は牛乳に含まれている。
　④ロングライフミルク（LL牛乳）：生乳を超高温で殺菌し、アルミ箔で内包し滅菌した容器に無菌的に充てんした牛乳をいう。日常飲んでいる牛乳は、殺菌後直ちに摂氏10℃以下に冷却して保存されるのに対し、LL牛乳は常温保存が可能であり、冷蔵庫なしで長期保存できる。牛乳乳製品統計調査では牛乳として扱っている。
　⑤特別牛乳：「特別牛乳さく取処理業の許可を受けた施設」で生乳を処理して製造されたものをいう。特別牛乳の製造には乳用牛及び牛舎やその付属施設、搾乳の場所等について厚生省令をもって規制されており、生乳の殺菌処理は省略することができる。牛乳乳製品統計では牛乳として扱っている。
　⑥加工乳：生乳、牛乳若しくは特別牛乳又はこれらを原料として製造した食品を加工したもの（成分調整牛乳、はっ酵乳及び乳酸菌飲料を除く。）をいう。

⑦成分調整牛乳：生乳から脂肪分その他の成分の一部を除去したものをいい、厚生省令で定める成分規格等に沿って製造されたものをいう。

　なお、成分調整牛乳には、低脂肪牛乳、無脂肪牛乳の分類がある。

⑧低脂肪牛乳：成分調整牛乳であって、乳脂肪分を除去したもののうち、乳脂肪分が0.5％以上、1.5％以下のものをいう。

⑨無脂肪牛乳：成分調整牛乳であって、乳脂肪分を除去したもののうち、乳脂肪分が0.5％未満のものをいう。

⑩業務用：牛乳、成分調整牛乳及び加工乳のうち、直接飲用に仕向けられたものを除き、製菓用や飲料用等、食品原料用（製造・加工用）として仕向けられたものをいう。

⑪学校給食用：牛乳のうち、学校給食用（幼稚園の給食は除く。）のものをいう。

⑫乳飲料：生乳、牛乳、特別牛乳又はこれらを原料として製造した乳製品を主要原料とした飲料で、乳及び乳製品以外のもの（ビタミン、カルシュウム、果汁、コーヒーなど）を加えたものをいう。

⑬はっ酵乳：生乳及び乳製品を原料として、これを乳酸菌又は酵母で発酵させ、糊状又は液状にしたものをいう。

⑭乳酸菌飲料：生乳及び乳製品を原料として、これを乳酸菌又は酵母で発酵させたもの、又はこれを主要原料とした飲料をいう。

生乳処理量
せいにゅうしょりりょう

牛乳乳製品統計

　牛乳等及び乳製品を製造するために仕向けた生乳の量等をいう。

①牛乳等向け：牛乳等に仕向けたものをいう。

②業務用向け：牛乳等向けのうち、製菓用や飲料用等の食品原料用（製造・加工用）の牛乳、成分調整牛乳及び加工乳として仕向けられたものをいう。

③乳製品向け：生乳のまま乳製品に仕向けたものをいう。

④チーズ向け：乳製品向けのうち、チーズを製造するために仕向けたものをいう。

⑤クリーム等向け：乳製品向けのうち、クリーム、濃縮乳、脱脂濃縮乳を製造するために仕向けたものをいう。

⑥その他向け：輸送や牛乳乳製品の製造工程で減耗したもの等をいう。なお、自家飲用及び子牛のほ乳用等で処理したもの、輸送や牛乳乳製品の製造工程で減耗したものもここに含めている。

飲用牛乳等の容器包装
いんようぎゅうにゅうとうのようきほうそう

牛乳乳製品統計

飲用牛乳等の容器包装は、ガラスびん、紙製容器（ポリエチレン加工紙）及びその他に分けられる。

①ガラスびん：着色していない透明なものであって、口径26mm以上のものをいう。

②紙製容器：防水加工を施したポリエチレン等の合成樹脂を用いる加工紙によって製造された容器（合成樹脂加工紙製容器包装）をいう。これには、テトラパック（三角形・小型）、ツーパック（直方体・小型）、ピュアパック（直方体屋根付き・大型）がある。

乳　製　品
にゅうせいひん
　　　　加糖れん乳
　　　　無糖れん乳
　　脱脂加糖れん乳
　　アイスクリーム
　　　　　　全粉乳
　　　　　脱脂粉乳
　　　　　調整粉乳
　　ホエイパウダー
　　　　　　バター
　　　　　クリーム
　　　　　　チーズ

牛乳乳製品統計

れん乳、粉乳、バター、チーズ、クリーム及びアイスクリーム等をいう。牛乳乳製品統計調査では、加糖れん乳、無糖れん乳、脱脂加糖れん乳、全粉乳、調整粉乳、脱脂粉乳、ホエイパウダー、バター、クリーム、チーズ及びアイスクリームに区分している。

①加糖れん乳：生乳に16～17%のしょ糖を加えて2.5分の1の割合で濃縮したものをいう。製菓原料、アイスクリーム原料、家庭用として使用される。

②無糖れん乳：生乳を真空で2.1分の1～2.5分の1の割合で濃縮し、均質操作を行い、缶詰充てん後、高圧滅菌したもの。

③脱脂加糖れん乳：生乳の乳脂肪分を除去したものに16～17%のしょ糖を加えて2.5分の1の割合で濃縮したものをいう。

④アイスクリーム：生乳又は乳製品にしょ糖、香料、乳化剤等を加えてかく拌しながら凍結させたもので、乳脂肪分8%以上のハードアイスクリームを対象としている。

⑤全粉乳：生乳からほとんどすべての水分を除去して粉末状に乾燥したものをいう。加工乳や缶コーヒーなどの原料として使用される。

⑥脱脂粉乳：無脂肪牛乳からほとんどすべての水分を除去して粉末状に乾燥したものをいう。製菓、製パン、加

工乳、アイスクリーム等の原料として使用される。

⑦調整粉乳：生乳又は乳製品に、乳幼児に必要な栄養素及び母乳の組成に類似させるために必要な栄養素を混和し、粉末状にしたもの。

⑧ホエイパウダー：生乳を乳酸菌で発酵させ、又は乳に酵素若しくは酸を加えてできた乳清からほとんどすべての水分を除去し、粉末状にしたものをいう。

⑨バター：生乳から分離した乳脂肪（クリーム）をかき混ぜる（チャーニング）ことにより脂肪を塊状に集め、これをさらに練り上げ（ワーキング）て成形したものをいう。菓子原料等の業務用や家庭用として使用される。

⑩クリーム：生乳から乳脂肪分以外の成分を除いたものをいう。牛乳乳製品統計調査では、製菓原料や家庭用として生産販売する目的で脂肪分離したものに限定し、脂肪分離（脂肪率45〜50％）した時点で生産量を把握している。バター、チーズを製造する過程で製造されるクリーム及び飲用牛乳等の脂肪調整用の抽出クリームは除外している。

⑪チーズ：生乳及び生乳を原料とする製品を乳酸菌で発酵させ、又は生乳に酵素を加えてできた凝乳から乳清（ホエイ）を除去したものをいう。チーズはナチュラルチーズとプロセスチーズに大別され、ナチュラルチーズは生乳、クリーム、低脂肪牛乳等を凝固させ熟成したものであり、主なものとして、チェダー、ゴーダ（細菌による熟成）、カマンベール、ブルー（カビによる熟成）、クリーム、モッツァレラ（非熟成）などがある。プロセスチーズは、一種又は数種のナチュラルチーズを粉砕混合し、これに乳化剤等を加えて、加熱、乳化、殺菌し、成形したものである。我が国で生産消費されるチーズの大部分をプロセスチーズが占めているが、原料用のナチュラルチーズはチェダーとゴーダがほとんどであり、その大部分が輸入されている。

3　食品循環資源再生利用

食品廃棄物等 しょくひんはいきぶつとう	食品循環資源の再生利用等実態調査 　食用に供された後に、又は食用に供されずに廃棄された食品や、食品の製造、加工又は調理の過程で発生した残さのうち、食用にしないで廃棄したものや、肥料や飼料等へ再生利用（食品リサイクル法第2条第5項に規定する「再生利用」をいう。）したものをいう。
食品循環資源 しょくひんじゅんかんしげん	食品循環資源の再生利用等実態調査 　食品廃棄物等のうち肥料、飼料等への原材料となる有用なものをいう。
再生利用の実施量 さいせいりようのじっしりょう	食品循環資源の再生利用等実態調査 　食品廃棄物等のうち自ら又は他業者に委託し、食品循環資源として肥料、飼料等の原材料として利用すること、又は利用するために業者等へ譲渡した量をいう。 　①肥料化：食品廃棄物を肥料へ加工することをいう。 　②飼料化：食品廃棄物を飼料へ加工することをいう。 　③メタン化：食品廃棄物等を発酵させ、得られたメタンガスをエネルギーとして利用することをいう。 　④油脂及び油脂製品化：食品廃棄物等を石けん、洗剤、BDF（自動車等を動かす際に用いる「バイオディーゼル燃料」）等に加工することをいう。 　⑤炭化して製造される燃料及び還元剤化：食品廃棄物等を炭化して、石炭、コークス等の代替燃料とすることをいう。 　⑥エタノール化：食品廃棄物等を発酵、蒸留等の加工を行い、エタノールを抽出することをいう。 　⑦その他：①から⑤以外の用途をいい、食品用（食品添加物、調味料、健康食品等）、工業資材用（舗装用資材、塗料の原料等）、工芸用等の用途に仕向けたもの及び不明のものをいう。なお、不明のものには、食品廃棄物等の再生利用を外部委託したため、再生利用に仕向けた用途が不明な場合を含んでいる。

熱回収の実施量
ねつかいしゅうのじ
っしりょう

食品循環資源の再生利用等実態調査
　食品リサイクル法第2条第6項に基づくもので、食品循
環資源を焼却することによって得られる熱を熱のまま又は
電気に変換して利用した量をいい、事業所が保有する熱回
収が可能な焼却施設によるもののほか、外部に委託するこ
とによるものも含んでいる。

減量した量
げんりょうしたりょ
う

食品循環資源の再生利用等実態調査
　食品廃棄物等の年間総発生量のうち、脱水（食品廃棄物
から排水、ろ過等により脱水）、乾燥（食品廃棄物等の加
熱乾燥処理）、発酵（食品廃棄物等を微生物等の働きによ
り成分を消滅させて減量）、又は炭化（食品廃棄物等を熱
分解（蒸し焼き等）により炭化）により減少した量をい
う。

**廃棄物としての処分
量**
はいきぶつとしての
しょぶんりょう

食品循環資源の再生利用等実態調査
　食品廃棄物等について、再生利用、熱回収、減量を実施
することなく、焼却や埋め立てにより廃棄した量をいう。

発生抑制の実施量
はっせいよくせいの
じっしりょう

食品循環資源の再生利用等実態調査
　仕入の過程で製造（販売）量に合わせた仕入を行う、製
造・調理の段階過程で小ロットの製造を行う、輸送・保管
の過程で包装・梱包方法の改善を行う。販売の過程で賞味
期限の迫った商品の特価販売を行う等の取組を行い食品廃
棄物等の発生を未然に抑制した量をいう。

抑　　制　　率
よくせいりつ

食品循環資源の再生利用等実態調査
　食品廃棄物等の年間発生量に対する発生抑制の実施量の
割合で、次の式で算出している。
　抑制率＝発生抑制の実施量÷（食品廃棄物等の年間発生
　量＋発生抑制の実施量）×100

4　流通機構

(1) 青果物・花き

青　果　物
せいかぶつ

青果物卸売市場調査

　青果物とは、野菜（特用林産物を含む。）及び果実のことをいい、輸入品を含める。

　青果物卸売市場調査の対象とする青果物は、「加工品」を除く「生鮮品」の青果物としている。なお、青果物の流通形態は収穫したままの状態のもの、泥を洗いおとしたもの、若干の調整をしたもの、乾物、つけもの、びん詰、かん詰等さまざまの形態のものがあるが、調査対象とする「生鮮品」と調査対象外となる「加工品」は次の基準により区分している。

　①青果物を収穫したものに若干の処理を行い、生としての機能を有したまま出荷される洗いごぼう、切りごぼう、洗いさといも等は「生鮮品」の青果物としている。ただし、にんじん、ごぼうなどの千切り、ささがき等惣菜向けのもの及びキャベツ、レタス等のカットものは除いている。

　②低温貯蔵、CA貯蔵等単なる価値保全、価値維持のために貯蔵したものは「生鮮品」の青果物としている。

　③青果物を原料とし、これを干す、ゆでる、煮る、塩づけ、酢づけ、味付け等の処理を加え、そのものの価値を高めるとともに、生の青果物としての用途及び機能に変化を与えた干しだいこん、切り干しだいこん、干しがき、干しわらび、かんぴょう、干しバナナ、干しパイン等の乾燥干物、しょうがづけ、うめづけ等の各種つけ物、びん詰、かん詰製品及びゆでたけのこ、しなちく等は「加工品」としている。

　④冷凍食品（品温－15度（食品衛生法（昭和22年法律第233号）上の基準。一般的には－18度）以下に急速冷凍し、通常そのまま消費者に販売する。）は「加工品」としている。

青果物卸売市場

せいかぶつおろしうりしじょう

青果物卸売市場調査

　青果物卸売市場とは、青果物を消費地において卸売業者が、生産者若しくは青果物集出荷団体等から青果物の販売の委託を受け、又は買付を行い、仲卸業者、小売業者等に対しせり売り、入札売り又は相対売りの方法で建値を行って売りさばくための場立ちの行われるところであって、これらの市場行為の行われる場所をいう。

　青果物卸売市場調査では、青果物卸売市場をその性格により、中央卸売市場、市内青果市場及び地方卸売市場に区分している。

　①中央卸売市場

　　中央卸売市場とは、卸売市場法第8条の規定に基づき、地方公共団体が農林水産大臣の認可を受けて開設している卸売市場をいう。

　②市内青果市場

　　市内青果市場とは、中央卸売市場の開設区域内における中央卸売市場以外の市場（卸売市場法で規定する地方卸売市場及びそれ以外の卸売市場）をいい、この調査では都市単位に一括し、その都市名を冠し「○○市内青果」と呼称する。

　③地方卸売市場

　　地方卸売市場とは、一般的には卸売市場法第55条の規定に基づき、都道府県の条例で定めるところにより都道府県知事の許可を受けて開設している卸売市場をいう。

　　本調査では、中央卸売市場の開設区域外に所在する卸売市場（卸売市場法で規定する地方卸売市場以外の卸売市場を含む。）とし、都市単位に一括してその都市名を冠し、「○○市青果市場」と呼称する。

　　ただし、公設地方卸売市場が開設され、その範囲が二つ以上の都市及び周辺市町村にわたる場合は、その公設卸売市場名を冠し「○○青果市場」と呼称する。

JA全農青果センター

JAぜんのうせいかせんたー

青果物卸売市場調査

　「JA全農青果センター株式会社」のことであり、継続的に生鮮食品の集分荷、価格形成、決済等を行い、卸売市場に代替する機能を果たしている東京センター、神奈川センター及び大阪センターの3施設をいう。

青果物卸売会社

せいかぶつおろしうり

青果物卸売市場調査

　生産者、集出荷団体又は集出荷業者から青果物の販売の

りがいしゃ　　　　　　委託を受け、又は買付を行い、青果物の卸売業務を行う法人又は個人事業者をいう。

青果物集出荷団体　青果物卸売市場調査
せいかぶつしゅうし　　　生産者から青果物販売の委託を受けて青果物を出荷する
ゅっかだんたい　　　総合農協、専門農協又は青果物の集出荷を目的として組織された任意団体をいう。

青果物集出荷業者　青果物卸売市場調査
せいかぶつしゅうし　　　産地で生産者等から青果物を集めて出荷する産地仲買
ゅっかぎょうしゃ　　　人、産地問屋等をいい、産地集荷市場に上場されたものを買い取って再び他市場に出荷することを主とする業者を含める。

産地集荷市場　青果物卸売市場調査
さんちしゅうかしじ　　　青果物を集荷し、消費都市に出荷する目的で産地に開設
ょう　　　されている市場をいい、青果物卸売市場調査では、取扱数量のほぼ80％が消費都市に再出荷される市場をいう。

青果物仲卸業者　青果物卸売市場調査
せいかぶつなかおろ　　　市場開設者の許可を受けて当該卸売市場において店舗を
しぎょうしゃ　　　有し、卸売業者から買い受けた物品を仕分けし、調整して小売店、大口需要者等に販売を行う者をいう。
　　　①売買参加者；市場開設者の承認を受けて卸売業者が行う卸売に直接参加して物品を買い受けることができる小売店、大口需要者等をいう。
　　　②小売業者；消費者に青果物の物品を販売する法人又は個人をいう。

せ り 売 り　青果物卸売市場調査
せりうり　　　売り手が多数の買い手を集め、販売物について品種、産地、規格、等級、数量その他必要な事項を呼び上げ、その価格を買い手にせり合わせ、最高値を申し出た者に販売する形態をいう。

入 札 売 り　青果物卸売市場調査
にゅうさつうり　　　売り手が販売物の品種、産地、規格、等級、数量その他必要な事項を示した後、買い手に対し競争価格を入札書に記入させ、その最高価格を記入したものに販売する形態をいう。

相 対 売 り あいたいうり	青果物卸売市場調査 　売り手と買い手の話し合いにより販売物の数量、価格等を取り決めて販売する形態をいう。
卸売数量（入荷量） おろしうりすうりょう	青果物卸売市場調査 　青果物卸売市場でせり売り、入札売り又は相対売りの方法によって取引された数量のことをいう。 　①直接卸売数量（直接入荷量）：出荷団体等から直接卸売市場に入荷し、卸売された数量をいう。 　②転送再上場量（転送入荷量）：卸売市場に一度上場され卸売されたものが、仲卸業者等を経て再び他の卸売市場に上場され卸売された数量をいう。
卸 売 価 額 おろしうりかがく	青果物卸売市場調査 　青果物卸売市場で取引された金額のことをいい、消費税を含む。
卸 売 価 格 おろしうりかかく	青果物卸売市場調査 　卸売価額を卸売数量で除して算出した1kg当たりの平均価格をいう。
転　　　送 てんそう	青果物卸売市場調査 　青果物の転送には次のような形態がみられる。 　①卸転送：卸売市場に入荷したものを、卸売業者がそこの市場の仲卸業者や売買参加者に販売せず他市場の卸売業者に販売するもの。 　②仲卸転送：卸売市場に上場され、卸売されたものが仲卸業者や売買参加者の手を経て再び開設区域外の卸売市場に上場され卸売されたもの。
生 鮮 食 品 せいせんしょくひん	生鮮食料品流通情報調査 　一般に生鮮食品とは、天然自然に採取、あるいは栽培・養殖・肥育等により生産された農畜水産物で、洗浄、カットなど必要最小限の加工以外の手を加えず流通するものをいう。
加 工 食 品 かこうしょくひん	生鮮食料品流通情報調査 　加工食品とは、農畜水産物に種々手を加えて栄養価や嗜好性を高め、また保存性のないものには保存性を与えることを食品加工といい、そのようにして加工された食品を加

工食品という。本来、食品の加工は食品の保存、腐敗防止が大きな目的であったが、殺菌方法の進歩と加工用機械の開発により、加工技術は著しい進展を見せている。また、包装材料や包装機械の開発により、加工食品の市場が大きく開けてきたため、当初の目的であった保存性に加え、色、香り、味、触感など嗜好性、栄養面の改善、調理時間の改善など多岐にわたる需要に応えている。

入荷量
にゅうかりょう

生鮮食料品流通情報調査
　青果物の品目・品種別及び産地別の市場入荷量をいう。

青果物の規格
せいかぶつのきかく

生鮮食料品流通情報調査
　青果物の取引の円滑化、流通の合理化等のため定められた商品の大小、重量等の品目の形状区分による規格基準階級（LL、L、M、S、SS等）、品質の良否等の品質区分による規格基準等級（優、秀、良等）をいう。

荷姿
にすがた

生鮮食料品流通情報調査
　青果物の輸送、保管、販売などに当たって、商品を保護するために適切な材料、容器などを物品に施した状態をいう。

量目
りょうもく

生鮮食料品流通情報調査
　青果物の荷姿1個当たりの重量（kg）をいう。

青果物市況情報
せいかぶつしきょうじょうほう

生鮮食料品流通情報調査
　調査対象ごとの販売量の70％以上をカバーする情報に基づき編集された入荷量、卸売価格などに関する情報をいう。卸売価格には消費税を含む。

食鳥市況情報
しょくちょうしきょうじょうほう

生鮮食料品流通情報調査
　鳥卸売事業所の国産肉用若鶏解体品の部位別卸売価格を取りまとめた情報をいう。部位別卸売価格には消費税を含まない。

鶏卵市況情報
けいらんしきょうじょうほう

生鮮食料品流通情報調査
　鶏卵荷受機関の入荷量及び鶏卵取引規格別卸売価格を取りまとめた情報をいう。鶏卵取引規格別卸売価格には消費税を含まない。

鶏卵取引規格

規格	基準
LL	包装中の鶏卵1個の重量が70g以上　76g未満であるもの
L	包装中の鶏卵1個の重量が64g以上　70g未満であるもの
M	包装中の鶏卵1個の重量が58g以上　64g未満であるもの
MS	包装中の鶏卵1個の重量が52g以上　58g未満であるもの
S	包装中の鶏卵1個の重量が46g以上　52g未満であるもの
SS	包装中の鶏卵1個の重量が40g以上　46g未満であるもの

鶏卵規格取引要綱（昭和46年6月1日付農林水産事務次官通知）

(2) 畜産物流通

と　畜　場
とちくじょう

畜産物流通調査（と畜場統計調査）

　と畜場法に基づき、食肉に供する目的で獣畜をと畜又は解体するために設置された施設をいう。

　なお、食肉卸売市場及び食肉センターに併設されているものを含む。

　平成28年時点では188場である。

と　畜　頭　数
とちくとうすう

畜産物流通調査（と畜場統計調査）

　と畜場において、肉畜を食用に供することを目的でと畜した頭数（切迫と畜頭数を含む。）をいう。従って、と畜場に入場しても、と畜禁止あるいはと畜解体後の内臓検査等において病畜と判定され、枝肉の全部が焼却又は廃棄されたものは食用に供されないため、と畜頭数から除外している。なお、枝肉の一部が廃棄されても残存部分がある場合には頭数（1頭）に含めている。

と畜頭数（平成28年）　　　　　　　　　　　　　　単位：千頭

豚	牛合計	成牛計					子牛	馬
			和牛	乳牛	交雑種	その他		
16,392	1,051	1,045	444	366	224	11	6	10

畜産物流通調査（と畜場統計調査）

成　　　　牛 せいぎゅう 和牛 乳牛 交雑種牛 その他の牛	畜産物流通調査（と畜場統計調査） 　生後1年以上の牛をいう。畜産物流通統計調査では、和牛、乳牛、交雑種、その他の牛に区分している。 　①和牛：黒毛和種、褐毛和種、日本短角種牛及び無角和種並びに和牛間交雑種の牛をいう。この中には、肉の生産を目的とした肥育牛のほか、役用又は繁殖用の牛をもと牛とした肥育牛、繁殖用又は役用に使用されていたが老齢のため廃用された牛及び繁殖障害等の理由で廃用された牛を含む。 　②乳牛：ホルスタイン種、ジャージー種等の乳用種及び乳肉兼用種の牛をいう。 　③交雑種：乳牛と和牛又は外国牛（肉用専用種）との交雑種のことをいう。和牛と外国牛（肉用専用種）との交雑種は「その他」に含める。 　④その他の牛：ヘレフォード種、アバディーンアンガス種、シャロレー種等の外国牛（肉用専用種）、和牛と外国牛の交雑種等をいう。畜産物流通統計調査・と畜場統計調査では各種類別に「めす」、「去勢」、「おす」に区分している。

枝　肉　重　量
えだにくじゅうりょう

畜産物流通調査（と畜場統計調査）
　と畜場において肉畜を食用に供する目的でと畜し、放血して、はく皮又ははく毛し、内臓を摘出した骨付きの肉の重量をいう。なお、牛や豚の枝肉を、背柱の中心に沿って縦断したものを半丸又は半丸枝肉といっている。

枝肉生産量（平成28年）　　　　　　　　　　　　単位：千トン

枝肉総 生産量	豚	牛合計	成牛計					子牛	馬
				和牛	乳牛	交雑種	その他		
1,747	1,279	464	464	205	142	112	5	1	4

畜産物流通調査（と畜場統計調査）

集　出　荷　機　関
しゅうしゅっかきかん

集出荷団体
集出荷業者
直接出荷する経営体

畜産物流通調査（と畜場統計調査）
　集出荷団体、集出荷業者及び直接出荷する生産経営体のうち、産地において鶏卵を集荷し、卸売機関又は小売段階へ出荷するもの全てのものをいう。
　①集出荷団体：総合農協、専門農協、農協連合会（下部機関から販売の委託を受けて卸売機関、小売機関に出荷

を行う団体。県経済連など)、任意組合 (鶏卵の集出荷
を行う目的で生産者によって任意に組織された団体。専
ら集出荷団体又は集出荷業者に出荷し、直接卸売機関又
は小売段階に出荷しないものは除く。)
②集出荷業者:産地問屋 (鶏卵の集出荷を行う業者で飼
料会社、商社、食品加工業者等の系列に組み込まれてい
ないもの)、企業体系列 (系列会社、商社、食品加工業
者等の系列下にあって鶏卵の集出荷を行う業者)
③直接出荷する生産経営体:協業経営体等、会社直営農
場、個人多量出荷者

種卵・その他
たねらん・そのた

畜産物流通調査 (と畜場統計調査)
　種卵として出荷するもの、ワクチン培養などの医薬品用
として出荷するものをいう。

食 鳥 処 理 場
しょくちょうしょり
じょう

畜産物流通調査 (鶏卵流通統計調査)
　家きんを食用に供する目的でと鳥し、と体・中ぬき及び
解体を行う事業所をいう。なお、食鳥流通統計調査では、
生体の処理段階で生産量を把握しているため生体の処理を
行っているところを調査対象としており、中ぬき・解体品
の処理のみを行っている処理場は含めていない。

食 　 　 鳥
しょくちょう
　　　肉用若鶏
　　その他の肉用種
　　　　廃鶏

畜産物流通調査 (鶏卵流通統計調査)
　食用に供する目的で飼養している家きんをいう。
畜産物流通統計調査・食鳥流通統計調査では肉用若鶏、そ
の他の肉用鶏、廃鶏に区分している。
　①肉用若鶏:食用に供する目的で飼養している鶏で、ふ
化後3か月未満のものをいい、肉用種、卵用種等は問わ
ない。一般的には「ブロイラー」といわれるもの。
　②その他の肉用種:食用に供する目的で飼養している鶏
で、ふ化後3か月以上のものをいう。一般的に「地鶏」
といわれるもの。(シャモ、比内地鶏、名古屋コーチン
等)、
　③廃鶏:採卵を目的に使用している鶏及び種鶏として使
用している鶏で、廃用されたものをいう。なお、①〜③
以外の食鳥 (あひる、かも、あいがも、うずら、きじ、
七面鳥、ほろほろ鳥等) は対象から除外している。

卸 売 市 場
おろしうりしじょう

　卸売市場法に基づき、生鮮食料品等の卸売のために開市
される市場であって、卸売場、自動車駐車場その他の生鮮

食料品等の取引及び荷さばきに必要な施設を設け、継続して開場されるものをいう。

中央卸売市場
ちゅうおうおろしうりしじょう

　生鮮食料品等の流通及び消費上、特に重要な都市及びその周辺の地域における生鮮食料品の円滑な流通を確保するため生鮮食料品等の卸売の中核的拠点となるとともに、当該地域以外の広域にわたる生鮮食料品等の流通の改善にも資するものとして、卸売市場法第8条の規定により、地方公共団体が農林水産大臣の認可を受けて開設された卸売市場をいう。

　食肉卸売市場調査では中央卸売市場のうち食肉の取引を行っている中央卸売市場及び指定市場に所在する卸売会社を調査対象としている。

指定市場
していしじょう

畜産物流通統計調査（食肉卸売市場調査）

　畜産物の価格安定等に関する法律（昭和36年法律第183号）附則第10条（食肉の地方卸売市場について）の規定に基づき、農林水産大臣が中央卸売市場に準ずるものとして指定した市場をいう。

取引成立頭数
とりひきせいりつとうすう

畜産物流通統計調査（食肉卸売市場調査）

　枝肉上場頭数のうち、卸売業者と売買参加者（仲卸業者を含む。）との間に成立した頭数をいう。すなわち、食肉卸売市場で卸売された頭数のことである。

豚枝肉の取引規格
ぶたえだにくのとりひきかかく

畜産物流通統計調査（食肉卸売市場調査）

　規定の解体整形方法により処理した枝肉について、半丸重量・背脂肪の厚さ、外観（均称、肉付、脂肪付着、仕上げ）及び肉質（肉のきめ、締まり、肉の色沢、脂肪の色沢と質、脂肪の沈着）の3者を判定要素として極上、上、中、並及び等外の5等級に区分する規格をいう。なお、この規格は、皮はぎ（豚をと畜し枝肉にする際に真皮の脂肪面に沿ってナイフ又ははく皮機械を用いて皮を除く整形方法をいう。）湯はぎ（豚をと畜し枝肉にする際に、温湯の中に浸して脱毛しやすくしたうえで脱毛機で脱毛又は毛ぞりによって成形する方法）、品種、年齢（子豚は除く。）及び性別にかかわらず適用されている。

牛枝肉の取引規格
うしえだにくのとり

畜産物流通統計調査（食肉卸売市場調査）

　規定の解体整形方法（はく皮、頭部切断、内臓割法な

ひききかく

ど）により、胸最長筋、背半棘筋及び頭半棘筋の状態並びにばら、皮下脂肪及び筋間脂肪の厚さがわかるように第6から第7肋骨間において切開した枝肉について、歩留り及び肉質のそれぞれについて等級の格付けを行い、牛枝肉を15等級に区分する規格をいう。なお、この規格は、品種、年齢（子牛は除く。）にかかわらず、めす、去勢及びおすの枝肉にも適応されている。肉質等級（5、4、3、2、1）と歩留り等級（A、B、C）によりA5からC1までの15等級に区分されている。

牛枝肉の取引規格

歩留等級	肉質等級				
	5	4	3	2	1
A	A-5	A-4	A-3	A-2	A-1
B	B-5	B-4	B-3	B-2	B-1
C	C-5	C-4	C-3	C-2	C-1

省　令　規　格
しょうれいきかく

畜産物流通統計調査（食肉卸売市場調査）
　畜産物の価格安定に関する法律に基づき省令で定める食肉の規格をいう。豚枝肉は取引規格の「上」以上、牛枝肉は和牛去勢、乳牛去勢、交雑種去勢及びその他の牛の去勢の「B-3」及び「B-2」を合わせたものである。

国産肉用若鶏
こくさんにくようわかどり

生鮮食料品流通情報調査（食鳥）
　食用に供する目的で国内で飼養している鶏で、ふ化後3ヶ月未満のものをいい、一般的に「ブロイラー」といわれるもので、肉用種、卵用種等の別を問わない。

食鳥卸売事業所
しょくちょうおろしうりじぎょうしょ

生鮮食料品流通情報調査（食鳥）
　国内の肉用若鶏の卸売業務を行う株式会社、個人等をいう。

鶏卵荷受機関
けいらんにうけきかん

生鮮食料品流通情報調査（食鳥）
　集出荷団体、集出荷業者、直接出荷する生産経営体等から鶏卵を荷受けし卸売業務を行う株式会社、個人等をいい、次の2系統からなる。
　①全農系：全農をはじめとする農業協同組合（連合会を含む。）が設置した事業所をいう。
　②商社系：農業協同組合（連合会を含む。）以外の民間

組織が設置した事業所をいう。

鶏卵取引規格
けいらんとりひきき
かく

生鮮食料品流通情報調査（食鳥）
　鶏卵の箱詰・パック詰の取引規格。
　①LL：包装中の鶏卵 1 個の重量が70g以上76g未満
　②L：包装中の鶏卵 1 個の重量が64g以上70g未満
　③M：包装中の鶏卵 1 個の重量が58g以上64g未満
　④MS：包装中の鶏卵 1 個の重量が52g以上58g未満
　⑤S：包装中の鶏卵 1 個の重量が46g以上52g未満
　⑥SS：包装中の鶏卵 1 個の重量が40g以上46g未満

（3）水産物流通

上 場 水 揚 量
じょうじょうみずあ
げりょう

水産物流通調査（産地水産物流通調査）
　調査区内の卸売市場において、せり、入札、相対等によ
って取引された数量をいう。（搬入量（調査区外の漁港等
から搬入されたもの）及び冷蔵庫から出庫されたものは除
く。）

上 場 水 揚 価 額
じょうじょうみずあ
げかがく

水産物流通調査（産地水産物流通調査）
　調査区内の卸売市場における取扱金額であり、消費税を
含む。

用 途 別 出 荷 量
ようとべつしゅっか
がく

水産物流通調査（産地水産物流通調査）
　調査区内の卸売市場において取引された水産物の最終的
な用途別（生鮮食用向け、ねり製品・すり身、缶詰、その
他の食品加工品、魚油・飼肥料、養殖用又は漁業用餌料）
の出荷量である。

陸 上 加 工 経 営 体
りくじょうかこうけ
いえいたい

水産物流通調査・水産加工統計調査
　販売を目的として調査期日前 1 年間に水産動植物を他か
ら購入して加工製造を行った事業所及び原料が自家生産物
であっても加工製造するための作業場又は工場と認められ
るものを有し、その製造活動に専従の従業員を使用し加工
製造を行った事業所をいう。

水 産 加 工 品
すいさんかこうひん

水産物流通調査・水産加工統計調査

　水産動植物を主原料（原料割合で50％以上）として製造された、食用加工品及び生鮮冷凍水産物をいう。水産物流通調査・水産加工統計調査では食用加工品及び生鮮冷凍水産物を調査対象としている。以下のものは対象から除外している。①水産物原料が50％未満の加工品、②非食用加工品（工芸品、皮革、医薬品、工業用品、農業用品など）、③海藻製品（干しのり、塩蔵わかめ、海藻肥料など）、④缶・びん詰水産加工品、⑤単に焼いたもの、煮たもの、また、これらを冷蔵保存したもの⑥魚粉ふりかけ、⑦魚しょうゆ、⑧エキス、⑨魚生玉かす、魚あら玉かす、⑩寒天、⑪油脂、⑫飼肥料、⑬冷凍海産ほ乳類、⑭塩蔵品に加工した物をさらに冷凍したもの

水産物加工種類及び品目一覧

加工種類	品目
ねり製品	かまぼこ類、魚肉ハム・ソーセージ類
冷凍食品	魚介類（かに類、その他）、水産物調理食品
素干し品	するめ、いわし、その他
塩干品	干しいわし、干しあじ、干しさんま、干しさば、干しかれい、干しほっけ、干しはたはた、その他
煮干し品	煮干しいわし、しらす干し、煮干しいかなご・こうなご、干し貝柱、その他
塩蔵品	塩蔵いわし、塩蔵さば、塩蔵さけ・ます、塩蔵たら・すけとうだら、塩蔵さんま、その他
くん製品	くん製品
節製品	節類（かつお節、かつおなまり節、さば節、その他の節類） けずり節（かつおけずり節、その他のけずり節）
その他の食用加工品	塩干類（いか塩辛、その他の塩辛類）、水産物漬物調味加工品（水産物つくだ煮（こんぶつくだ煮、その他の水産物つくだ煮）、乾燥・焙焼・揚げ加工品（いか製品、その他の乾燥・焙焼・揚げ加工品）、その他の調味加工品）
焼・味付のり	焼・味付のり
生鮮冷凍水産物	冷凍まぐろ類、冷凍かつお類、冷凍さけ・ます類、冷凍いわし類、冷凍まあじ・むろあじ類、冷凍さば類、冷凍さんま、冷凍たら類（まだら、すけとうだら）、冷凍ほっけ、冷凍いかなご・こうなご、冷凍はたはた、冷凍ほたてがい、冷凍いか類、冷凍かに類、その他の冷凍魚類・冷凍水産動物類、冷凍すり身（すけとうだら、いわし・さば、ほっけ、その他）

食 用 加 工 品
しょくようかこうひ
ん

ねり製品
冷凍食品
素干し品
塩干品
煮干し品
塩蔵品
くん製品
節製品
その他

水産物流通調査・水産加工統計調査

　水産物の貯蔵性を付加増強、又はし好性を付与して食用にされる加工品をいう。

　①ねり製品：魚肉を主原料としてすりつぶし、又は肉片等に調味料その他の材料（チーズ、グリーンピース、わかめ、畜肉等の「種もの」を含む。）を加えて練り合わせたのち、成形し加熱凝固したもの

　②冷凍食品：水産物を調理又は原料として加工した後、－18℃以下で凍結し、凍結状態で保持した包装食品

　③素干し品：生のままを乾燥したもの

　④塩干品：施塩した後に乾燥したもの

　⑤煮干し品：煮熟した後に乾燥したもの

| 焼・味付けのり | ⑥塩蔵品：塩漬けしたもの又はし好に重点をおき軽度の施塩をしたもので一塩、甘塩などといわれているものを含む |

⑦くん製品：生鮮品又は一旦塩漬けした水産物をくん乾したもの（くん液（くん煙中の成分である薬品溶液）の中に原料を漬けた後、乾燥したものを含む。）

⑧節製品：魚体を煮熟、焙焼乾燥したもの又は煮熟して乾燥したもの。いわゆる節、けずり節とされるもの

⑨その他の食用加工品：①から⑧以外の食用加工品で塩辛、水産物漬物、調味加工品等

⑩焼・味付けのり：乾のりをそのまま又は調味液に塗布した後に、電熱等の熱源により焙焼したもの

生鮮冷凍水産物
せいせんれいとうすいさんぶつ

水産物流通調査・水産加工統計調査
　水産物の生鮮品を凍結室において凍結したもの。

生産量（水産加工品）
せいさんりょう

水産物流通調査・水産加工統計調査
　生産量は、製品（出荷、販売ができる形態）となった時点の製品重量。
　なお、生産量は板付かまぼこの板などの不可食部分の重量、あるいはつくだ煮、塩辛の缶・瓶等の重量を除いた内容重量としている。

5　食品産業

食 品 産 業
しょくひんさんぎょ
う

食品産業活動実態調査、食品産業企業設備投資動向調査
　食品産業を統計用語として定義したものはないが、食品
産業活動実態調査、食品産業企業設備投資動向調査では日
本標準産業分類による次の業を営む事業所を対象として実
施している。
　なお、「農業・食料関連産業経済計算」では酒類（果実
酒製造業、ビール類製造業、清酒製造業、蒸留酒・混成酒
製造業）、たばこ（たばこ製造業、葉たばこ処理業）が含
まれている。

食品産業の経済規模　　　　　　　　　　単位：億円

平成24年	25	26	27	28
894,555	900,249	914,518	963,645	988,930

農業・食料関連産業の経済計算

　平成28年の食品産業の経済規模は98兆8,930億円となっ
ている。

①食品製造業
091畜産食料品製造業：部分肉、ハム・ソーセージ、牛
　乳、バター・チーズなどを製造する事業所
　（部分肉・冷凍肉製造業、肉加工品製造業、処理牛
　乳・乳飲料製造業、乳製品製造業、その他）
092水産食料品製造業
　水産缶詰・瓶詰、海藻加工、かまぼこなど練製品、塩
　干・塩蔵魚介類、冷凍水産物、冷凍水産物などを製造
　する事業所。
　（水産缶詰・瓶詰製造業、海藻加工業、水産練製品製
　造業、塩干・塩蔵品製造業、冷凍水産物製造業、冷凍
　水産食品製造業、その他）
093野菜缶詰・果実缶詰・農産保存食料品製造業
　野菜・果実の水煮、ジャム、マーマレード、果実・野
　菜ジュース、乾燥野菜・果実などを製造する事業所。
　（野菜缶詰・果実缶詰・農産保存食料品製造業、野菜
　漬物製造業）

094調味料製造業

みそ、しょうゆ、ソース、食酢などの調味料を製造する事業所

（味そ製造業、しょう油・食用アミノ酸製造業、ソース製造業、食酢製造業、その他）

095糖類製造業

さとう、水あめ等を製造する事業所

（砂糖製造業、砂糖精製業、ぶどう糖・水あめ・異性化製造業）

096精穀・製粉業

米、麦の精穀、小麦粉を製造する事業所

（精米、精麦業、小麦粉製造業、その他）

097パン・菓子製造業

パン、菓子類を製造する事業所

（パン製造業、生菓子製造業、ビスケット類・干菓子製造業、米菓製造業、その他）

098動植物油脂製造業

豚脂などの動物油、大豆油などの植物油、マーガリンなどを製造する事業所

（動植物油脂製造業、食用油脂加工業、その他）

099その他の食料品製造業

ばれいしょでんぷん、そば等麺類、豆腐、小豆あん、しゅうまい等の冷凍調理食品、煮豆等の惣菜、弁当等の調理食品、レトルト食品、他に分類されない食品製造業（クロレラ製造、イースト製造、こんにゃく製造、甘酒、麦茶、粉末ジュース、野菜佃煮、もち、パン粉など）を製造する事業所

（でんぷん製造業、めん類製造業、豆腐・油揚製造業、あん類製造業、冷凍調理食品製造業、惣菜製造業、すし・弁当・調理パン製造業、レトルト食品製造業、他に分類されない食料品製造業）

101清涼飲料製造業

サイダーなどアルコールを含まない飲料を製造する事業所

103茶・コーヒー製造業

荒茶や荒びきコーヒー、インスタントコーヒーを製造する事業所

（製茶業、コーヒー製造業）

②外食産業

761食堂、レストラン

762専門料理店（日本料理店、料亭、中華料理店、ラーメン店、焼き肉店、その他）

763そば・うどん店

764すし店

765酒場、ビヤホール

766バー、キャバレー、ナイトクラブ

767喫茶店

768その他

771持ち帰り飲食サービス（持ち帰りすし店・弁当屋など）

772配達飲食サービス

外 食 産 業
がいしょくさんぎょう

食品産業に含まれる産業である。

統計用語として定義されたものはないが、前掲したように食品産業活動実態調査、食品産業企業設備投資動向調査においては、日本標準産業分類において761飲食店、771、772持ち帰り・配達飲食サービスを調査対象としている。

6　食品製造業

ＨＡＣＣＰ	食品製造業におけるHACCP導入状況実態調査 　HACCP（Hazard Analysis and Critical Control Point）とは、原料受入から最終製品までの各工程ごとに、微生物による汚染、金属の混入等の危害を予測（危害要因分析：Hazard Analysis）したうえで、危害の防止につながる特に重要な工程（重要管理点：Critical Control Point、例えば加熱・殺菌、金属探知機による異物の検出等の工程）を継続的に監視・記録する工程管理のシステムをいう。
地方公共団体による HACCP認証 ちほうこうきょうだんたいによる HACCPにんしょう	食品製造業におけるHACCP導入状況実態調査 　食品事業者の自主的な衛生管理を評価する制度としてHACCPによる衛生管理を基本とした基準を満たした施設を、地方公共団体が独自で認証するものをいう。
食品衛生法に基づく 総合衛生管理製造過 程承認制度 しょくひんえいせいほうにもとづくそうごうえいせいかんりせいぞうかていしょうにんせいど	食品製造業におけるHACCP導入状況実態調査 　食品衛生法に基づくHACCPによる食品衛生管理の認証制度で、厚生労働大臣が食品の製造又は加工施設ごとに承認するものをいう。
ISO22000	食品製造業におけるHACCP導入状況実態調査 　食品の安全の確保をより確実なものにするため、農家等の一次生産者、飼料生産者、食品製造業者、輸送・補完業者、小売業者、食品サービス事業者等のフードチェーンに関係したあらゆる組織の事業者を対象として、相互コミュニケーション、食品安全マネジメントシステム、一般的衛生管理プログラム及びHACCPの実施を行うシステムをいう。
FSSC22000	食品製造業におけるHACCP導入状況実態調査 　オランダに本拠地を置く食品安全認証財団が開発・運営

している、食品製造業を対象とするISO22000を基礎とした食品安全管理システムの認証スキーム。ISO22000に一般衛生管理の要求事項等を追加したものをいう。

HACCP支援法に基づく高度化計画の認定
HACCPしえんほうにもとづくこうどかけいかくのにんてい

食品製造業におけるHACCP導入状況実態調査
　食品の製造過程の管理の高度化に関する臨時措置法（HACCP支援法）に基づき、食品の製造業者が作成した高度化計画について、食品ごとの事業者団体が指定認定機関となり、高度化基準（農林水産省と厚生労働省の両大臣が認定）に則っているかを確認し、施設ごとに認定することをいう。

7　食品ロス

世　帯　食
せたいしょく

食品ロス統計調査

　家庭において、朝食、昼食、夕食及び間食（朝食、昼食及び夕食時以外の調理、飲食であって、下処理や後の食事のため飲食せずに調理のみ行ったものを含む。）のため、調理、飲食したものをいい、惣菜、弁当などを購入して家で食べた場合を含む。なお、外食、学校給食等により飲食したものは除く。

食 品 使 用 量
しょくひんしようりょう

食品ロス統計調査

　家庭における食事において、料理の食材として使用又はそのまま食べられるものとして提供された食品（以下「使用・提供された食品」という。）であって、魚の骨などの通常食さない（食べられない）部分を除いた重量をいう。これには、本来、食品として使用・提供されるものが、結果的に賞味期限切れ等により使用・提供されずにそのまま廃棄された食品の重量も含まれている。

食 品 ロ ス 量
しょくひんろすりょう

　　食べ残し
　　　廃棄
　　過剰除去

食品ロス統計調査

　家庭における食事において、使用・提供された食品の食べ残し及び廃棄されたものをいい、本調査においては、次のように分類されている。

　①食べ残し：家庭における食事において、使用・提供された食品のうち、食べ残して廃棄したものをいう。

　②廃棄　直接廃棄：家庭における食事において、賞味期限切れ等により料理の食材又はそのまま食べられる食品として使用・提供されずにそのまま廃棄したものをいう。

　③過剰除去：家庭における食事において、調理時にだいこんの皮の厚むきなど、不可食部分を除去する際に過剰に除去した可食部分をいう。具体的には、文部科学省「日本食品標準成分表」の廃棄率を上回る除去をしたもの、油脂類については、「食料需給表」の廃棄率を上回る廃棄をしたものとしている。なお、これには、腐敗等により食べられないことから除去した可食部分も含まれている。

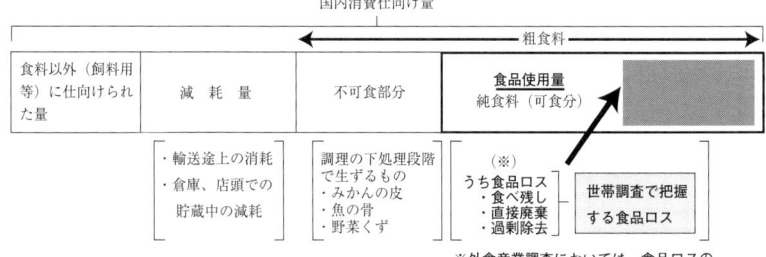

国内消費仕向け量

◄───── 粗食料 ─────►

| 食料以外（飼料用等）に仕向けられた量 | 減 耗 量 | 不可食部分 | 食品使用量 純食料（可食分） | |

・輸送途上の消耗
・倉庫、店頭での貯蔵中の減耗

調理の下処理段階で生ずるもの
・みかんの皮
・魚の骨
・野菜くず

（※）
うち食品ロス
・食べ残し
・直接廃棄
・過剰除去

世帯調査で把握する食品ロス

※外食産業調査においては、食品ロスのうち食べ残しのみを把握した。

（脚注）

　なお、食品区分の分離に当たり、水は本調査において食品と分類していないことから、その重量については可能な限り把握の上、各重量から除外している。

食 品 ロ ス 率
しょくひんろすりつ

食品ロス統計調査

　食品ロス率＝食品ロス量（食べ残し重量＋直接廃棄重量＋過剰除去重量）÷食品使用量×100で算出している。

8　価格形成

流通経費
りゅうつうけいひ

食品段階別価格形成調査

　農産物が、生産者から消費者に売り渡されるまでの流通過程で要した費用をいう。農産物が流通するためには、集出荷（集荷、選別、包装、荷造り）、輸送、荷受け卸売、仲卸、小売などを経て消費者に配給されており、これらの段階では、いずれの段階でも流通のための費用を要する。これらの流通段階ごとに要した経費の総額が流通経費である。

集出荷経費
しゅうしゅっかけいひ
　包装・荷造材料費
　選別・荷造労働費
　　　　減価償却費
　　　　　集荷費
　　　　　検査料
　　　　　予冷費
　　　　　保管料
　　　事業管理費

食品段階別価格形成調査

　集出荷に要した経費、すなわち、生産物が収納されてから、出荷、選別、荷造り等を行い、卸売市場へ運搬される直前までに要した材料費（包装資材等）、労働費、償却資産（集荷場、選果場等）の減価償却費、土地の用役費等を合計したものである。青果物流通段階別価格形成調査では、包装・荷造材料費、選別・荷造労働費、減価償却費、集荷費、検査料、予冷費、保管料、事業管理費に区分している。

　①包装・荷造材料費：出荷荷姿に要する経費（容器、個装、内装、外装）をいう。

　②選別・荷造労働費：集出荷団体が選別、包装及び荷造りを行った際に作業従事者に支払った労働費をいう。

　③減価償却費：集出荷団体が集出荷のために所有している集荷場、選果場、選果機等の減価償却費をいう。

　④集荷費：農家の庭先から集出荷施設に運び込むまでに要した経費（支払運賃や持込運賃など）をいう。

　⑤検査料：集出荷団体が青果物の各種検査のため、集出荷団体が支払う検査料をいう。

　⑥予冷費：集出荷団体が青果物を輸送又は貯蔵する前に所定の温度まで冷却することにより集出荷団体が支払う予冷費をいう。

　⑦保管料：集出荷団体が青果物を集荷及び荷造りから出荷までの間保管することに伴い集出荷団体が支払う保管料をいう。

　⑧事業管理費：人件費（職員等の労賃（役員報酬、給与

手当、法定福利費、厚生費、退職給付費用）、施設費
（建物や機器具の保守修繕費、保険料、水道光熱費、
賃借料、消耗備品費等、施設の維持管理に要した経費）、
商品廃棄処分（傷み等で出荷に適さず廃棄処分した際に
要する経費）、その他事務管理費（業務費、租税公課、
その他の管理費など）

販 売 経 費
はんばいけいひ
　　　出荷運送費
　　　販売手数料
　　卸売代金送金料
　　上部団体手数料
　　　　負担金

食品段階別価格形成調査
　出荷運送料、卸売手数料、卸売代金送金料、上部団体手
数料、負担金に区分している。
①出荷運送料：青果物卸売市場へ出荷するのに要した運
送料をいう。
②販売手数料：青果物卸売市場の卸売業者が卸売代金か
ら控除した手数料をいう。
③卸売代金送金料：青果物卸売市場の卸売業者が集出荷
団体に支払った際に要した送金料をいう。
④上部団体手数料：集出荷団体の全国連及び道府県連が
卸売代金から徴収した販売手数料をいう。
⑤負担金：出荷対策費、価格安定費、共済金等をいう。

生産者受取収入
せいさんしゃうけと
りしゅうにゅう

食品段階別価格形成調査
　生産者受取収入＝集出荷団体の販売収入－（集出荷・販売
経費－選別・荷造労働費（生産者））で算出される。集出
荷団体から生産者に支払われた青果物の販売代金（生産者
受取金額又は生産者受取価格）と青果物に関する奨励金の
合計である。

**荷主交付金・出荷奨
励金等**
にぬしこうふきん・
しゅっかしょうれい
きんとう

食品段階別価格形成調査
　卸売会社から集出荷団体に対して販売金額に応じ卸売会
社手数料のうちから歩戻しされるものをいう。また、都道
府県単位事業の推進品目とされており都道府県や市町村等
から交付された奨励金を含む。

仲卸経費・小売経費
なかおろしけいひ・
こうりけいひ
　　　給与手当
　　　包装材料費
　　　車両燃料費
　　　支払運賃

食品段階別価格形成調査
　仲卸業者（中央卸売市場内において営業し、当該市場の
卸売業者から買い受けた青果物を小売業者に販売する業務
を行う者）又は小売業者（主に中央卸売市場の仲卸業者か
ら仕入れた青果物を消費者へ販売する業務を行う者）が商
品の販売活動のために発生する費用と経営の全般的な管理
活動を行うための費用である。給与手当、包装材料費、車

賃貸料
減価償却費
卸売市場使用料
支払利息

両燃料費、支払運賃、賃借料、減価償却費、卸売市場使用料、支払利息、その他に区分している。

①給与手当：役員報酬、給与手当（アルバイト等の給与を含む。）、通勤手当、賞与、退職金

②包装材料費：紙・ビニール袋、パック、ひも、テープ等の包装材料費（包装材料費、荷造運搬費）

③車両燃料費：営業のために使用した自動車等のガソリン代、オイル代等

④支払運賃：配送、荷受等のため、鉄道、運送会社等へ支払った運賃

⑤賃借料：店舗、倉庫、車庫、機器、コンピュータ等の賃借料

⑥減価償却費：建物、冷蔵庫、機器及び車両設備等の営業用の固定資産に対する減価償却費

⑦卸売市場使用料：仲卸業者が市場内で使用する売り場の使用料

⑧支払利息：金融機関からの借入金の支払利息及び手形の割引料

完納奨励金
かんのうしょうれい
きん

食品段階別価格形成調査
　青果物卸売市場の卸売業者から仕入代金の早期納入に支払われた交付金をいう。

水産物流通経費
すいさんぶつりゅう
つうけいひ

食品段階別価格形成調査
　水産物が生産者から消費者に売り渡されるまでの流通過程で要した費用をいう。産地卸売段階、産地出荷段階、仲卸段階、小売段階に区分している。

産地卸売経費
さんちおろしうりけ
いひ

食品段階別価格形成調査
　食品流通段階価格形成調査では産地卸売経費として、包装・荷造材料費、運送費、集荷費、保管費、事業管理費に区分している。

産地出荷経費
さんちしゅっかけい
ひ

食品段階別価格形成調査
　食品流通段階価格形成調査では、産地出荷経費として、給与手当、卸売手数料、包装材料費、車両燃料費、支払運賃、商品保管費、商品廃棄処分費、支払利息に区分している。なお、仲卸経費、小売経費も同様の区分である。

V　農業協同組合・森林組合・漁業協同組合

1　農業協同組合

農業協同組合に関する統計
のうぎょうきょうどうくみあいにかんするとうけい

「農業協同組合及び同連合会一斉調査」及び「農業協同組合等現在数統計」が実施されている。
①農業協同組合及び同連合会一斉調査：総合農協、専門農協、農業協同組合連合会を対象に組織、財務、事業に関する実態を明らかにする目的で実施されている。
②農業協同組合等現在数統計：総合農協、専門農協、農業協同組合連合会、農事組合法人の設立、合併、解散が把握されている。

総　合　農　協
そうごうのうきょう

農業協同組合等現在数統計
　平成7年までは「組合の行う事業が、特定の農業部門を対象としておらず、かつ、信用事業と信用事業以外の事業を併せ行う組合」とされていたが、平成8年3月末より「信用事業を行う農協」に変更され、信用事業を行う専門農協についても含めている。
　また、平成29年3月末より農林中央金庫及び特定農林水産業協同組合等による信用事業の再編及び強化に関する法律（平成8年法律第118号）第42条第1項に基づき、信用事業の譲渡を行い業務の代理を行っている農協も含めている。

専　門　農　協
せんもんのうきょう

農業協同組合等現在数統計
　信用事業を行わない農協をいう。
　組合の行う事業により次のように区分されている。
①信用事業を行わない一般農協：組合の行う事業が特定の農業部門を対象としておらず、また、1事業に限定されていない組合
②畜産：養豚、養兎、牛馬、綿羊、養鶏等の畜産に関する指導、販売、購買、加工、施設の共同利用等の事業の一部又は全部を主たる業務とする組合
③酪農：乳牛に関する飼育指導、原乳の集乳、処理、加

414 V 農業協同組合・森林組合・漁業協同組合

工及び販売、酪農に関する購買等の事業の一部又は全部
を主たる業務とする組合
④養鶏：鶏に関する飼育指導、鶏卵の販売、ふ卵育す
う、養鶏に関する購買等の事業の一部又は全部を主たる
業務とする組合
⑤牧野管理：牧野の管理を主たる事業とする組合
⑥園芸特産：野菜、果樹、花き等の園芸作物及びその種
苗並びにい草、麻、茶等一般に工芸作物といわれる作物
を対象とし、これに関する事業の一部又は全部を主たる
業務とする組合
⑦農村工業：主として組合員の労働力を使用し、農作物
もしくは農村必需物資の加工場又は農村資源を活用する
工場の経営を主たる業務とする組合
⑧農事放送：農事放送を主たる業務とする組合

農業協同組合連合会
のうぎょうきょうど
うくみあいれんごう
かい

農業協同組合等現在数統計
　農業協同組合法（昭和22年法律第132号）に基づいて設立
される、農業協同組合の連合会である。
事業内容に応じて次のように区分されている。
　①信用：信用事業を行う連合会
　②経済：販売、購買事業を主たる業務とする連合会
　③販売：販売事業を主たる業務とする連合会
　④共済：共済事業を行う連合会
　⑤厚生：厚生事業を主たる業務とする連合会
　⑥畜産：養豚、養兎、牛馬、綿羊、養鶏等の畜産に関す
る指導、販売、購買、加工、施設の共同利用等の事業の
一部又は全部を主たる業務とする連合会
　⑦酪農：乳牛に関する飼育指導、原乳の集乳、処理、加
工及び販売、酪農に関する購買等の事業の一部又は全部
を主たる業務とする連合会
　⑧養鶏：鶏に関する飼育指導、鶏卵の販売、ふ卵育す
う、養鶏に関する購買等の事業の一部又は全部を主たる
業務とする連合会
　⑨園芸特産：野菜、果樹、花き等の園芸作物及びその種
苗並びにい草、麻、茶等一般に工芸作物といわれる作物
を対象とし、これに関する事業の一部又は全部を主たる
業務とする連合会
　⑩農村工業：主として組合員の労働力を使用し、農作物
若しくは農村必需物資の加工場又は農村資源を活用する
工場の経営を主たる業務とする連合会

⑪開拓：開拓者のために行う指導、販売、購買、共同利用等の事業の一部又は全部を業務とする連合会

⑫農事放送：農事放送を主たる業務とする連合会

⑬指導：生活指導、教育及び生活文化等を主たる事業とする連合会

⑭拓殖：海外拓殖に関する指導を主たる業務とする連合会

農事組合法人
のうじくみあいほうじん

農業協同組合等現在数統計

　農事組合法人とは、農業協同組合法（昭和22年法律第132号）に基づき、「組合員の農業生産についての協業を図ることによりその共同の利益を増進すること」を目的として設立された法人をいう。

事業内容に応じて次のように区分されている。

（単一作目）

　①酪農

　②肉用牛

　③養豚

　④養鶏（採卵鶏）

　⑤養鶏（ブロイラー）

　⑥養鶏（その他）

　⑦果樹（りんご）

　⑧果樹（かんきつ）

　⑨果樹（その他）

　⑩野菜（露地野菜）

　⑪野菜（施設野菜）

　⑫工芸

　⑬普通作（稲）

　⑭普通作（その他）

　⑮養蚕

　⑯その他単一作目

（複合作目）

　⑰複合作目

組合数の増減
くみあいすうのぞうげん

農業協同組合等現在数統計

　増減の理由、昨年からの変更を次の事項で区分している。

・新設認可：合併設立又は定款変更による組合を含まない。

・合併設立：新設合併によって設立した組合

・定款変更：組合の定款を変更して地区、業績、出資・非出資の別のいずれかを変更した場合

・行政区域の変更：市町村合併により組合の地区が市町村未満となった場合等で未だ定款変更していない場合（定款変更した場合は「定款変更」としている。）

・普通解散：総会の決議、組合の破産、設立時期の満了又は組合員もしくは会員の減少によって解散した場合

・吸収合併解散：吸収合併によって解散した組合

・設立合併解散・新設合併によって解散した組合

・包括承継による消滅：会員組合による権利義務の包括承継によって消滅した連合会

・認可後登記前認可取り消しによる解散：行政庁が認可をした日から90日を経過しても、組合が設立の登記をしないため、行政庁が当該認可を取り消した組合

・承認取消解散：行政庁の承認が必要な各種規程の承認取消によって解散した組合

・解散命令による解散：行政庁の解散命令によって解散した組合

・みなし解散：行政庁が休眠組合に対し2か月以内に事業を廃止していない旨の届出をすべき旨を官報に公告した場合において、その届出をしない場合に期間満了時に解散したものとみなされた組合

・組織変更：出資組合から株式会社への組織変更、非出資組合から一般社団法人への組織変更、農業協同組合から消費生活協同組合への組織変更又は組合から社団である医療法人への組織変更を行った組合

実 務 精 通 者 じつむせいつうしゃ	農業協同組合及び同連合会一斉調査 　実務に精通し、組合の事業内容につき十分な見識と能力を有する者をいう。
常 雇 者 じょうこしゃ	農業協同組合及び同連合会一斉調査 　正職員に準ずる身分又は労働条件で1年以上継続して雇用している者をいう。
営 農 指 導 員 えいのうしどういん	農業協同組合及び同連合会一斉調査 　主として生産出荷についての技術指導、農家の経営指導等の業務に従事する職員をいう。

生 活 指 導 員
せいかつしどういん

農業協同組合及び同連合会一斉調査
　主として農家の衣食住の改善、家政等の指導業務に従事する職員をいう。

2　森林組合

森 林 組 合
しんりんくみあい

森林組合一斉調査

　森林組合は森林所有者が出資して設立した共同組合で、森林所有者の森林経営のために、経営指導、施業の受託、共同購入、林産物の加工・販売など組合員が共同で利用する様々な事業を行っている。

　近年、植林、下刈、間伐などの施業の受託事業を行うことが多くなってきており、施業受託面積の占める割合が5割を超えるなど森林整備の中心的担い手となっている。

生 産 森 林 組 合
せいさんしんりんく
みあい

森林組合一斉調査

　生産森林組合は「所有と経営と労働の一致」を理念として、組合員の森林経営の全部の共同化等を行うことを目的としている。

　組合員は森林の使用収益権を生産森林組合に移転し、生産森林組合は、森林経営の共同化をその生産面において徹底して行うこととしており、事業に必要な労働力は組合員から提供されることが原則となっている。

3　漁業協同組合

沿海地区漁業協同組合 えんかいちくぎょぎょうきょうどうくみあい	水産業協同組合年次報告、都道府県知事認可漁業協同組合の職員に関する一斉調査、水産業協同組合統計表 　漁業協同組合を「沿海地区漁業協同組合」、「内水面地区漁業協同組合」、「業種別漁業協同組合」に分けて表章している。 　沿海地区漁業協同組合とは、水産業協同組合法第18条第1項に規定する資格を有する者で構成される漁業協同組合のうち、「内水面地区漁業協同組合」及び「業種別漁業協同組合」を除いたものをいう。
内水面地区漁業協同組合 ないすいめんちくぎょぎょうきょうどうくみあい	水産業協同組合年次報告、水産業協同組合統計表 　内水面地区漁業協同組合とは、水産業協同組合法第18条第2項の規定により、漁業法第8条第3項に規定する内水面において漁業を営み、もしくはこれに従事し、又は河川において水産動植物の採捕もしくは養殖をする者を主たる構成員とする組合をいう。
業種別漁業協同組合 ぎょうしゅべつぎょぎょうきょうどうくみあい	水産業協同組合年次報告、水産業協同組合統計表 　業種別漁業協同組合とは、水産業協同組合法第18条第4項の規定により、組合員たる資格を有する者を特定の種類の漁業を営む者に限る組合をいう。
事　業　種　類 じぎょうしゅるい	水産業協同組合年次報告、都道府県知事認可漁業協同組合の職員に関する一斉調査、水産業協同組合統計表 ・信用事業：組合員（所属員）の貯金又は定期預金の受け入れを行う事業及び組合員の事業又は生活に必要な資金の貸し付けを行う事業 ・加工事業：漁獲物その他生産物を加工する事業をいい、受託加工を含む。 ・指導事業：水産に関する経営及び技術の向上並びに組合の事業に関する組合員の知識の向上を図るための教育、組合員に対する一般的情報の提供、水産動植物の繁殖保護、漁場の管理、営漁指導、遭難防止又は遭難救済等に関する事業をいう。 ・利用事業：組合員の事業又は生活に必要な共同利用に関

する施設を設置し、その施設を組合員に利用させ一定の利
用料を受け入れる事業をいう（漁場利用事業は含まれな
い。）。

・無線事業：漁業用海岸局を開設運用して行う事業をい
う。

・保管事業：倉庫を施設し、組合に寄託された漁獲物その
他生産物の保管等を行う事業をいう（冷凍・冷蔵事業によ
る保管を除く。）。

VI 加工統計

1 農業産出額・林業産出額・漁業産出額

(1) 農業産出額

農 業 産 出 額
のうぎょうさんしゅ
つがく

生産農業所得統計

　推計期間（1月1日〜12月31日）における農業生産活動による最終生産物の品目ごとの生産量（全国計）に、品目ごとの農家庭先価格（全国平均）（消費税を含む。）を乗じた額を合計して求めたもの。ただし、推計期間をまたいで生産される野菜、果実の生産量は「作物統計調査」で定めている年産区分による数量を用いている。

　推計対象とする農業の範囲は「日本標準産業分類」（平成25年10月改定）に掲げる「大分類A－農業、林業」の「中分類01－農業」のうち「小分類013－農業サービス業（園芸サービス業を除く。）」及び「小分類014－園芸サービス業」を除く部分となっている。ただし、山林用苗木の生産については本推計の対象とし、きのこ類の栽培及び蚕種の生産については対象としていない。生産量は属地主義による生産量を用い、推計期間に生産が終了している農産物は全てを当該年の生産量としている。また中間生産物はその種類により取扱いが異なっている。

農業総産出額、生産農業所得の推移　　　　　　　　　単位：億円

	農業総産出額	耕種				畜産			生産農業所得
		計	米	野菜	果実	計	肉用牛	乳用牛	
平成24年	85,251	58,790	20,286	21,896	7,471	25,880	5,033	7,746	29,541
25	84,668	57,031	17,807	22,533	7,588	27,092	5,189	7,780	29,412
26	83,639	53,632	14,343	22,421	7,628	29,448	5,940	8,051	28,319
27	87,979	56,245	14,994	23,916	7,838	31,179	6,886	8,397	32,892
28	92,025	59,801	16,549	25,567	8,233	31,626	7,391	8,703	37,558

生産農業所得統計

　　農業総産出額が最も多かったのは昭和59年の11兆7,171
億円である。

生産農業所得
せいさんのうぎょう
しょとく

生産農業所得統計
　　生産農業所得とは、1月1日から12月31日までの期間の
農業生産活動によって生み出された付加価値、つまり要素
費用表示による農業純生産をいう。農業純生産は、農業生
産活動による最終生産物の総生産額である農業産出額（農
産物の生産量に価格を乗じたもの）から農業生産のために
投入された物的経費（減価償却費を含む。）を控除して、
市場価格表示の農業純生産を求め、更に、この市場価格表
示の農業純生産から市場価格を高める役割を果たしている
農業生産手段等に係る間接税を控除し、さらに、市場価格
を低く抑える機能を果たしている農業生産に係わる経常補
助金を加えたものであり、最終的に各生産要素（土地・労
働・資本）に帰属すべき所得、いわゆる要素費用表示によ
る農業純生産＝生産農業所得を求めるものである。市場価
格表示とは、最終生産物の取引に対して支払う価格あるい
は、それに相当する価格で評価することをいう。要素費用
表示とは、最終生産物としての生産物をその生産に寄与し
た生産要素が得る報酬によって評価することである。具体
的には土地所有者は地代、労働提供者は賃金、資本投資者
は資本利子である。市場価格表示と要素費用表示との関係
は次のようになる。
　　市場価格表示の所得－間接税＋経常補助金＝要素費用表
示の所得。生産農業所得は要素費用表示により示される
が、農業生産の場合は所有と経営が未分離のため、地代、
賃金、資本利子などの要素間分配が行われず、総合報酬の
形で収益が計算される。

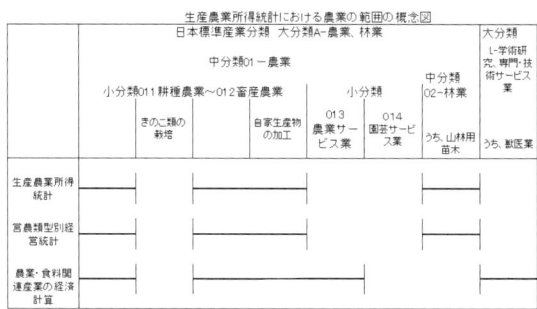

生産農業所得統計における農業の範囲の概念図

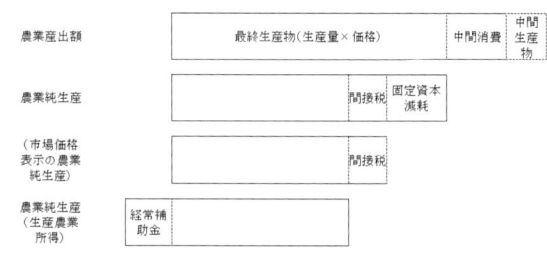

中 間 生 産 物
ちゅうかんせいさん
ぶつ

生産農業所得統計

　中間生産物とは、収穫した農産物のうち再び生産のために農業に仕向けられ消費され、農業生産以外の国民経済に提供されない、いわゆる生産物でない農産物をいう。中間生産物には、種子、飼料、野菜苗、果樹苗木、種繭、種卵、ほ乳、ひな、子豚等を含んでいるが、子牛、育成牛・成牛、子馬、育成馬・成馬は生産開始から最終生産物（肉、生乳等）になるまでに長期間を要することから、中間生産物として控除しないこととしている。具体的には

　①種子、種卵、ほ乳などのように、最終生産物の一部が同じ形態のまま農業生産のために再投入されるものは、生産量に計上していない。

　②野菜苗、果樹苗木、ひな、子豚のように成長過程のもの、あるいは飼料作物のように当該部門の生産物が他部門の生産のために投入されるようなものは、生産量として計上しない。

　③中間生産物を他都道府県に販売した場合は当該都道府県の生産量に計上している。

推定生産農業所得
すいていせいさんの
うぎょうしょとく

生産農業所得統計

　市町村別に作成されるものである。生産農業所得と同様、推定農業産出額から物的経費（減価償却費、間接税を含む。）を控除し、経常補助金を加えて算出する。しかし、推定生産農業所得は過年次の結果の推計ではなく、現在進行中の農業生産について推定するものであり、当該推定年次の前年の生産農業所得を基本にしつつ、推定基準日（9月15日）現在までのデータを利用して推定するものである。推定農業産出額は推定基準日における都道府県別の各農産物予想収穫量及び各農産物推定価格（消費税を含む。）を推定し、部門別生産量変化率及び部門別価格変化率を求め、これらを当該市町村の前年の部門別産出額に乗じて求めている。

農業産出額特化係数
のうぎょうさんしゅ
つがくとっかけいす
う

生産農業所得統計

　ある経済活動について、全地域の分布に対し対象範囲はどのような部門に偏っているかを示す指標である。次の算式により算出している。

　農業産出額特化係数＝（都道府県別の部門別産出額／都道府県別の農業産出額計）÷（全国の部門別産出額／全国の農業産出額計）

(2) 林業算出額

林 業 産 出 額
りんぎょうさんしゅ
つがく

生産林業所得統計

　木材生産、薪炭生産、栽培きのこ類生産及び林野副産物採取の産出額（生産量に価格を乗じたもの）を合計したものである。「木材生産」とは、伐木から用材（製材や木材チップ用等）に供される素材を生産することをいう。「薪炭生産」とは、伐木からまき及び木炭を生産することをいう。「栽培きのこ類生産」とは、ほだ木又は培養基（おがくず等）を用いてきのこ類を生産することをいう。「林野副産物採取」とは、山林から天然のまつたけや生うるし等の林産物を採取することをいう。栽培きのこ類は、しいたけ、なめこ、えのきたけ、ひらたけ、ぶなしめじ、まいたけ、エリンギ及びその他のきのこ類について算出してい

425

る。林野副産物は、天然のまつたけ、わさび、くり及びくるみとしている。

林業総産出額、生産林業所得の推移　　　単位：億円

	林業総産出額	木材生産	栽培きのこ	(参考)生産林業所得
平成24年	3,590	1,966	1,932	2,110
25	4,300	2,197	2,037	2,314
26	4,618	2,459	2,090	2,501
27	4,521	2,341	2,110	2,484
28	4,662	2,370	2,221	2,557

生産林業所得統計

生産林業所得
せいさんりんぎょうしょとく

生産林業所得統計
　1年間の林業生産活動によって生み出された純生産（付加価値）をいい、林業部門における産出額（生産（採取）量に価格を乗じたもの）の総計から林業生産に要した物的経費を控除し、林業生産に係わる経常補助金を加えた額である。ここでは、林業生産活動として「木材生産」、「薪炭生産」、「栽培きのこ類生産」及び「林野副産物採取」の各部門を対象とし、それら各部門所得の総和をもって生産林業所得としている。栽培きのこ類生産部門の都道府県別の所得率が得られないことから、平成27年から生産林業所得については全国値のみの推計とされている。なお、激甚災害が発生した場合は「激甚災害に対処するための特別の財政援助等に関する法律」（昭和37年法律第150号）第11条の2の措置を適用する局地激甚災害の指定基準として用いる当該市町村の木材生産部門生産林業所得額（民営）が作成され林野庁長官に提供されている。

(3) 漁業産出額

漁業産出額
ぎょぎょうさんしゅつがく

漁業産出額統計
　当該年の1月から12月までの1年間における海面漁業・養殖業、内水面漁業及び内水面養殖業の産出額を合計した

ものをいう。平成27年に「漁業生産額」から「漁業産出額」に変更している。ただし、推計期間、推計方法は同一であるので時系列比較は問題がない。海面漁業・養殖業産出額は、海面漁業生産統計調査結果から得られる魚種別生産量に魚種別価格を乗じて産出している。内水面漁業産出額は、漁業センサスが実施された年は漁業権が設定されている全ての河川・湖沼の魚種別漁獲量を調査することから全国の魚種別生産量に魚種別価格を乗じて算出している。漁業センサス実施年でない年は、内水面漁業生産統計調査対象が主要河川・湖沼に限定されているため、漁業センサス結果から漁獲量を推計して算出している。内水面養殖業産出額においても内水面漁業生産統計の調査対象魚種が限定されているので、漁業センサス結果から推計して算出している。また、内水面養殖業産出額に含まれる種苗の産出額については、調査対象養殖魚種別に漁業センサスより得られる食用を主とする内水面養殖業経営体の販売金額と種苗用を主とする内水面養殖業経営体の販売金額から推計して算出している。

漁業産出額、生産漁業所得の推移　　　　　　　　　単位：億円

| | 漁業産出額 | 海面 | | | 内水面 | 生産漁業所得 |
		計	漁業	養殖業		
平成24年	14,165	13,276	9,144	4,132	889	6,812
25	14,358	13,503	9,439	4,064	855	7,475
26	15,034	14,105	9,663	4,443	929	7,564
27	15,859	14,823	9,957	4,866	1,036	8,059
28	15,856	14,718	9,621	5,097	1,138	8,076

漁業産出額統計

2　産業連関表

(1) 産業連関表

産 業 連 関 表
さんぎょうれんかん
ひょう

産業連関表

　産業連関表は、作成対象年次における我が国の経済構造を総体的に明らかにするとともに、経済波及効果分析や各種経済指標の基準改定を行うための基礎資料を提供することを目的に作成されており、一定期間（通常1年間）において、財・サービスが各産業部門間でどのように生産され、販売されたかについて、行列（マトリックス）の形で一覧表にとりまとめられたものである。

　ある1つの産業部門は、他の産業部門から原材料や燃料などを購入し、これを加工して別の財・サービスを生産し、さらにそれを別の産業部門に対して販売する。購入した産業部門は、それらを原材料として、また、別の財・サービスを生産する。このような財・サービスの「購入→生産→販売」という連鎖的なつながりを表したのが産業連関表である。

　産業連関表の全体的な構成は、表頭にはその部門で生産された財・サービスの販売先の内訳（販路構成）の情報を、また、表側にはその部門の財・サービスの生産に用いられた原材料、燃料、労働力などへの支払の内訳（費用構成）の情報が表示されている。

　農林水産業に係る産業連関表作成においては、農林水産部門に係る財・サービスの投入係数等の推計を行うため、産業連関構造調査として農業サービス業投入調査、種苗業（農業）投入調査、民有林事業投入調査、栽培きのこ生産業投入調査、内水面養殖業投入調査、農林水産関係製造業投入調査、農業土木事業投入調査、林野公共事業投入調査が実施されている。

国 内 生 産 額
こくないせいさんが
く

産業連関表

　我が国に所在する事業所による生産活動によって生み出された財・サービスの総額をいい、中間需要と最終需要の

合計（総供給）から輸入でまかなった分を除いた額をいう。

中 間 投 入
ちゅうかんとうにゅう

粗付加価値部門
（控除）経常補助金

産業連関表

投入とは財・サービスを生産するための費用構成をいう。産業連関表では、タテの計数の並び（列部門）として表章される。

中間投入とは、各産業部門の生産活動のために購入される原材料・燃料等の財及びサービスに要する費用をいい、各産業部門の中間投入額の合計をその部門の国内生産額で除した割合が中間投入率である。なお、生産設備等の購入は資本形成とみなされ、減価償却に相当する額が粗付加価値部門（生産活動によって新たに付加された価値をいい、家計外消費支出、雇用者所得、営業余剰、資本減耗引き当て、間接税及び（控除）経常補助金から構成されている。）の資本減耗引き当て（減価償却費と資本偶発損の合計）に計上されるので中間投入には含まれない。（（控除）経常補助金とは、政策目的によって、政府サービス生産者から産業に対して一方的に給付され、受給者の側において処理される経常的交付金をいう。産業に対して支払われるものであること、産業の経常費用を賄うために交付されるものであること、財・サービスの市場価格を低下させると考えられるものであることの３つの条件を満たす経常交付金を範囲としている。）

最 終 需 要
さいしゅうじゅよう

産業連関表

生産された財・サービスは家計外消費支出、民間消費支出、一般政府支出、国内総固定資本形成、在庫純増、調整項及び輸出からなる。また、全産業系について次のような関係が成立する。

最終需要額の合計－輸入の合計＝粗付加価値額の合計

家計外消費支出とは交際費や接待費用等の企業消費のことで、最終需要（列）及び粗付加価値（行）として計上している。

投 入 計 数
とうにゅうけいすう

産業連関表

各産業部門が財・サービスを生産するために使用した各原材料ごとの投入額を、その産業の国内生産額で除して得た係数である。各産業において１単位の生産を行う際に必要な原材料等の単位を示し、当該年における生産技術を反映した係数である。

逆行列係数 ぎゃくぎょうれつけ いすう	産業連関表 　ある産業に対して１単位の最終需要が発生した場合、各産業の生産が究極的にどれだけ必要になるのかという生産波及の大きさを示す係数をいう。また、逆行列係数表の列和（縦方向の合計）は、当該部門の需要が１単位発生した時に各産業に及ぼす生産波及の大きさを示す係数を合計したものであり、産業全体としての生産波及の大きさが究極的にどのくらいになるかを示している。この逆行列係数にある需要額を乗じることにより、究極的にどれだけの生産が行われるかを計算することができる。

(2) 農業・食料関連産業の経済計算

農業生産額 のうぎょうせいさん がく	農業・食料関連産業の経済計算 　農業の国内生産額である。農業生産活動の結果得られた生産物を生産者価格（販売金額からその出荷・販売に要した経費を控除した価格）で評価した額に総務省「日本標準産業分類」等に準じて農業サービス（稲作共同育苗、青果物共同選果等）の売上高等を合計した数値であり、いわば広義の農業の国内生産額を表している。なお、農業サービス及び種苗、飼料作物等の中間生産物を含み、加工農産物を含まないという点で「生産農業所得統計」における「農業総産出額」とは推計対象が異なる。
中間投入 ちゅうかんとうにゅ う	農業・食料関連産業の経済計算 　農業生産に投入された財・サービスの費用である。具体的には、種苗（畜産動物の種付け料及びもと畜費を含む。）、肥料、飼料、農薬・医薬品、農機具修繕（小農具の購入及び農用自動車の修繕を含む。）、農用建物修繕、光熱動力、賃借料・料金等のサービス、その他諸資材等の諸経費であり、購入、自給のいかんを問わない。
農業総生産 のうぎょうそうせい さん	農業・食料関連産業の経済計算 　農業総生産＝農業生産額−中間投入であり、付加価値額に相当する。

固定資本減耗
こていしほんげんもう

農業・食料関連産業の経済計算
　建物、農機具等の固定資産について、通常の使用に基づく価値減耗（減価償却）及び資本偶発損をいう。

農業純生産
のうぎょうじゅんせいさん

農業・食料関連産業の経済計算
　農業総生産－（固定資本減耗＋間接税－経常補助金）であり、「雇用者所得」及び「営業余剰」の合計で、家族労働（経営主を含む。）に係る所得も含まれる。

農産物の販売
のうさんぶつのはんばい

農業・食料関連産業の経済計算
　農業経営体から農業経営体以外に販売された農産物の価額であり、食用として自家消費されたものも含む。（農業経営体から農業経営体へ販売された財・サービスの額は「中間生産物等」に含まれる。

動植物の成長
どうしょくぶつのせいちょう

農業・食料関連産業の経済計算
　資産動物（乳用牛）の成長増加分及び果樹、茶等資産植物の成長増加分の評価額である。

農産物の在庫純増
のうさんぶつのざいこじゅんぞう

農業・食料関連産業の経済計算
　未処分農産物の物量的増減を期中平均価格で評価したもの。

農業総資本形成
のうぎょうそうしほんけいせい

農業・食料関連産業の経済計算
　国民経済計算における総資本形成に対応するもので、「農業総固定資本形成」と「在庫純増」からなっている。「農業総固定資本形成」は農業生産のため新規に取得した固定資本及び既存の固定資本に付加される価値額で、「土地改良」（圃場整備、かん排水、農用地造成等のための投資額）、「農業用建物」（農業用建物の取得及び大規模な増・改築のための投資額）、「農機具」（農業機械及び自動車の農用分の取得並びに大規模修繕のための投資額）、「動植物の成長」からなっている。

食品製造業の経済計算
しょくりょうせいぞうぎょうのけいざいけいさん

農業・食料関連産業の経済計算
　食品製造業で生産された加工食品を対象とし、各品目の工場出荷額又は生産量に生産者価格（工場出荷価格）を乗じることにより国内生産額を推計するとともに、「産業連関表」を基準として「工業統計調査」等の付加価値率の推移から国内総生産を推計している。

3 食料需給表

食料需給表
しょくりょうじゅきゅうひょう

　FAO（国際連合食糧農業機関）の食料需給表作成の手引きに準拠して、昭和26年度以降毎年度作成されているもので、我が国に供給される食料の生産から最終消費に至るまでの総量及び可食部分の国民1人1日当たりの数量及び栄養量を1表にとりまとめたものである。食料需給の全般的動向、栄養量の水準とその構成、食料消費構造の変化などの把握や自給率の算出等に利用され、また、世界170か国以上との比較も可能である。

　昭和25年度以前については、同種の統計として、「国民食糧の現状」（明治14～昭和10年までの5か年ごと平均値）が日本学術振興会から昭和14年に、また「戦前戦後の食糧事情」（昭和5～25年度値）が経済安定本部から昭和27年に、それぞれ公表されている。東京電力福島第一原子力発電所事故で出荷制限、出荷自粛、特別隔離の措置がとられたもの等は供給食料から除外されている。

国内生産量
こくないせいさんりょう

食料需給表

　国内において生産された数量で、基本的には農林水産省統計部の公表値であるが、統計部の公表値がないものについては農林水産省生産局（雑穀、その他豆類、野菜の一部、果樹の一部）、農林水産省食料産業局（油脂類、みそ、しょうゆ）、農林水産省政策統括官（でんぷん、砂糖類）、林野庁（きのこ類）調べによる。農作物については、作物統計等でいう収穫量で、自給分のように販売されない分も含まれている。また、肉類については、一部を除き、食肉流通統計の枝肉ベースの数量である。澱粉、砂糖類、油脂類等加工品については、原材料を輸入して国内で生産した数量についても国内生産量に含まれている。例えば、大豆を輸入して国内で搾油した大豆油については、国内生産量として計上されている。ただし「大豆油」そのものの輸入は「大豆油」の輸入として計上されている。

在　　庫
ざいこ

食料需給表

　生産された後、最終消費に達せず途中段階で保有されているもので、生産者段階、流通（各種）段階など数段階で

保有されうる。食料需給表では、在庫の絶対量ではなく、供給量の一部として、その年度における在庫の変動量をとらえている。つまり、在庫量の増加は、本来、当年度の消費のために供給された量の一部を次年度以降に延ばしたもので、需要に対して供給が上回っていたことを示す。逆に在庫量の減少は、在庫をとりくずすことで、単年度でみて需要を下回る供給を補っている。

国内消費仕向量
こくないしょうひし
むけりょう

食料需給表

　食用、非食用を問わず、供給される消費可能数量で、国全体の消費となる。国内消費仕向量＝国内生産量＋輸入量－輸出量－在庫の増加量（又は＋在庫の減少量）により算出される。食料需給表では、米は玄米、麦は玄麦、肉類は枝肉（骨つき肉）、鶏卵は殻つき卵、油脂類は原油のベースで表されており、これ以外の形態、例えば、肉類の正肉、鶏卵の液卵等で輸出入や在庫調整が行われた場合には、それらを枝肉や殻つき卵のベースに換算して計上している。また、食料需給表で定義する以外の加工品（小麦粉、野菜や果実の瓶・缶詰やジュース、乳製品、魚介類の缶詰、加工油脂等）の輸出入・在庫についても同様に、それらをもとのベース（小麦粉→玄麦、野菜や果実の瓶・缶詰やジュース→元の野菜や果実、乳製品→生乳、魚介類の缶詰→原魚、加工油脂→原油）に換算して計上している。食料需給表の加工用とは、全く食用以外（例えば工業用）に使われる場合と、相当量の栄養分のロスを生じて食料品生産に使われ、かつ、その加工製品が計上されている場合のみをいい、栄養分のロスがあまりないもの等については、もとの形態での消費とみなし、粗食料に含めている。加工用の具体例は、米の酒・みそ用、麦類の澱粉、みそ・しょうゆ・酒類用等、澱粉の繊維・製紙・ビール用、豆類の搾油・みそ用、ぶどうのぶどう酒用、粗糖の精製糖用、その他砂糖類の医薬・たばこ・酒類用等、油脂類の工業用（石けん・塗料用・印刷用インク等）などである。減耗量は、食料が生産された農場等の段階から、輸送、貯蔵等を経て家庭の台所等に届く段階までに失われるすべての数量が含まれる。なお、家庭や食品産業での調理、加工段階における食料の廃棄や食べ残し、愛がん用動物への仕向け量などは含まれない。

| 粗　食　料 | 食料需給表 |

そしょくりょう

　　　粗食料は食用として台所に届いた数量を表しており、国内消費仕向量 −（飼料用＋種子用＋加工用＋減耗量）である。粗食料の1人・1年当たり数量は、粗食料を年度中央（10月1日現在）における我が国の総人口で除して得た国民1人当たり平均供給数量である。

| 純　食　料 | 食料需給表 |

じゅんしょくりょう

　　　粗食料に歩留りを乗じたものであり、人間の消費に直接利用可能な食料の形態の数量を表している。歩留りは粗食料を純食料に換算する際の割合であり、当該品目の全体から通常の食生活において廃棄される部分（例：キャベツであればしん、かつおであれば頭部、内臓、骨、ひれ等）を除いた可食部の当該品目の全体に対する重量の割合として求めている。この算出に用いた割合は、原則として文部科学省「日本食品標準成分表2015」による。なお、昭和39年以前は「三訂日本食品標準成分表」、昭和40〜59年度は「四訂日本食品標準成分表」、昭和60〜平成20年度は「五訂日本食品標準成分表」、平成21〜25年度は「日本食品標準成分表2010」により算出している。

| 自　給　率 | 食料需給表 |

じきゅうりつ
**　　　　品目別自給率**
供給熱量ベースの総
合食料自給率
生産額ベースの総合
食料自給率
**　　　　飼料自給率**

　　　国内の食料消費が国内の農業生産でどの程度賄えているかを示す指標である。
品目別自給率：以下の算定式により、各品目における自給率を重量ベースで算出している。
　①品目別自給率＝国内生産量÷国内消費仕向量＝国内生産量÷（国内生産量＋輸入量−輸出量−在庫増（＋在庫減）
　総合食料自給率：食料全体における自給率を示す指標として、供給熱量ベース、生産額ベースの二通りの方法で算出している。畜産物については、国産であっても輸入した飼料を使って生産された分は、国産に参入していない。
　②供給熱量ベースの総合食料自給率：「日本食品標準成分表2010」に基づき重量を供給熱量（カロリー）に換算したうえで、各品目を足し上げて算出したもの。これは、1人・1日当たり国産供給熱量を1人・1日当たり供給熱量で除したものに相当する。
　③生産額ベースの総合食料自給率：農業物価統計の農家

庭先価格等に基づき、重量を金額に換算した上で、各品目を足し上げて算出したもの。これは、食料の国内生産額を食料の国内消費仕向額で除したものに相当する。

④飼料自給率：畜産物に仕向けられる飼料のうち、国内でどの程度賄われているかを示す指標である。日本標準飼料成分表等に基づき、TDN（可消化養分総量）に換算した上で、各飼料を足し上げて算出するもの。（平成29年版食料・農業・農村白書用語の解説）

Ⅶ　指数・分類

1　指数

農産物生産者価格
のうさんぶつせいさ
んしゃかかく

農業物価統計
　農業経営体が生産した農産物の販売価格（消費税を含む。）から、出荷販売に要した経費（消費税を含む。）を控除した価格をいう。

農業資材価格
のうぎょうしざいか
かく

農業物価統計
　農業経営体が農業経営に使用する主要な農業生産資材の小売価格（消費税を含む。）をいう。

指　　　　　数
しすう

農業物価統計
　農業物価統計調査結果は、農業における投入・産出の物価変動を測定するための農業物価指数（農産物価格指数、農業生産資材価格指数）を算出している。指数算出にあたっての対象品目、ウエイト、基準時及び基準時価格、算式は次のとおり。
　①対象品目：農産物を122品目、農業生産資材を141品目としている。
　②ウエイト：指数を構成している個々の商品の取引上あるいは消費生活上の重要性は同一ではなく、各商品の個別指数を単純に算術平均しても適正な水準を表しているとはいえないことから、商品の重要度を考慮して平均（加重平均という。）する必要がある。その重要度がウエイトである。例えば、年平均価格指数の算出に用いるウエイトは、平成27年農業経営統計調査経営形態別経営統計（個別経営）結果による全国1農業経営体当たり平均を用いて、農産物については農業粗収益から作成し、農業生産資材については農業経営費から作成している。
　③基準時及び基準価格：基準時は、平成27年の1年間、基準時価格は、農業物価統計調査による平成27年の年平均価格としている。
　④算式：ラスパイレス式（基準時加重相対法算式）であ

る。
A 月別価格指数（品目別価格指数）

$Itui = Ptui / Poi \times 100$

Itui…t年u月におけるi品目の価格指数
Ptui…t年u月におけるi品目の価格
Poi…i品目の基準時価格
B 月別価格指数（総合（類別）価格指数）

$Itu = \Sigma Itui \cdot Wui / \Sigma Wui$

Itu…t年u月における総合（類別）価格指数
Wui…u月のi品目のウエイト
C 年平均価格指数（全国）品目別価格指数

$Iti = Pti / Poi \times 100$

Iti…t年におけるi品目の価格指数
Pti…t年におけるi品目の価格
D 年平均価格指数（全国）総合（類別）価格指数

$It = \Sigma Iti \cdot Wi / \Sigma Wi$

It…t年における総合（類別）価格指数、
Wi…i品目のウエイト

農産物価格指数
のうさんぶつかかく
しすう

農業物価統計調査
　農業経営体（農家）が販売する個々の農産物の価格を指数化したものであり、類似した商品群ごとに11の類別にまとめて作成されている。
　調査品目は平成27年農業産出額の総額に占める累積割合がおおむね90％をカバーする農産物の品目及び行政施策上重要な品目、計122品目である。

農業生産資材価格指数
のうぎょうせいさん
しざいかかくしすう

農業物価統計調査
　農業経営体（農家）が購入する農業生産に必要な資材の小売価格を指数化したものであり、類似した商品群ごとに12の類別にまとめて作成されている。調査品目は農業経営において使用割合が高い品目及び行政施策上重要な品目、計141品目である。

寄　　与　　度
きよど

農業物価統計調査
　物価全体（総合）の動きに対して、内訳項目がどれだけ影響したかを表すものである。計算式は次のとおりである。
　寄与度（％）＝（当年の当該内訳の指数－前年の当該内訳の指数）×当該内訳のウエイト÷前年の全体（総合）の

指数×全体（総合）のウエイト

農業交易条件指数
のうぎょうこうえき
じょうけんしすう

農業物価統計
　農産物と農業生産資材の相対価格関係の変化を示すもの
として使用されており、農業生産資材価格指数（総合）に
対する農産物価格指数（総合）の比率として算出されてい
る。

2　農林業センサス、漁業センサス分類

農業経営体、販売農家の性格分け

　報告書類において農業経営体、林業経営体、販売農家の性格分けの統計が作成されている。主な性格分けは次のとおり。

組織形態別
そしきけいたいべつ
（林業経営体の性格分けでも使用）

　経営体を「法人化している」、「法人化していない」、「地方公共団体・財産区」の３区分に分類しているものである。

計
法 人 化 し て い る
農 事 組 合 法 人
会　　　　　　　社
株　式　会　社
合 名・合 資 会 社
合　同　会　社
相　互　会　社
各　　種　　団　　体
農　　　　　　協
森　林　組　合
その他の各種団体
そ　の　他　の　法　人
法 人 化 し て い な い
個　人　経　営　体
地 方 公 共 団 体・財 産 区

経営耕地面積規模別
けいえいこうちめんせききぼべつ

　農業の基本的な生産手段である経営耕地面積を分類基準にした分類である。経営耕地面積は、農業経営規模の大小を表現する代表的な指標であり、この分類は最も基本的な分類として戦前の農事統計以来の長い伝統を持っている。規模の大小を表すのに経営耕地を用いるのは、機械投入などの資本投下や収穫量など、経営規模の大きさが一般的に経営耕地面積の規模に比例し、しかも調査把握が比較的容易であるからである。しかし、この分類には経営組織や資本集約度の差異が含まれていないので経営規模の総体を反映するのには限界があり、これを補うものとして農産物販売金額規模別分類がある。

計
経営耕地面積なし
0.3ha未満
0.3 ～ 0.5
0.5 ～ 1.0
1.0 ～ 1.5
1.5 ～ 2.0
2.0 ～ 2.5
2.5 ～ 3.0
3.0 ～ 4.0
4.0 ～ 5.0
5.0 ～ 7.5
7.5 ～ 10.0
10.0 ～ 15.0
15.0 ～ 20.0
20.0 ～ 25.0
25.0 ～ 30.0
30.0 ～ 40.0
40.0 ～ 50.0
50.0 ～ 100.0
100.0ha以上

農産物販売金額規模別
のうさんぶつはんばいきんがくきぼべつ

　農業生産の結果としての農産物販売金額の規模を分類基準とした経営規模分類である。この分類は、土地面積依存度の低い施設園芸、家畜生産など施設型農業の発展につれて、経営耕地面積規模だけでは経営規模の指標として不十分となってきたので、これを補完する分類として採用された。しかし、この分類は、経営部門間の所得率の差異を反映しておらず、農業所得形成力を表す指標としては使用できないという欠点がある。また、調査技術的な観点からみて過小申告の弊害があることや、貨幣価値で表示されるため、時系列による累年比較がしにくいこと、作成の都度、農産物価格の上昇にスライドして区分を改訂する必要があることなどの不便さを伴う。

計
販売なし
50万円未満
50　～　100
100　～　200
200　～　300
300　～　500
500　～　700
700　～　1,000
1,000　～　1,500
1,500　～　2,000
2,000　～　3,000
3,000　～　5,000
5,000万　～　1億
1　～　3
3　～　5
5億円以上

農業経営組織別
のうぎょうけいえい
そしきべつ

　農業経営の部門構成によって経営タイプを分類するもの
であり、単一経営、準単一複合経営、複合経営の3区分に
分類される。⇒Ⅰの1の「農業経営組織分類」参照。
　この分類は、どのような農業部門を中心に経営し、ま
た、どのような部門の組合わせを行っているかを知ること
により、農業の発展方向を明らかにするために用いられ
る。

計	
単 一 経 営	
稲 作	
麦 類 作	
雑 穀・いも類・豆 類	
工 芸 農 作 物	
露 地 野 菜	
施 設 野 菜	
果 樹 類	
花 き ・ 花 木	
そ の 他 の 作 物	
酪 農	
肉 用 牛	
養 豚	
養 鶏	
養 蚕	
そ の 他 の 畜 産	
準 単 一 複 合 経 営	
複 合 経 営	
販 売 な し	

農業経営者年齢別
のうぎょうけいえい
しゃねんれいべつ

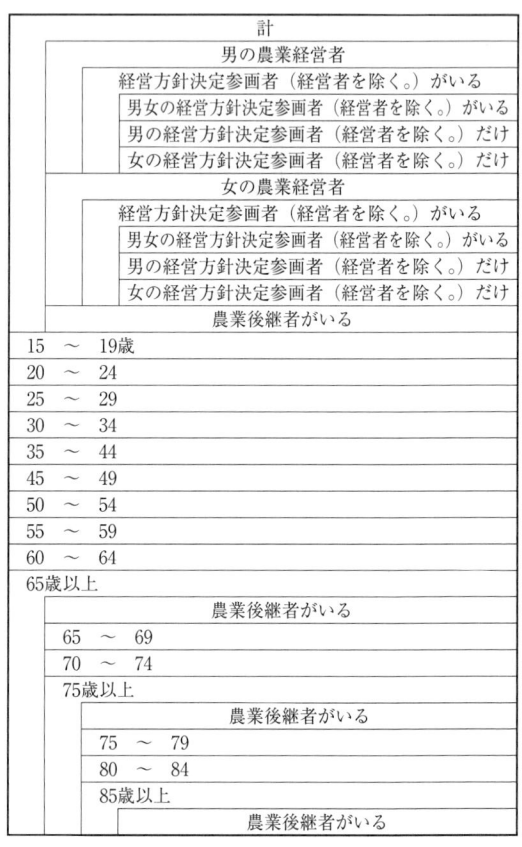

計
男の農業経営者
経営方針決定参画者（経営者を除く。）がいる
男女の経営方針決定参画者（経営者を除く。）がいる
男の経営方針決定参画者（経営者を除く。）だけ
女の経営方針決定参画者（経営者を除く。）だけ
女の農業経営者
経営方針決定参画者（経営者を除く。）がいる
男女の経営方針決定参画者（経営者を除く。）がいる
男の経営方針決定参画者（経営者を除く。）だけ
女の経営方針決定参画者（経営者を除く。）だけ
農業後継者がいる
15　〜　19歳
20　〜　24
25　〜　29
30　〜　34
35　〜　44
45　〜　49
50　〜　54
55　〜　59
60　〜　64
65歳以上
農業後継者がいる
65　〜　69
70　〜　74
75歳以上
農業後継者がいる
75　〜　79
80　〜　84
85歳以上
農業後継者がいる

主　副　業　別
しゅふくぎょうべつ

計
主　　業　　農　　家
65歳未満の農業専従者がいる
準　主　業　農　家
65歳未満の農業専従者がいる
副　業　的　農　家

林業経営体の性格分け

保有山林面積規模別
ほゆうさんりんめん
せききぼべつ

計
3 ha未満
3 ～ 5
5 ～ 10
10 ～ 20
20 ～ 30
30 ～ 50
50 ～ 100
100 ～ 500
500 ～ 1,000
1,000ha以上

素材生産量規模別
そざいせいさんりょ
うきぼべつ

計
素材生産量なし
50m^{3}未満
50 ～ 200
200 ～ 500
500 ～ 1,000
1,000 ～ 2,000
2,000 ～ 5,000
5,000 ～ 1万
1万m^{3}以上

林業作業受託料金収入規模別

りんぎょうさぎょうじゅたくりょうきんきぼべつ

計		
収入なし		
50万円未満		
50	～	100
100	～	200
200	～	300
300	～	500
500	～	700
700	～	1,000
1,000	～	1,500
1,500	～	2,000
2,000	～	3,000
3,000	～	5,000
5,000万	～	1億
1	～	3
3	～	5
5億円以上		

農業地域類型別

のうぎょうちいきるいけいべつ

　短期の社会経済変動に対して、比較的安定している土地利用指標を中心とした基準指標によって市区町村及び旧市区町村（昭和25年2月1日時点の市区町村）を分類したものである。

　すなわち、地域を土地利用的な側面でとらえると、宅地率の高い地域、耕地率の高い地域、林野率の高い地域等に類型化され、それぞれの地域が互いに関連しながら、当該市区町村に固有の基礎的地域特性を形成している。この特性を農政に利用するため、地域の農業構造を規定する基盤的条件の等質性に基づいた区分を第1次分類、各基本類型地域を形成している農業経営の基礎的条件の差異を示す区分を第2次分類として整序している。（第2次分類は省略している。）

計
都　市　的　地　域
平　地　農　業　地　域
中　間　農　業　地　域
山　間　農　業　地　域

漁業センサス
経営体階層別

けいえいたいかいそうべつ

　漁業経営体を経営内容と経営規模によって表す基本分類であり、巨大資本漁業から、小規模漁家層に至るまでの漁業の生産構造を把握するためのものである。

　経営体階層（以下「階層」という。）の決定は経営体が

「調査期日前1年間に主として営んだ漁業種類」又は「調査期日前1年間に使用した漁船のトン数」により分類したもの。

①漁業経営体の過去1年間の漁獲物の販売金額の最も多い漁業種類により決定した階層：大型定置網、さけ定置網、小型定置網、海面養殖

②調査期日前1年間に使用した漁船の種類及び動力漁船の合計トン数により決定した階層：上記①以外の経営体を対象、使用漁船の種類及び使用動力漁船の合計トン数により、漁船非使用、無動力漁船、船外機付漁船、動力漁船1トン未満から動力漁船3,000トン以上の階層までの16経営体階層に区分

漁業経営体階層区分

(1) 調査期日前1年間に営んだ漁業種類（販売金額1位）

(2) 調査期日前1年間に使用した漁船

経営体階層
大　型　定　置　網
小　型　定　置　網
地　び　き　あ　み
ぶ　り　類　養　殖
ま　だ　い　養　殖
ひ　ら　め　養　殖
その他の魚類養殖
ほ　て　い　が　い　養　殖
か　き　類　養　殖
わ　か　め　類　養　殖
の　り　類　養　殖
真　珠　養　殖
真　珠　母　貝　養　殖
そ　の　他　の　養　殖

経営体階層
漁　船　非　使　用
無　　　動　　　力
船　外　機　付　船
動　力　1T未満
動　力　1～3T
動　力　3～5T
動　力　5～10T
動　力　10～20T
動　力　20～30T
動　力　30～50T
動　力　50～100T
動　力　100～200T
動　力　200～500T
動　力　500～1000T
動　力　1000～3000T
動　力　3000T以上

Ⅷ　統計法規

1　統計法規、統計表、統計委員会

統　　　　計
とうけい

　　人・土地・物などによって構成された特定の集団について、その集団の全体又は一定の方法によって抽出された標本からなる集団に対して、時と場所を定め、一定の約束のもとにその質的、量的側面を調査し、その結果を集推計し表示したものをいう。
　　統計は、複雑で高度な現代の社会経済活動に関し、最も有効で確実な情報あるいは指標として重要な機能を果たしている。

公 的 統 計
こうてきとうけい

　　行政機関、地方公共団体、独立行政法人（行政機関等という。）が作成する統計をいう。
　　我が国の場合、統計の大部分は行政機関によって提供されているが、官庁統計制度はおおむね分散的である。各官庁がそれぞれ所管の業務に関係のある統計資料を自らの責任で調査しているが、それらの総合調整は行われている。

統 計 調 査
とうけいちょうさ

　　統計を作成するための調査で、統計集団の数量的特徴をとらえるものである。母集団を確定し、一定の調査票及び調査方法に基づいて行う。
　　ただし、次のものは統計調査としていない。
　　①行政機関等がその内部において行うもの
　　②統計法等において、行政機関等に対し、報告を求めることが規定されているもの
　　③行政機関等が政令で定める事務に関して行うもの

統 計 法 規
とうけいほうき

　　統計に関する法令は、その規定する内容によって、
　　①統計機関の組織と権限を定めた統計組織法（総務省設置法、農林水産省設置法等）
　　②統計活動の方法、効果等を定めた統計手続法ともいうべきもの（統計法、統計法施行令等）
　　③個別の調査の実施に関する統計実体法ともいうべきも

の（各省の基幹統計調査規則（農林業センサス規則等）、などに大別できる。

統計に関する諸法規のうち、統計手続法に関する法規は、統計の真実性、有用性を確保し、同時に国民負担の軽減を図ることを目的としており、基本的で重要なものである。

統　計　法
とうけいほう

正確な統計を作成するための基本的な法律で、従来の統計法（昭和22年法律第18号）を平成19年に全部改正した。（平成19年法律第53号）

統計法の目的は（第1条）

公的統計が国民にとって合理的な意思決定を行うための基盤となる重要な情報であることにかんがみ、公的統計の作成及び提供に関し基本となる事項を定めることにより、公的統計の体系的かつ効率的な整備及びその有用性の確保を図り、もって国民経済の健全な発展及び国民生活の向上に寄与することを目的としている。

統計法全部改正の主なポイント

①社会の情報基盤としての統計

目的（第1条）にあるように、公的統計は行政利用だけでなく、社会全体で利用される情報基盤として位置付けられている。

②基本計画の策定

国はその要員・予算に限りがある中で、公的統計を体系的・効率的に整備する必要があり5年ごとに「公的統計の整備に関する基本計画」を策定しており、第Ⅱ期基本計画は平成26年3月に定められた。

③基幹統計

公的統計のうち特に重要な統計を「基幹統計」として位置付けた。平成29年4月時点で56統計がある。

④国が行う統計調査の審査・調整

国が行う統計調査については、調査間の重複を排除し被調査者の負担を軽減し、公的統計を体系的に整備する観点から、総務大臣が統計調査の審査・調整を行う。

国が行う統計調査は「基幹統計調査」、「一般統計調査」に分けられる。

⑤統計基準

公的統計の統一性又は総合性を確保するための技術的な基準として、総務大臣が日本標準産業分類などの「統

計基準」を設定している。

⑥統計データの利用促進

　統計調査によって集められた情報は、統計作成以外の目的のために利用・提供してはならないと定めているが、統計の研究、教育など公益に資するために使用される場合に限り二次的利用が可能となっている。

・学術研究目的、大学など高等教育目的などのためにオーダーメードで集計された統計の提供が可能となること

・個人や企業が特定できない形に加工したものの提供を受けて統計の作成をすること

・行政機関との共同研究など高度な公益性を有する研究などに限り各府省の判断により提供が可能となること

⑦被調査者の秘密の保護

業務に関して知りえた被調査者の秘密を漏らしてはならないという守秘義務を課している。

⑧統計委員会の設置

専門的かつ中立公正な調査審議機関として統計委員会を設置している。

基幹統計
きかんとうけい

国の行政機関が作成する統計のうち、総務大臣が指定す特に重要な統計をいう。平成29年4月時点で56統計を数える。農林水産省においては農林業構造統計（農林業センサス）、牛乳乳製品統計、作物統計、海面漁業生産統計、漁業構造統計（漁業センサス）、木材統計、農業経営統計の7統計である。

　基幹統計は一般統計と異なり特別な規定が設けられている。

①報告義務

　調査を拒んだり虚偽の報告をすることを禁止しており、これに違反した場合は50万円以下の罰金が定められている。

②かたり調査の禁止

　基幹統計調査と紛らわしい表示や説明をして情報を得ることを禁止しており、これに違反した場合は2年以下の懲役または100万円以下の罰金が定められている。

③地方公共団体による事務の実施

　基幹統計は全数調査や大規模な標本調査として行われるなど被調査者の数が多いことから、調査事務の一部を法定受託事務として地方公共団体が行うことができるとしている。

農林業センサス、漁業センサスが該当している。

一　般　統　計
いっぱんとうけい

国の行政機関が作成する統計のうち、基幹統計以外の統計をいう。

日本標準産業分類
にほんひょうじゅん
さんぎょうぶんるい

この分類は、経済活動が行われる事業所を単位として適用する意図をもっている。

ここでいう産業とは、事業所において社会的な分業として行われる財貨及びサービスの生産又は提供に係るすべての経済活動をいい、農業、建設業、製造業、卸売業、小売業、金融、医療、福祉、教育、宗教、公務が含まれる。

事業所の産業種類は、事業所で行われている経済活動によって決定するが、複数の分類項目に該当する経済活動が行われている場合は、収入額又は販売額の最も多い経済活動によって決定されるのが原則である。

現在使用されている分類は平成25年10月に改訂されたものである。大分類A　農業、林業、大分類B　漁業の分類を示すと次のとおりである。

大分類A　農業、林業
　中分類　01　農業
　010　管理、補助的経済活動を行う事業所（01農業）
　　0100　主として管理事務を行う本社等
　　0109　その他の管理、補助的経済活動を行う事業所
　011　耕種農業
　　0111　米作農業
　　0112　米作以外の穀作農業
　　0113　野菜作農業（きのこ類の栽培を含む）
　　0114　果樹作農業
　　0115　花き作農業
　　0116　工芸農作物農業
　　0117　ばれいしょ・かんしょ作農業
　　0119　その他の耕種農業
　012　畜産農業
　　0121　酪農業
　　0122　肉用牛生産業
　　0123　養豚業
　　0124　養鶏業
　　0125　畜産類似業
　　0126　養蚕農業

0129　その他の畜産農業
013　農業サービス業（園芸サービス業を除く）
0131　穀作サービス業
0132　野菜作・果樹作サービス業
0133　穀作、野菜作・果樹作以外の耕種サービス業
0134　畜産サービス業（獣医業を除く）
014　園芸サービス業
0141　園芸サービス業
中分類　02　林業
020　管理、補助的経済活動を行う事業所（02林業）
0200　主として管理事務を行う本社等
0209　その他の管理、補助的経済活動を行う事業所
021　育林業
0211　育林業
022　素材生産業
0221　素材生産業
023　特用林産物生産業（きのこの栽培を除く）
0231　製薪炭業
0239　その他の特用林産物生産業（きのこ類の栽培を除く）
024　林業サービス業
0241　育林サービス業
0242　素材生産サービス業
0243　山林種苗生産サービス業
0249　その他の林業サービス業
029　その他の林業
0299　その他の林業
大分類B　漁業
中分類　03　漁業（水産養殖業を除く）
030　管理、補助的経済活動を行う事業所（03漁業）
0300　主として管理事務を行う本社等
0309　その他の管理、補助的経済活動を行う事業所
031　海面漁業
0311　底びき網漁業
0312　まき網漁業
0313　刺網漁業
0314　釣・はえ縄漁業
0315　定置網漁業

0316　地びき網・船びき網漁業
0317　採貝・採藻漁業
0318　捕鯨業
0319　その他の海面漁業
032　内水面漁業
0321　内水面漁業
中分類　04　水産養殖業
040　管理、補助的経済活動を行う事業所（04水産養殖業）
0400　主として管理事務を行う本社等
0409　その他の管理、補助的経済活動を行う事業所
041　海面養殖業
0411　魚類養殖業
0412　貝類養殖業
0413　藻類養殖業
0414　真珠養殖業
0415　種苗養殖業
0419　その他の海面養殖業
042　内水面養殖業
0421　内水面養殖業

2　統計調査の区分

属 人 調 査 ぞくじんちょうさ	調査の結果取りまとめた数値を、農林漁家等の調査客体が所在する地域（都道府県、市町村、漁業地区等の地域）別に計上した統計をいう。
属 地 調 査 ぞくちちょうさ	調査の結果取りまとめた数値を、耕地又は山林が所在する地域及び農林水産物が収穫、水揚げ等された地域（都道府県、市町村、漁業地区等の地域）に計上した統計をいう。
全 数 調 査 ぜんすうちょうさ	全部調査ともいい、国勢調査や農林業センサスのように文字どおり調査対象のすべてを調査する方法である。調査対象のリストが完全であり、各調査対象から真に正確な値を聞き取ることができれば完全な調査である。しかし、調査の規模が大きいため、調査労力や費用がかさみ、集計期間が長く、公表まで長時間を要するなどの短所がある。
標 本 調 査 ひょうほんちょうさ	抽出調査ともいい、調査対象の一部を抽出し、取り出された標本を調査してその結果から全体についての情報を推定する方法である。この方法は、一部の標本についてのみ調査することから全体とは完全に一致することはありえないため代表性が問題となり、仕様に耐えうる精度を確保する必要がある。 　しかし、①少ない費用で行える、②結果をより正確に出すことができる、③速やかに公表しうるなどの特徴をもっている。
実 測 調 査 じっそくちょうさ	調査員が自ら調査対象を測定し、あるいは数えて記入する方法である。この方法は、調査の定義の統一や正確さが完全に得られるが、一般に多大の調査能力を要するという特徴があるため、標本調査によることが多い。 　この調査方法の代表的なものは、作物統計調査である。
面 接 調 査 めんせつちょうさ	対人調査の一つであり、他計申告調査ともいう。調査員が被調査者と対面し、定められた調査票に従って質問し、その回答を調査員が記入する方法である。

この方法は、調査項目の定義の統一が確保され、調査票の回収率が極めて高いなどの長所がある。しかし、調査員が被調査者に対面するための費用がかかること、調査員の良否が結果に影響を与えることなどの特徴がある。

自計申告調査
じけいしんこくちょうさ

被調査者が自ら回答を調査票に記入する方法である。
この方法は費用が少なくてすむが、面接調査と異なり定義などの統一が難しいこと、調査内容が難しいものは正確さが期待できないという制約がある。
なお、この方法は郵送調査と併用することが多い。

郵　送　調　査
ゆうそうちょうさ

被調査者に対し調査票を郵送し、郵送によって回答を求めるものである。
この方法は、自計申告調査と同様に定義の統一や正確さが期待できないほか、無回答が非常に多く結果が偏る場合がある。
しかし、いたって手軽であるため、少ない費用で結果が早く判明する長所がある。

電　話　調　査
でんわちょうさ

被調査者に対し、所定の調査事項について電話を利用して回答を求めるものである。
この方法は、調査の実施が簡単にでき、費用があまりかからないという長所をもつが、質問の項目数を制限しなければならないという点がある。

記　帳　調　査
きちょうちょうさ

自計申告調査の一種であり、被調査者に対して所定の調査簿などを渡して、ある期間継続して調査事項（例えば、労働時間や家計収支など）の記入を依頼する方法である。
この方法は自計申告調査の特徴でもある記入漏れが少なくないため、結果的には面接調査と同様の手段を要する場合が多い。

表　式　調　査
ひょうしきちょうさ

特定の調査員に依頼し、調査員の受持ち範囲（原則的には市町村の単位）についての知識又は推算の結果等を所定の調査票に一括記入の上報告させる方法である。
簡単な方法であり費用も少なくてすむ特徴をもつが、調査方法が不統一のため、時と場所の相互関連性が乏しいという特徴をもつ。

巡 回 調 査
じゅんかいちょうさ

調査客体が存在する地域を計画的に巡回し、客体の分布、変化の状況等について観察する方法である。

熟練した調査員が濃密な巡回調査を行う場合には、かなりの成果を得られるものの、一般的には、統計調査を補完する手段として実施されている。

代表的なものとして作物統計調査がある。

情 報 収 集
じょうほうしゅうしゅう

必要とする調査事項について、調査員が直接に関係行政機関、関係団体等から一括して資料収集、又は聞き取りを行う方法をいう。

この方法は、統計調査を補完する手段として他の調査方法と併用する場合が多い。

補 完 調 査
ほかんちょうさ

統計調査の調査事項のうち、特定事項の内容を更に詳細に把握するための調査及び統計調査を完全にするため不足する事項について別途行う調査をいう。

事 後 調 査
じごちょうさ

統計調査を実施した後、調査結果の正確性の検証及び調査客体の質的な変化並びにその要因を把握するための調査をいう。大規模なセンサスや複雑な統計調査では、いかに完璧を期しても調査漏れその他の調査誤差を生ずることがあるためである。

試 行 調 査
しこうちょうさ

試作した調査票及び調査方法に基づいて、一部の調査客体について実査を行い、統計調査を実施するうえで問題となる事項を検討するための調査をいい、プリテストともいう。また、フルドレス・プリテストは、調査の準備から集計とりまとめまでの課程について、統計調査を小規模に実行し、統計調査にかかる労力や実際の際に生ずる問題点を把握するために行う本格的試行調査である。

研 究 調 査
けんきゅうちょうさ

主として、現行調査の改善方法を見付け出すための調査対象、調査項目、調査方法等に関連した特定テーマを設定し、それらを研究するための調査をいう。

事 例 調 査
じれいちょうさ

少数の調査客体に対して、主として数量的側面をとらえるための調査をいうが、その結果は概ね事例的であり、代表性を論ずることはできない。

全国又はブロック別統計を作成するための統計調査結果をそれ以下の地域に利用する場合に、事例的な調査結果と

して取り扱うこともある。

実 態 調 査
じったいちょうさ

　一般的に、ある集団の側面を種々の角度から質的に深く
究明するための調査をいい、研究調査は含めない。

IX　市町村別統計
（農林業センサス、漁業センサス以外）

1　作物統計関係

市町村別統計対象項目
しちょうそんべつとうけいたいしょうこうもく

作物統計

　作物統計調査及び特定作物統計調査結果について、これを取りまとめるうえで把握した地域ごとの現地見積り結果、関係機関からの情報等を基に、都道府県合計値の内訳として市町村別にとりまとめたもので、いわば加工統計である。

　野菜指定産地については、野菜指定産地（野菜生産出荷安定法第四条の指定に基づき農林水産大臣が指定し告示した産地）に包括されている市町村を対象としている。

　てんさい、ばれいしょについては北海道を対象としている。

　①耕地面積（田畑別）
　②田本地面積
　③水稲作付面積、10a当たり収量、収穫量
　④麦類作付面積、10a当たり収量（田、畑）、収穫量
　⑤そば作付面積、10a当たり収量（田、畑）、収穫量
　⑥大豆作付面積、10a当たり収量（田、畑）、収穫量
　⑦なたね作付面積、10a当たり収量（田、畑）、収穫量
　⑧てんさい作付面積、10a当たり収量（田、畑）、収穫量
　⑨ばれいしょ（北海道）作付面積、収穫量、出荷量
　⑩指定野菜作付面積、収穫量、出荷量

10a当たり収量
10あーるあたりしゅうりょう

　作物統計調査、特定作物統計調査において都道府県別の10a当たり収量、収穫量が確定していることから、作物統計調査において実測した標本櫃、基準櫃、減収標本筆、観察拠点見積りデータに加え、関係機関（農協等）とのデータから算出している。

2 市町村別農業産出額

市町村別農業産出額
（推計）
しちょうそんべつの
うぎょうさんしゅつ
がく（すいけい）

市町村別農業産出額

　生産農業所得統計（都道府県別推計）において推計した都道府県別農業産出額を農林業センサス及び作物統計を用いて按分し、市町村別に農業産出額（推計）を作成したものである。

(1) 具体的な推計方法は次の式による。

市町村別農業産出額（推計）＝都道府県別農業産出額×市町村別作付面積（飼養（出荷）頭羽数）等÷都道府県別作付面積（飼養（出荷）頭羽数）等

　①耕種部門

　　作物統計で市町村別収穫量がある品目（水稲、麦、大豆、そば、なたね、ばれいしょ（北海道のみ）、てんさい）は当該収穫量を用いて按分し、それ以外の品目は農林業センサスの販売目的の作付延べ面積を用いて按分している。作物統計及び農林業センサスにおいて調査していない品目については、都道府県別農業産出額を合算し、農林業センサスの各部門で調査しているその他品目（その他の雑穀、その他の豆類、その他の工芸農作物、その他の野菜、その他の果樹）の販売目的の作付延べ面積を用いて按分している。

　②畜産部門

　　農林業センサスで調査している畜種別の飼養（出荷）頭羽数を用いて按分している。軽種馬等のその他畜産については、農林業センサスでは飼養（出荷）頭羽数を調査していないため、農林業センサスにおけるその他の畜産の販売金額を用いて按分している。

　③加工農産物

　　荒茶、畳表については、農林業センサスの販売目的の作付面積（荒茶にあっては茶栽培面積、畳表にあってはその他工芸農作物の作付面積）を用いて按分している。

　④按分に用いる統計数値がない品目

　　子豚、その他の鶏（ひな、種卵等）は市町村別農業産出額（推計）を作成していない。

(2) 従来の市町村別農業産出額との相違点

　①自家消費分の実態は反映されていない

　　従来は自家消費分を含むすべての収穫量を推計対象と
してたが、作物統計で市町村別収穫量がない品目につい
ては農林業センサスにおける農業経営体が販売目的で作
付けした面積を按分比としていることから、都道府県別
農業産出額については自家消費分を含むが、市町村別に
は自家消費分の実態が反映されていない。

②属地統計と属人統計の混在

　　従来においては属地統計である作物統計調査を用いて
推計していたが、農林業センサスを用いて算出される品
目については、農業経営体が所在する市町村に作付面積
が計上されるため、作物統計調査を用いた品目は属地、
農林業センサスを用いた品目は属人で按分される。

③地域特産品の価格差

　　従来は農業物価統計や卸売市場統計の情報等による市
町村別平均単価で推計していたが、市町村別農業産出額
（推計）は都道府県平均単価を用いている。このため、
特定の市町村で高価格の地域特産品を生産していても市
町村別農業産出額（推計）には反映されていない。

④単位当たり収穫量（単収）の地域差

　　③と同様に地域の単収の差は反映されない。

付　　　録

付　　録

1　農林統計協会から刊行されている資料一覧
【農林水産業一般】
　農林水産省統計表
　ポケット農林水産統計
　ポケット肥料要覧
　食料需給表
　総合農協統計表
【農業】
　　①　農業経営体
　農林業センサス報告書（5年ごと）
　（最新版2015年農林業センサス）
　　都道府県別統計書（第1巻）
　　農林業経営体調査報告書（総括編）（第2巻）
　　農林業経営体調査報告書（農林業経営体分類編）（第3巻）
　　農林業経営体調査報告書（農業経営部門別編）（第4巻）
　　農林業経営体調査報告書（抽出集計編）（第5巻）
　　農林業経営体調査報告書（構造動態編）（第6巻）
　　農山村地域調査報告書（第7巻）
　　農業構造動態調査報告書（併設：新規就農者調査結果）
　　②　農作物
　　作物統計
　　耕地及び作付面積統計
　　野菜生産出荷統計
　　果樹生産出荷統計
　　花き生産出荷統計
　　③　畜産
　　畜産統計
　　牛乳乳製品統計
　　④　農業経営・生産費
　　経営形態別経営統計（個別経営）
　　米及び麦類の生産費
　　工芸農作物等の生産費
　　畜産物生産費
　　農業物価統計
　　⑤　農畜産物流通
　　青果物卸売市場報告

　　　食品ロス統計調査
　　　畜産物流通統計
【林業】
　　農林業センサス報告書（5年ごと）
　　（最新版2015年農林業センサス）
　　　木材需給報告書
【水産業】
　　漁業センサス報告書（5年ごと）
　　（最新版2013年漁業センサス）
　　　総括編
　　　海面漁業に関する統計（全国大海区編）（第1巻）
　　　海面漁業に関する統計（都道府県編）（第2巻）
　　　海面漁業に関する統計（市区町村編）（第3巻）
　　　海面漁業に関する統計（漁業地区編）（第4巻）
　　　海面漁業の構造変化に関する統計（第5巻）
　　　海面漁業の団体経営に関する統計（第6巻）
　　　内水面漁業に関する統計（第7巻）
　　　流通加工に関する統計（全国、都道府県、市区町村編）（第8巻）
　　　流通加工に関する統計（漁業地区編）（第9巻）
　　漁業養殖業生産統計年報
　　漁業就業動向調査報告書
　　漁業経営調査報告
【白書】
　　食料・農業・農村白書
　　食料・農業・農村白書　参考統計表
　　森林・林業白書
　　水産白書
【磁気媒体】（最新版2015年農林業センサス）
　　2015年農業集落カードDVD-R版
　　2015年農林業経営体調査一覧表　CD-R版
　　2015年農業集落地図データ　CD-R版

2　各都道府県の農林水産統計の問い合わせ先
地方農政局等における統計情報の担当部署、URL

地方農政局等・県域拠点等	担当部署	URL
北海道農政事務所	統計部統計企画課	www.maff.go.jp/hokkaido/toukei
函館地域拠点	統計チーム	
旭川地域拠点	統計チーム	
釧路地域拠点	統計チーム	
帯広地域拠点	統計チーム	
北見地域拠点	統計チーム	
東北農政局	統計部統計企画課	www.maff.go.jp/tohoku/stinfo/tou-kei
青森県拠点	統計チーム	
岩手県拠点	統計チーム	
秋田県拠点	統計チーム	
山形県拠点	統計チーム	
福島県拠点	統計チーム	
関東農政局	統計部統計企画課	www.maff.go.jp/kanto/to_jyo
茨城県拠点	統計チーム	
栃木県拠点	統計チーム	
群馬県拠点	統計チーム	
千葉県拠点	統計チーム	
東京都拠点	統計チーム	
神奈川県拠点	統計チーム	
山梨県拠点	統計チーム	
長野県拠点	統計チーム	
静岡県拠点	統計チーム	
北陸農政局	統計部統計企画課	www.maff.go.jp/hokuriku/stat
新潟県拠点	統計チーム	
富山県拠点	統計チーム	
福井県拠点	統計チーム	
東海農政局	統計部統計企画課	www.maff.go.jp/tokai/tokei
岐阜県拠点	統計チーム	
三重県拠点	統計チーム	

近畿農政局	統計部統計企画課	www.maff.go.jp/kinki/toukei
滋賀県拠点	統計チーム	
大阪府拠点	統計チーム	
兵庫県拠点	統計チーム	
奈良県拠点	統計チーム	
和歌山県拠点	統計チーム	
中国四国農政局	統計部統計企画課	www.maff.go.jp/chushi/info/toukei
鳥取県拠点	統計チーム	
島根県拠点	統計チーム	
広島県拠点	統計チーム	
山口県拠点	統計チーム	
徳島県拠点	統計チーム	
香川県拠点	統計チーム	
愛媛県拠点	統計チーム	
高知県拠点	統計チーム	
九州農政局	統計部統計企画課	www.maff.go.jp/kyusyu/toukei
福岡県拠点	統計チーム	
佐賀県拠点	統計チーム	
長崎県拠点	統計チーム	
大分県拠点	統計チーム	
宮崎県拠点	統計チーム	
鹿児島県拠点	統計チーム	
沖縄総合事務局農林水産部	統計調査課	www.ogb.go.jp/nousui/toukei

3　農林水産統計所在案内

	知りたい統計	統計調査、業務統計、加工統計
	DID（人口集中地区）	農林業センサス（農山村地域調査）
	FSSC22000	食品製造業におけるHACCP導入状況実態調査
	ISO22000	食品製造業におけるHACCP導入状況実態調査
	LVL工場	木材流通統計調査
	3湖沼生産量	内水面漁業生産統計調査
	3湖沼養殖業収穫量	内水面漁業生産統計調査
	10アール当たり収量	作物統計（作況）
	10アール当たり平年収量	作物統計（作況）
	10アール当たり平均収量	作物統計（作況）
	10アール当たり平均収量対比	作物統計（作況）
	10アール当たり基準収量	作物統計（被害）
あ	秋まき麦	作物統計（作況）
い	営んだ漁業種類別（漁業経営体）	漁業センサス
	育成単層林	国有林野事業統計、森林・林業統計要覧
	育成複層林	国有林野事業統計、森林・林業統計要覧
	飲用牛乳等の容器包装	牛乳乳製品統計調査
	共済	農業災害補償制度畑作物共済統計表
う	魚市場数	漁業センサス
	請負わせた山林	農林業センサス
	請負った山林	農林業センサス
	牛枝肉の取引価格	畜産物流通調査（食肉卸売市場調査）
え	営農類型　　農業経営収支	農業経営統計調査

	知りたい統計	統計調査、業務統計、加工統計
	農業経営費	
	農業粗収益	
	部門別農業経営	
	労働力・労働投下量・経営土地	
	営農類型別経営統計（個別経営）	農業経営統計調査
	営農類型別経営統計（組織経営）	農業経営統計調査
	営農類型別経営統計（組織法人経営の水田作経営のうち集落営農）	農業経営統計調査
	営農類型別経営統計（任意組織経営の水田作経営のうち集落営農）	農業経営統計調査
	営業外利益	漁業経営統計調査
	営業期間（6次産業）	6次産業化総合調査
	営業日数（6次産業）	6次産業化総合調査
	営農指導員	農業協同組合及び同連合会一斉調査
	枝肉重量	畜産物流通調査
お	主な出荷先（漁業経営体）	漁業センサス
か	海外進出企業	食品産業活動実態調査
	外国人雇用（漁業）	漁業センサス
	外食産業における食品ロス	食品ロス統計調査（外食調査）
	海面漁業・養殖業	
	海面漁業・養殖業経営体	漁業センサス
	海面漁業漁獲量（魚種別・漁業種類別）	海面漁業生産統計調査
	海面養殖業収穫量	海面漁業生産統計調査

知りたい統計	統計調査、業務統計、加工統計
特殊魚種別漁獲量	海面漁業生産統計調査
漁労体数	海面漁業生産統計調査
３湖沼生産量・養殖業収穫量	海面漁業生産統計調査
漁業生産額（海面漁業、海面養殖業）	漁業産出額
水産業協同組合	水産業協同組合年次報告
海上作業従事者	漁業センサス
海上作業	漁業センサス、漁業就業動向調査
開発農用地	農地の権利移動
解体材・廃材	木材統計調査・素材
花き	
収穫経営体数	農林業センサス
収穫面積・出荷量	作物統計調査（作況）
花木生産状況	花木等生産状況調査
夏期全期不作面積	作物統計（面積）
家族経営体	農林業センサス
家族経営構成別分類	農林業センサス、漁業センサス
家族農業就業者	農業経営統計調査
家族農業労働１時間当たり農業所得	農業経営統計調査
果実の主要消費地別・産地別の卸売数量・卸売価格	青果物卸売市場調査
果樹	
栽培経営体数、栽培面積	農林業センサス
果樹作経営（営農類型）収支	農業経営統計調査
結果樹面積、収穫量、出荷量	作物統計（面積）、特産果樹生産動態等調査
果樹年産区分	作物統計（作況）
果樹の品種区分	作物統計（作況）

	知りたい統計	統計調査、業務統計、加工統計
	果樹の主要消費地別、産地別の卸売数量・卸売価格	青果物卸売市場調査
	需給状況	食料需給表
	共済	農業災害補償制度畑作物共済統計
	輸出入状況	貿易統計
	可処分所得	農業経営統計調査
	貸付耕地	
	経営体数	農林業センサス
	面積	農林業センサス
	貸付山林	農林業センサス（林業）
	活性化のための活動	農林業センサス（農山村地域調査）
	稼働日数	6次産業化総合調査
	借入耕地	
	経営体数	農林業センサス
	借入面積	農林業センサス
	借入山林	農林業センサス（林業）
	環境保全型農業に取り組んでいる経営体数	農林業センサス
	観光農園	6次産業化総合調査
	かんしょ	
	作付経営体数、作付面積	農林業センサス
	かんしょ経営（営農類型）収支	農業経営統計調査
	作付面積、収穫量	作物統計（面積、作況）
	需給状況	食料需給表
	共済	農業災害補償制度畑作物共済統計表
	官行造林地	国有林野事業統計
	完納奨励金	食品段階別価格形成調査（青果物経費）
	乾燥材	木材流通統計調査
き	基幹的農業従事者	農林業センサス

知りたい統計	統計調査、業務統計、加工統計
基準指数	作物統計（被害）
基幹的漁業従事者	漁業センサス、漁業経営統計調査
牛乳	
牛乳・乳製品・発酵乳生産量	牛乳乳製品統計調査
牛乳処理場数	牛乳乳製品統計調査
牛乳処理場	牛乳乳製品統計調査
牛乳等及び乳製品の規格基準	牛乳乳製品統計調査
牛乳生産費	農業経営統計調査（農産物生産費）
漁業協同組合	水産業協同組合統計表
事業種類	水産業協同組合統計表
漁獲物・収獲物の販売金額（漁業経営体）	漁業センサス
漁獲の主従別営んだ兼業種類（漁業経営体）	漁業センサス
漁業管理に係る調整範囲（漁業管理組織）	漁業センサス
漁業経営体	漁業センサス、漁業就業動向調査、漁業経営統計調査
個人経営体	漁業センサス
会社経営体	漁業センサス
共同経営体	漁業センサス
漁業種類別	漁業センサス
経営組織別	漁業センサス
経営体階層別	漁業センサス
販売金額規模別	漁業センサス
経営収支	漁業経営統計調査
漁業層	漁業センサス、漁業就業動向調査
漁業管理の内容（漁業管理組織）	漁業センサス

知りたい統計	統計調査、業務統計、加工統計
漁業権放棄	漁業センサス
有無別漁協数	漁業センサス
面積	
漁業従事世帯員	漁業センサス
漁業就業者	漁業センサス、漁業就業動向調査
漁業後継者	漁業センサス
漁業地区	漁業センサス
漁業集落	漁業センサス
漁業管理組織	漁業センサス
管理対象魚種別延べ組織数	漁業センサス
管理対象魚種数別	漁業センサス
管理対象漁業種類数別	漁業センサス
管理対象漁業種類別	漁業センサス
管理対象漁業種類別延べ参加漁業経営体数	漁業センサス
漁業種類別漁獲量	
1そうまきその他	海面漁業生産統計調査
2そうまき	海面漁業生産統計調査
沿海いか釣り	海面漁業生産統計調査
遠洋かつお一本釣り	海面漁業生産統計調査
遠洋かつお・まぐろ1そうまき	海面漁業生産統計調査
遠洋底引き網	海面漁業生産統計調査
遠洋まぐろはえ縄	海面漁業生産統計調査
大型定置網	海面漁業生産統計調査
沖合底引き網	海面漁業生産統計調査
近海いか釣り	海面漁業生産統計調査
近海かつお一本釣り	海面漁業生産統計調査
近海かつお・まぐろ1そうまき	海面漁業生産統計調査

	知りたい統計	統計調査、業務統計、加工統計
	近海まぐろはえ縄	海面漁業生産統計調査
	小型底引き網	海面漁業生産統計調査
	採貝・採藻	海面漁業生産統計調査
	さけ定置網	海面漁業生産統計調査
	さんま棒受網	海面漁業生産統計調査
	中・小型まき網	海面漁業生産統計調査
	船びき網	海面漁業生産統計調査
	内水面漁業	内水面漁業生産統計調査
	漁業種類・魚種別漁獲量	海面漁業生産統計調査、内水面漁業生産統計調査
	漁業生産関連事業	6次産業化総合調査
	漁業産出額	漁業産出額統計
	漁業売上純利益	漁業経営統計調査
	漁獲量	海面漁獲生産統計調査
	漁獲の管理	漁業センサス
	漁獲物・収穫物出荷先	漁業センサス
	漁場の管理	漁業センサス
	漁港数	
	漁港数	漁村の現状に関する統計
	漁港別品目別水揚量・価格	産地水産物流通調査
	漁船数	漁業センサス
	漁労体	海面漁獲生産統計調査
	去勢若齢育成牛生産費	農業経営統計調査（農産物生産費）
	共有林野	国有林野事業統計
	寄与度	農村物価統計
く	組合数の増減	農業協同組合等現在数統計
け	経営耕地	農林業センサス、農業構造動態調査、農業経営統計

知りたい統計	統計調査、業務統計、加工統計
経営耕地のある経営体数・経営耕地面積	農林業センサス
経営耕地面積規模別農業経営体数	農業経営統計調査
経営耕地10a当たり農業所得	農業経営統計調査
経営耕地10a当たり付加価値額	農業経営統計調査
けい畔	作物統計（面積）
けい畔率	作物統計（面積）
経営主	農林業センサス
経営形態別統計（個別経営）	農業経営統計調査
経営組織別（農業経営体）	農林業センサス
経営形態別（林業経営体）	農林業センサス（林業）
経営形態別（漁業経営体）	漁業センサス
経営者・役員の農業経営従事状況	農林業センサス（組織経営体）
経営タイプ別（農林業経営体）	農林業センサス
経営体階層別（漁業経営体）	漁業センサス
経営の後継者	農林業センサス
経営方針の決定参画者	集落営農実態調査
経理の共同化の状況	集落営農実態調査
経産牛	畜産統計調査
鶏卵	
採卵鶏飼養経営体数、羽数	農林業センサス、畜産統計調査
入荷量・卸売価格	畜産物の旬別卸売数量・価格動向
月別生産量	畜産物流通調査
取引価格	生鮮食料品流通情報調査（鶏卵）
結果樹面積	作物統計（作況）
兼業農家	農林業センサス（販売農家）

	知りたい統計	統計調査、業務統計、加工統計
	兼業経営体の漁業従事世帯員状況別（漁業経営体）	漁業センサス
こ	現況森林面積	農林業センサス（農山村地域調査）
	減価償却	農業経営統計調査
	減収面積	作物統計（被害）
	耕地面積（田、畑、樹園地）	作物統計調査（面積）
	耕地災害	作物統計（面積）
	耕地利用率	作物統計（面積）
	耕地以外で採草地・放牧地として利用した土地のある経営体数・面積	農林業センサス
	工芸農作物	
	作付経営体数、面積	農林業センサス
	作付面積	作物統計（面積）
	収穫量	作物統計（作況）
	生産費	農業経営統計調査
	需給状況	貿易統計
	子牛生産費	農業経営統計調査（農畜産物生産費）
	子取り用めす豚	畜産統計調査
	交雑種育成牛生産費	農業経営統計調査（農畜産物生産費）
	交雑種肥育牛生産費	農業経営統計調査（農畜産物生産費）
	耕作放棄地	農林業センサス
	耕作放棄面積	作物統計（面積）
	個別経営体	農業経営統計調査
	耕作放棄地のある農家数・耕作放棄面積	農林業センサス（農家）
	耕地の拡張・かい廃面積	作物統計調査（面積）
	構成員（組織経営体）	

知りたい統計	統計調査、業務統計、加工統計
構成員数	農林業センサス
構成員帰属分（経費）	農業経営統計調査（組織経営体）
工場残材	木材統計調査・素材
合単板	
合単板入荷量・消費量・在庫量	木材統計調査
合単板生産量・出荷量・在庫量	木材統計調査
合単板・プレカット・集成材・木材チップ出荷量	木材流通統計調査
合単板工場	木材統計調査・素材
合板	
合板	木材統計調査・素材
構造用合板	木材統計調査・素材
コンクリート型わく用合板	木材統計調査・素材
工場渡し価格	木材流通統計調査
工場着価格	木材流通統計調査
小売業者の青果物販売に係る販売収入、仕入金額、仲卸経費	食品流通段階別価格形成調査
国産材・外材別製材用素材入荷量	木材統計調査
国産標準品（野菜）の品目別価格	生鮮野菜価格動向調査
国内生産量	食料需給表
国内消費仕向量	食料需給表
国内生産額	産業連関表
国内畜産物	
業種別の仕入量	食品産業活動実態調査
業種別の仕入先別仕入事業所数	食品産業活動実態調査

	知りたい統計	統計調査、業務統計、加工統計
	業種別の仕入先業種数別事業所数	食品産業活動実態調査
	国有林面積	国有林野事業統計
	公有林面積	森林・林業統計要覧2017
	湖沼漁業	
	湖沼経営体	漁業センサス
	湖沼漁業の湖上作業	漁業センサス
	湖沼漁業の湖上作業従事者	漁業センサス
	固定資産	農業経営統計調査
	米生産費	農業経営統計調査（農畜産物生産費）
	混牧林地	農地の権利移動
	環境保全型農業（実施内容）	農林業センサス
さ	在庫	食料需給表
	最終需要	産業連関表
	財投・財政資金	農業経営統計調査
	在庫・動植物増減額	農業経営統計調査
	採草放牧地	農地の権利移動
	採卵鶏飼養経営体数・羽数	農林業センサス、畜産統計調査
	栽培面積	農林業センサス、作物統計（面積）
	最高分げつ期	作物統計（作況）
	災害種類別被害状況	作物統計（被害）
	災害別損害てん補状況（森林保険）	森林国営保険事業
	再生利用の実施量	食品循環資源の再生利用等実態調査
	再商品化業務量の算定に係る量・比率等	容器包装利用・製造等実態調査
	作物の作付面積	農林業センサス、作物統計（面積）
	水稲	農林業センサス、作物統計（面積）
	麦類	農林業センサス、作物統計（面積）
	かんしょ、ばれいしょ	農林業センサス、作物統計（面積）

	知りたい統計	統計調査、業務統計、加工統計
	雑穀、豆類工芸農作物	農林業センサス、作物統計（面積）
	野菜	農林業センサス、作物統計（面積）、地域特産野菜状況調査
	花き類	農林業センサス、作物統計（面積）
	飼料作物	農林業センサス、作物統計（面積）
	さとうきび	
	作付経営体数、作付面積	農林業センサス
	作付面積、収穫量	作物統計（面積、作況）
	さとうきび作経営（営農類型）収支	農業経営統計調査
	共済	農業災害補償制度畑作物共済統計表
	作況指数	作物統計（作況）
	作柄表示地帯	作物統計（作況）
	産地直売所（運営主体、常設施設、参加農家、従業員）	農産物地産地消等実態調査
	産地卸売経費	食品段階別価格形成調査（水産物経費）
	産地出荷経費	食品段階別価格形成調査（水産物経費）
	産業連関表	産業連関表
	参加漁業経営体数（漁業管理組織）	漁業センサス
し	自営農業	農林業センサス
	自営農業従事日数別農業従事者数（販売農家）	農林業センサス（販売農家）
	自営漁業	
	専兼業別漁業経営体数	漁業センサス
	世代構成別漁業経営体数	漁業センサス
	後継者の有無別漁業経営体数	漁業センサス
	自家養殖業従事者	漁業センサス
	自給的農家	農林業センサス

知りたい統計	統計調査、業務統計、加工統計
自給率	食料需給表
資産	農業経営統計調査
施設	
施設のある経営体数・面積	農林業センサス
ハウス・ガラス室がある経営体数・施設面積	農林業センサス
市町村別統計	農林業センサス、漁業センサス、作物統計、市町村別農業産出額
市町村別農業産出額	市町村別農業産出額
実行組合	農林業センサス（農山村地域調査）
実務精通者	農業協同組合及び同連合会一斉調査
指定産地	作物統計（作況）
指定野菜	作物統計（作況）
芝の生産状況	花木等生産状況調査
地場農産物	農産物地産地消等実態調査
主副業	
主業農家	農林業センサス（販売農家）
準主業農家	農林業センサス（販売農家）
自給的農家	農林業センサス（販売農家）
主副業別分類	農林業センサス
準単一複合経営経営体	農林業センサス
樹園地	農林業センサス、農業構造動態調査、作物統計（面積）
収穫量	
水稲	作物統計（作況）
麦類	作物統計（作況）
かんしょ、ばれいしょ	作物統計（作況）
雑穀、豆類工芸農作物	作物統計（作況）
野菜	作物統計（作況）、地域倒産野菜状況調査
飼料作物	作物統計（作況）

知りたい統計	統計調査、業務統計、加工統計
果樹	作物統計（作況）、特産果樹生産動態等調査
出荷量	
野菜	作物統計（作況）
果樹	作物統計（作況）
花き	作物統計（作況）
製材品	木材統計調査
合単板	木材統計調査
合単板・プレカット・集成材・木材チップ	木材流通統計調査
収獲量	
海面養殖業・魚種別	海面漁業養殖業調査
内水面養殖業・魚種別	内水面漁業養殖業調査
収量構成要素	作物統計（作況）
出生頭数	畜産統計調査
就業状態別家族員	農業経営統計調査、林業経営統計調査
準専従者	農業経営統計調査
出資者	
出資者数	農業経営統計調査（組織経営体）
出資区分別構成世帯	農業経営統計調査（組織経営体）
出資構成	農業経営統計調査（組織経営体）
純資産営業利益率	農業経営統計調査（組織経営体）
集落営農組織	
集落営農参加農家	集落営農実態調査
集積面積	集落営農実態調査
集落営活動内容	集落営農実態調査
主たる従事者	集落営農実態調査
私有林	森林・林業統計要覧
集成材工場	木材流通統計調査
樹種別山林面積	林業経営統計調査
出漁日数	海面漁獲生産統計調査

知りたい統計	統計調査、業務統計、加工統計
種苗販売量	海面漁獲生産統計調査（養殖業）
主とする漁業種類（漁業経営体）	漁業センサス
集出荷団体の販売収入、集出荷・販売経費等（品目別）	食品流通段階別価格形成調査
集出荷経費	食品段階別価格形成調査（青果物経費）
純食料	食料需給表
所有耕地面積	農林業センサス、農業構造動態調査
主要品目別月末在庫量（上位7市町村）	冷蔵水産物流通調査
常雇	農林業センサス、農業構造動態調査、農業経営統計調査
常時雇用者	農業経営統計調査（組織経営体）
常設施設	6次産業化総合調査
常住家族	林業経営統計調査
食肉処理業	野生鳥獣資源利用実態調査
食肉処理業者	野生鳥獣資源利用実態調査
食肉処理施設（設立年、設立者、処理能力、従事者数、販売、販売先）	野生鳥獣資源利用実態調査
食品使用量	食品ロス統計調査
食品ロス量	食品ロス統計調査
食品ロス率	食品ロス統計調査
食品産業企業設備投資	食品産業企業設備投資動向
食品製造業の経済計算	産業連関表、農業・食料関連産業の経済計算
食品循環廃棄物等の年間発生量、再生利用した用途別実施量	食品循環資源の再生利用等実態調査
食料需給	食料需給表
国内生産量	食料需給表
輸入量	食料需給表
輸出量	食料需給表

知りたい統計	統計調査、業務統計、加工統計
国内消費仕向け量	食料需給表
供給粗食料	食料需給表
供給純食料	食料需給表
穀類	食料需給表
いも類	食料需給表
でんぷん	食料需給表
豆類	食料需給表
野菜	食料需給表
果実	食料需給表
肉類	食料需給表
鶏卵	食料需給表
牛乳及び乳製品	食料需給表
魚介類	食料需給表
海藻類	食料需給表
砂糖類	食料需給表
油脂類	食料需給表
みそ	食料需給表
しょうゆ	食料需給表
食料自給率	食料需給表
消費量	
製材用素材	木材統計調査
普通合板の厚さ別	木材統計調査
所有耕地	農林業センサス
所有権耕作地	農地の権利移動
所有権以外耕作地	農地の権利移動
所有山林	農林業センサス
食鳥（ブロイラー）	
卸売価格	畜産物の旬別卸売数量・価格動向
処理羽数及び処理重量	畜産物流通調査
食肉卸売市場別月別取引成立頭数・価格	畜産物流通調査

知りたい統計	統計調査、業務統計、加工統計
省令規格（食肉の規格）	畜産物流通調査（食肉卸売市場調査）
上場水揚価額	水産物流通調査（産地水産物流通調査）
食用加工品	水産物流通調査（水産加工統計調査）
飼養戸数・頭数	
乳用牛	農林業センサス、畜産統計調査
2歳以上乳用牛	農林業センサス
2歳未満乳用牛	農林業センサス
肉用牛	農林業センサス、畜産統計調査
肉用種	農林業センサス
黒毛和種・褐毛和種	畜産統計調査
豚	農林業センサス、畜産統計調査
種おす豚	畜産統計調査
採卵鶏	農林業センサス、畜産統計調査
ブロイラー	農林業センサス、畜産統計調査
小豆	
作付経営体数、作付面積	農林業センサス
小豆作経営（営農類型）収支	農業経営統計調査
作付面積、収穫量、出荷量	作物統計（面積、作況）
飼養頭数	畜産統計調査
飼料	
飼料用作物を作った経営体数・作付面積	農林業センサス
飼料作物作付面積・収穫量	畜産統計調査
新規就農者	新規就農者調査
新規学卒就農者	新規就農者調査
新規自営農業就農者	新規就農者調査
新規雇用就農者	新規就農者調査

	知りたい統計	統計調査、業務統計、加工統計
	新規参入者	新規就農者調査
	新規着業経営体	漁業センサス
	新規就業者（漁業）	漁業センサス
	森林面積	農林業センサス（農山村地域調査）、国有林野事業統計
	森林以外の草成地面積	農林業センサス（農山村地域調査）
	森林計画による森林面積	農林業センサス（農山村地域調査）
	森林組合	森林組合一斉調査
	人工林面積	国有林野事業統計、森林・林業統計要覧2017
	純生産性	漁業経営調査
	漁船使用の有無別（漁業経営体）	漁業センサス
	出荷先（漁業）	漁業センサス
	森林以外の草生地	農林業センサス（農山村地域調査）
	針葉樹合板の厚さ別生産量・出荷量・在庫量	木材統計調査
す	水田率	作物統計（面積）
	水稲	
	作付経営体数	農林業センサス
	作付面積	農林業センサス、作物統計（面積）
	収穫量	作物統計（作況）
	被害種類別被害	作物統計（被害）
	被害面積・被害量	作物統計（被害）
	共済	作物統計（被害）
	生産費（米生産費）	農業経営統計調査（農畜産物生産費）
	需給状況	食料需給表
	共済	農業災害補償制度農作物共済統計表
	輸出入状況	貿易統計
	水稲玄米のふるい目幅別（重量分布、10a当たり収量、収穫量）	作物統計（作況）

知りたい統計	統計調査、業務統計、加工統計
推計家計費	農業経営統計調査
推定生産農業所得	生産農業所得統計
水産加工	
水産加工場	漁業センサス
水産加工場従業者	漁業センサス
水産加工品	水産物流通調査（水産加工統計調査）
水産物流通経費	食品段階別価格形成調査（水産物経費）
水産加工品の加工種類別品目別生産量	水産加工統計調査
水産加工業経営	水産加工業経営実態調査
水産業協同組合	
水産業協同組合（大臣認可）	水産業協同組合年次報告
水産業協同組合（都道府県知事認可）	水産業協同組合年次報告
水産物の加工	6次産業化総合調査
水産物直売所	6次産業化総合調査
（水産物）産地卸売業者の産地卸売数量、販売収入、経費等	食品流通段階別価格形成調査
（水産物）産地出荷業者の経費、仕入・販売状況	食品流通段階別価格形成調査
（水産物）仲卸業者の水産物販売に係る販売収入、仕入金額、仲卸経費	食品流通段階別価格形成調査
（水産物）小売業者の水産物販売に係る販売収入、仕入金額、仲卸経費	食品流通段階別価格形成調査
せ　製材	
製材工場	木材統計調査・素材
製材品の等級	木材統計調査・素材
製材品の規格	木材流通統計調査

知りたい統計	統計調査、業務統計、加工統計
製材用素材入荷量・消費量・在庫量	木材流通統計調査
製材品生産量・出荷量・在庫量	木材統計調査
生活関連施設までの所要時間	農林業センサス（農山村地域調査）
成牛	畜産物流通調査
成牛と畜頭数	畜産物の旬別卸売数量・価格動向
成畜	畜産統計調査
成鶏	畜産統計調査
生育及び作柄の良否	作物統計（作況）
生鮮冷凍水産物	水産物流通調査（水産加工統計調査）
生産者受取収入	食品段階別価格形成調査（青果物経費）
生産林業所得	生産林業所得統計
生活指導員	農業協同組合及び同連合会一斉調査
生産森林組合	森林組合一斉調査
青果物	
青果物卸売数量	青果物卸売市場調査
青果物卸売価額	青果物卸売市場調査
青果物卸売価格	青果物卸売市場調査
青果物の規格	生鮮食料品流通情報調査
生産原価	農業経営統計調査（組織経営体）
生産費	
米	農業経営統計調査（農畜産物生産費）
麦（小麦、二条、六条大麦、はだか麦）	農業経営統計調査（農畜産物生産費）
さとうきび・てんさい・なたね	農業経営統計調査（農畜産物生産費）
そば	農業経営統計調査（農畜産物生産費）
大豆	農業経営統計調査（農畜産物生産費）
原料用かんしょ	農業経営統計調査（農畜産物生産費）
原料用ばれいしょ	農業経営統計調査（農畜産物生産費）
牛乳	農業経営統計調査（農畜産物生産費）

知りたい統計	統計調査、業務統計、加工統計
乳用雄育成牛	農業経営統計調査（農畜産物生産費）
乳用雄肥育牛	農業経営統計調査（農畜産物生産費）
去勢若齢肥育牛	農業経営統計調査（農畜産物生産費）
交雑種育成牛	農業経営統計調査（農畜産物生産費）
交雑種肥育牛	農業経営統計調査（農畜産物生産費）
子牛	農業経営統計調査（農畜産物生産費）
肥育豚	農業経営統計調査（農畜産物生産費）
生産量	
生乳	牛乳乳製品統計調査
牛乳・乳製品・発酵乳	牛乳乳製品統計調査
素材	農林業センサス（林業）
製材	木材統計調査
合単板材	木材統計調査
特用林産物	特用林産物統計調査
3湖沼生産量	内水面漁業生産統計調査
枝肉	畜産物流通調査
鶏卵	畜産物流通調査
水産加工品	水産加工統計調査
土壌改良材	土壌改良資材の生産量及び輸入量調査
国内生産量	食料需給表
生産農業所得	生産農業所得統計
生鮮野菜価格（国産有機栽培品、国産特別栽培品、輸入品、国産標準品、並列販売）	生鮮野菜価格動向
世帯員	農林業センサス、農業構造動態調査、農業経営統計、漁業センサス、漁業就業動向調査
世帯主	農林業センサス
専兼業別農家数	農林業センサス
専従換算農業従事者	農業経営統計調査（組織経営体）
専門農協	農業協同組合等現在数統計
全国森林計画	農林業センサス（農山村地域調査）

	知りたい統計	統計調査、業務統計、加工統計
そ	総土地面積	農林業センサス（農山村地域調査）
	総所得	農業経営統計調査
	総合農協	農業協同組合等現在数統計
	総戸数	農林業センサス（農山村地域調査）
	総農家数	農林業センサス
	造林（新植面積）	国有林野事業統計
	操業水域区分	海面漁獲生産統計調査
	組織経営体	農林業センサス、農業構造動態調査、農業経営統計調査
	組織形態別（農業経営体）	農林業センサス
	素材	
	素材生産経営体数・生産量（林業経営体）	農林業センサス（林業）
	素材消費量	木材統計調査・素材
	素材在庫量	木材統計調査・素材
	素材入荷量	木材流通統計調査
	素材の入荷先別入荷量	木材流通統計調査
	素材価格（丸太価格）	木材価格統計調査
	粗食料	食料需給表
	租税公課諸負担	農業経営統計調査
	そば	
	作付経営体数	農林業センサス
	作付面積	農林業センサス、作物統計（面積）
	収穫量	作物統計（作況）
	共済	農業災害補償制度畑作物共済統計表
	輸出入状況	貿易統計
た	大豆	
	作付経営体数	農林業センサス
	作付面積	農林業センサス、作物統計（面積）
	収穫量	作物統計（作況）

	知りたい統計	統計調査、業務統計、加工統計
	大豆作（営農類型）収支	農業経営統計調査
	共済	農業災害補償制度畑作物共済統計表
	輸出入状況	貿易統計
	他出農業後継者	農林業センサス
	他出家族	農業経営統計調査
	畳表生産量	特定作物統計調査
	種おす豚	畜産統計調査
	種卵	畜産物流通調査
	単一経営経営体	農林業センサス
	単一操業経営体（漁業経営体）	漁業センサス
	単板	木材統計調査・素材
	団体経営体	漁業センサス
	団体経営体の従事者	漁業センサス
ち	地域資源の保全	農林業センサス（農山村地域調査）
	地域特産野菜	特産野菜生産状況調査
	竹林	国有林野事業統計、森林・林業統計要覧
	治山	国有林野事業統計
	地方卸売市場数	農林水産省食品製造卸売課
	茶	
	栽培経営体数	農林業センサス
	栽培面積	農林業センサス、作物統計（面積）
	茶期区分別（一番茶、二番茶、三番茶、四番茶、秋冬番茶）荒茶生産量	作物統計（作況）
	茶種別荒茶生産量（かぶせ茶、てん茶、普通せん茶、番茶）	作物統計（作況）
	共済	農業災害補償制度畑作物共済統計表
	着港渡価格	貿易統計
	中間生産物	生産農業所得統計

	知りたい統計	統計調査、業務統計、加工統計
	中間投入	産業連関表、農業・食料関連産業の経済計算
	中央卸売市場数	農林水産省食品製造卸売課
	中山間地域等直接支払制度の実施状況	中山間地域等直接支払制度の実施状況
つ	月平均農業経営関与者	農業経営統計調査
	月別品目別水揚量・価格	産地水産物流通調査
	月別入出庫量・月末在庫量	冷蔵水産物流通調査
て	田	
	田のある経営体数	農林業センサス、農業構造動態調査
	田面積	農林業センサス、農業構造動態調査、作物統計（面積）
	特殊田	作物統計（面積）
	田畑転換	作物統計（面積）
	天然林	国有林野事業統計、森林・林業統計要覧
	てんさい	
	作付経営体数	農林業センサス
	作付面積	農林業センサス、作物統計（面積）
	収穫量	作物統計（作況）
	てんさい作経営（営農類型）収支	農業経営統計調査
と	投下労働時間	農業経営統計調査（組織経営体）
	投入計数	産業連関表
	動植物の成長	産業連関表、農業・食料関連産業の経済計算
	動力漁船保有隻数（漁業経営体）	漁業センサス
	土地持ち非農家の所有耕地・貸付耕地面積	農林業センサス（農家等）

	知りたい統計	統計調査、業務統計、加工統計
	特定作物（小豆、いんげん、らっかせい、こんにゃくいも、い）作付面積、収穫量	特定作物統計調査
	特産果樹	特産果樹統計調査
	特定農業法人	集落営農実態調査
	特定農業団体	集落営農実態調査
	特殊合板	木材統計調査・素材
	特用林産物	
	生産量	特用林産物統計調査
	輸入状況	特用林産物統計調査
	輸出状況	特用林産物統計調査
	品目別	特用林産物統計調査
	特殊魚種	
	漁獲量生産量、生産者数、集荷販売実績	海面漁業生産統計調査
	特別栽培品	生鮮野菜価格動向調査
	と畜	
	月別と畜頭数	畜産物流通調査
	月別枝肉生産量	畜産物流通調査
	取引成立頭数	畜産物流通調査（食肉卸売市場調査）
な	内水面漁業・養殖業	
	内水面漁業経営体数	漁業センサス
	内水面漁業漁獲量	内水面漁業収穫統計調査
	内水面漁業収獲量	内水面漁業収穫統計調査
	内水面地区漁業協同組合	水産業協同組合統計表
	漁業産出額（内水面漁業・養殖業）	漁業産出額
	仲卸経費・小売経費	食品流通段階別価格形成調査（青果物経費）
	仲卸業者の青果物販売に係る販売収入、仕入金額	食品流通段階別価格形成調査

	知りたい統計	統計調査、業務統計、加工統計
に	肉用牛	
	肉用種飼養経営体数・頭数	農林業センサス、畜産統計調査
	肉用として飼っている乳用種飼養経営体数・頭数	農林業センサス
	肉用牛部門	農林業センサス
	肉用牛経営（営農類型）収支	農業経営統計調査
	生産費（子牛、乳用雄育成牛、交雑種育成牛、去勢若齢育成牛、乳用雄肥育牛、交雑種肥育牛）	農業経営統計調査（畜産物生産費調査）
	肉用種の肥育用牛	畜産統計調査
	肉用種の子取り用めす牛	畜産統計調査
	肉用種の育成牛	畜産統計調査
	肉用牛飼養者の経営タイプ	畜産統計調査
	共済	農業災害補償制度家畜共済統計表
	乳用牛	
	乳用牛（2歳以上）飼養経営体数・頭数	農林業センサス
	乳用牛（2歳未満）飼養経営体数・頭数	農林業センサス
	酪農部門	農林業センサス
	酪農部門（営農類型）収支	農業経営統計調査
	生産費（牛乳）	農業経営統計調査（畜産物生産費調査）
	乳用牛飼養戸数・頭数	畜産統計調査
	乳用向けめす	畜産統計調査
	乳用種のめす牛	畜産統計調査
	共済	農業災害補償制度家畜共済統計表
	乳製品工場	牛乳乳製品統計調査
	乳製品	牛乳乳製品統計調査

	知りたい統計	統計調査、業務統計、加工統計
	二毛田	農林業センサス
	荷主交付金・出荷奨励金	食品流通段階別価格形成調査（青果物経費）
	認定農業者	農業経営改善計画の営農類型別認定状況
ね	熱回収の実施量	食品循環資源の再生利用等実態調査
	年産区分	作物統計
	年間平均世帯員	農業経営統計調査
	年金・被贈等の収入	農業経営統計調査
	年齢別世帯員数（販売農家）	農林業センサス
	年齢別農業就業人口（販売農家）	農林業センサス
	年齢別基幹的農業従事者数（販売農家）	農林業センサス
	年度別新規契約状況（森林保険）	森林国営保険事業
の	農林業経営体	農林業センサス
	農業経営体	農林業センサス
	農業事業体	農林業センサス
	農家以外の農業事業体	農林業センサス
	農業サービス事業体	農林業センサス
	農作業受託のみを行う経営体	農林業センサス
	農家数	農林業センサス
	農業生産法人である経営体	農林業センサス
	農業経営者	農林業センサス
	農業共済	
	農業共済基準収穫量	作物統計（被害）
	農業共済基準減収量	作物統計（被害）
	農業共済減収量	作物統計（被害）
	農業共済引受収量	作物統計（被害）
	農業後継者	農林業センサス

	知りたい統計	統計調査、業務統計、加工統計
	農業経営組織別分類	農林業センサス
	農業生産関連事業	農林業センサス、農業経営統計
	農業以外の自営業	農林業センサス
	農業従事者	農林業センサス
	農業専従者	農林業センサス
	農業就業人口	農林業センサス
	農業災害補償	農業災害補償制度農作物共済統計
	農作物共済	
	畑作物共済	
	果樹共済	
	園芸施設共済	
	家畜共済	
	農作業の請負い・請負わせ	農林業センサス
	農業集落数	農林業センサス（農山村地域調査）
	農業集落機能	農林業センサス（農山村地域調査）
	農業用機械	農林業センサス、農業経営統計
	農産物の販売金額	農林業センサス、農業構造動態調査、農業経営統計
	農産物の出荷先	農林業センサス、農業構造動態調査
	農業以外の業種から資本金・出資金の提供	農林業センサス
	農業労働力保有状態別経営体数	農林業センサス
	農業後継者の有無別経営体数	農林業センサス
	農業従事者等の平均年齢	農林業センサス
	農業用機械所有経営体数・所有台数	農林業センサス
	農業経営体の財産の分類	農業経営統計調査
	農業経営関与者	農業経営統計調査
	農業労働時間	農業経営統計調査
	農業生産関連事業労働時間	農業経営統計調査
	農業経営収支	農業経営統計調査

付　33

知りたい統計	統計調査、業務統計、加工統計
農業以外の経営収支	農業経営統計調査
農業所得	農業経営統計調査
農業粗収益	農業経営統計調査
農業経営費	農業経営統計調査
農業生産関連事業所得	農業経営統計調査
農業生産関連事業収入	農業経営統計調査
農業生産県連事業支出	農業経営統計調査
農業雑収入	農業経営統計調査
農業産出額	生産農業所得統計
農業産出額特化係数	生産農業所得統計
農業生産額	農業・食料関連産業の経済計算
農業総産出額	生産農業所得統計
農業総生産	産業連関表、農業・食料関連産業の経済計算
農業純生産	産業連関表、農業・食料関連産業の経済計算
農業総資本形成	産業連関表、農業・食料関連産業の経済計算
農業資材価格	農業物価統計調査
農業生産資材価格指数	農業物価統計調査
農業交易条件指数	農業物価統計調査
農業物価品目別価格指数	農業物価統計調査
農業協同組合数、組合員数	農業協同組合及び同連合会一斉調査
農業協同組合数	農業協同組合等現在数統計
農業協同組合連合会	農業協同組合等現在数統計
農業経営基盤強化促進法による権利移動	農地の権利移動・借賃等調査
農事組合法人	農業協同組合等現在数統計
農家率	農林業センサス（農山村地域調査）
農家民宿	6次産業化総合調査
農家レストラン	6次産業化総合調査
農外事業	農業経営統計調査
農外所得	農業経営統計調査
農外収入	農業経営統計調査

知りたい統計	統計調査、業務統計、加工統計
農外支出	農業経営統計調査
農作業受託料金	農林業センサス
農作物作付（栽培）延べ面積	作物統計（面積）
農作物被害	作物統計（被害）
農作物被害量	作物統計（被害）
農産加工品	農産物地産地消等実態調査
農産物の在庫純増	産業連関表、農業・食料関連産業の経済計算
農産物生産者価格	農業物価統計
農産物販売金額規模別経営体数	農林業センサス
農産物販売金額1位の部門別経営体数	農林業センサス
農産物出荷先別経営体数	農林業センサス
農産物作付経営体数、作付面積	農林業センサス
農産物類別価格指数	農業物価統計調査
農産物の販売価格	農業物価統計調査
農産物加工	6次産業化総合調査
農産物直売所	6次産業化総合調査
農産加工場	農産物地産地消等実態調査
農事組合法人数	農業協同組合等現在数統計
農地所有適格法人	集落営農実態調査
農地移動	農地の権利移動・借賃等調査
農地等の転用	農地の権利移動・借賃等調査
農地中間管理事業法による権利移動	農地の権利移動・借賃等調査
農地法による権利移動	農地の権利移動
農道	農道整備状況調査
農用地	農地の権利移動
農林漁業等体験活動	6次産業化総合調査
農林水産物の輸出入	貿易統計

	知りたい統計	統計調査、業務統計、加工統計
	農林水産業の産出額（生産額）・所得	農業・食料関連産業の経済計算
は	販売農家	農林業センサス
	畑	農林業センサス、農業構造動態調査、作物統計（面積）
	ハウス・ガラス室	農林業センサス
	は種期	作物統計（作況）
	発芽期	作物統計（作況）
	春まき麦	作物統計（作況）
	販売費および一般管理費	農業経営統計調査（組織経営体）
	伐採跡地	国有林野事業統計
	廃棄物としての処分量	食品循環資源の再生利用等実態調査
	発生抑制の実施量	食品循環資源の再生利用等実態調査
	HACCP	食品製造業におけるHACCP導入状況実態調査
	HACCP支援法に基づく高度化計画の認定	食品製造業におけるHACCP導入状況実態調査
	販売経費	食品流通段階別価格形成調査（青果物経費）
	販売目的の作物の類別作付経営体数・面積	農林業センサス
	ハウス・ガラス室所有経営体数・施設面積	農林業センサス
	ばれいしょ	
	原料用ばれいしょ、加工用ばれいしょ作付経営体数、作付面積	農林業センサス
	ばれいしょ作経営（営農類型）収支	農業経営統計調査
	作付面積、収穫量	作物統計（面積、作況）
	需給状況	食料需給表
	共済	農業災害補償制度畑作物共済統計

	知りたい統計	統計調査、業務統計、加工統計
ひ	被害歩合	作物統計（被害）
	被害種類	作物統計（被害）
	被害面積	作物統計（被害）
	被害面積率	作物統計（被害）
	被害率	作物統計（被害）
	肥育豚	畜産統計調査
	ひな（初生びな、大・中びな）	畜産統計調査
	品目分類（生鮮品、冷凍品、塩蔵品など）	水産物流通調査（産地水産物流通調査）
ふ	副業的農家	農林業センサス（販売農家）
	複合経営経営体	農林業センサス
	普通田	農林業センサス、農業構造動態調査、作物統計（面積）
	普通畑	農林業センサス、農業構造動態調査、作物統計（面積）
	不作付地（何も作らなかった）	農林業センサス
	復旧	作物統計（面積）
	ぶどう	
	収穫量	特産果樹生産動態調査
	用途別仕向量	特産果樹生産動態調査
	分べん頭数	畜産統計調査
	豚	
	飼養経営体数、頭数	農林業センサス
	養豚部門	農林業センサス
	養豚経営（営農類型）収支	農業経営統計調査
	肥育豚生産費	農業経営統計調査（畜産物生産費調査）
	豚飼養戸数・頭数	畜産統計調査
	豚飼養の経営タイプ	畜産統計調査

	知りたい統計	統計調査、業務統計、加工統計
	豚枝肉の取引価格	畜産物流通調査（食肉卸売市場調査）
	共済（種豚、肉豚）	農業災害補償制度家畜共済統計
	ブロイラー	畜産統計調査
	飼養経営体数・羽数	農林業センサス、畜産統計調査
	出荷戸数、羽数	畜産統計調査
	価格	畜産物流通調査
	負債	農業経営統計調査
	付加価値額	農業経営統計調査
	付加価値率	農業経営統計調査
	負債比率	農業経営統計調査（組織経営体）
	分収林	農林業センサス
	不要存置林野	国有林野事業統計
	分収造林	国有林野事業統計
	プレカット工場	木材流通統計調査
	物的経費	漁業経営統計調査
	付加価値生産性	漁業経営統計調査
	複数操業漁業経営体	漁業センサス
	普通合板の厚さ別生産量・入荷量・消費量	木材統計調査
へ	生産者の米穀在庫（在庫量、収穫量、消費量、販売量）	生産者の米穀在庫等調査
	普通合板	木材統計調査・素材
ほ	法人経営体	農林業センサス
	本地	作物統計（面積）
	牧草専用地	農林業センサス
	ほ場廃棄量	作物統計
	干し柿品種別生産出荷状況	特産果樹生産動態等調査
	放牧頭数	畜産統計調査
	保安林	国有林野事業統計、森林・林業統計要覧2017

付　38

	知りたい統計	統計調査、業務統計、加工統計
	保有山林面積（林業経営体）	農林業センサス（林業経営体）
	保有山林1ha当たり林業所得	林業経営統計調査
	補助・補償金（漁業）	漁業経営統計調査
	保有山林面積（林業経営体）	農林業センサス（林業）
	保有山林・山林の管理	農林業センサス（林業）
	林業作業を行った経営体数・作業面積	農林業センサス（林業）
ま	豆類	
	作付経営体数、作付面積	農林業センサス
	大豆作経営、小豆作経営（営農類型）収支（北海道）	農業経営統計調査
	作付面積、収穫量、出荷量	作物統計（面積、作況）
	需給状況	食料需給表
	共済	農業災害補償制度畑作物共済統計
	輸出入状況	貿易統計
み	未経産牛	畜産統計調査
	民有林	森林・林業統計要覧2017
	未立木地	国有林野事業統計
	未処分林産物	林業経営統計調査
	水揚期間	海面漁獲統計調査
	水揚量	水産物流通調査（産地水産物流通調査）
	見積家族労働	漁業経営統計調査
	民宿を営む経営体及び延べ利用者数	漁業センサス
む	麦類	
	作付経営体数、作付面積	農林業センサス

	知りたい統計	統計調査、業務統計、加工統計
	麦類作経営（営農類型）収支	農業経営統計調査
	生産費	農業経営統計調査（農畜産物生産費）
	作付面積、収穫量、出荷量	作物統計（面積、作況）
	需給状況	食料需給表
	共済	農業災害補償制度農作物共済統計表
	輸出入状況	貿易統計
	無立木地	国有林野事業統計、森林・林業統計要覧2017
め		
も	木材チップ	木材統計調査・素材
	木材市売市場	木材流通統計調査
	木材センター	木材流通統計調査
	木材販売業者	木材流通統計調査
	木材年間販売金額	木材流通統計調査
	木材出荷量	木材流通統計調査
	木材の需給	木材需給表
	木材製品卸売価格	木材価格統計調査
	木質バイオマスエネルギー利用	木質バイオマスエネルギー利用動向調査
や	役員・構成員の農業経営従事者	農林業センサス
	野菜	
	作付経営体数、作付面積	農林業センサス
	野菜作経営・露地野菜作経営（営農類型）経営収支	農業経営統計調査

	知りたい統計	統計調査、業務統計、加工統計
	野菜作経営・施設野菜作経営（営農類型）経営収支	農業経営統計調査
	作付面積・収穫量・出荷量	作物統計（面積、作況）
	野菜の生産区分	作物統計（作況）
	野菜の主要消費地別・産地別の卸売数量・卸売価格	青果物卸売市場調査
	需給状況	食料需給表
	共済	農業災害補償制度畑作物共済統計
	輸出入状況	貿易統計
	野菜の作型区分	作物統計（作況）
ゆ	遊漁船業を営む経営体数及び延べ利用者数（漁業経営体）	漁業センサス
	有機栽培品の品目別価格	生鮮野菜価格動向調査
	輸入品の品目別価格	生鮮野菜価格動向調査
	輸入畜産物の業種別の仕入量	食品産業活動実態調査
	輸入畜産物の業種別の仕入先別仕入事業所数	食品産業活動実態調査
	輸入畜産物の業種別の仕入先業種数別事業所数	食品産業活動実態調査
よ	寄り合い	農林業センサス（農山村地域調査）
	予想収穫量	作物統計（作況）
	要存置林野	国有林野事業統計
	養殖業経営体	漁業センサス
	養殖作業	漁業センサス
	養殖業従事者	漁業センサス
	養殖池	漁業センサス
	養殖業施設	海面漁獲生産統計調査（養殖業）

	知りたい統計	統計調査、業務統計、加工統計
	養殖魚種別収獲量	海面漁業生産統計調査
	抑制率	食品循環資源の再生利用等実態調査
ら		
り	林業経営体	農林業センサス（林業）
	林家	農林業センサス（林業）
	臨時雇い	農林業センサス、農業構造動態調査、農業経営統計調査
	林野面積	農林業センサス（農山村地域調査）
	林野率	農林業センサス（農山村地域調査）
	流動資産	農業経営統計調査
	林業作業	農林業センサス（林業）
	林業雇用者	農林業センサス（林業）
	林産物販売金額	農林業センサス（林業）
	林野	国有林野事業統計
	林地	国有林野事業統計
	林地以外の国有林野の土地	国有林野事業統計
	林種	国有林野事業統計、森林・林業統計要覧
	立木地	国有林野事業統計、森林・林業統計要覧
	林齢等級	国有林野事業統計、森林・林業統計要覧
	林道	国有林野事業統計
	林地残材	木材統計調査・素材
	林業用資産	林業経営統計調査
	林業用資材	林業経営統計調査
	林業用固定資産	林業経営統計調査
	林業経営収支	林業経営統計調査
	林業所得	林業経営統計調査
	林業粗収益	林業経営統計調査
	林業経営費	林業経営統計調査
	林業純生産	林業経営統計調査

知りたい統計	統計調査、業務統計、加工統計
林業所得率	林業経営統計調査
林業経営関連借入金	林業経営統計調査
陸上作業	漁業センサス、漁業就業動向調査
流通経費	食品段階別価格形成調査（青果物経費）
林業産出額	生産林業所得統計
流動比率	漁業経営統計
林業作業受託料金収入	農林業センサス（林業）
緑化樹木の生産状況（栽培面積、生産本数）	緑化樹木の生産状況調査（被害統計）
れ　冷凍・冷蔵工場	漁業センサス
ろ　6次産業化	6次産業化総合調査
労賃率	漁業経営統計

索　　引

わ

農林水産統計用語集編集委員会
　吉田　嘉雄（京都大学大学院農学研究科客員准教授）
　吉村　秀清（前日本大学経済学部非常勤講師）
　磯部　義治（一般財団法人農林統計協会専務理事）

編集協力者
　吉田　政夫
　吉田　豊
　加藤　哲也
　最上　康信

（農林水産統計用語集は、農林統計協会創立70周年記念）
（事業の一環として編集・刊行したものです。　　　　）

2018年版　農林水産統計用語集
―農林水産業の未来が見える―

| 2018年 6 月29日　印刷 | 印刷定価はカバーに表示しています。 |
| 2018年 7 月 6 日　発行 | |

　　　　　編　　者　一般財団法人　農林統計協会
　　　　　発行者　磯部　義治
　　　　　発　　行　一般財団法人　農 林 統 計 協 会
　　　　　　　　　　〒153-0064　東京都目黒区下目黒3-9-13
　　　　　　　　　　　　　　　　　　　　　目黒・炭やビル
　　　　　　　　　　電話　03-3492-2987（普 及 部）
　　　　　　　　　　　　　03-3492-2950（編 集 部）
　　　　　　　　　　URL：http://www.aafs.or.jp/
　　　　　　　　　　振替　00190-5-70255
　　　　　　　　　　PRINTED IN JAPAN 2018

印刷　藤原印刷株式会社　　　　落丁・乱丁本はお取り替えします
ISBN978-4-541-04259-0　C3561